职业院校通识教育课程系列教材

走近人工智能

鲁昕 主编
杨欣斌 李建求 副主编

序

习近平总书记高度重视人工智能的发展。2018年10月31日，习近平总书记在中央政治局第九次集中学习会上指出，人工智能是新一轮科技革命和产业变革的重要驱动力量，加快发展新一代人工智能是事关我国能否抓住新一轮科技革命和产业变革机遇的战略问题。强调人工智能是引领这一轮科技革命和产业变革的战略性技术，具有溢出带动性很强的"头雁"效应。

2022年，党的二十大报告强调构建新发展格局，要建设现代化产业体系，推动制造业的智能化发展，推动战略性新兴产业融合集群发展，构建新一代信息技术、人工智能、绿色环保等一批新的增长引擎，加快发展数字经济，打造具有国际竞争力的数字产业集群。

在移动互联网、大数据、超级计算、传感网、脑科学等新理论新技术的驱动下，人工智能加速发展，呈现出深度学习、跨界融合、人机协同、群智开放、自主操控等新特征，正在对经济发展、社会进步、国际政治经济格局等方面产生重大而深远的影响。加快发展新一代人工智能是我们赢得全球科技竞争主动权的重要战略抓手，是推动我国科技跨越发展、产业优化升级、生产力整体跃升的重要战略资源。

人工智能与实体经济深度融合，赋能各行各业，不断推动产业生态、产业形态、产业模式、产业内涵、产业质量等全方位变革。同时，人工智能也驱动教育各方面发生深刻变革：教育生态从平面向立体转变，思维模式从一维向多维转变，知识体系从单一向跨界转变，教师能力从一元向多元转变，教育技术从单一向复合转变，教材呈现从纸质向数字转变，教学场景从传授向互动转变，学习方式从静态向动态转变，管理模式从传统向智慧转变，教学评价从粗放向精准转变。因此，教育必须对接科技进步发展趋势，融入技术迭代进程，创新人才培养体系，重构人才知识结构，重塑人才培养方案，提高教师综合能力，加快教材更新步伐，构建产教科融合教学场景，普及人工智能教育，满足市场多元需求。

习近平总书记提出，要把握全球人工智能发展态势，找准突破口和主攻方向，培养大批具有创新能力和合作精神的人工智能高端人才。当前，我国高端研究型人才、科技成果转化人才、转化成果落地人才、一线操作技术技能人才等各级各类人才都存在较大缺口，教育在技术人才培养体系、知识体系、总量供给、结构优化、终身学习等方面面临巨大挑战。应对这些挑战，把握人工智能发展机遇，必须增加人力资本投入总量、优化人力资本投入结构、明确人力资本投入重点、提高人力资本投入效率、开展人力资本投入评价、推动建立技术人才培养体系、构建技术人才知识体系，加快增加技术人才总量、构建人才队伍科学结构、创造人才终身学习环境，从而解决我国人工智能领域人才总量不足、结构缺口、质量不高等问题。

2018 年 8 月开始，我重点关注人工智能对人才培养的影响。在深圳职业技术学院、浙江金融职业学院、滨州职业学院等诸多院校调研期间，建议学校紧跟人工智能发展潮流，编写人工智能教材，将人工智能作为基础课程面向所有学科专业的学生开设。12 月，在中国职业技术教育学会第五次会员大会上以《人工智能赋能新时代技术技能人才培养的战略思考》学术报告，开启了引导职业教育对接科技进步、推动职业教育数字化转型的新征程。2019 年 1 月，在深圳职业技术学院调研时，经专门组织讨论，决定编写适用于职业院校的人工智能通识教材。2019 年 7 月 5 日至 6 日，中国职业技术教育学会第一届职业教育数字化说课研讨会召开之际，《走近人工智能》这本书也初步成形。经过几轮修改，终于付梓出版。

《走近人工智能》在系统梳理人工智能发展历史、概念内涵的基础上，凸显人工智能这一未来基础性技术应用领域宽广、应用效果显著的特点，重点聚焦人工智能技术在智能制造、商业服务、生物技术、自动驾驶、金融科技、医疗、教育、娱乐生活、家居等垂直行业的应用。该书注重依托历史、立足当下、关注未来，能够帮助教师和学生系统了解人工智能的发展历程、现状与趋势，形成对人工智能的全面认知。期待此书能为推动人工智能领域人才培养与实践创新贡献价值。

是为序。

鲁　昕

目 录

第一章　人工智能的起源与简史

“人工智能的成功可能是人类历史上最伟大的事件。”

——斯蒂芬·霍金（Stephen Hawking）

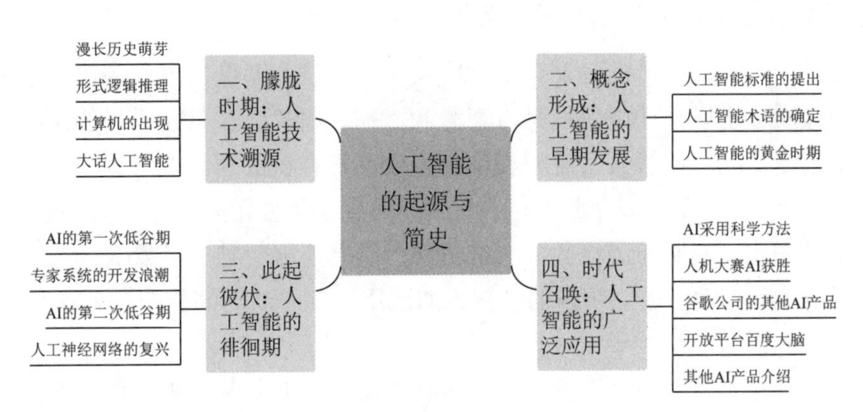

本章知识思维导图

21世纪的三大尖端技术包括基因工程、纳米科学和人工智能。作为三大尖端技术之一的人工智能，从艾伦·图灵（Alan Turing）提出“图灵测试”标准到“达特茅斯（Dartmouth）会议”上约翰·麦卡锡（John McCarthy）确定“人工智能”（Artificial Intelligence，简称AI）的术语，再到今天人工智能的快速发展和广泛应用，成果卓著、理论和技术也日趋成熟。人工智能的研究领域或者技术方向包括知识表达，自动推理和搜索方法，机器学习和知识获取，知识处理系统，自然语言理解、计算机视觉，智能机器人，自动程序设计等方面。人工智能的应用领域则渗透到社会和人们工作、学习和生活的方方面面。要想用有限的篇幅全面地介绍确实很难，有学者将人工智能近60多年来的研究和发展历史归纳为诞生、发展、停滞、重兴到实用化五个阶段，也有学者以十年为一个周期来归纳和概括人工智能各个历史阶段的成果和特点。这里，我们根据自己的理解，将人工智能的历史发展过程更加简洁清晰地归纳为历史溯源、早期发展、徘徊时期和广泛应用四个阶段，以便普通读者了解人工智能技术发展的历史概貌。

一、朦胧时期：人工智能技术溯源

虽然古人没有确切地使用"人工智能"一词，但其对人工智能的追求却从来没有停止过。这从各种古老的神话传说和历代工匠制作自动人偶的实践中都可以看出。在古希腊的神话中就已经出现了"人造人"，如赫淮斯托斯火神打造的"黄金美女"和皮格马利翁雕刻的"伽拉忒亚"。在中国古籍和传说中也有类似记载，如《列子·汤问》中偃师献给西周穆王的"能倡者"和传说中春秋末期鲁班设计的"木马车"。这些自动装置都说明了先人们对人工智能的不断追求。此外，还有希腊的希罗、阿拉伯的加扎利都是创造自动人偶的杰出工匠。从某种意义上讲，中国古代帝王墓室内设置的机关暗器和能自动旋转跳跃的木"俑"也都可视为现代人工智能的雏形。

（一）漫长历史萌芽

有人说，最古老的"机器人"是古埃及和古希腊的圣像，忠实的信徒认为工匠为这些神像赋予了思想，使它们具有智慧和激情。显然，这只是人们想象的。也有人说，真正最早的"机器人"发明在中国，依据是春秋战国时期《列子·汤问》中记载的"偃师献伎"故事发生在我国古代西周时期（约公元前922年）。这其中也有许多夸张的描述，如偃师制作的"人造艺人"居然还能对穆王的女人使眼色。实际上，五百多年前在教堂里、祈神的地方人们就用一种"活动的雕塑"来展现《圣经》故事。

显然，自古人类就对人工智能有着执着的追求。但受制于当时的生产力水平和科学技术成就，这些追求很难成为现实，智能只能通过想象和虚构来满足。古代的埃及人采用的所谓"捷径"可以说是利用人工智能的一种欺骗形式。他们建造雕像，让牧师隐藏在其中，然后由这些牧师向民众提供所谓"明智的建议"。此类骗局不断地出现在整个人工智能的历史发展过程中，因此，人工智能的历史也变得鱼龙混杂。

如图1–1为加扎利设计的可编程自动人偶（1206年）。艾尔·加扎利（约1150—1220）是一位阿拉伯学者，被认为是现代工程之父。他生活在中世纪的伊斯兰黄金时代，兼伊斯兰学者、发明家、机械工程师、工匠艺术家、数学家和天文学家于一身。他最著名的《精巧机械装置的知识》（Kitábfíma'rifatal–hiyalal–handasiyya，阿拉伯语）一书写于1206年。书中描述了他发明的编程机器人和50件其他机械器件，如连接真空管的水曲柄和水泵等。

图 1-1 可编程自动人偶（加扎利，1206 年）

西方中世纪有使用巫术或炼金术将意识赋予无生命物质的传说。在 19 和 20 世纪的科幻小说和戏剧作品中也出现了“人造人”和会思考的机器。玛丽·雪莱（Mary Shelley）[①] 的科幻小说《弗兰肯斯坦》（*Frankenstein*，或翻译为《科学怪人》）和卡雷尔·恰佩克（Karel Capek）[②] 的科幻戏剧《罗素姆的万能机器人》（*Rossum's Universal Robots*，R.U.R.）就是例证。《弗兰肯斯坦》这部小说创作于 1818 年，作者玛丽·雪莱在其中打造的怪物，用的是从解剖室和坟墓中挖掘的尸块。虽然书中没有提及如何赋予怪物生命，但很明显是通过科学手段而不是神秘主义实现的。因此，我们可以把这怪物看作是“人造人”的化身。

《罗素姆的万能机器人》是一部于 1920 年首次展演的舞台剧，该剧于 1921 年在布拉格演出，轰动了欧洲。剧情描述了一位名叫罗素姆的哲学家研制出一种机器人，被资本家大批制造来充当劳动力。这些机器人与人类外貌相似，还可以自行思考。因此，一场机器人灭绝人类的叛变计划徐徐展开。最后，机器人接管了地球，并毁灭了它们的创造者。这部剧中创造了英文的“Robot”一词，现在被翻译为“机器人”。“Robot”源于捷克语的“Robota”，意思是“苦力”或“强迫性劳工”。之后该词成为了世界性的名词。当时剧名中的“Robota”并不是机械装置，而是一种经过生物零部件组装而成的、没有感情的人造生命体。

（二）形式逻辑推理

最初，人们认为人类的思考过程可以机械化。因此，对于机械化的形式推理（formal reasoning）的研究历史可以追溯到很早以前。在公元前，古代的哲学家、科学家均已提出了形式推理的方法和步骤。其中，由古希腊哲学家亚里士多德（Aristotle）提出来的“三段论”是人类最基本的形式逻辑推理方法。古希腊数学家

① 玛丽·雪莱（Mary Shelley，1797 年 8 月 30 日—1851 年 2 月 1 日），英国著名小说家、英国著名浪漫主义诗人珀西·比希·雪莱的继室，因其 1818 年创作了文学史上第一部科幻小说《弗兰肯斯坦》（或译《科学怪人》）而被誉为科幻小说之母。

② 卡雷尔·恰佩克（Karel Capek，1890—1938）是捷克著名的剧作家和科幻文学家、童话寓言家，生于捷克一个乡村医生家庭。

欧几里得（Euclid）的著作《几何原本》被认为是形式推理的典范。他们的伟大思想为后世的研究者所继承和发展。

拉蒙·柳利（Ramon Llull，1232—1315）开发了一些“逻辑机”，试图通过逻辑方法获取知识。这对17世纪的莱布尼兹（Gottfried Leibniz）产生了很大影响。后来的莱布尼兹、托马斯·霍布斯（Thomas Hobbes）和勒内·笛卡尔（René Descartes）尝试将理性的思考系统转化为如代数学或几何学这样的体系。他们已经开始明确提出形式符号系统的假设。这些思想为以后的计算机发明和人工智能成为一门真正的科学技术奠定了基础。值得一提的是19世纪中叶，英国许多数学家为了研究思维规律（逻辑学、数理逻辑）提出不少数学模型。“布尔代数”的发表为现代计算机的发明奠定了逻辑运算的数学基础。

“布尔代数”亦称逻辑代数，它是英国的数学家乔治·布尔（George Boole）为研究思维规律（逻辑学）于1847年提出的数学工具。经过六七年的艰苦努力，布尔在1854年发表了《思维规律的研究》（*An Investigation of The Laws of Thought*）一书。著作中详细介绍的逻辑代数是数学史上一座重要的里程碑。它把逻辑简化成极为容易和简单的一种代数形式，基本运算仅仅包括AND（与）、OR（或）和NOT（非）三种形式。其值只有真与假，对与错，上与下等两种对立的结果。通过二进制的1和0分别代表逻辑值的真与假，可以很方便地用机械装置或电子电路实现对逻辑的运算与判断。

正是因为“布尔代数”用数学的方法描述了客观世界“非此即彼”这一普遍存在的对立面和相关逻辑规律，之后“布尔代数”才得到了广泛的应用。“布尔代数”不仅在代数学、逻辑演算、集合论、拓扑空间理论、测度论、概率论、泛函分析等数学各分支中得到应用，它在数理逻辑的公理化集合论以及模型论的理论研究中，也起到了一定的作用。更重要的是它被广泛应用于电子技术，计算机软、硬件技术等领域的逻辑运算，尤其是近几十年来，自动化技术、电子计算机的逻辑设计等都离不开它。为了纪念布尔的创造发明，后人将这种逻辑代数命名为“布尔代数”。

（三）计算机的出现

19世纪二三十年代在英国政府的资金支持下，英国数学家、发明家查尔斯·巴贝奇（Charles Babbage）出于对数学机器研究的兴趣，创造出了“差分机”（Difference Engine）和“分析机”（Analytical Engine）。可以说这是计算机出现前比较典型的前期工作。差分机只能进行诸如编制表格这样的简单计算，而且结构复杂、体积庞大，有好几吨的重量。分析机本是希望成为真正的通用机械计算机，希望它能够胜任所有的数学计算。但是由于各种原因，巴贝奇的分析机并没有最后完成，甚至连设计都不完整。

1842年，数学家艾达·洛夫莱斯（Ada Lovelace）女士在帮助巴贝奇翻译资料时，根据自己的理解，将一套机器编程系统增加到添加的注释中，这被认为是首个正式出版的计算机程序。艾达也被称为世界上第一位计算机程序员。

第二次世界大战期间，一大批数学家因为战争的需要而致力于解决复杂的数学问题，开始集中研究计算机。如同差分机一样，这时的计算机还只能进行一些单纯的计算工作。到了“二战”后期，人们制造出了两台可以视为现代计算机雏形的机器。一台是美国宾夕法尼亚大学研制的“数字积分计算机”埃尼阿克（Electronic numerical integrator and computer，ENIAC），于 1946 年 2 月 15 日运行成功。另一台是英国的“巨人计算机”（Colossus computer，Colossus machines），它要比 ENIAC 早两年研制出来，于 1944 年 6 月研制成功，当时是英国人专门用来破译德军密码的。由于英国政府将巨人计算机视为超极机密没有及时公布，故后来的学者一般将美国的 ENIAC 称为世界上第一台电子计算机。

图 1–2　ENIAC（埃尼阿克，1946，美国）

实际上，这两台计算机都还不完全像今天的计算机一样能够进行编程。在配置新任务时，它们需要移动电线或者搬动开关等操作。但由于受到其制造经验的启发，第二次世界大战结束三年后，真正意义上的编程计算机就成功问世了。它不用改变电路的接线方式，通过编写不同的程序就可以改变计算机所从事的计算工作，相当于通过软件编程就可以创造一台台新的计算机，效率大大提高。20 世纪人类在数理逻辑研究上的突破使得现代计算机和人工智能成为可能。

20 世纪最重要的数学家之一，原籍匈牙利的数学博士冯·诺依曼（John von Neumann，1903—1957）在数理逻辑方面取得了巨大成就。他于 1945 年 6 月在《关于离散变量自动电子计算机的草案》一文中提出程序和数据一样可以存放在计算机内存储器中，并给出了通用电子计算机的基本架构，后人称为“冯·诺依曼结构”。按照冯·诺依曼的构思，只用 ENIAC 十分之一的元件就可以得到更高的性能。最近

60年来计算机经历了巨大发展，但仍然没有脱离冯·诺依曼结构。冯·诺依曼因此被后人称为“计算机之父”。

（四）大话人工智能

从广义的角度看，数字计算机的出现应该就是人工智能技术的开始。因为计算机的基本结构如图1–3所示，主要由输入设备（键盘）、输出设备（显示器）、中央处理单元（包括逻辑运算和逻辑控制单元，简称CPU）和存储单元（RAM，ROM）等五大部分组成。显然，计算机的基本结构类似于人类大脑的信息加工系统。键盘相当于人的眼睛和耳朵等，作为输入器官；显示器相当于会说话的嘴巴等，作为输出器官；中央处理单元相当于能控制计算机思考的大脑；存储器相当于人脑的记忆器官。

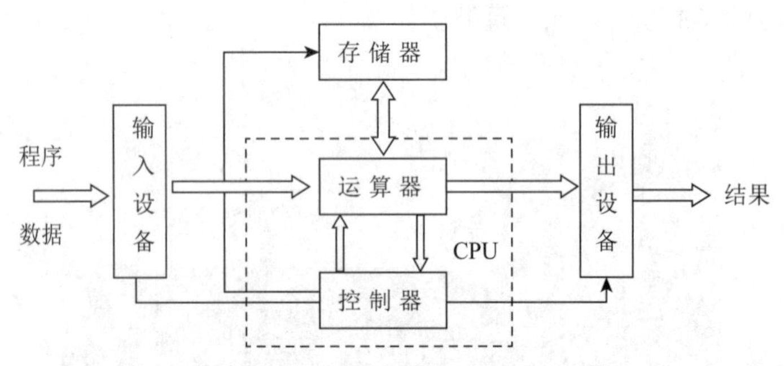

图1–3　数字电子计算机的结构

电子数字计算机通过键盘输入数据和信息，由中央处理单元负责控制、计算（信息处理加工），然后将处理的数据和结果保存在存储器中。需要时，再将数据和结果从存储器中调取出来，由输出设备显示器显示。显然，计算机的工作过程也类似于人类大脑对信息的加工处理的过程。人通过耳朵听、眼睛看获取外界信息，经过大脑思考计算和处理后保存在记忆中，需要时通过口语表达和手写的方式输出。正是如此，早期的人工智能研究也热衷于信息加工和符号处理的方法。

从狭义的角度讲，人工智能作为计算机科学的一个分支，是为了更加深入地模仿人类大脑的思维和智慧活动。为了让机器模仿和实现人类的智能，作为人工智能的硬件系统从结构方面也是在模仿人类大脑的神经网络。电子计算机的发明最初是为了代替人脑进行重复烦琐的计算工作，但现在它的功能在不断地扩展。

当然，人类社会的第一次和第二次工业革命所做的科学技术准备，也为计算机和人工智能技术的产生和发展打下了坚实的基础。

二、概念形成：人工智能的早期发展

这里，我们所说的人工智能的早期发展是指人工智能判断标准的提出、术语的确定以及开启人工智能元年之后头10至15年左右的发展情况。

（一）人工智能标准的提出

第二次世界大战期间，首先向人工智能机器发起挑战的是英国的数学家、逻辑学家艾伦·图灵（Alan Turing，1912—1954）和神经病学家格雷·沃尔特（Grey Walter），是他们在一个有影响力的俱乐部（Ratio Club）里相互交流和讨论产生了创新的想法。1950 年，图灵发明了图灵测试。图灵测试影响深远，它为机器是否具有智能设置了一个标准：一种可以欺骗某人以为自己是在和另一个人说话的电脑或机器的标准。沃尔特是首个制作出电子机器人“testudo”（拉丁文，意即龟）的科学家。这款类似乌龟的微型机器人于 1951 年在“英国节”（Festival of Britain）上向公众展示。

“图灵机”（Turing machine，TM）是图灵 1936 年设计的，它是一个抽象的、试图反映人的计算本质的计算机器模型，如图 1–4 所示。它有一条无限长、被分成一个个小方格（小方格中有字符）的纸带（相当于存储空间），还有一个可以左右移动的读写机器头。读写头可以读入当前小方格中的字符信息，并根据一套控制规则选择内部状态（相当于控制器）查找固定程序后，再输出改写纸带上小方格中的信息。设计它的目的是为了模拟实际的计算行为。

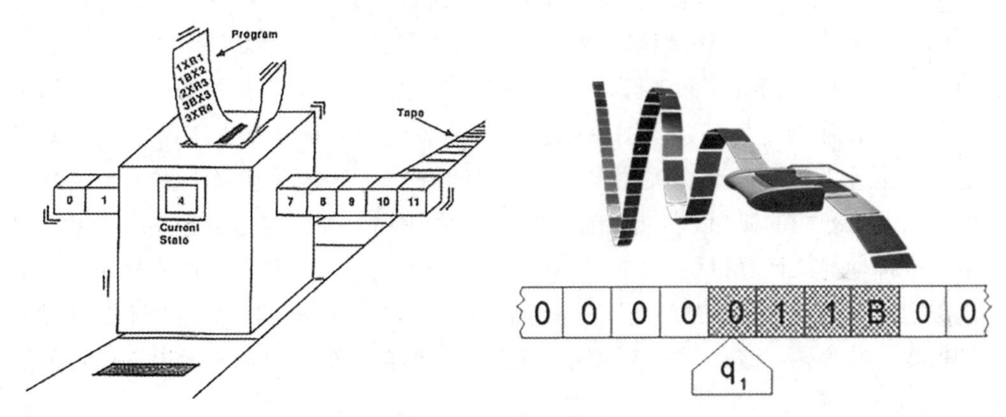

图 1–4 图灵机模型

显然，在世界上首台数字电子计算机出现七八年前，图灵就从本质上研究了机器使用算法的问题，发明了存储空间和程序等概念，这是现代计算机的基础。图灵的很多思想也深刻地影响了同时代的冯·诺依曼。当初冯·诺依曼设计数字电子计算机方案时，准备使用十进制，正是因为受到图灵等人的启发才使用了二进制。1950 年图灵还编写并出版了《曼彻斯特电子计算机程序员手册》（*The programmers' handbook for the Manchester electronic computer*）。

“图灵测试”来源于 1950 年 10 月图灵在《心灵》（*Mind*）上发表的论文《计算机和智能》（Computing machinery and intelligence）。“图灵测试”指出如果第三者无法辨别人类与人工智能机器反应的差别，则可以判定该机器具备智能。或者说，如果一台机器能够与人类展开对话而不能被辨别出其机器身份，那么这台机器就具备了智能。尽管图灵的方法因为过于简单而受到许多人批评，但其依然对人类有关人工智能的思考产生了巨大影响。图灵的这篇文章于 1956 年以“机器能够思维吗？”为题重新发表。此时，人工智能已经进入了实践研制阶段。

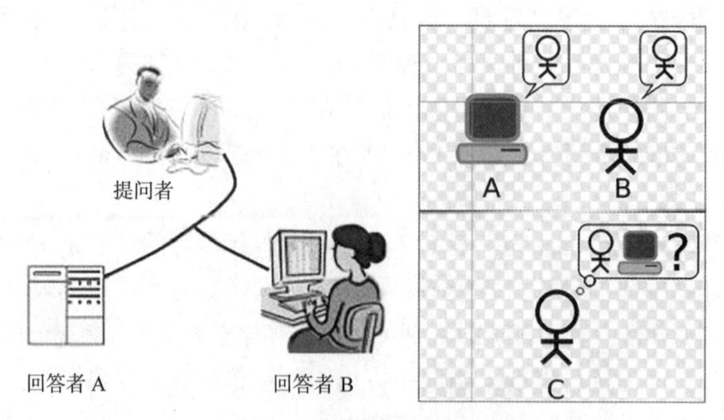

图 1–5　图灵测试示意图

在科学、特别是在数理逻辑和计算机科学方面，图灵的一些成果为现代计算机技术奠定了基础。在人工智能研究方面，图灵提出的“图灵测试”已成为人工智能的检测标准。他还研究了机器学习、遗传算法和强化学习等多种概念，也为此后的国际象棋程序奠定了基础。图灵的机器智能思想至今仍然是人工智能的主要思想之一。至今，每年都有有关图灵测试的比赛举行。从某种意义上讲，是图灵首先提出了人工智能的概念。正是由于图灵在计算机和人工智能领域的杰出贡献，很多学者也称他为“计算机科学之父”和“人工智能之父”。为了纪念图灵的巨大贡献，美国计算机协会（ACM）于 1966 年设立了图灵奖。图灵奖享有“计算机界的诺贝尔奖”的美誉，该奖项每年评比一次，以表彰在计算机领域中做出突出贡献的人员。

（二）人工智能术语的确定

另一位对人工智能做出巨大贡献的先驱是美国的数学博士、计算机和认知科学家约翰·麦卡锡（John McCarthy，1927—2011）。麦卡锡 1956 年在达特茅斯会议上提出“人工智能”（Artificial Intelligence，简称 AI）一词，1958 年发明了 LISP 语言，1971 年获得图灵奖，被誉为“人工智能之父”，并将数学逻辑应用到了人工智能的早期形成中。

1956 年 8 月，作为东道主的麦卡锡（当时是达特茅斯学院[①] 数学助理教授）说服了另外 3 位发起人，哈佛大学的马文·明斯基（Marvin Minsky，哈佛大学数学与

① 达特茅斯学院（Dartmouth College），美国历史最悠久的世界顶尖学府，也是闻名遐迩的私立八大常春藤联盟之一。

神经学初级研究员，1969年图灵奖获得者）、国际商用机器公司（IBM）的内森尼尔·罗杰斯特（Nathaniel Rochester，IBM信息研究经理）和克劳德·香农（Claude Shannon，贝尔电话实验室数学家，信息论的创始人）帮助他把美国的对自动机理论、神经网络和智能研究感兴趣的研究者们召集在一起，召开了著名的为期两个月的研讨会——史称“达特茅斯会议”。

参加会议的还有艾伦·纽厄尔（Allen Newell，计算机科学家）、赫伯特·西蒙（Herbert Simon，诺贝尔经济学奖得主）、普林斯顿大学的特伦查德·莫尔（Trenchard More）、IBM公司的阿塞·萨缪尔（Arthur Samuel）、麻省理工学院（MIT）的雷·索洛莫诺夫（Ray Solomonoff）和奥利弗·塞尔弗里奇（Olivle Selfridge）共10名科学家。会议的经费包括每个代表1200美元，加上外地代表的往返车票，都是由洛克菲勒基金会资助的。图1-6为在人工智能50周年聚会上，当初部分与会者的合照。左边数第二位就是约翰·麦卡锡（John McCarthy）。

图1-6 人工智能50周年聚会合影

当时会议的目标非常宏伟，是想通过10个人两个月的共同努力设计出一台具有真正智能的机器。会议的原始目标虽然由于不切实际而不可能实现，但是，这次会议首次提出和确定了“人工智能”一词，标志着“人工智能”这一崭新学科的诞生。因此，1956年也就成为了人工智能元年。1959年，明斯基和麦卡锡还一起创立了麻省理工学院人工智能实验室。该实验室对现代计算机业产生了深远的影响。

当时达特茅斯会议的提案声明原文①如下：

我们提出1956年夏天在新罕布尔州汉威市的达特茅斯大学开展一次有十个人、为期两个月的人工智能研究。学习的每个方面或职能的任何其他特征原则上可被这样的精确描述以至于能够建造一台机器来模拟它。该研究将基于这个推断来进行，

① 这是麦卡锡提出的“人工智能”（Artificial Intelligence）术语第一次正式使用。

并尝试做发现如何使机器使用语言、形成抽象与概念，求解多种现在注定由人来求解的问题，进而改进机器。我们认为：如果仔细选择一组科学家对这些问题一起工作一个夏天，那么对其中的一个或多个问题就能够取得意义重大的进展。

（三）人工智能的黄金时期

在人工智能刚开启后的十多年里，研究者们是比较乐观的，也确实取得了不少成功。这些成果极大地鼓舞了相关专业的研究者们，他们在私下的交流和公开发表的论文中表达出相当乐观的情绪，认为具有完全智能的机器将在二十年内出现。这一时期是指 1956 年至 1970 年，属于人工智能发展的黄金期。

首先，早期博弈类程序吸引了很多 AI 研究人员的注意力，为了求解一个问题，人们需要搜索众多的途径，处理庞大的数据库。因此，人们在积极地探索方法与技术。这一时期，AI 的主要目的之一便是开发用于组织搜索过程的方法与技术，并在问题求解过程中，试图学习启发性规则，从而产生了启发式搜索的研究。其次，这一阶段科学家的主要注意力放在研究人的认知与思维过程并将其机械化，使计算机可以模拟人的思考过程，即机械化推理，又称为逻辑推理。达特茅斯会议之后的几年内，专家们陆续开发出很多让人眼前一亮的程序：计算机可以解决代数应用题、证明几何定理、学习和使用英语。

1965 年，斯坦福大学的费根鲍姆（E.A. Feigenbaum）、布鲁斯・布坎南（Bruce Buchanan）和化学家勒德贝格（J. Lederberg）等开始合作研制 DENDRAL 系统，使得人工智能的研究以推理算法为主转变为以知识为主的专家系统。DENDRAL 系统于 1968 年研究成功。

20 世纪 60 年代末期，人们认识到启发性及其有关问题的表示方式对缩小搜索空间和应对现实世界的多种可变因素及干扰起着关键性的作用，这推动了 AI 在知识表达方面的研究，许多新的搜索问题应运而生，用来探索知识表示和知识处理的各种不同框架不断出现。

20 世纪 60 年代，在明斯基和麦卡锡创建的麻省理工学院人工智能实验室里，明斯基指导了一系列的学生专注于所谓“微观世界”（microworlds）的研究。他们研究求解时，选择看来好像需要智能的有限域问题。这些有限域称为微观世界。例如，1963 年，由詹姆斯・斯莱格尔（James Slagle）设计的程序 SANT，能够求解大学一年级课程中闭合式微积分问题；1968 年由汤姆・埃文斯（Tom Evans）设计的程序 ANALOGY，能够求解智商测试中的几何类推问题；最有名的是 1967 年由丹尼尔・博布罗（Daniel Bobrow）设计的程序 STUDENT，它能够求解故事中的代数计算问题。

研究人员发现，面对小规模的对象，计算机程序可以解决空间和逻辑问题。除了程序 STUDENT 可以解决代数问题，后来的程序 SIR 还可以理解简单的英语句子。

此外，最著名的微观世界是“积木世界”[①]。之后，1970年帕特里克·温斯顿（Patrick Winston）的学习理论、1971年戴维·哈夫曼（David Huffman）的视觉项目、1972年特丽·维诺格拉（Terry Winograd）的自然语言理解程序、1974年斯科特·法尔曼（Scott Fahlman）的规划器和1975年戴维·沃尔茨（David Waltz）的视觉与约束传播工作都发源于积木世界。

20世纪60年代，基于麦卡洛克（Warren McCulloch）和皮茨（Walter Pitts）的神经网络研究也比较热门。

显然，人工智能的几个重要分支几乎都是在这一时期开始形成的，包括探寻式搜索（heuristic search）、机器视觉（computer vision）、自然语言处理（natural language processing）、移动机器人（mobile robotics）、机器学习（machine learning）、神经网络（artificial neural networks）和专家系统（expert system）等。

三、此起彼伏：人工智能的徘徊期

一般认为，人工智能60多年的发展经历了“三次浪潮，两次寒冬”。近年来，人工智能在深度学习算法的促进下，结合云计算、大数据、卷积基神经网络等新技术，在自然语言处理、图像识别领域取得了突破性进展，它们的广泛应用为人类带来了翻天覆地的变化。现在，人工智能方兴未艾，在社会生活的各个领域得到了非常广泛而实际的应用，在某些方面甚至大有替代人类的趋势。这里，我们将第二个十年到第四个十年间，人工智能在各技术方向此起彼伏的发展过程称为人工智能的徘徊期，并重点介绍两次低谷期、专家系统和神经网络的几度兴衰。

（一）AI的第一次低谷期

开启人工智能元年后的头十多年，AI系统在简单的实际案例中性能表现确实很不错，令人欣慰。但是，在用于更宽的问题选择和更难的问题时，结果证明都是非常失败的。因此，人工智能的第二个十年（确切地说是1966—1973年）进入了第一次低谷期。这一时期的困境主要表现为三种情况：

第一，大多数早期的程序依靠简单的句法处理获得成功，但不知其主题究竟是什么。例如在机器翻译方面，1957年由美国国家研究委员会资助的俄语科学论文翻译项目，随着人造地球卫星史普尼克（Sputnik）的发射而启动。研究者最初认为，基于俄语和英语语法的简单句法，变换根据一部电子字典的单词替换就足以完成。但实际上并非如此，准确的翻译需要有背景知识来消除歧义。1966年后相关的美国政府资助也被取消。实际上直到现在，广泛应用于技术、商业、政府和互联网文档的机器翻译仍然是一个不完善的工具。

---

① 积木世界：它由放置在桌面上的一组实心积木组成。其典型任务是使用一只每次能拿起一块积木的机器手按某种方式调整这些积木。

第二，一些用于产生智能行为的系统存在根本性的局限。明斯基（Minsky）和派珀特（Pepert）在1969年出版的《感知机》著作中证明指出：虽然可以证明感知机（神经网络的一种简单模型）能学会它们能表示的任何东西，但他们能表示的东西很少。特别是两输入的感知机不能被训练来认定任何的两个输入是不同的。当时虽然这个结果还没有应用于更加复杂的多层网络，但还是对神经网络研究造成了很大影响，研究资助很快减少到几乎为零。

第三，人工智能试图求解的许多问题存在难解性。在问题求解程序方面，大多数早期的人工智能程序通过实验步骤的不同组合可以在微观领域有效地直接找到解。当面临更大、更复杂问题时，研究便遇到难以克服的困难。因为，微观领域包括的对象很少，只存在很少的可能性和很短的解序列，而当时处理复杂问题的理论还没有出现。研究者都认为处理更大更复杂的问题时，只是需要更快的硬件或更大的存储器。后来才知道实际上并非如此。在机器进化（Machine Evolution）方面的研究也是如此。现在的遗传算法才展示出更多的成就。

1973年，莱特希尔（Lighthill）的报告批评人工智能不能对付“组合爆炸”问题。基于该报告，英国政府决定并终止了对除两所大学以外的所有大学人工智能研究的支持。

（二）专家系统的开发浪潮

经过第一次低谷后，人工智能在搜索机制的基础上，为了解决复杂问题，开始研究和发展知识表达和专家系统。其中，较具代表性的有医药专家系统MYCIN、探矿专家系统PROSPECTOR等。这些系统能在各个工程领域模仿人类专家求解各种问题。因此，社会上的各种风险投资、创业公司、展览和会议商家都积极地向这一领域靠拢。从20世纪80年代以后，专家系统的各种应用已成为AI技术不可分割的一部分。但同时AI领域的基础研究步伐也有所放缓。最初研究的关注重点智能问题让位于更加实用化的研究计划，追求有意义的实际应用。这一趋势作为一个方向至今也还在继续。

20世纪70年代，用于处理启发式搜索和知识表达的技术已经足够强大，可以构建各种实际的应用系统了，专家系统的观点逐渐被人们接受，许多专家系统相继研发成功，广泛用于实际场景中。于是迎来了AI领域专家系统开发的黄金时期、人工智能的第二次浪潮。

1969年，由斯坦福大学费根鲍姆等人成功开发推出的DENDRAL程序[①]就是专家系统早期的典型例子。DENDRAL程序的意义在于它是第一个成功的知识密集系统。它的专业知识来自于大量的专用规则，后来的系统还吸收了麦卡锡的意见接收

---

① DENDRAL程序：一个根据质谱图推断未知化合物分子结构的专家系统程序，目的是对火星土壤进行化学分析。

者（Advice taker）方法的主要思想，把知识规则和推理部分清楚地分开。有了这个经验，研究者启动了启发式程序设计项目，研究出新的专家系统方法论可用到其他人类专家知识领域。

1977 年，在第五届国际人工智能联合会议上，费根鲍姆提出知识工程的概念。他认为“知识工程是人工智能的原理和方法，对那些需要专家知识才能解决的应用难题提供求解的手段。恰当运用专家知识的获取、表达和推理过程的构成与解释，是设计基于知识的系统的重要技术问题”。知识工程是一门以知识为研究对象的学科，它将具体智能系统研究中那些共同的基本问题抽象出来，作为知识工程的核心内容。知识工程成为了指导具体研制各类智能系统的一般方法和基本工具，成为了一门具有方法论意义的学科。

1984 年，费根鲍姆又与布坎南（Buchanan）和爱德华·尚特利弗（Edward Shortliffe）共同开发出用于传染性血液疾病诊断研究的专家系统 MYCIN。它拥有 450 条规则，斯坦福医院让它与高级专科住院实习医生对话进行训练。MYCIN 能够表现得与某些专家一样好。它的意义在于为未来基于知识系统设计树立了一个典范。它与 DENDRAL 专家系统比较有所不同。第一，它不像 DENDRAL，不存在通用的理论模型可以从中演绎出规则，而是需要从专家会诊大量病人的过程中获取规则。第二，它的规则必须反映与医疗知识关联的不确定性。这个系统吸收了称为确定性因素的不确定性演算。

到了 20 世纪 80 年代，基于专业知识库的专家系统和以分布存储并行处理为核心的人工神经网络为人工智能迎来发展高峰。应该说，这是专家系统商业应用的一段辉煌时期。各种专家系统的商品化创造了巨大的社会经济效益。但是，由于系统计算能力差、成本高和个人电脑广泛进入家庭等原因，人工智能的发展渐渐进入了第二次低谷期。

（三）AI 的第二次低谷期

人工智能元年开启后的第四个十年内，即 20 世纪 80 年代末期，人工智能进入了第二次低谷。这是一个被称为人工智能的“冬天”的时期，主要原因是人工智能的产业化、商业化过快膨胀导致的受阻。

1982 年，美国数据设备公司 DEC McDermott 开发的 R1 可以说是第一个成功的商用专家系统。直到 1986 年为止，估计它每年可以为公司节省 4000 万美元的开支。该程序帮助新的计算机系统配置订单。到 1988 年为止，几乎每一个美国公司都有自己的 AI 研究小组，并且正在使用或者研发之中。DEC 公司的 AI 研究小组已经部署了 40 个专家系统，还不包括正在研究中的。美国杜邦（Dupont）公司也有 100 个专家系统在使用中，有 500 个在研究之中，估计每年为公司节约 1000 万美元的开支。

1981 年日本宣布了“第五代计算机计划”，为期十年，以研制运行 prolog 语言的智能计算机。美国也组建了微电子和计算机技术公司 MCC。AI 研究计划是其中的一部分，包括芯片设计和人机接口的研究。英国在《艾尔维报告》（*Alvey Report*）之后，恢复了因1973年的《莱特希尔报告》而终止的AI投资。

总之，AI产业和商业化在这一时期过于快速发展。从1980年的几百万美元猛增到1988年的数十亿美元。几百家公司研发专家系统、视觉系统、机器人以及服务的专业软件和硬件。随后，一个被称为人工智能的冬天的时期很快到来，很多公司因为无法兑现自己的承诺而破产。

但是，这一个时期，人工智能研究在逐步采用科学的方法。除了严格的经验，实验结果的重要性，都必须经过数学的论证和统计分析。如在语音识别、机器翻译、神经网络等方面的研究都符合这个趋势。

（四）人工神经网络的复兴

在研究人工智能的过程中，最初的考虑是信息处理系统模型，所谓"符号主义"的指导思想占主导。人们可以将大脑视为一部信息处理器，计算机就是一个信息处理器的例子。因此，当初AI研究的思路是从信息加工的角度看问题。AI需要应对符号处理，符号处理的研究和早期的成功在AI研究与应用的前20年占主导地位。世界各地的AI实验室在这方面做出了很大的贡献，使得计算机和程序设计语言具有强大的符号处理能力，并建造了大型复杂的符号处理系统。

然而，进入20世纪80年代后，AI研究的重心开始转移，人们的研究兴趣重新集中在对神经网络和进化计算，如遗传算法等受生物启发的计算机方法方面。整个80年代，对有隐藏层或者反馈系统的复杂神经网络的研究取得了重大进展。这些进展在信号处理和模式识别领域找到了很好的稳定应用。人工智能研究的"联结主义"指导思想大行其道。

这里值得一提的是，在20世纪80年代后期引起神经网络研究的巨大复兴的，适用于多层网络的反向传输（Back-propagation）学习算法，实际上在1969年就由布赖森（Bryson Ho）首次发现了。而且，早在20世纪40年代，麦卡洛克（Warren McCulloch）和皮茨（Walter Pitts）就开始了神经计算方面的研究工作。当时的神经计算系统的基本构造单元是人工神经元。这种神经元可以用阈值逻辑单元进行建模。他们试图理解动物神经系统的行为，但他们的人工神经网络（Artificial Neural Network，ANN）模型有一个严重的缺点，就是没有学习功能或机制。

20世纪50年代，美国人弗兰克·罗森布拉特（Frank Rosenblatt）曾经建立了一种能够像人类思维那样从感知到识别，再到记忆的机器"感知器"。这是一种人工神经网络，当时主要被用来对二维图像进行分析、识别和理解。它采用一种称为感知器的学习规则（Perceptron Leaning Rule）的迭代算法，以便在单层网络中找到适当的权重，其中所有的神经元都连接到输入端。在这个新的研究当中，由于明斯基（Minsky）和派珀特（Papert）声明：某些问题不能通过单层感知器解决，如异或逻辑（XOR），造成研究受阻。联邦资助的神经网络研究也被严重地削弱。

明斯基认为，处理神经网络的计算机存在两个关键的问题：首先，单层神经网络无法处理“异或”电路；其次，当时的计算机缺乏足够的计算能力以满足大型神经网络长时间的运行需求。过去的数据量非常少，在互联网出现之前，除了《圣经》和少量联合国文件，找不到类似的数据。明斯基对神经网络的批判将其在整个70年代带入“寒冬”，人工智能产生了很多不同的方向，神经网络好像被人们忘记了。

20世纪80年代初，由于霍普菲尔德（Hopfield）的工作，这个领域才进入了第二次爆发期，也有学者称其为神经网络技术的复兴期。霍普菲尔德网络（Hopfield Neural Network，HNN）是一个异步网络模型，使用能量函数找到了NP完全问题的近似解。20世纪80年代中期，戴维·鲁姆哈特（David Rumelhar）和杰弗里·辛顿（Geoffery Hinton）等人提出了反向传播（back-propagation network，BPN）算法，解决了两层神经网络所需要的复杂计算量问题，克服了明斯基说过神经网络无法解决异或的问题，该算法是对神经网络批判的一个有力的回答。

在随后的30年，随着软件算法和硬件性能的不断优化，深度学习技术终于可以大展身手了。比如，人们采用基于反向传播的神经网络来预测道琼斯指数，在光学字符识别系统中读取印刷材料，也用于控制系统，等等。卡内基梅隆大学的项目ALVINN，用反向传播网络感测识别高速公路来协作Navlab车辆转向，在车辆偏离车道时，系统会提醒驾驶员。

四、时代召唤：人工智能的广泛应用

最近的30年，人工智能迎来了第三次高潮。20世纪90年代至今，尤其是近20年，人工智能得到了迅猛发展，其理论和技术日趋成熟，并且得到了非常广泛的实际应用。可以说，人工智能对人类社会和人们的日常生活产生了极其深刻的影响。一般来说，一项科学技术趋向成熟的标志应该是它的理论比较系统完善，并得到有效的实际应用。人工智能本身十分复杂，难以使用单一的理论来进行描述，至今也没有一个统一的原理或范式指导其研究，在人工智能的许多问题上，研究者都还存在争论。一系列的理论和具体实践方法层出不穷。显然，对于方兴未艾的人工智能还不能说理论已经成熟，但得到了广泛的实际应用是不容置疑的。

下面介绍国际几大科技商业公司的AI实际应用的案列，粗略了解一下人工智能的实际应用。如国际商业机器公司（IBM）的“沃森”（Watson）战胜了国际象棋冠军、谷歌（Google）的“阿尔法狗”（AlphaGo）横扫人类的围棋高手和百度的AI基础平台“百度大脑”等，还有微软和“脸书”（Facebook）的AI产品与发展战略。这些产品普遍应用了人工智能的一系列最新研究成果，尤其是神经网络深度学习理论，如高级博弈、自然语言处理、语音图像识别、机器翻译、垃圾信息过滤、智能Agent、自动规划与调度等。

（一）AI 采用科学方法

人工智能的两次“严冬”或“低谷”也推动了 AI 研究领域从科学方法论上进行思考。第二次低谷之后，人工智能的研究逐步采用了科学的方法。除了严格的经验实验结果外，还必须有数学论证和统计分析。而且，通过共享测试数据库和代码，可以对实验结果进行反复验证。研究者们重新审视了 AI 与控制论、统计学等的相互关系。

1988 年，裘德·珀尔（Jude Pearl）的《智能系统中的概率推理》促使 AI 对概率和决策理论的新一轮接纳。同期，对不确定知识进行有效表示和严格推理的贝叶斯网络（Bayesian Network）的形式化方法被发明出来。这种方法允许根据经验进行学习，并且结合了经典 AI 和神经网络的精华，目前主导着不确定推理和专家系统中的 AI 研究。

1998 年戴维·麦卡利斯特（David McAllester）的一席话也很能说明问题：“在 AI 的早期，符号计算的新形式是值得称道的，例如框架和语义网络，它们使得很多经典理论失效。这导致形成了一种孤立主义，AI 与计算机科学的其他领域之间出现巨大鸿沟。这种孤立主义目前正被逐渐抛弃。人们现在认识到，机器学习不应该和信息分离，不确定推理不应该和随机模型分离，搜索不应该和经典的优化和控制分离，自动推理不应该和形式化方法与静态分析分离。”显然，这是对人工智能排斥控制论和统计学等方法的批判。

正如美国计算机和人工智能专家罗素（S.J.Russell）在 2013 年指出的那样：“近年来我们已经看到了人工智能研究在内容和方法等方面发生的革命。现在更普遍的是在现有理论的基础上进行研究而不是提出全新理论，要把主张建立在严格定理或者确凿的实验证据的基础上而不是靠直觉，揭示对现实世界的应用的相关性，而不是对玩具样例的相关性。”

例如，在语音识别、机器翻译、神经网络等方面的研究都有这种趋势。在语音识别研究方面，20 世纪 70 年代人们尝试的大量不同体系结构与方法都仅仅是展示在一些特定样本中的演示。近些年来，基于隐马尔可夫模型（Hidden Markov Models，HMMS）的方法开始主导这个领域。根据这个数学框架，研究者一方面利用了数十年积累的数学成果，另一方面通过大量真实的语音数据训练系统，在严格的“盲测”中来不断地提高语音系统的性能。现在语音技术和与其相关的手写识别技术等已广泛用于工业领域和个人生活。

在神经网络研究方面，很多工作都在 20 世纪的八九十年代得以完成。人们试图弄清楚神经网络到底能做些什么，神经网络与其他传统技术到底有多大的不同。通过改进方法和理论框架，这个领域达到了一个新的高度，可以和统计学、模式识别和机器学习等领域的相应技术相提并论。这些进一步的发展使所谓的数据挖掘（Data Mining）技术出现，并成为一个有前途的新的工业领域。

20世纪90年代，人工智能领域开始复兴。研究者认识到“老式人工智能”（Good Old–Fashioned AI）不足以创建真正的人工智能系统。同时，技术的进步也使得基于真实数据的AI系统制造变得更加可行。比如说可以从大量的真实数据中找到答案。因为互联网的出现可以帮助收集大量的数据，而且处理大量数据所需的计算能力和存储空间的大大提高使得统计分析技术可以派上用场。另外，更加便宜可靠的感知、驱动硬件等也可以用来制作机器人。这些技术的发展使人工智能在过去20年间得以突飞猛进，对人类的日常生活产生了深刻影响。

（二）人机大赛AI获胜

在人机大赛中,IBM的电脑是出尽风头，获胜不止一次。1997年,IBM的“深蓝”（Deep Blue）电脑在一场著名的人机大赛中就击败了当时的国际象棋大师加里·卡斯伯罗夫（Garry Kasparov）。当然，“深蓝”面对的是一个国际象棋的棋局，在棋盘上每下一步之后的情况是可以穷举的。现在看来，只要有足够的计算能力，计算机要取得胜利并不难。但是，从计算发展的历史阶段来看，“深蓝”是第二阶段的代表。第一阶段是制表阶段，第二阶段是编程阶段，第三个阶段是认识阶段，也就是现在“沃森”（Waston）所处的阶段。

2011年3月，IBM的AI超级计算机“沃森”又一鸣惊人，它在美国收视率最高的人类综合和文化知识问答抢答竞赛电视节目“危险边缘”中，战胜了两位人类的冠军选手。在其三集节目中，前两轮“沃森”与对手打平，在最后一轮中“沃森”打败了最高奖金得主布拉德·鲁特尔（Brad Rutter）和连胜纪录保持者肯·詹宁斯（Ken Jennings）。“沃森”2006年由IBM的托马斯·沃森（Thomas J. Watson）首创，其基本工作原理是解析线索中的关键字，同时寻找相关术语作为回应。“沃森”最革新的并不是算法，而是能够快速同时运行上千的证明语言分析算法来寻找正确答案。“沃森”是能够使用自然语言来回答问题的人工智能系统，关键在于它采用的是一种认知技术，处理信息的方式与人类更相似（不同以往的数字计算机）。“沃森”系统的成就对人类的影响远远超过了当时“深蓝”计算机的成就。

认知计算会从基础上支持人工智能的发展，认知计算的特点在于从传统的结构化数据的处理到未来的大数据、非结构化流动数据的处理，从原来的简单的数据查询到未来的发现数据、挖掘数据为重点。感知人类的情绪，甚至像人类一样拥有感情，是所有人工智能机器人的终极难题。在IBM的大数据挖掘技术的支持下，在一段段支离破碎的自然语言的背后，一个个具体的有喜恶、有性格、有偏好的人格形象被渐渐扒了出来，“沃森”通过对人类自然语言的分析和解读，可以了解到深藏在这些语言背后的情绪和性格。

现在的“沃森”系统能够解决日常生活中的很多需要，如它能够分析人类的味觉，成为一个“沃森大厨”，还能够帮助医生诊断病人的疾病。澳大利亚的迪肯大学（Deakin University）引入“沃森”系统后，通过半年的训练能够回答学生提出的大量问题。“沃森”系统的成功关键在于它实现了机器从计算到思考再到创造的飞跃，这正是人工智能的精髓所在。

2016年3月，由谷歌（Google）旗下“深度思维”（DeepMind）公司戴密斯·哈萨比斯领衔的团队开发的“阿尔法狗”（AlphaGo）与围棋世界冠军、职业九段选手李世石进行围棋大赛，以4比1的总比分获胜。2016年末2017年初，“阿尔法狗”（AlphaGo）在中国棋类网站上以“大师”（Master）为账号注册与中、日、韩三国数十位围棋高手进行快棋对决，连续60局无一败绩。2017年5月在中国乌镇围棋峰会上，它与世界排名第一的围棋冠军柯洁对战，以3比0的总比分获胜。围棋界公认“阿尔法狗”的围棋棋力已经超过了人类职业围棋的顶尖水平。“阿尔法狗”（AlphaGo）是第一个击败人类职业围棋选手、第一个战胜围棋世界冠军的人工智能系统，其主要工作原理是“深度学习”（Deep Learning）。

现在，“阿尔法狗”（AlphaGo）系统的最强版本学习训练3天就能完胜李世石，学习训练40天便可登顶世界冠军。“阿尔法狗”能横扫人类的围棋高手圈是得益于千万盘人类围棋对弈的数据，得益于蒙特卡洛搜索算法和深度学习的最新成就。

图 1-7 “阿尔法狗”与李世石人机大战现场

（三）谷歌公司的其他AI产品

谷歌公司的搜索或广告业务几乎是无人不知。近些年来，它的无人驾驶汽车、谷歌眼镜、类人机器人和检测眼泪中含血糖含量的隐形眼镜等人工智能产品和项目也引起了人们的普遍关注。最近谷歌收购了数家有潜力的人工智能科技公司，如仿人机器人制造商“深度思维”（DeepMind）、“波士顿动力”（Boston Dynamics）公司，并成立了秘密人工智能实验室“Google X”部门。近年来，谷歌加大投入，探寻如具有自学能力的人工大脑、能知能觉的机器设备等创新想法。有人预言，到2024年，谷歌的主营产品将转向人工智能产品。正如谷歌的两位创始人席尔盖·布林和拉里·佩奇曾指出的那样：机器学习和人工智能是谷歌的未来。

首先，谷歌的无人驾驶汽车近些年来非常受人关注。没有方向盘，没有刹车，只是在车顶棚上安装了能够发射64束激光射线的扫描器，扫描器发射的激光碰到车辆周围的障碍物会反射回来，由此便能计算出障碍物离车身的距离。在底部安装了能够测量出车辆在三个方向的加速度、角速度等数据的系统。再接合GPS，所有这些数据与车载摄像机捕获的图像一起输入计算机，系统就可以非常迅速地判断。据凤凰网报道，截至2018年7月21日，谷歌无人驾驶汽车总行驶里程突破800万英里，月增百万[①]。早在2014年底，谷歌就宣布正在汽车行业寻找合作伙伴，以在五年内将无人驾驶技术推向市场。

其次，2012年谷歌的一次“猫脸识别”演示震惊了整个人工智能领域。谷歌“X”部门的科学家将16 000台电脑处理器相连，组成了一个拥有十亿多条连接的神经网络，以模拟小规模的新生大脑（一般普通成人大脑大约有100万个神经连接）。在连续给它播放了一个星期的YouTube[②]视频后，其中一个人工神经单元竟然对猫的照片反应强烈。也就是说，人工神经网络经过训练，学会了从未标记的YouTube视频中检测出“猫”。使用这种大规模的神经网络，谷歌将标准图像分类测试的精确度相对提高了70%。如今谷歌正在积极扩展这一人工智能系统，以训练更大规模的模型应用到其他领域，如语音识别和自然语言建模等。

实际上，机器学习技术并非只是和图像相关。谷歌试图将这种人工神经网络方法应用到其他领域，当然，要想将深度学习技术从语音和图像识别领域扩展到其他应用领域，需要科学家在概念和软件上做出更大突破，同时需要计算能力的进一步增强。

另外，2009年谷歌与美国国家航空航天局（National Aeronautics and Space Administration，NASA）以及若干科技专家联合建成的一所新型大学，即闻名遐迩的“奇点大学”（Singularity University）。奇点大学的研究领域聚焦于合成生物、纳米技术和人工智能等，旨在解决人类面临的重大挑战。奇点大学的校长是美国未来学家兼人工智能专家雷蒙德·库兹韦尔（Ray Kurzweil）。他一直潜心研究具有智能的机器，目标是帮助计算机理解甚至表达自然语言。他希望他们研究的智能机器比IBM的“沃森”更好。如今谷歌凭借在深度学习和相关人工智能领域的成绩吸引了一批世界顶尖的人工智能科学家加入。除了雷蒙德·库兹韦尔，还有“谷歌无人车之父”塞巴斯迪安·史朗（Sebastian Thrun）、彼得·若维格（Peter Norvig）以及深度学习的开山鼻祖杰弗里·辛顿（Geoffrey Hinton）等。

（四）开放平台百度大脑

百度是一家2000年1月在中关村诞生的中国搜索引擎公司。在搜索引擎的背后，除了有链接分析等互联网技术，还需要自然语言处理、信息检索等AI技术。2013年

① http://tech.ifeng.com/a/20180721/45074846_0.shtml。

② YouTube：一个让用户下载、观看及分享影片或短片的视频网站。其公司于2005年2月15日由美籍华人陈士骏注册成立，2006年11月被谷歌收购。

1 月，百度成立了百度研究院（Institute of Deep Learning，IDL），中国第九批“千人计划”的国家特聘专家、知名机器学习专家余凯担任常务副院长。2014 年 5 月，百度在硅谷设立了人工智能中心，并聘请了谷歌人工智能部门创始人之一、斯坦福大学著名的人工智能专家吴恩达（Andrew Ng）担任负责人。最近，百度的语音和图像产品迅速崛起，正是受益于深度学习领域的技术突破。百度的“百度语音助手”具有语音指令、语音搜索和语音问答等功能，是通过神经网络的深度学习技术来实现的。百度识图借鉴的是认知学中的一些概念和方法，百度探索出了独特的相似度量学习方法，用来寻找图像的相似性和关联。

“百度大脑”于 2016 年 9 月的百度世界大会上正式发布。同时，百度还宣布对外开放百度 AI 核心技术平台。它的新算法是适度学习，当拥有更多数据时效果变得越来越好。2018 年 7 月“百度大脑”宣布升级至 3.0 版本，开放 110 多项核心 AI 能力，“百度大脑”3.0 的核心技术突破是“多模态深度语义理解”。它不仅让机器听清、看清，更可深入理解其语言背后的含义，从而更好地支撑各种应用。“百度大脑”每日的调用次数已超过 4000 亿次。截至目前，“百度大脑”已对外开放了 150 多项领先的 AI 能力，构建起 AI 全栈技术布局。

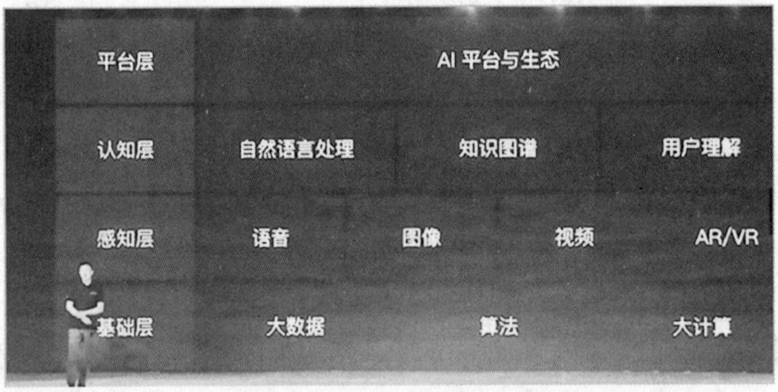

图 1–8　百度大脑基础架构

“百度大脑”是百度多年技术积累和业务实践的集大成，包括视觉、语音、自然语言处理、知识图谱、深度学习等 AI 核心技术和 AI 开放平台，对内支持百度所有业务，对外全方位开放，助力合作伙伴和开发者平等便捷地获取 AI 能力，加速 AI 技术落地应用。以算法为基础的“百度大脑”则是人工智能和深度学习的代表。目前，百度人工智能方面的能力已经被广泛应用于语音、图像和文本识别以及自然语言处理和语义理解等方面。比如，小孩突然生了病，家长突然间不知道如何应急处理时，可以通过手机拍照把症状发给“百度大脑”，系统会为你提供应急处理方法和推荐就诊的医疗机构等服务。至于你想听某一首歌，或者是看到某张照片想了解它们的情况，通过“百度大脑”将是很容易做到的。

百度在 2014 年就宣布“百度大脑”能模拟人脑的 200 亿个神经元，达到了 2 到

3 岁小孩的智力水平。这意味着百度的进度在不声不响地做到全球领先。除“百度大脑”之外，开放云、数据工厂也是百度非常重视的项目。百度的大数据引擎由这三个核心大数据能力组成。百度围绕“百度大脑”人工智能在逐步实现打造智能硬件生态的宏伟计划。智能化之后，硬件具备连接的能力，能实现互联网服务的加载，形成“云 + 端”的典型架构，准备大数据的附加值等。百度试图利用人工智能进行互联网转型，正如吴恩达所说，赢得人工智能就赢得了互联网。

基于“百度大脑”的技术支撑，百度还推出了多款智能硬件，其中“百度眼”（BaiduEye）或百度“筷搜”等最为吸引眼球。“百度眼”是一款智能穿戴设备，它没有眼镜屏幕，佩戴者只需用手指在空中对着某个物品画一个圈，或者拿起这个物品，“百度眼”马上可以通过这些手势和指令锁定该物品并进行识别和分析处理。比如，当你走在街上看到某人穿的一件漂亮衣服时，你想知道这件衣服商品信息只要轻轻地用手指对着它画一个圈，“百度眼”就会告诉你它的名称、产地、特点或者衣服的促销信息等。“百度眼”是一款比较前卫的人工智能产品。因为没有屏幕的遮挡，带着他的人不会因为用眼过度而感到疲劳，因此它比谷歌眼镜的设计更加先进。目前，它专注于商场购物和博物馆游览方面的使用。

未来百度将继续利用 AI 以及其他核心技术赋能各行业转型升级。特别是在二十大召开后的新时期，新发展格局和高质量发展的要求越来越需要科技领军企业在国家战略科技布局中发挥独特作用，而百度作为我国的科技型骨干企业在原创性引领性科技攻关方面将任重道远。

（五）其他 AI 产品

为了打造一个普及的人工智能生态圈，微软公司推出了微软“小娜”（Cortana）、微软“小冰”（Microsoft Xiaoice）和即时翻译软件（Skype Translator）等人工智能产品。不久前，微软还宣布其深度学习系统 Adam 取得了突破性成果，比起之前的深度学习系统而言更加成熟。例如，在图像识别方面，这个系统不仅可以识别出指定物品，还能够在该类目分类项下进行更精确的识别。例如，与之前的“谷歌大脑”在看完一周 YouTube 视频后只能识别猫的情况比较，微软的 Adam 可以识别狗和狗的品种。进一步，它还能辨别出沙皮狗和巴哥犬，并且使用的机器数量只有谷歌的 1/30。

还有，“脸书”（Facebook）也成立了新的 AI 实验室（Ailab），聘请了著名的人工智能学者、纽约大学教授伊恩 · 勒坤（Yann LeCun）担任其负责人。2014 年 6 月“脸书”推出了一款称为“深脸”（DeepFace）的人工智能产品，能够完成人的面部验证。面部验证是指出两张照片中相同的面孔，而面部识别只是指认出面孔对应的人是谁。当问到两张陌生照片中的面孔是否是同一人时，“深脸”的辨别正确率达到了 97.25%，不论明暗的变化，也不论照片中的人是否直面镜头。“深脸”已经非常接近人脑识别能力的 97.35%，比早期的类似系统正确率提高了 25%。这充分展示了人工智能深度学习的威力。

“深脸”、“脸书”的深度学习部分是由九层简单的模拟神经元构成，它们之间有超过 1.2 亿个链接，为训练这个网络，“脸书”的研究人员选出了该公司囤积的用户照片中的小部分数据，属于近 4000 人的 400 万张带有面孔的照片，“深脸”通过分析这 400 万张照片，在它们上面找到关键的定位点，并通过分析这些定位点来识别人脸。这套系统能够延伸出来的相关应用非常强大，像身份验证、定位等，我们以后可能不再需要身份证了，而且目前困扰人们的移动支付安全问题也可以得到解决。

“脸书”在人工智能领域也有长期的规划，2016 年前，将专注于为用户建立分享内容的全新体验，2018 年重塑整个数字体验。

图 1–9 是从腾讯视频上截取的美国“波士顿动力”（Boston Dynamic）公司的双足人形机器人“Atlas”做后空翻动作和跳过障碍物的照片。由马克·雷伯特（Marc Raibert）领导的“波士顿动力”公司在美国当地时间 2018 年 10 月 11 日发布了一条最新视频，视频中，Atlas 首先在小跑过程中跨越一根放在地上的横木，紧接着以左右腿交替的方式连跳上三级台阶（每级高 40 厘米）。

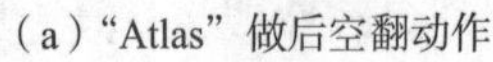

（a）“Atlas”做后空翻动作

（b）“Atlas”连跳上三级台阶

图 1–9　“Atlas”做后空翻和跳过障碍物（美）

2019 年，由日本和美国等最新开发的一些家庭服务机器人，如“妻子”和“丈夫”等，在互联网备受关注。它们已经不仅具备一定的类似于人类的感知、理解和分析能力、情感交流和语言互动等能力，而且还具有一些类似于人类的形象和身体结构，在很多方面似乎都在超越了人类本身，甚至比现实世界的人更加完美。当然，这也引发了一些关于机器人伦理道德方面的讨论。

总之，人工智能和人相比，有几个大的台阶需要跨越。第一个台阶是功能。功能是工具的价值点，一直推动着人类社会的进步。第二个台阶是智能。在意思支配下的各种能力如计算、记忆和分析能力等。第三个台阶是智力。它比智能更高一筹，包括判断力、创造力等内容。第四个台阶是智慧。智慧往往是由丰富的阅历、经验和深邃的思考积淀而成的洞察力等。目前，全世界最聪明的人工智能机器也只能站在第二个台阶上。人工智能这个概念的大部分含义，今天其实还停留在功能和一定的智能阶段。智能与智力只差一个字，对机器而言却极其难以跨越。今后人工智能是否具有人类一样的创造力还真不好说。这也正是很多人为之担忧的问题："未来机器人会不会像某些科幻作品中描述或预言的那样最终统治人类？"但不管怎样，现在 AI 的很多单项能力都已经远远超越人类，甚至 AI 可以自己学习和设计程序了。

图 1–10 为人工智能创业发展的简单过程与趋势的示意图。

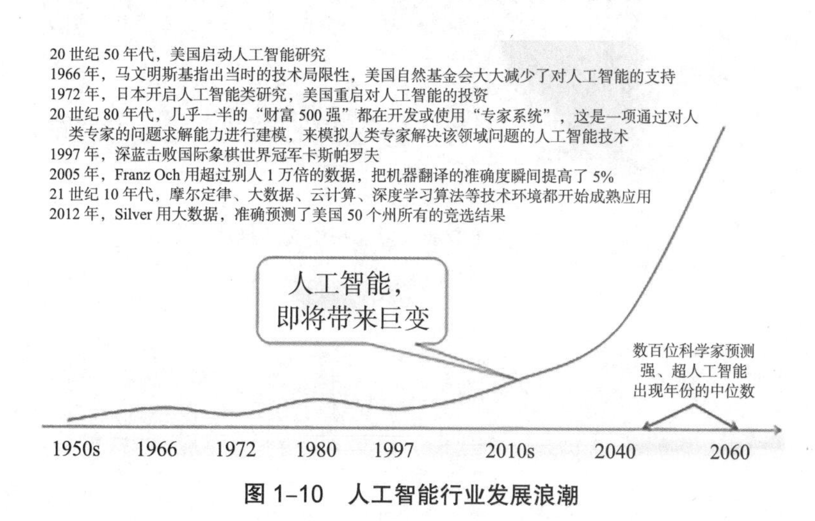

图 1–10　人工智能行业发展浪潮

我们正在步入一个全新的人工智能时代，未来人工智能将成为创造高附加值的重要来源。党的二十大报告更是提出要构建"新一代信息技术、人工智能、生物技术、新能源、新材料、高端装备、绿色环保等一批新的增长引擎"，在党的二十大伟大决策的宏观部署下，在我国新时期建设数字中国的愿景下，人工智能逐渐成为推动战略性新兴产业集群发展、打造具有国际竞争力的数字产业、发展数字经济、构建现代化产业体系的新型增长引擎。在世界范围内，人工智能的影响将超越互联网革命，由大数据、云计算、物联网、5G 通信等新一代信息技术和人工智能结合带来的颠覆式创新将超越我们的想象，有人把人工智能的广泛应用将带来的产业巨变称为"第四次工业革命"。在本书的以下各个章节中，我们也将看到人工智能在各个领域广泛而实际的应用。未来在生产车间里，可能我们再也看不到人类工人繁忙的场景，在超市、在餐厅我们也看不到收银员、厨师和服务员了。人工智能可以帮助我们完成很多任务，辅助我们做决策。关于人工智能是对人类的馈赠，还是会给人类带来灭顶之灾成为潘多拉的盒子，人们对此争论不休。但是，人们仍然心存希望。

图 1–11 是来自清科研究院《2017 中国人工智能行业投融资发展研究报告》的一份资料，它很好地概括了人工智能发展历史的主要内容，以此为起点，让我们在接下来的章节里领略人工智能的奇妙之处吧。

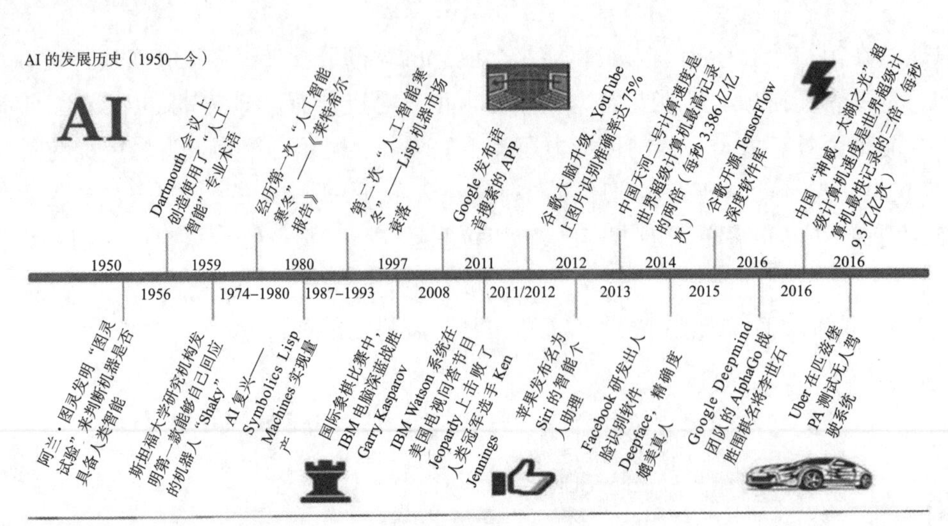

来源：公司公开信息，*Goldman Sachs Gfoba Investment Research*

图1–11　人工智能的发展历史大事件[①]

① 资料来源：《2017中国人工智能行业投融资发展研究报告》。

第二章　人工智能概述

“活了一百年却只能记住 30M 字节是荒谬的。你知道，这比一张压缩盘还要少。人类境况正在变得日趋退化。”

——马文·明斯基（Marvin Minsky）

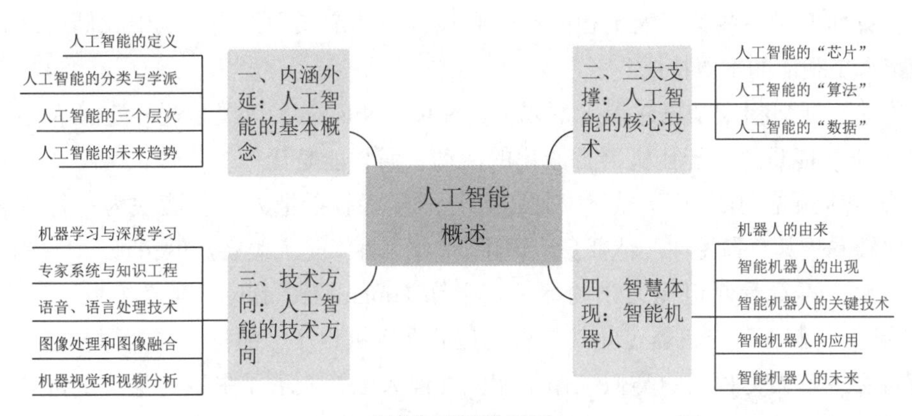

本章知识思维导图

人工智能（AI）属于计算机学科的一个分支，同时也是一门多学科融合的综合性边缘学科。它涵盖了逻辑推理、搜索、模式识别、知识表示、神经网络、规划、群体智能等各方面的内容，也包括游戏博弈、语音识别、自然语言理解、图像处理、计算机视觉、专家系统、机器学习和深度学习等应用技术方向，并实际应用到社会生活的方方面面，即所谓“人工智能 +”。本章我们将系统介绍一下人工智能的概念、核心技术支撑、主要技术方向和应用领域等基本内容。

一、内涵外延：人工智能的基本概念

（一）人工智能的定义

从字面上看，“人工智能”（Artificial Intelligence，AI）还是比较好理解的。所谓“人工”是指人造的或仿制的意思。就实物的本质特性而言，一般来说仿制品的性能是比不上自然物品的。比如，我们穿的皮鞋，有仿皮的也有动物皮的，仿皮的皮鞋比较廉价、防水性可能会比较好，但可能不如动物皮的皮鞋好用。所谓的“智能”一般是指人类特有的一种思维和情感活动，包括人的认知、推理、判断、预见性、想象力、提出问题、分析问题和解决问题的能力等，还包括人的自主意识、各种情绪、喜好等一系列的思维、情感活动及其所产生的结果。不过现在也有很多证据显示，动物也具有不同程度的智能表现。

当然，关于人的思维活动或人类智能的问题，涉及生物医学、人类学、物理、化学和心理学等各种科学知识。近些年来，虽然科学家对人类大脑的结构和功能已有一定的认识，但是关于其更深层次的东西还有待进一步的研究和发现。这里，我们谈到的人工智能是指研究和实施模仿人的智能的一种学科和技术。事实上，关于人工智能还并没有一个精确、全球通用的定义，其研究内容和应用领域也是随着社会的需要和技术进步而发展变化的。也许正是这种“不确定性”促使了整个领域的蓬勃发展，而各类专业人员凭着这种看似模糊的方向指引，不断加速技术、产业的进步。下面例举一些关于人工智能比较有代表性的定义和说法，从中我们可以分析和看出人工智能的本质特征。

首先，斯坦福大学尼尔斯·尼尔森（Nils J. Nilsson）教授是这样定义人工智能的：“人工智能是致力于让机器智能化的活动，而智能是让一个物体正常运作并对所处环境有所预见的能力。”显然，尼尔斯·尼尔森教授把人工智能视为一种智能活动，比较看重其“预见性”特征。应该说，“预见性”是人类智慧的一种典型特征。

其次，再看看斯坦福大学约翰·麦卡锡（John McCarthy）教授的另一个定义：“人工智能是制作智能机器（尤其是智能化的计算机程序）的科学与工程，它与利用计算机去理解人类智慧的类似工作很相关，但人工智能不用限制在生物上可观察的那些方法。”这里，约翰·麦卡锡教授是从学科和科学门类的角度定义人工智能的特征的。他认为这门科学的本质是研究“智能机器”，“尤其是智能化的计算机程序”。

从以上两位斯坦福大学教授的定义中不难看出，人工智能即是让机器或系统变得智能化的技术总称，这与其他一些定义不谋而合，只是表述方式不同。比如，“让系统像人类一样思考、行动”，或者“让系统理性思考、行动”等等。

通常的定义是：人工智能“作为计算机科学的一个分支，主要研究开发用于模拟、延伸和扩展人类智能的理论、方法、技术及应用系统，涉及机器人、语音识别、图像识别、自然语言处理和专家系统等方向”。显然，人工智能作为一门科学技术属于计算机学科的一个分支。它最核心的技术支撑主要有数据、硬件系统（芯片）和软件算法三方面。应用技术方向主要包括机器学习、深度学习、专家系统、语音处理、图像识别、自然语言处理、计算机视觉和机器人等方面的成就，涵盖了逻辑推理、搜索、模式识别、知识表示、神经网络、规划和群体智能等方面的内容。同时，人工智能也是一门综合性的边缘学科、交叉科学。其基础知识不仅涉及计算机科学、信息论和控制论，还包括数学统计、神经生理学、心理学、哲学和认知科学等。生产行业和应用领域主要集中在安防、电商广告、消费电子、汽车、制造、医疗、教育、金融和服务等方面，并运用于各行各业。现在人工智能与我们的生活密切相关。

（二）人工智能的分类与学派

人工智能的分类还是一个比较难说清楚的问题。因为，人工智能涉及的基础知识非常广泛，研究的内容或技术方向也非常广泛，应用领域几乎扩展到我们社会生活的方方面面。虽然它经历了“三次浪潮”和“两次严冬”的发展和考验，但至今还没有形成系统的理论体系，依然处在不断的创新研究之中，同时又在急切地走向实际应用。严格地说，它是一个典型的跨学科、综合性的新兴学科，方兴未艾。所以，要对它进行很好的系统分类还比较困难。

这里，我们根据一些有代表性的说法对人工智能的研究领域做一个初步的分类：比较认同的说法是将人工智能分为“强人工智能”和“弱人工智能”；比较常说的是源于哲学和心理学的相关流派的人工智能“三大学派”，即“符号主义”、“联结主义”和“行为主义”；当然，也有人提出“生物启发的人工智能”。显然，这些分类使用的是不同的分类标准。

1.“强人工智能”和“弱人工智能”

在人工智能的研究领域，一直以来都存在两种主要的不同思想方法或者学派。它们有着不同的出发点和衡量人工智能的标准。

一种是所谓的“弱人工智能”。这个学派的研究者主要强调的是人工智能系统执行的结果，而与人工智能系统本身是否是以与人类相似的工作方式执行任务无关紧要。他们将任何表现出智能行为的系统都视为人工智能的例子。这在电子工程、机器人和相关的领域表现突出。如现在日本最先进和最逼真的各种服务机器人还都属于弱人工智能的系统。这个学派主要以麻省理工学院的研究者及其成果为代表。弱人工智能的支持者认为：人工智能研究的目的是为了解决困难问题，而不必理会实际解决问题的方式。

另一种是所谓的“强人工智能”。这个学派的研究者主要关注的是生物可行性。他们认为人工智能系统应该与人类的智能系统有相似的结构和工作方式。当人造物展现出智能行为时，它的表现应使用和人类相同的工作方法。强人工智能的支持者关注的是人工智能系统的结构是否类似于人类的相关结构。现在的神经网络和深度学习算法可以说是对人类神经系统结构以及人类学习方式方法的仿照和模拟，应该算是强人工智能的初步形式。

举个例子说明。对于人工智能“听觉”和“视觉”而言，弱人工智能的研究者只关心系统是否能够看到或者听到的结果，并不关心系统是什么样的结构。他们把人工智能系统作为一个黑箱来看待，只关心它的输入和输出。而强人工智能的支持者则认为系统应该具有和人的眼睛或耳朵相识的结构才行。人工智能的听觉系统应该具有耳膜、听管和其他类似于人类的耳朵的结构部分，人工智能的视觉系统应该具有视网膜感知器、眼睛的晶状体和眼球等类似于人的眼睛的结构。

当然，社会上也有人将强、弱人工智能理解为人工智能在功能上的强与弱。这种理解过于表面，当然，功能的强弱，最终会与结构发生密切的联系。从长远来看，人工智能功能的强弱与结构的相似程度应该是正相关的。

2. 人工智能的“三大学派”

另一类分类方法是源于哲学和心理学关于“认知心理学”的不同流派，所谓人工智能的“三大学派”——“符号主义”、“联结主义”和“行为主义”。由于研究人工智能问题离不开对认知心理过程的研究，离不开对人类大脑结构的研究，因此哲学和心理学的指导思想自然也就深刻地影响到 AI 研究领域，同时，自然科学新的研究方法，如信息论和控制论等也参与其中。

符号主义（Symbolism）是一种基于逻辑推理的智能模拟方法，又称为逻辑主义（Logicism）、心理学派（Psychologism）或计算机学派（Computerism）等。该学派认为人类认知和思维的基本单元是符号，而认知过程就是在符号表示上的一种运算。因此，可以用计算机来模拟人类的智能行为。早期的人工智能研究者绝大多数属于此类，它曾在 AI 研究领域占主导地位，其代表人物是纽威尔、西蒙和尼尔森等。

联结主义（Connectionism）也是源于心理学的一个流派[①]，后派生到AI研究领域。20 世纪 80 年代初，认知心理学中兴起了一种认知研究范式，即网络模型。它把认知看成是来自大脑或神经系统网络的整体活动。联结主义赋予网络以核心性的地位，强调的是网络的并行分布加工，注重网络加工的数学基础。20 世纪 80 年代以来渐渐取代符号主义成为现代认知心理学的理论基础。AI 领域的人工神经网络研究方法也属于这种指导思想，现在处于 AI 研究领域的主导地位。

行为主义（actionism），又称为进化主义（evolutionism）或控制论学派（Cyberneticsism），是一种基于“感知—行动”的行为智能模拟方法。这一学派认为，智能取决于感知和行为，取决于对外界复杂环境的适应，而不是表示和推理不同，行为表现出不同的功能和不同的控制结构。它源于 20 世纪初的行为主义心理学流派，后受到维纳和麦洛克等人提出的控制论的影响而形成，20 世纪末才以人工智能新学派的面孔出现。

人工智能三大学派在不同阶段交替占据主流，且各有优势。比如，符号主义特别适合做推理，联结主义做感知非常有效。现在人工智能的发展有融合的趋势。中科院自动化所副研究员王威表示：“我觉得现在无论是国内还是国外 AI 的研究发展，都需要把这三个学派统一起来，而需要做到对这些领域非常了解，才能把它融合起来。因

① Stuart Russell and Peter Norvig，“Artificial Intelligence: A Modern Approach”（3rd Edition），（Essex，England: Pearson，2009）.

为未来要达到强人工智能，每个方面的感知、认知、推理、技艺的功能都需要。”

我们也认为各种流派的思想方法在 AI 研究领域最后应该是殊途同归的。例如，现在的人工智能系统是不能绝对分出弱人工智能或者强人工智能的。也就是说，现在研究的人工智能系统，我们既要考虑它的外部功能表现和结果，也要看它的内部结构和工作方式。实际上，当内部结构和工作方式受到限制时，外部功能和最终结果也不会太理想。因此，应该说强人工智能的思维方法是今后的发展方向。正是因为如此，有学者提出 AI 未来的发展是“超强人工智能”或“受生物启发的人工智能”。例如，在研制飞机时，人们是模仿鸟的飞行行为才设计出来各种飞行器的。人工智能研究中的进化计算、遗传算法、人工神经网络和群体智能的思想方法可以说也都是属于受生物启发的人工智能。

（三）人工智能的三个层次

如前所述，人工智能既属于计算机科学的一个分支，也是一门综合性的边缘学科、交叉科学。它不仅涉及的基础知识包括自然科学、社会科学和人类思维等各个方面，而且研究内容和技术方向也非常广泛。同时，生产行业和应用领域也是无所不及。因此，有必要将这些广泛而复杂的研究内容和应用领域进行分层归类。

1. 传统人工智能的研究内容

可以说，人工智能在过去十几年间已经从设计走向了真实的世界，并成为社会的一种重要驱动力量，给我们的日常生活带来影响，包括从简单地制造智能机器到制造可以与人交互并且可行动的智能机器。传统意义上人工智能的研究内容可以分为以下几个方面：

（1）搜索与计划：基于目标的行为分析、推理。

（2）知识表示和推理：将信息处理看成一个有结构的形式，以便更有效、可靠地找到答案。

（3）机器学习：通过观察相关数据，以针对某一任务自动改进效果。

（4）机器人：设计、制造可以在真实世界发挥作用的系统，主要研究感知、行动及其集成等基础问题。人机交互近来也很热门，因为机器与人、与其他计算机系统共同使用一个空间。

（5）机器感知：一直是一个重要领域，部分是因为机器人，但也是一个独立的方向，主要包括机器视觉和自然语言处理等。

（6）多机交互：各智能系统如何相互沟通、互动。

（7）其他：比如社交网络分析、众包模式（crowdsourcing）等。

而现在，有些领域变得非常“热门”，或受到更多的关注，但这并不意味着其他领域就不重要、或将来也不会重新变得“热门”。目前，比较“热门”的领域包括：大规模的机器学习（超大数据集）、深度学习（如卷神经网络用于视觉及其他感知：音频、对话、自然语言处理等）、强化学习、机器人、机器视觉、自然语言处理、协作系统、众包模式和人力计算、算法游戏理论（如市场平衡）和计算社会选择（如何在各选项中综合排序）、物联网、神经计算等。数据驱动的热潮替代了人工智能一些传统的方向（如逻辑知识表示与推理、计划、贝叶斯推理）。

2. 人工智能的三个层次

现在，人工智能领域最主要的驱动因素是机器学习技术的日益成熟，这得益于"云计算"资源和可以通过网络收集的"大数据"的支持；而机器学习则主要是基于深度学习的大力推进。当然，信息处理技术的进步也离不开硬件技术的飞速发展，这使得一些基本操作成为可能，如感知、知觉、物体识别等；另外，新兴平台、市场对数据产品的需求，以及受经济利益驱动去开发的新市场、新平台等因素都有力促进了人工智能相关研究的发展。结合现在人工智能的广泛应用和各种技术相互渗透的情况，我们将人工智能研究的主要内容和应用领域分为核心层、技术层和应用层，目的是给大家一个形象和清晰的概念，其结构示意如图 2–1 所示。

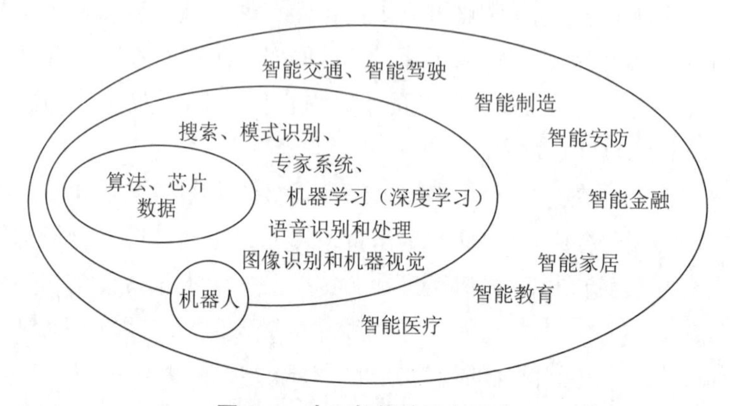

图 2–1　人工智能的三个层次

其中，核心层主要是指人工智能所必需的各种算法、硬件系统（包括微处理器、存储器等芯片和云系统）和各种应用数据以及待处理的信息等。这些构成了人工智能最基本的三大基础技术，简称算法、芯片和数据。技术层是指人工智能领域发展较快的一些技术方向，主要包括搜索、模式识别、专家系统、语音识别和自然语言理解、图像识别和计算机视觉、神经网络和深度学习、机器人等。它们既是三大基础技术的直接应用，也是各行各业工程应用的技术基础，我们称为人工智能的技术方向。应用层则是指人工智能技术在我们日常生活、工作学习和社会生产实践等领域中的工程应用，也就是我们通常说的"人工智能 +"的内容。这些"人工智能 +"的内容是我们最为熟悉的，因为它们与我们最为靠近。

其中，机器人技术已成为一个独立的门类，它既是第二个层面人工智能技术方向的各种技术的综合应用，又是第三个层面其他工程应用的基础技术。现在的智能机器人技术几乎渗透到各行各业和社会生活的方方面面。

（四）人工智能的未来趋势

谈到未来趋势，严格地讲，我们主要应该从人工智能的研究动向、技术应用和市场趋势以及政府的政策措施等方面进行分析。鉴于本章之后各章节都有具体介绍，这里我们先从宏观上对人工智能的研究动向和产业发展趋势做一个简单的概括，以便读者先有一个整体的认识。

1. 人工智能的研究趋势

专家预测，在接下来的十几年间，研究趋势包括：与人交互、熟悉周围人物特点并专门为其设计的系统，寻找新方法以交互、可扩展的方式去教机器人；物联网系统和云（人工智能可以帮助处理其所带来的巨量信息）；人工智能的社会属性、经济属性。在接下来的几年中，新的感知、物体识别模式以及对人安全的机器人平台将增加，数据驱动的产品和市场也将增长。

专家还预测，一些传统的方向可能会重新获得重视，主要是因为各类专业人员会逐步意识到这种端到端的深度学习方式所不可避免的局限性。研究人员、各类专业人员、使用人员需了解、涉猎人工智能各领域在第一个五十年中的重要进展，也需了解其他相关领域的进展，如控制理论、认知学和心理学等，以便更好地参与、推进人工智能系统的研究、设计、开发和运维。

我们认为，人工智能的研究趋势主要体现在以下几个方面：

首先，未来相当长一段时间，神经网络深度学习依然是一个热门的研究方向，而且主要集中在广泛的实际应用领域，即所谓的“人工智能 +”。如今，得益于海量数据的支持，深度学习算法在图像与语音识别领域的应用效果已经达到，甚至超越了人类水平。可以说，它们的应用还只是一个开始，刚刚进入爆发期。

其次，人工智能发展历史上的各种方法也会相互借鉴，彼此融合走向统一。如强、弱人工智能，结构主义和行为主义，仿生的人工智能等，它们都是从一个方面深入研究和模拟人类智能的。虽然各有长处，但还是相对片面的。因为真正的人类智能是一个完整的实体，各个侧面是围绕核心的统一体。因此，各种研究方法也一定会“殊途同归”。

第三，人工智能和其他各种新技术，尤其是新一代信息技术相互融合是一个重要的研究趋势。比如，在云计算、物联网、大数据的支持下，机器学习可以促进数字化技术发展，促进注重人类情感、语言、行为理解的综合性研究，将机器学习提升到人际互动高度。在日常生活生产中也会充分应用智能技术，如在教育、金融、医疗等方面为人们生活提供更大便利，使其向个性化、智能化方向发展。

此外，关于人工智能的安全性和伦理问题研究也是一个非常重要的研究方向。人们虽然对人工智能充满希望，但却也不能准确预测未来人工智能的自我进化是否有一天会“碾压”人类，造成灾难。现在人工智能已经可以自我学习，还可以自己设计程序了。

2. 人工智能产业发展趋势

随着人工智能技术的进步，其产业发展也非常迅速，包括人工智能专业领域（如自然语言处理、机器人及相关硬件）及其在各行各业的应用（即“人工智能+”交通、执法、教育、安防等各个领域）。据统计，在中国，人工智能在医疗健康、金融、商业三个领域应用的企业最多，分别占22%、14%和11%。这种集中分布趋势与全球分布类似，全球人工智能企业的结构如下图2–2所示。

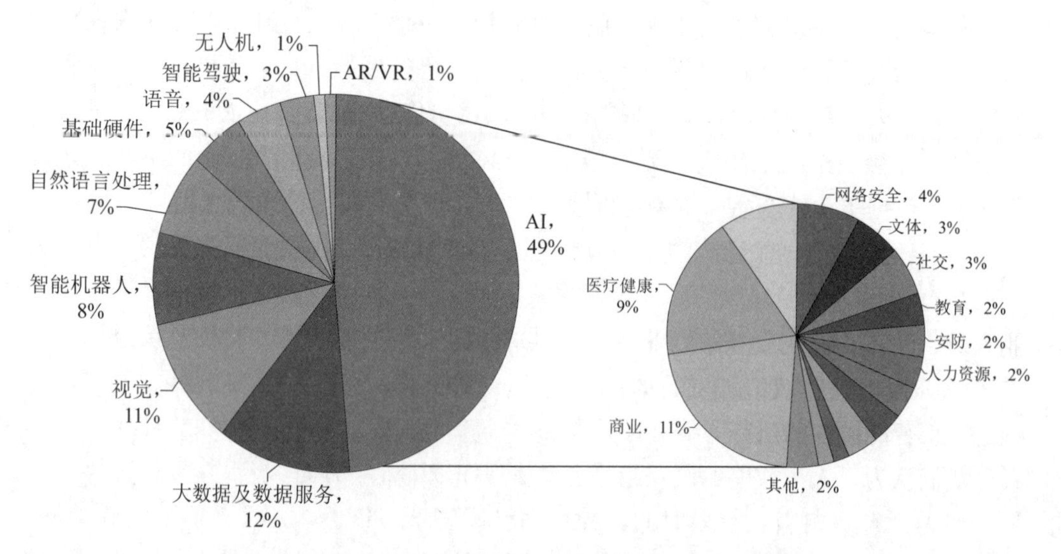

图2–2　全球人工智能企业分布（技术领域和各应用领域）[①]

各应用市场总额预测如表2–1所示（数据来源：中国信息通信研究院[②]），从表中可以看出，金融、教育、智能驾驶领域应用的年均增长率最快，达40%以上。

表2–1　人工智能产业市场预测

人工智能应用领域	全球市场总值（2017）单位：亿美元	全球市场总值（2023预测）单位：亿美元	年均增长率（%）	中国市场总值（2017）单位：亿元	中国市场总值（2023预测）单位：亿元
医疗		254　（2025）		130	200（2018）
金融	13.38	73.06（2022）	40.4		8（2020）
零售	130.7（2018）	385.1	24.12	366262	
教育	3.73	36.84	47.0		

①　资料来源：中国信息通信研究院（2018年）。

②　各应用领域市场数据来自中国信息通信研究院，其中数据统计也来自于各类统计报告，如美国IHS Automotive报告、中国《财经》数据、Technavio市场研究报告、Market Research、Markets and Markets等，所以数据统计不一定一致，而且数据不全，这里只为反映人工智能市场发展迅速的概貌，仅供读者参考。

续表

人工智能应用领域	全球市场总值（2017）单位：亿美元	全球市场总值（2023 预测）单位：亿美元	年均增长率（%）	中国市场总值（2017）单位：亿元	中国市场总值（2023 预测）单位：亿元
家居	840	960 （2018）		916.6	1396（2018）
农业	67	135	12.39		
制造	2028.2	4790.1	15.4	15000	28100（2023）
网络安全	49.6		29		
人力资源	126	300 （2025）		3436	8427（2022）
安防	349.62	826.15	15.41	4500	
智能驾驶		60 万辆（2025）	48	681	893（2018）
智能机器人	500			1200	

二、三大支撑：人工智能的核心技术

要实现人工智能，必须要有一定的工作主体和工作的对象。所谓的工作主体指的就是 AI 的物质载体和它的工作方法或步骤等。比如，对于计算机而言，工作主体是指计算机系统的硬件和软件。其中，硬件结构的核心部分是 CPU（中央处理单元）。其次，是它处理问题的方法、步骤，用专业术语说就是“算法”。所谓工作对象指的是需要处理的问题内容，包括信息或数据等。一台好的计算机是不可能离开硬件系统、软件算法和信息数据这三样东西的。它们是最基础的三大支撑，其发展水平决定了计算机科学技术本身的水平。人工智能作为计算机科学的一个分支，从属于计算科学技术，也一样离不开这三大基础支撑。为了表述的方便，一般我们抽象地称为“芯片”、“算法”和“数据”。

对于人类的大脑思考问题来说，也是一样。首先，必须有一个人脑的神经系统作为物质基础。其次，要有一定的思想方法和处理问题的工作步骤。第三，必须有要处理的对象，也就是所面临的问题、信息或数据。当然，人类处理问题的方法和步骤以及有关知识来源于从小的学习和训练积累。现在，人工智能神经网络也需要一段时间的学习和训练。实际上，最初计算机和人工智能也都是模仿人脑的工作而设计出来的。

（一）人工智能的“芯片”

早期人工智能主体的物质基础显然还不是今天所说的“芯片”。从人工智能的发展历史中可以看出，早期 AI 的物质基础是通过物理机械结构或计算机的电子机械结构承载和实现的。随着计算机科学本身的发展，尤其是作为其基础的半导体和集成电路技术的快速发展，经过电子管、晶体管、集成电路到大规模和超大规模集成电路的发展，才有了今天的“芯片”。那到底何为芯片呢？

通常我们所说的芯片是指在上面制作了电子电路的半导体晶片。因为半导体材料如“硅”和“锗”等，它们都是以一种晶体形式存在的原材料，故称为硅晶体、锗晶体等，为了制作集成电路，人们常常把它们切成一小片一小片。当在上面制作了比较重要的电子电路、集成电路，如计算机的处理器CPU或者是存储器之后，我们就把它们称为“芯片”。“芯”，也就是最为核心的部分。现在集成电路的水平已经非常发达，人们可以将一个庞大和复杂的电路系统直接做在一个硅片上面。如计算机的CPU加上一些外围电路都可以制作在一个硅片上，形成所谓的“单片机”芯片。这为电子产品缩小体积、提高效率和增强性能等带来了极大方便。

芯片的制作要经过一系列非常复杂、精细的半导体工艺过程。比如说，需要经过清洗和制作二氧化硅的保护层、多次光刻和扩散制作PN结[①]等前工序，然后还要经过封装测试、安装外壳、引线等后工序。芯片技术是比较典型的高科技和尖端工艺技术，是一个国家现代科技水平的重要标志。

现在，作为基础技术的人工智能芯片搭载了神经网络的算法，已经从CPU、GPU（通用芯片）发展到FPGA（半定制化芯片）、ASIC（全定制化芯片）架构的处理器。CPU和GPU是软件配合硬件工作的通用芯片，对人工智能来说效率比较低、价格比较贵。FPGA和ASIC是硬件配合软件工作的专用芯片，对人工智能来说是一种效率比较高、价格也比较便宜的芯片。由于神经网络深度学习等算法处理的数据量非常大，速度必须非常快。因此，采用专用人工智能芯片是未来的一个发展趋势。比如，现在智能家居的很多设备都已经植入了人工智能的神经网络芯片。未来，这类专用芯片还将得到更加广泛的应用。当然，更加强大的功能需要，可以采用多芯片连接使用。现在已经可以通过互联网“云服务”，将大量的芯片和计算机系统连接起来组成一个人工智能的云服务系统，加上“大数据”的处理方法和5G移动通信技术的支持，人工智能的能力大为提高。

人工智能芯片的发展依赖于半导体技术。在这方面，以前美国、日本、韩国和欧洲一些发达国家一直处于领先位置，如高通、英特尔、英伟达、三星等都是中国的主要芯片供应商。每年中国进口的芯片价值高达2000亿美元以上，2018年芯片进口额超过3000亿美元。中美贸易争端以来，中兴、华为等中国企业遭到美国芯片禁售的事件对中国芯片企业有很大的刺激作用。因此，最近一段时间以来国产芯片发展迅速。现在，中国也能自主生产7nm的芯片了。百度、华为、阿里巴巴是近年崛起的中国芯片三大巨头。加上华为在5G领域的全球领先地位、我国经济实力的突飞

① PN结是指在两种半导体材料P型和N型的结合面形成的特殊空间电荷区或者势垒区，它是制作二极管和晶体管的核心。

猛进、高端人才的回归和各种政策的支持，未来中国在人工智能领域有望弯道超车，走在世界最前列。

图 2-3 华为麒麟 980 芯片（2018 年 8 月发布）

据美国市场调研咨询公司 Compass Intelligence 发布的 2018 年度全球 AI 芯片公司排行榜显示：全球前 24 名的 AI 芯片企业主要集中在美国（14 家）和中国（7 家），英国的 ARM 和 Imagination 已经被日资和中资收购。排名前三的公司依次为英伟达、英特尔和恩智浦。中国华为（海思）排第 12 名，其余 6 家为 Imagination、联发科、瑞芯微、寒武纪、芯原及地平线机器人。根据目前集成电路和人工智能的发展水平，常用的人工智能芯片可概括为以下几类：

（1）通用芯片 GPU（Graphics Processing Unit），即图形处理单元。它是单指令、多数据处理的芯片。它采用数量众多的计算单元和超长的流水线，主要用于处理图像、视觉领域的运算加速。它是处理大数据计算的能手，当需要对大数据反复做同样的事情时，GPU 更合适。但是它必须由 CPU 进行调用和下达指令才能工作。CPU 可单独作用，处理复杂的逻辑运算和不同的数据类型。但是，当需要处理大数据计算时，CPU 需要调用 GPU 进行并行计算。

（2）半定制化芯片 FPGA（Field-Programmable Gate Array），即现场可编程门阵列。它是在可编程器件 PAL、GAL、CPLD 等的基础上发展的产物。既解决了定制电路的不足，又克服了原有可编程器件门电路数量有限的缺点。它适用于多指令、单数据流的分析，与 GPU 相反。因此，它常被用于预测阶段，如云端。FPGA 是用硬件实现软件算法的芯片，在实现复杂算法方面有一定的难度，缺点是价格比较高。

（3）全定制化芯片 ASIC（Application Specific Integrated Circuit），即专用集成电路芯片。它是为实现特定用户需要和系统应用要求而设计、定制的芯片。除了不能扩展以外，在功耗、可靠性、体积方面都有优势，尤其在高性能、低功耗的移动设备端更是如此。

（4）神经网络芯片 NPU（Neural-network Processing Unit），即嵌入式神经网

络处理器，有时也称为NPU协处理器。它采用“数据驱动并行计算”的架构，一般为组件形式。它是基于多层计算机芯片的人工神经网络，可以通过多层芯片的连接模仿人脑神经网络的结构与功能。它特别擅长处理视频、图像类的海量多媒体数据。

例如，清华大学研究团队研发出的支持神经网络的芯片“思考者”的独特之处在于低能耗驱动——使用8节五号电池就能满足其一年所需的工作电量。“思考者”可以动态调整其计算和记忆的系统要求，以满足软件需要。它可嵌入在智能手机、智能手表、家用机器人等各种设备中。

深度学习能发展到现在的水平，得益于计算系统运算能力的提升，而这种提升正是作为技术支撑的处理器能力快速提高的结果。目前，“阿尔法狗”（AlphaGo）使用的处理器是通用的处理器，在其他领域都可以使用。2010年，谷歌公司使用了1.6万个处理器运行了7天来训练一个识别猫脸的深度学习神经网络。在围棋方面战胜了人类冠军的“AlphaGo”则使用了更多的处理器。

（二）人工智能的“算法”

“算法”一词原意是指计算机“计算”题目或处理问题的步骤。这里要说明的是，现在的数字计算机处理问题的步骤和人类处理问题的步骤还有很大差别。因为计算机还不能完全按照人类大脑的工作方式去工作，必须按照机器能够操作的方式去设计步骤。而且人们必须将这些步骤编写成相应的计算机语言程序，然后通过编译系统转换成二进制的代码后，计算机才能识别和执行。所以说，“算法”是特指计算机工作、完成任务的步骤。人工智能属于计算机的一个分支，它的工作步骤也采用“算法”一词。

当然，从哲学的方法论层面来讲，计算机做事的方法和人类做事的方法是相同的。都是先要建立一个能解决问题的数学模型，然后再据此设计具体的工作步骤去求解。人们利用计算机解决问题的一般步骤大概可概括为：第一，对要解决的问题进行理解和分析；第二，找出解决问题的方法，建立相应的数学模型；第三，设计计算机解决问题的具体步骤，即“算法”；第四，根据算法编写相应的计算机语言程序；第五，上机调试和检验程序；第六，下载程序交给计算机去执行。实际上，这些步骤还是指人利用计算机做事的步骤。计算机真正能参与的只是第五和第六步，其他都是人来完成的。当然，今后我们希望人工智能能够自主地完成这六个步骤，那才是真正的人工智能。

机器学习是人工智能领域最能体现智能的一个分支，也是人工智能领域最不可或缺的技术，根据人工智能领域不同的思想方法，如符号主义、联结主义、进化主义、贝叶斯学派（Bayesians）和类推原理（Analogizer）等，机器学习存在各种不同的算法。由于算法的内容专业性比较强，而且是建立在各种数学模型基础上的，所以比较难懂。这里，我们尽可能用通俗的语言做一个简单介绍。

（1）决策树和随机森林算法。决策树（decision tree）是在符号主义思想指导下形成的一种典型的分类与回归方法。由于它的数学模型呈树形结构，因此被形象地称为“决策树”算法。它是一类模仿人在日常生活中决策问题的方法，如当人们面对“是与否”、“好与坏”等二分类问题时是如何判断或决策的方法，即所谓的二叉树结构。它将实际问题从根节点开始排列到叶节点，进行科学分类。可以认为它是 if–then 规则的集合，目的是不断缩小求解的范围以最终得到问题的结论。具体典型的算法有 ID3、C4.5、CART 三种。从本质上讲，决策树是通过一系列规则对数据进行分类的过程。这种算法是一种逼近离散函数值的方法。其中，决策树学习的核心问题是特征划分和剪枝。实际工作中应严格控制模型的复杂性，调整参数，科学控制，让数据自适应选择。

由决策树演进发展形成的随机森林算法（Random Forest，RF）克服了决策树的一些缺点，提升了学习准确度。它通过创建多分裂器和回归器，提高了分类和预测的精度。

（2）人工神经网络 ANN 算法（Artificial Neural Networks algorithm）。这是指在联结主义思想指导下，形成的模拟人脑结构和思维过程的一类算法。它建立在人工神经网络的基础之上。研究者认为神经网络是由众多的神经元可调节连接权值而连接成的一个非线性的动力学系统。它的特点在于信息的分布式存储、并行协同处理和良好的自组织自学习能力。单个神经元的结构虽然极其简单、功能有限，但大量神经元构成的网络则能实现极其丰富和复杂的功能。

在神经网络发展过程中，出现了前馈神经网络和递归神经网络两种结构。不同的人工神经网络模型存在结构和运行方式的差异，相应的神经网络算法也有所不同。如 1986 年由鲁姆哈特（Rumelhart）等人提出的 BP（Error Back Propagation）算法，即误差反向传播算法。它的学习过程由信号的正向传播与误差的反向传播两部分组成。它既可以用在前馈神经网络，又可以用于递归神经网络训练。因此，得到了最广泛的使用。

最近十多年发展起来并得到广泛应用的各种深度学习算法也都属于这一类。

（3）遗传算法（Genetic Algorithm）。这是在进化主义思想方法指导下形成的一类算法。它是一种通过模拟自然进化过程设计的搜索最优解的方法。遗传算法努力避开问题的局部解，并尝试获得全局最优解。其基本思想来自达尔文物竞天择观和遗传学三大定律。具体做法包括设计对问题解的编码规则，利用适应度函数和选择函数剔除次优解，再借助“交叉重组”及“变异”方法生成新的解，直到群体适应度不再上升。

遗传算法是解决搜索问题的一种通用算法。遗传算法的实质是求函数的全局最优解的问题。对于一些非线性、多模型、多目标的函数优化问题，用一般的其他优化方法较难求解，而遗传算法比较容易得到较好的结果。

（4）支持向量机（SVM）算法。这是在类推思想方法指导下形成的一种算法。通常用于二元分类问题，对于多元分类通常将其分解为多个二元分类问题进行处理。所谓的支持向量机（SVM）是一种用于分类问题的最优化数学模型。所谓的支持向量是表示空间各点中距离分隔超平面最近的点。SVM 算法的目的就在于通过一定的数学方法找到这样的分隔超平面，最大化支持向量到超平面的距离，将两类点彻底分开，即求出相应数学模型的有关参数值。支持向量机具有处理分类（Support Vector Classify，SVC）问题和回归（Support Vector Regression，SVR）问题两种功能。而这两者主要差异在于数学模型。

支持向量机及其算法的研究是近十余年机器学习、模式识别和数据挖掘领域中的热点，受到计算数学、统计、计算机、自动化和电信等有关学科研究者的广泛关注，也取得了丰硕的理论成果，并被广泛地应用于字符识别、面部识别、行人检测、文本分类等领域。SVM 算法可解决二次规划问题，以 SVM-light、SMO、Chunking 等具体算法为支持，可以实现各种智能控制。

此外，还有源于统计学贝叶斯定理的主要算法如朴素贝叶斯算法等，这里就不再赘述了。

（三）人工智能的“数据”

所谓数据（data）是计算机科学中的一个专用术语，是指事实或观察的结果。它是对客观事物的逻辑归纳，用于表示客观事物的未经加工的原始素材。我们也可以用信息、信号等词语来描述。数据可以是连续的，也可以是离散的值。比如声音、图像等信息为模拟数据，符号、文字等信息为数字数据。在计算机系统中，数据一般以二进制信息 0 和 1 的形式表示。

随着人工智能的快速发展和普及应用，大数据在不断累积，深度学习及强化学习等算法也在不断地优化。未来，大数据将与人工智能技术紧密结合，具备对数据的理解、分析、发现和决策能力，从而使人们能从数据中获取更准确、更深层次的知识，挖掘数据背后的价值，并催生新业态、新模式。无论是无人驾驶还是机器翻译，也不管是服务机器人还是精准医疗，都可以见到“学习”大量的“非结构化数据”的现象。“深度学习”、“增强学习”和“机器学习”等技术的发展都在积极地推动着人工智能的进步。如计算视觉，作为一个复杂的数据领域，传统浅层算法识别准确率并不高。自深度学习出现以后，基于寻找合适特征来让机器识别物体几乎代表了计算机视觉的主流。图像识别的精准度从 70% 提升到了 95%。由此可见，人工智能的进一步发展不仅需要理论研究，也需要大量的数据和数据积累作为支撑。

数据的规模和采集能力决定了人工智能在行业中的发展速度。在这方面中国具有一定的优势，尤其是互联网和安防行业的智能化，我国已经走在前面。如海康威视、大华股份、科大讯飞、东方网力、千方科技、阿里巴巴、腾讯、新浪等的 AI 应用比较领先。医疗领域的大数据处理技术将是下一个 AI 的热点，如东软、思创医惠和东华软件等企业的长期成长优势较大。

据 IDC、希捷科技曾发布的《数据时代 2025》白皮书预测，到 2025 年全球数据总量将比 2016 年增长 10 倍多，达到 163ZB（Zettabyte，1ZB=10 万亿亿字节）。其中，属于数据分析的数据总量相比 2016 年将增加 50 倍，达到 5.2ZB。属于认知系统的数据总量将达到 2016 年的 100 倍。数据的爆炸性增长将推动着新技术的发展，为神经网络的深度学习训练提供丰厚的数据基础。

人工智能领域富集了海量数据，传统的数据处理技术难以满足高强度、高频次的处理需求。AI 芯片的出现，大大提升了大规模处理大数据的能力和效率。例如，采用传统的双核 CPU，即使在训练简单的神经网络培训中，也需要花几天甚至几周时间，而使用目前出现的 GPU、NPU、FPGA 或各种 AI–PU 专用 AI 芯片，运算速度能提高约 70 倍左右。

关于数据问题，下面几个基本概念我们应该有所了解。

（1）数据分析。它是指用适当的统计方法对收集来的大量数据进行分析，提取有用信息和形成结论，而对数据加以详细研究和概括总结的过程。数据分析可帮助人们做出正确的判断，以便采取适当的行动。数据分析的数学基础在 20 世纪早期就已确立，但直到计算机的出现才使得实际操作成为现实，并得以推广。数据分析是数学与计算机科学相结合的产物。

（2）数据挖掘（Data Mining），也称为资料探勘、数据采矿。一般它是指从大量的数据中通过算法搜索出隐藏于其中的信息的过程。数据挖掘通常与计算机科学有关，并通过统计、在线分析处理、情报检索、机器学习、专家系统和模式识别等诸多方法实现。它是数据库中知识发现（Knowledge–Discovery in Databases，KDD）的一个步骤。

（3）大数据（Big Data）。它是指无法在一定时间范围内用常规软件工具进行捕捉、管理和处理的数据集合。大数据以非常巨大的数据为核心资源，将产生的数据通过采集、存储、处理、分析并应用和展示，最终实现数据的价值。大数据技术的意义不在于其数据量的“巨大”，而在于对其中有价值信息的提取从而产生“增值”。高德纳（Gartner）研究机构认为“大数据是需要新处理模式才能具有更强的决策力、洞察力和流程优化能力的海量、高增长率和多样化的信息资产”。

大数据处理主要包括采集与预处理、存储与管理、分析与加工、可视化计算及数据安全等过程。大数据具备数据规模不断扩大、种类繁多、产生速度快、处理能力要求高、时效性强、可靠性要求严格、价值大但价值密度较低等特点，能为人工智能提供丰富的数据积累和训练资源。以人脸识别所用的训练图像数量为例，百度训练人脸识别系统需要 2 亿幅人脸画像。

近年来，大数据之所以走红，与物联网、云计算、移动通信技术以及各种智能硬件的快速发展密切相关。在数据方面中国具有较大的优势。中国人口众多，家庭、社区和城市的规模和数量都是全世界最大的。随着物联网的广泛应用，将搜集到海量的各种数据。同时，大数据的运用也离不开“云计算”服务。“云计算”的实质是基于互联网的一种新型的计算机工作模式。它是将以往本地计算机或服务器提供的存储、计算功能和数据信息等资源，通过互联网连接多台服务器的方式提供给用户使用。它具有规模大、廉价、按需服务和通用性好的特点。这将有利于人工智能的做大做强。

三、技术方向：人工智能的技术方向

人工智能的各技术方向是随着时间的推移，人们对问题的认识不断深入、不断拓展而逐渐形成的。科学技术发展的过程服从启发性规律，一般方法是由表及里，由整体到局部，由个别到一般，由孤立到系统。人工智能也不例外。作为一个多学科、综合性的技术领域，经过60多年的发展，取得的成果和形成的技术方向实在太广泛、太复杂，很难用有限的篇幅表达清楚。这里，我们试图从核心技术向外拓展，对几个主要的技术方向按照基本概念、内容种类、结构原理、历史应用的顺序予以简要介绍，并尽可能地揭示出相互之间的因果关系。

（一）机器学习与深度学习

1. 机器学习

顾名思义，机器学习（Machine Learning，ML）就是使机器或者计算机具有学习能力的一种技术。学习是人类最重要的智能行为，如果要让机器模拟和实现这种智能，它将涉及很多重要的基本问题和具体方法。这些问题和方法不仅涉及脑科学、心理学和思维学，也涉及概率论、统计学、最优化理论等多门学科。机器学习是人工智能的核心。曾有学者将机器学习直接视为人工智能。不管怎么说，机器学习是人工智能最重要的一个技术方向。

机器学习的种类已有很多。就分类而言，基于学习策略的有：模拟人脑（如符号学习、神经网络学习或连接学习等）和直接采用数学方法的机器学习（如统计机器学习）。基于学习方法的有：归纳学习（如符号归纳、函数归纳或发现学习）、演绎、类比和分析学习等。基于学习方式的有：有监督、无监督和强化学习等。此外，还有基于数据形式的结构化和非结构化学习，基于学习目标的概念、规则、函数、类别和贝叶斯网络学习等。

机器学习的研究可分为以学习机制研究为主和在大数据环境下的机器学习研究两大类。前者算法包括决策树和随机森林算法、人工神经网络算法、遗传算法和贝叶斯算法等。后者主要研究如何有效利用信息，注重从巨量数据中获取隐藏的、有效的、可理解的知识。不管是何种类型的机器学习，其基本原理都离不开模仿人脑思考问题的过程。机器学习的一般机制如图 2–4 所示。

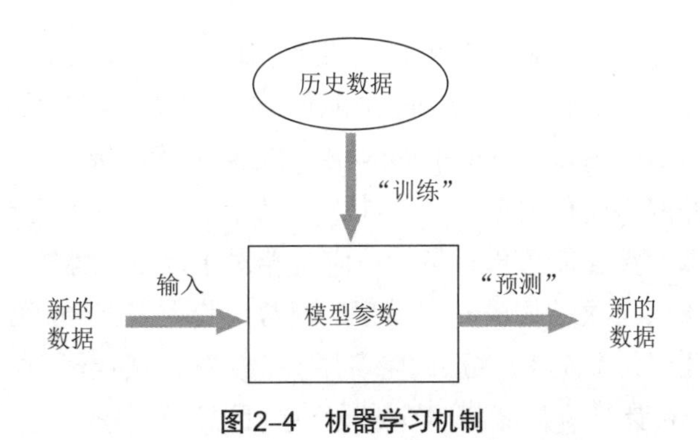

图 2–4　机器学习机制

机器首先读取（并存储）历史数据，用这些数据“训练”自己以便确定处理问题的“模型”或“模型参数”。然后对新的数据进行处理，与模型参数对比来“预测”新的结果。这一过程类似于人脑的创新思维过程：先学习以往的事件（相当于机器训练）并从中归纳总结出规则或经验（相当于建立模型），然后据此处理类似的新事物，得出新的结论（相当于预测）。一般而言，机器学习训练数据越多预测精度就越高。当然，预测精度还与从中提取的特征是否正确有关。

机器学习最早可以追溯到 17 世纪关于最小二乘法的推导等数学工具。自从人工智能登上科学舞台以后，AI 从来就没有离开过它。1943 年，沃伦·麦克洛克（Warren McCulloch）和沃尔特·皮茨（Walter Pitts）首次提出神经计算模型，为机器学习奠定了基础；1957 年，康奈尔大学教授弗兰克·罗森布拉克（Frank Rosenblatt）精确定义的自组织、自学习的神经网络数学模型是典型的机器学习算法。1980 年夏在美国卡内基·梅隆大学举行的第一届机器学习国际研讨会标志着机器学习受到全世界的重视。1986 年，《机器学习》（*Machine Learning*）杂志创刊，机器学习加速发展。2006 年，杰弗里·辛顿（Geoffrey Hinton）和鲁斯兰 – 萨拉赫丁诺夫（Ruslan–Salakhutdinov）提出的机器学习新方法——深度学习，至今方兴未艾，并在多个领域取得长足的进展，催生了一大批成功的商业应用。

2. 深度学习

深度学习（Deep Learning，DL）是机器学习的一个新的分支。它是在传统人工神经网络算法的基础上发展起来的，基于多层神经网络模型的一类更加复杂的机器学习方法和算法的统称。传统的机器学习特征提取和学习算法是分开的，或需要人工提取。而深度学习通过建立类似于人脑神经系统的分层模型，对输入数据逐层自动提取特征、逐层抽象，从而建立起从底层简单特征到高层抽象语义的非线性映射关系。

到目前，深度学习的网络模型种类已经有很多。根据层次结构可分为基本和整体模型；根据数学特性可分为确定性和概率型模型；根据网络连接方式可分为邻层连接、跨层连接、环状连接深度模型等。其中，典型的有卷积神经网络

（Convolutional Neural Network，CNN）、深度置信网络（Deep Belief Network，DBN）和堆栈自编码网络（Stacked Auto-encoder Network）以及近年来受到广泛关注的稀疏编码神经网络（Sparse Coding Neural Network，SCNN）模型等。

深度学习神经网络简化模型如图 2–5（a）所示，这是一个具有两个隐藏层的前馈神经网络。所谓“深度”可以理解为：它是相对于以往机器学习模型的浅层结构而言，具有更加深入层次结构的学习模型。通常，其人工神经网络模型除了有输入和输出层，还有几层，甚至 10 多层的隐藏层。它突破了浅层学习的限制，能够表征复杂函数关系。分析计算时，深度学习神经网络可视为一个黑匣子，对于输入向量 X 应该产生特定的输出向量 Y，如图 2–5（b）所示。

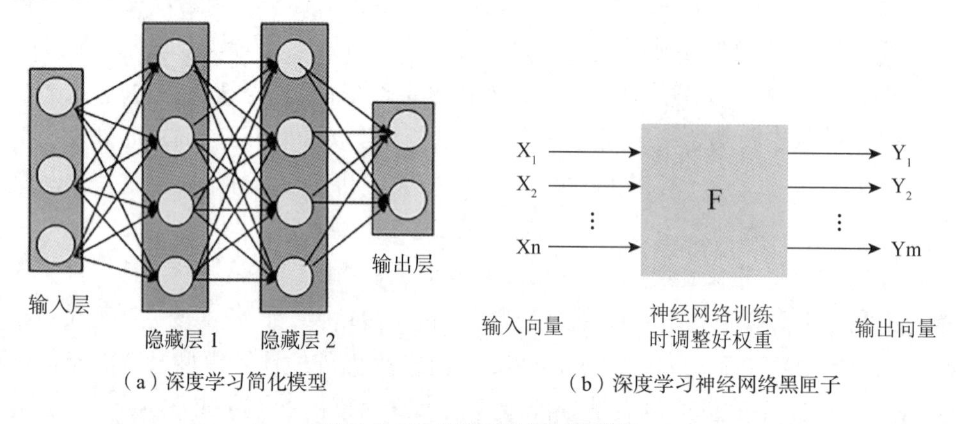

（a）深度学习简化模型　　（b）深度学习神经网络黑匣子

图 2–5　深度学习神经网络模型

简单地说，深度学习的原理是机器学习一般机制的具体化。即先用历史数据对多层网络进行“训练”（所谓学习），以确定网络的优化参数或建立网络模型。然后，提取新数据的特征与模型比较，并进行分类（所谓识别）。从数学上讲，确定网络参数是一个最优化求解问题，即通过一定算法计算出前后层神经元之间的连接强度或权重等。

深度学习是 2006 年由谷歌大脑研究小组的负责人辛顿（Geofrey Hinton）首先提出。它是目前最接近人类大脑的分层智能学习方法和认知过程的机器学习技术。深度学习具有强大的自我学习能力，能实现全局特征和分布式特征的提取。它已成为人工智能发展的一个重要里程碑，也是现在最热门的、影响最大和应用范围最广的、最有前途的一种机器学习方法。深度学习使得机器能模仿人类的视觉、听觉和思维等智能活动，解决了很多复杂的模式识别难题。

总之，机器学习最接近人工智能本质的核心技术方向。一个机器系统的学习能力是其“智能”水平的重要标志。以深度学习为代表的机器学习作为人工智能的一个重要分支，目前在诸多领域取得了巨大成功，已普遍渗透到 AI 其他各技术方向和各应用领域，如专家系统、自然语言理解、计算机视觉和智能机器人等，尤其是在语音和图像识别方面取得的进步远远超过先前的其他技术，具有很大的发展潜力。

（二）专家系统与知识工程

1. 专家系统

专家系统（Expert system，ES）是 AI 领域出现较早、最成功的一个技术方向。它“是具有相当数量的权威性知识，并能运用这些知识解决特定领域中实际问题的计算机程序系统。它根据用户提供的数据、信息或事实，运用系统存储的专家经验或知识，进行推理判断，最后得出结论，同时给出此结论的可信度，以供用户决策之用”。简单地说，专家系统是一类具有专门知识和经验的知识处理计算机系统。

专家系统的结构包括知识库、综合数据库、推理机、知识获取机构、解释程序和人机接口界面等部分，如图 2–6（a）所示，其中：

知识库用来存放人类专家知识，包括基本事实、规则等。库中知识的质量和数量决定了专家系统的水平，它独立于系统的程序。

综合数据库也称为动态数据库或工作存储器，用于存放系统运行过程中需要的原始数据和产生的所有信息。它反映系统当前问题求解的状态。

推理机是对知识进行解释的程序，它根据知识的语义，对按一定策略找到的知识进行解释执行，并把结果记录到动态库中。推理机是问题求解的核心执行机构。

知识获取机构负责建立、修改和扩充知识库，把所需的各种专门知识从人类专家或其他知识源转换到知识库中。它可以是手工的，也可以是半自动或自动的。

解释程序用于对问题求解过程做出说明，并回答用户的提问，让用户理解程序正在做什么和为什么这样做。

人机交互界面是专家系统与系统开发人员（专家）和用户对话的桥梁。

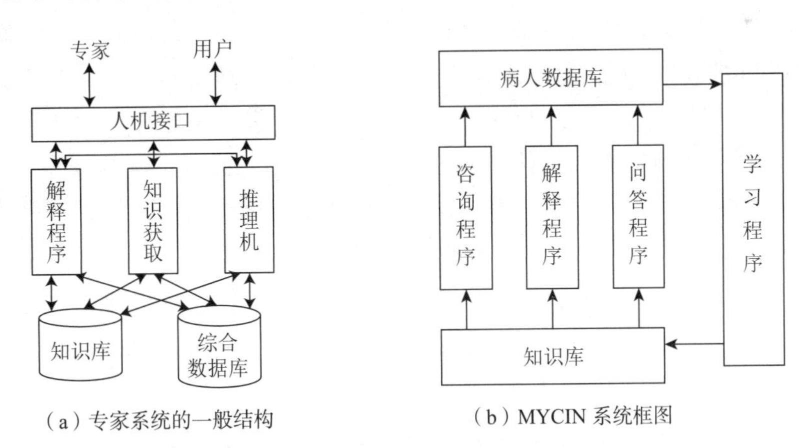

（a）专家系统的一般结构　　（b）MYCIN 系统框图

图 2–6　专家系统的一般结构示意图

专家系统求解问题就是通过知识库中存储的大量知识，模拟人类专家的思维进行推理、解释相关问题的过程。所谓推理是指将当前已知条件和信息与知识库中的规则进行反复匹配。匹配成功则推理结束，给出求解问题的结果。推理机制有正向、反向和混合推理三种。系统开发人员通过人机接口完成基本信息的输入，回答系统提出的问题。同时，推理结果和相关问题的解释也可以显示在人机界面上，用户可以方便地对系统知识库进行扩充和完善。

1965 年，费根鲍姆（Feigenbaum）成功研制的 DENDRAL 是世界上第一台专家系统。它是人工智能研究方法上的一个突破，标志着 AI 从逻辑推理转向以知识为基础的研究。早期的 AI 研究都是从具体问题入手，1956 年在计算机证明逻辑定理方面取得一定成功。60 年代初 AI 转为一般性研究，编制出了一般的问题求解程序，如 GPS。到 60 年代中期，AI 又转为具体研究。将一般的解题策略与专业知识、实际经验结合起来进行专家型模拟，并在 80 年代取得了巨大的成功。同时，提出了“知识工程”的概念。80 年代后期，由于过度炒作一度进入低潮，但至今各种类型的专家系统依然得到了广泛应用。

专家系统至今已经历了三代，现在正向第四代过渡。第一代的 DENDRAL、MACSYMA 等系统高度专业化、求解专门问题能力强；第二代的 MYCIN、CASNET、PROSPECTOR、HEARSAY 等系统属单学科专业型、应用型系统，其体系结构较完整，移植性有所改善；第三代专家系统属多学科综合型系统。现已开始采用大型多专家协作系统，利用最新 AI 技术成果实现具有多知识库、多主体的第四代专家系统。近年来专家系统技术逐渐成熟，广泛应用在工程、科学、医药、军事、商业等方面，而且成果相当丰硕，甚至在某些应用领域，还超过人类专家的智能。

2. 知识工程

知识工程（Knowledge Engineering，KE）是一门以知识为研究对象，研究知识获取、表达和利用等内容，建立相应计算机信息处理系统的科学技术。它研究如何由计算机表示知识，进行问题的自动求解。它是 AI 专家系统发展到一定阶段的产物，是 AI 在知识信息处理方面的应用，包括了整个知识信息处理系统的研究。知识工程的出现使人工智能的研究从理论转向应用，从基于推理转向基于知识的模型。它是人工智能的一个重要分支，也是一门新兴的边缘学科。

知识工程研究的内容除了知识的获取、表达和运用，还包括知识的提供者、专家、知识工程师、分析员、知识管理者、知识开发人员、知识用户和知识管理者不同的角色。它是一个浩大的人工智能系统工程。

知识获取（Knowledge Acquisition，KA）是指从专家或其他专门知识来源汲取知识并向知识型系统转移的技术，它是建立知识系统的关键和“瓶颈”。目前还没有一种统一有效的知识获取方法。现在，自动的知识获取方法有自然语言处理、机器学习和知识发现（Knowledge Discovery in Databases，KDD）等技术。KDD 技术是 20 世纪兴起的，从数据仓库（Date Warehouse，DW）或海量数据库中挖掘有用信息的技术。

知识表示（Knowledge Representation，KR）就是对知识的一种描述，可视为数据结构及其处理机制的综合。一般认为"知识表示 = 数据结构 + 处理机制"，它是专家系统中完成对专家知识进行计算机处理的一系列技术手段。知识表示方法应具备表达的充分性、推理的有效性、可操作维护性和理解透明性。除了一阶谓词逻辑、产生式、框架式、脚本和语义网络等表示方法外，现在多采用它们的改进和混合形式。此外，还出现了面向对象、模糊技术和神经网络等新的知识表示方法，以便处理日益复杂的知识种类。

知识工程于 1977 年由美国斯坦福大学计算机科学家费根鲍姆在第五届国际人工智能会议上正式提出，至今已经历了实验性（1965—1974）、规则性（1975—1980）、专家系统和产品广泛应用（1981—至今）三个时期。反过来，知识工程又为建立优秀的专家系统和第五代计算机（知识信息处理系统）提供了良好的基础理论支持。1980 年之后，以各类专家系统为代表的知识工程产品进入国民经济、生产生活的各个层面，取得了很大的社会和经济效益。

（三）语音、语言处理技术

语音、语言是人类信息交流的重要工具。语音、语言处理技术包括语音信号处理和自然语言处理。它们本属于信号处理、模式识别的范畴，现已成为人工智能研究的一个重要技术方向。语音信号处理包括语音识别、语音编码和语音合成等技术，主要研究语音的产生和感知、语音作为一种信号如何进行处理的内容。此外，还要研究其他有关语音信号的基础原理、方法和应用等方面的内容。由于方言、说话习惯的影响，高效、正确地识别语音信号是语音信号处理技术的重点。

1. 语音识别

语音识别（Speech Recognition，SR）是一门让机器通过识别和理解过程把人类的语音信号转变为相应的文本或命令的技术。它是音频处理技术与机器学习的结合，利用计算机来识别人们所说的自然语言。一般使用时都会结合自然语言处理的相关技术。实质上，语音识别系统是一个模式识别系统，一套建立在一定的硬件平台和操作系统之上的应用软件。

语音识别系统的基本构成包括预处理、特征提取、模式匹配和参考模式库几个主要部分，如图 2–7 所示。语音识别的关键在于特征的提取，以及语言模型和声学模型的建立和训练程度。语音识别的基本过程可归纳为两步。第一步是"训练"或"学习"。它采用语音分析方法分析出语音特征参数之后，将其作为标准模式储存在计算机内，形成识别基本单元的声学模型和进行句法分析的语言模型，即建立所谓的标准模式库或"模板"。第二步是"识别"或"测试"。也就是提取待测语音中的特征参数，按照一定的准则和标准与系统模板中的特征参数进行比较，判决得出识别结果。

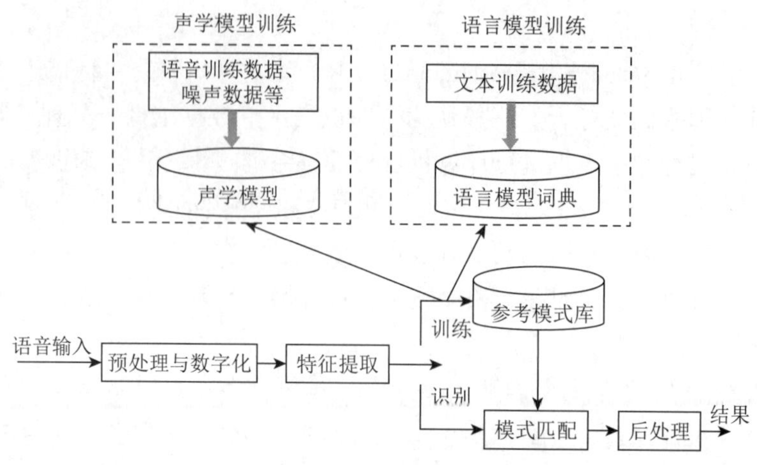

图 2–7　语音识别系统的基本构成①

具体点说，是语音信号经过话筒转变成电信号后输入到语音识别系统。系统首先对输入信号进行预处理，将信号切割成一个个的片段（所谓“帧”），并切除首尾端的静音部分。然后，对这些“片段”进行信号分析、特征抽取，提取特征参数（数学上为一组特征向量）。接下来，将这些特征参数与已经训练好的人类声学模型和语言模型比较。根据特定的规则计算出相应的概率，由此选择与特征参数尽可能相符合的结果，最后以文本等形式输出识别结果。

第一个语音识别系统 Audrey 于 1952 年诞生在 AT&T 贝尔实验室。当时，这个系统只能识别 10 个英文数字。20 世纪 80 年代，隐马尔可夫链（HMM）以及人工神经网络（ANN）的引入，使得语音识别的准确性和效率有了大幅提升。最初是利用与模板匹配进行语音识别。到目前使用较多、也是最为有效的语音识别技术主要有：基于时间规整、基于隐马尔可夫方法和基于人工神经网络的语音识别技术。此外，有研究者还尝试采用混合 HMM/ANN 模型进行语音识别，也取得了很好的效果。现在，AI 深度学习已被广泛应用到语音识别中，它主要是从语音特征提取、建立声学模型等方面下手。

语音识别技术现已经广泛应用于工农业生产和社会生活。如百度语音和科大讯飞语音平台、苹果公司的 Siri、微软的 Cortana 等虚拟语音助手等都采用了最新的语音识别技术，其识别准确率有些甚至达到了 95% 以上，超过了人类自身的识别能力。

2. 自然语言处理

自然语言处理（Natural Language Processing，NLP）是用于分析、理解和生成自然语言，方便人和计算机、人与人之间信息交流的一门科学技术。自然语言处理也称为计算语言学。通常在偏重理论研究时，使用计算语言学一词。自然语言处理和

① 资料来源：于俊婷，刘伍颖，易绵竹，李雪，李娜. 国内语音识别研究综述［J］. 计算机光盘软件与应用，2014，17（10）:76–78.

语音识别一样都属于信号处理的范畴，是一门融语言学、计算机科学、数学于一体的科学技术，同时，也是人工智能的一个重要分支。

自然语言处理并不是一般性地研究自然语言，而是在于研制能有效地实现自然语言通信的计算机系统，以及能实现人与计算机之间用自然语言进行有效通信的各种理论和方法。NLP 的核心目的是使得计算机能够理解和生成人类的自然语言。其主要任务包括信息抽取、机器翻译、情感分析、摘要提取等，所用的具体技术有命名体识别、语义消歧、指代消解、词性标注、结构分析等。自然语言处理的技术方法早期主要采用基于规则的自然语言处理，后来才出现了基于统计的自然语言处理。

自然语言处理的研究内容大体包括自然语言理解和自然语言生成两个部分。要实现人机间自然语言通信，意味着要使计算机既能理解自然语言文本的意义，也能以自然语言文本来表达给定的意图、思想等。前者称为自然语言理解，后者称为自然语言生成。图 2–8 所示是百度公司的自然语言处理简要架构。它分为基础数据、基础技术、应用技术、应用系统和开放平台等层次。

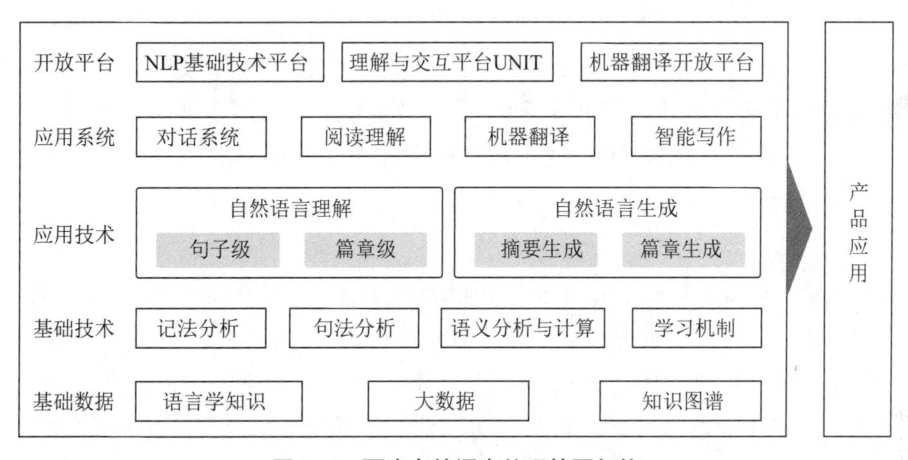

图 2–8 百度自然语言处理简要架构

自然语言处理的主要内容也可以划分为基础技术（词汇、短语、句法语义和篇章的表达和分析）、核心技术（机器翻译、提问与回答、信息检索、抽取、聊天对话、知识工程、语言生成和推荐系统）和 NLP+（搜索引擎、智能客服、商业智能和语音助手）等模块。当然还可以按照其他标准划分。

自然语言处理始于机器翻译研究，1949 年美国人威佛首先提出机器翻译设计方案，1999 年美国计算机科学家比尔·马纳瑞斯（Bill Manaris）给自然语言处理下了一个比较完整的定义。① 经过 60 多年的发展，NLP 技术方法日趋成熟，应用范围越

① 比尔·马纳瑞斯（Bill Manaris）在《从人–机交互的角度看自然语言处理》中给自然语言处理下的定义：“自然语言处理可以定义为研究在人与人交际中以及人与计算机交际中的语言问题的一门学科。自然语言处理要研制表示语言能力和语言应用的模型，建立计算框架来实现这样的语言模型，提出相应的方法来不断完善这样的语言模型，根据这样的语言模型设计各种实用系统，并探讨这些实用系统的评测技术。”

来越广泛。2013年，谷歌提出将词表征为实数值向量的高效工具Wordzvec，输出的词向量可以处理许多NLP问题。目前，卷积神经网络（CNN）已经成为自然语言处理领域的一种重要方法，其强大的特征学习和特征表示能力为很多问题提供了有效的途径和思路。我国研究自然语言处理起步较晚，但是也取得了一系列研究成果。

无论是实现自然语言理解，还是自然语言生成，无论是研究NLP基础技术，还是研究NLP核心技术，都还有很长的路要走。如今，虽然依靠统计学方法和机器学习算法，机器能够从大量数据中自我学习、找出规律，工作效率和准确性均有很大的进步，而且处理能力较强的实用系统大量出现，甚至商品化和产业化。但是，人们尚且不知大脑中意识的来源，关于NLP的研究还停留在表层的模仿阶段。当然，现在我们每天都在使用或受益于NLP技术。例如，各种数据库和专家系统的自然语言接口、机器翻译系统、全文信息检索系统、自动文摘系统等极大地提高了我们的工作效率。但设计通用的、高质量的自然语言处理系统，仍然需要长期努力。

（四）图像处理和图像融合

图像是除语音以外，人类基于自身视觉器官获取、表达和传递信息的另一种重要手段和途径。人们对图像的重视、研究和利用由来已久。如象形文字就是人类最早利用视觉印象表达抽象意义的一种图像处理方法。现在，我们常说的图像工程、图像处理、图像融合、图像识别乃至机器视觉和视频分析等都属于图像处理领域的相关概念或更细分支。

1. 图像处理

图像处理（Image Processing）又称影像处理。它是研究图像内容、原理和处理方法的一门科学。其主要目的是为了提高图像的视觉质量或从中提取目标的某些特征以满足人眼观看或计算机分析、识别的需要。同时，还要满足实现庞大的图像和视频信息的存储、传输和可视化需要。图像处理一般分为模拟图像处理和数字图像处理。现在提到的图像处理多指数字图像处理。数字图像处理（Digital Image Processing）是将图像信号转换为数字信号后利用计算机或有关实时处理硬件处理，从而提高图像可利用性的一门科学技术，包括图像识别、图像理解和图像融合三个层次。

数字图像处理的研究内容和常用方法主要包括图像变换（减少计算量）、编码压缩（方便传输和保存）、增强和复原、图像分割（提取图像中有意义的特征部分，以便进一步识别、分析和理解）、图像描述、图像分类或识别（模式识别）和图像隐藏等。它涉及信息科学、计算机科学、数学、物理学以及生物学等。

图像处理的各研究内容是互相联系的。一个实用的图像处理系统往往需要综合应用几种图像处理技术。图像数字化是将一幅图像变换为适合计算机处理形式的第一步。图像编码是为了方便图像传输和存储。图像增强和复原可以是图像处理的最后目的，也可以是进一步处理的准备。通过图像分割得出的图像特征作为最后结果或作为下一步图像分析的基础。图像分析需要用图像分割方法抽取图像的特征，然后对图像进行符号化的描述，从而对图像中是否存在某一特定对象做出回答，或对图像内容做出详细描述。

数字图像处理系统的基本组成部分，如图 2–9 所示。

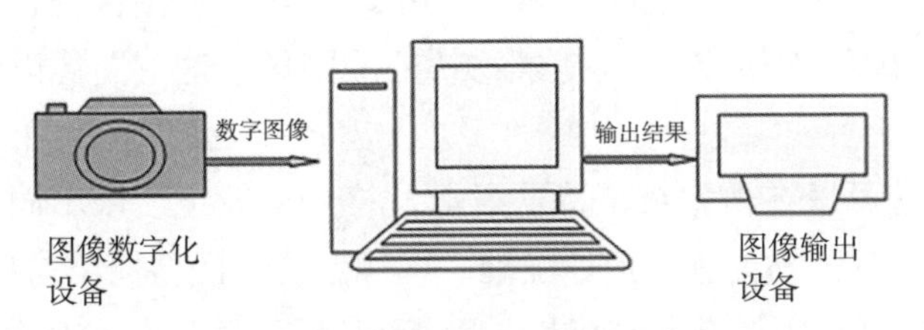

图 2–9 数字图像处理系统示意图

其中，图像数字化设备用于获取图像和图像数字化。常见设备有扫描仪、数码相机、摄像机、各种图像传感器和图像采集卡等。它们输出的是数字图像矩阵（矩阵的元素称为像素）。图像处理计算机是系统的核心，用于对数字图像进行运算、分析和识别等，它还包括通信模块和存储器等。图像处理计算器可以是PC机、工作站、云计算平台或 AI 图像处理器等。图像输出设备用于输出图像处理结果，可以是打印机和显示器等。

图像识别（或分类）是指图像经过某些预处理（增强、复原、压缩）后，进行图像分割和特征提取，从而进行判决分类的方法。常用的有模式识别、统计模式分类和句法（结构）模式分类等。近年来，模糊模式识别和人工神经网络模式分类在图像识别中越来越受到重视。图像识别或分类的基础是图像的相似度。

图像处理的研究历史可追溯到 20 世纪 20 年代。当时，采用图像压缩技术改善了伦敦和纽约之间通过海底电缆传送的图片质量。1946 年数字电子计算机出现后，图像处理技术产生了质的飞跃，并出现了数字图像处理。1964 年美国宇航局喷气式推进实验室成功应用数字图像处理技术对“徘徊者七号”探测器发来的几千张月球照片进行了处理，包括几何校正、灰度变换、去噪声等。70 年代初，图像处理技术开始应用于医学成像、遥感监测和天文学等领域，如大家熟悉的 CT，即计算机断层扫描成像技术就是其典型应用。

现在，数字图像处理已经从一个专门领域变成了一个新兴学科和人机界面工具，已成为人工智能的一个重要和卓有成效的技术方向。今后的方向是：从低分辨率向高分辨率；从二维向三维；从静止图像向动态图像；从单态图像向多态图像发展。

2. 图像融合

图像融合（Image Fusion）是指将多源信道所采集到的关于同一目标的图像数据经过图像处理，最大限度地提取各自的有用信息，综合成高质量的图像，以提高图像信息的利用率、改善计算机解译的精度和可靠性，提升原始图像的空间和光谱分辨率，更有利于监测和使用。图像融合的目的是最大限度地合并相关信息，以减少输出的不确定度和冗余度。图像融合是将 2 张或 2 张以上的图像信息融合到 1 张图像上，使得融合的图像含有更多的信息、能够更方便观察或者计算机处理。图像融合能扩大图像所含有的时空信息，增加可靠性，改进系统的鲁棒性（robustness）。图像融合也是信息融合的一个分支，是当前的一个研究热点。图像融合的数据形式包含有明暗、色彩、温度、距离以及其他景物特征的图像。这些图像以一幅或者一列的形式给出。

图像融合通常可以在像素级、特征级以及符号决策级三个不同层次上进行。图像融合的流程一般分为预处理、图像配准、图像融合、图像输出与后处理四大步骤。其中，配准的目的是使图像满足时间和空间上的一致。否则，融合效果不佳。

所谓像素级图像融合是基于像素的图像融合，属于底层的图像融合。如图 2–10 所示。在图像处理的全过程中，像素级图像融合在预处理之后进行，它对图像配准要求较高。其优点是最大程度地保留了各图像和场景的原始信息。特征级融合是利用从各图像的原始信息提取的特征信息进行综合分析及融合处理。它是中间层次上的融合处理。从图像中提取并用于融合的典型特征信息有边缘、角、纹理、相似亮度区域、相似景深区域等。决策级的图像融合是在信息表示的最高层次上进行。在进行融合处理前，已经对各图像分别进行了预处理、特征提取和识别或初步判决。在决策级图像融合中，对图像的配准要求较低，有时甚至可以不考虑。

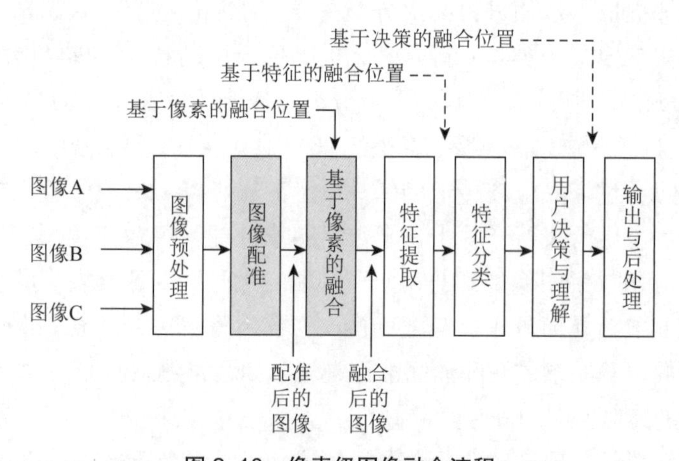

图 2–10　像素级图像融合流程

图像融合研究起步较晚，20 世纪 80 年代中期伯特（Burt P. J.）最早使用拉普拉斯金字塔方法对双筒望远镜的图像进行了融合。1995 年，李（Li H.）最先运用小波方法进行图像融合。经过长期的实践，研究者对图像融合的方法和手段有了一定的共识，提出了图像融合需要遵守的 3 个基本原则：①融合后图像要含有所有源图像的明显突出信息；②融合后图像不能加入任何的人为信息；③对源图像中不感兴趣的信息，如噪声要尽可能多地抑制。[①]

图像融合在医学、遥感、计算机视觉、气象预报及军事目标识别等方面的应用潜力非常大，尤其是在计算机视觉方面。

（五）机器视觉和视频分析

1. 机器视觉

机器视觉（Machine Vision）也称为计算机视觉，是指使用计算机和图像处理技术对物体的图像进行识别、理解和控制的技术。从某种意义上讲，机器视觉可以看成图像处理综合其他相关技术的一种工程应用。它既属于图像处理领域，但又不限于图像处理。工业应用中的机器视觉系统则是一项更加综合、实用的通用技术。旨在用机器模拟人的视觉功能，从客观事物的图像中提取信息进行识别、分析和理解等处理，多用于实际生产的检测和控制等。

机器视觉系统的结构不仅包括数字图像处理部分，还包括工程机械、自动控制、光源照明、光学成像和传感器、人机接口等组成部分。图 2–11 所示是一个典型的工业机器视觉系统。

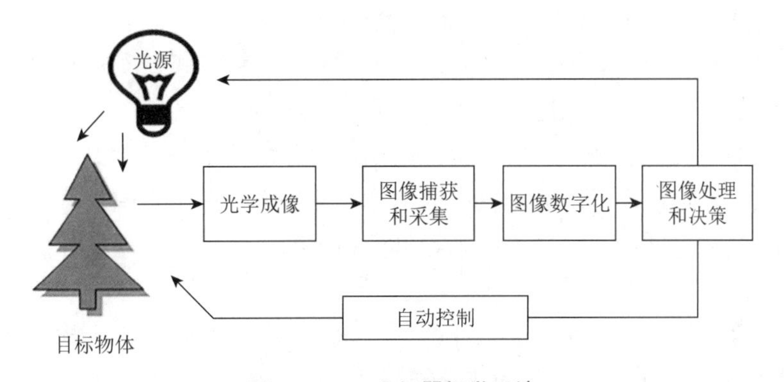

图 2–11　工业机器视觉系统

其中，光源系统用于照明。各种不同的光源产生的光线照射到物体上，通过反射或透射反映出物体的结构和光学特征。光学成像系统主要是光学镜头，它通过光学原理产生图像。图像捕获和采集系统是获取图像信号的设备，它常常与后面的数字化模块连为一体，将生成的数字图像送入图像处理系统进行识别、分析和特征提取等。最后，由决策模块进行分类决策。各部分由必要的机械装置连成一体，并通过自动控制模块加以控制。一般由计算机完成控制和图像处理，并通过图像采集卡控制摄像机摄像，并转化为数字图像。

机器视觉是 20 世纪 50 年代从统计模式识别的二维图像分析和识别研究开始的。60 年代，能通过计算机从数字图像中提取出多面体的三维结构，并能对物体形状及

① 朱炼，孙枫，夏芳莉，韩瑜．图像融合研究综述［J］．传感器与微系统，2014（2）：14–18.

空间关系进行描述。70 年代中期，麻省理工学院 AI 实验室吸引了许多知名学者参与机器视觉的理论、算法和系统的设计研究。其中，戴维·马尔（David Marr）教授于 1977 年提出的视觉计算理论，将整个视觉过程分成初级视觉、中级视觉和高级视觉。80 年代中期，机器视觉获得了蓬勃发展，新的概念、方法和理论层出不穷。到 90 年代进入高速发展期，基于学习的视觉方法迅速兴起。2006 年以来，随着 AI 深度学习概念的提出，卷积神经网络、循环神经网络等算法的引入，机器可以通过训练自主建立识别逻辑，图像识别准确率大幅提升，机器视觉发展进入了一个新的发展阶段。

现今，机器视觉技术在机器人、3D 视觉、工业传感器、影像处理技术、机器人控制软件或算法等方面得到了广泛的应用。机器视觉是一个非常活跃的研究领域。我国的机器视觉研究起步于 20 世纪 80 年代，之后逐渐成为世界第三大应用市场。近几年发展迅速，全球增速最快。

2. 视频分析

视频分析（Video Analyse，VA）也称视频内容分析（Video Content Analyse，VCA）或智能视频系统（Intelligent Video System，IVS）。它是指利用现代计算机图像、视觉技术对摄像机等拍摄的视频序列进行实时自动分析，实现对视频场景中所关注目标的定位、识别和跟踪，并进一步分析和判断目标的行为，以侦测和应对某种事件模式的一种智能技术。或者说，现代视频分析技术是基于对象的分析。基于背景分离和目标跟踪，可以对场景中的物体目标进行探测、跟踪及分类，也可以对背景进行学习和自动调整，还可以学习目标物体的行为模式。视频分析实质是一种算法。

视频信号的信息量巨大，人工内容分析非常费时，并且容易出错。因此，研究用人工智能方法实现自动视频内容分析非常重要。为了更好地理解视频分析，我们要先弄清楚几个相关概念：①“对象”是指一幅图像中所关注的物体或目标；②“视频帧”是指一幅完整独立的数字图像（点阵数据）；③“镜头”是指视频中多帧图像组成的一个基本不变的画面；④“场景”又称为故事单元，它是一组镜头组成的完整故事情节片段。

视频分析的具体方法是通过为视频数据建立合适的表达方式，使用层次化的结构模型，如场景、镜头、关键帧和对象等开展研究，通过提取特征，建立结构和索引，以达到方便快捷地浏览和检索的目的。有些学者还提出了“视频摘要”的概念。其具体内容包括视频镜头分割、关键帧提取、场景构造、视频摘要和视频对象分析等。视频对象的分割技术主要有基于运动、时空和纹理的分割三大类型。

一个实际的视频分析系统主要由视频获取、预处理、运动分割（背景提取）、触发报警和输出显示 5 个部分组成。视频获取是指系统将输入的模拟视频信号数字化，它提供原始数据；视频预处理是指对图像进行特征抽取、分割和匹配前所进行的准备工作，一般包括几何变换、归一化、平滑、复原和增强等步骤，目的是消除干扰、恢复真实信息，增强有关信息；运动检测和分割就是实现对运动目标的检测和跟踪，通常有光流法、相邻帧差法和背景差分法；触发报警部分，需要首先加载用户的预定义规则，再根据规则追踪目标的活动判断其是否违反规则，是否需要报警；输出和显示部分实现视频分析结果的输出。

视频分析起源于机器视觉。一直以来，人们比较关注基于视频视觉信息处理的自动分析。因此，在很多文献中视频一词是单指运动图像序列。实际上，视频数据是一种包含声音、文字、图像和运动的相互关联的多源信息。近些年来，视频分析已从单一的图像序列分析转向基于多模态信息的视频分析：以视频数据的有效索引、检索和浏览为出发点，结合 AI 技术的最新成果，探索多源信息结合的视频分割与聚类；研究如何利用字幕、音频和视频流对视频数据做可靠的分析与索引。由于音频和视频相互依存以及基于音频分析的视频索引和基于音频 / 视觉信息集成的视频分割等内容的研究，使得音频、视频研究的界限越来越模糊。

视频分析的应用一般可分为安全相关和非安全相关两大类。安全相关类应用主要包括：人脸识别、车辆识别、入侵探测、目标追踪、非法滞留和烟火检测等。非安全相关类应用主要包括 ：人流量统计、人群控制、人体行为分析、注意力控制、交通流量控制等。我国实施的“天网工程”和使用的视频侦查软件 VICS（Video Investigation Combat System）都是视频分析技术的典型应用案例。

以上高度概括性地介绍了 AI 的几个关键技术方向。虽然，我们将它们都归类于人工智能的第二个层次。但是，从中可以清楚地看出：相对而言，机器学习是最为底层或最核心的技术方向。其中，深度学习技术是目前进展最快、应用最广、最有前途的技术方向、直接受益于 AI 的处理器芯片、算法和数据三大支撑技术的发展，尤其是它们在语音语言和图像视频处理领域的应用和取得的突破，给社会带来了巨大的经济和社会效益。

语音语言和图像视频处理技术本属于信号处理，模式识别领域。但是，从识别、感知和理解层面来说，它们是 AI 中信息交互最重要的内容。它们是机器学习技术的一种应用，也是 AI+ 各应用领域的基础。而专家系统和知识工程则是更接近于 AI+ 的应用技术方向，具有很强的实用性和商业价值。

实际上，人工智能的研究或技术方向还非常广泛，如各种新的人机交互（Human–Computer/Machine Interaction，HCI/HMI）、虚拟现实（Virtual Reality，VR）、智能传感器（Intelligent Sensor）和智能机器人等技术都是重要的人工智能技术方向。广义地讲，只要涉及模仿人的智能行为与活动的一切领域，都可以纳入 AI 的研究范围。人工智能技术直接研究人类智能与机器本身，因此涉及面更广、综合性更强，而且更加复杂，其外延至今也没有一个非常明确的界定。

四、智慧体现：智能机器人

（一）机器人的由来

“机器人”的发展历史可以说是源远流长。中世纪以来，很多中、外的能工巧匠都致力于做各种精巧的人形机器玩具，大大丰富了人们对发明机器人的幻想。从近代的发展情况来看，机器人的发展过程可概括为萌芽发展期、产业孕育期、快速成长期和智能应用期几个阶段，最后才开始发展智能机器人。

1. 萌芽发展期

关于机器人的发展，最有影响力的事件可以追溯到 20 世纪 40 年代。当时随着核技术的发展，为了处理、搬运及装载放射性材料而出现了各种各样的遥控机械手或称操作器，能像人手一样灵活地进行各种作业，它为近代机器人的出现奠定了机械设计的基础。另外，电子计算机及磁性存储控制器的出现，为机器人的控制打下了坚实的基础。1951 年，美国麻省理工学院开发出第一代数控铣床，从而开辟了机械与电子相结合的新纪元。1954 年，美国人乔治·德沃乐（George Devol）研制成功了世界上第一台可编程序机器人，它具有记忆功能，能实现示教再现的编程方式，实行点到点的反馈控制，这是世界上首次获得专利的机器人。之后，约瑟夫·恩格尔伯格（Joseph Engelberger）买下了乔治·德沃乐的专利（1961 年授权），成立了美国联合控制公司（世界上第一家机器人公司），生产出第一批商用工业机器人，称为 Unimate，恩格尔伯格因此被称为“工业机器人之父”。

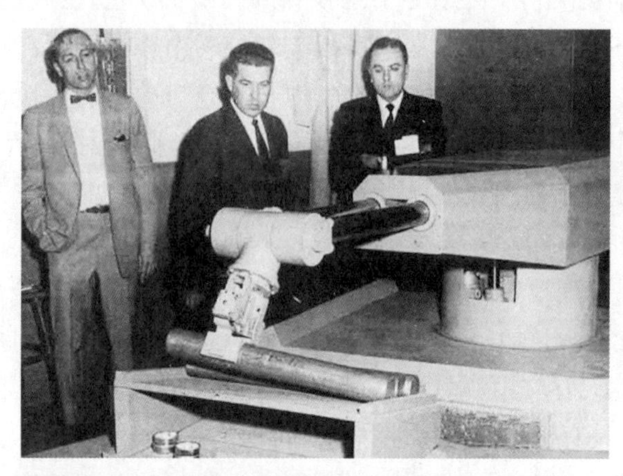

图 2-12　世界第一台商用工业机器人（Unimate）

2. 产业孕育期

由于计算机、自动化和原子能技术的快速发展，20 世纪中期首先在美国出现了工业机器人，并且应用于产业制造和工业生产。1947 年美国阿尔贡研究所就研发了遥控操作的机械手。1964 年乔治·德沃乐研制的前台可编程机器人获得专利授权，并开始批量生产。1962 年美国 AMF 公司又推出了使用的机器人“Unimate”。1965

年美国麻省理工学院研制出了具有视觉传感器，能对积木进行识别、定位的机器人。美国麻省理工学院、斯坦福国际研究所、斯坦福大学等相继成立了机器人和人工智能研究室，开展了有关机器人领域各分支的广泛研究。机器人成为实现柔性生产线的一种重要手段，受到很多学者及企业家的关注。

20 世纪 70 年代，美国经济进入了新的萧条时期，工业装备更新速度变慢了。自 1972 年后，国家基金会中断了对大部分研究计划的财政支持，直至 1978 年前，美国机器人的发展都较为缓慢。

在日本，当时的经济正处于高速发展时期，但高速发展的结果却带来了劳动力的严重不足。恰逢美国机器人正进入宣传的高潮，日本产业界把机器人作为解决劳动力不足的一项革命性措施加以鼓吹。1968 年，川崎重工业公司从美国 Unimation 公司引进机器人技术，1970 年试制出第一台川崎的机器人。与此同时，大小工厂竞相研制机器人，一时总数达 86 家之多，形成了日本机器人发展的第一次高潮。

此时，一些资金雄厚的大公司错误地竞相开发多功能高级机器人，如川崎的八自由度机器人、三菱电机的九自由度机器人、日立的看图装配机器人及装配吸尘器的机器人等。由于技术等原因，当时生产出的机器人性能差、可靠性低、精度低、动作速度也远不及常人，一般仅能适应做搬运工作，使用结果往往不能提高生产率。而且，由于本体重量大、占地面积大，采用机器人往往要改变设备布局及设计专用的辅机等；另外，机器人单台价格昂贵（一台 Unimate 机器人售价差不多等于十多个人的年工资），因此生产出的机器人竟难以找到市场及用户。

为了使机器人产业稳步发展，1973 年，以米本完二为首的一批有识之士发起成立了日本产业机器人协会，宗旨是组织协调制造厂与用户之间的关系。协会除加强国内应用调查外，还着手组织“海外技术考察团”，每年派出高水平的专家到欧美各地进行调研，通过各种办法搞清国外的先进技术，准确地预测现在和将来的需求，以此制定各个时期的发展课题，有组织、有步骤、有计划地进行研究，逐步建立起了从基础元件到辅机在内的日本机器人工业生产体系。通过各种努力，日本的机器人制造逐步实现了系列化、标准化、专业化分工，使精度、可靠性进一步提高，价格逐年下降。特别是微处理机出现后，机器人的控制系统出现了质的飞跃。

随着计算机技术、现代控制技术、传感技术、人工智能技术的发展，机器人也得到了迅速的发展。这一时期的机器人属于第一代“示教再现”（Teach-in/Playback）型机器人，只具有记忆、存储能力，按相应程序重复作业，对周围环境基本没有感知与反馈控制能力。

3. 快速成长期

1984 年，美国推出医疗服务机器人 Help Mate，可在医院里为病人送饭、送药、送邮件。1999 年，日本索尼公司推出大型机器人爱宝（AIBO）。这一阶段，随着传感技术，包括视觉传感器、非视觉传感器（力觉、触觉、接近觉等）以及信息处理技术的发展，出现了有感觉的机器人。焊接、喷涂、搬运等机器人被广泛应用于工业行业。2002 年，丹麦 iRobot 公司推出了吸尘器机器人，是目前世界上销量最大的家用机器人。2006 年起，机器人模块化、平台统一化的趋势越来越明显。近五年来，全球工业机器人销量年均增速超过 17%，与此同时，服务机器人发展迅速，应用范围日趋广泛，以手术机器人为代表的医疗康复机器人形成了较大产业规模，空间机器人、仿生机器人和反恐防暴机器人等特种作业机器人也得到应用。

4. 智能应用期

近年来，随着感知、计算、控制等技术的迭代升级和图像识别、自然语音处理、深度学习等人工智能技术在机器人领域的深入应用，机器人领域的服务化趋势日益明显，逐渐渗透到社会生产、生活的每一个角落。下面我们再专门介绍一下智能机器人。

（二）智能机器人的出现

1. 智能机器人的研究过程

智能机器人的研究从 20 世纪 60 年代初开始，经过几十年的发展，到目前为止，基于感觉控制的智能机器人已达到实际应用阶段。基于知识控制的智能机器人（又称自主机器人或下一代机器人）也取得较大进展，现已研制出多种样机。水下机器人、空间机器人、空中机器人、地面机器人和微小型机器人都已问世。同时，随着机器人技术水平（传感技术、智能技术、控制技术）提高，出现了多种“机器人化机器”。近年来，信息技术的发展使软件机器人、网络机器人诞生，机器人概念继续拓展。

自 1954 年来，机器人就得以不断发展。从功能角度概括起来，机器人的发展可划分为三代：

第一代是示教再现性机器人。如郭勇等人研制的挖掘机手柄自动操作机构，该机构结构简单，能够实现动作示教再现，但不具备反馈能力。

第二代是有感觉的机器人。它不仅具有内部传感器，而且具有外部传感器，能获得外部环境信息。如鲍尔・利耶贝克（Pål Liljebäck）等人研制的蛇形机器人就装有内部测转速传感器，以及外部测力传感器，该机器人能够在不规则环境中运动。

第三代是智能机器人。定义为“可自动控制的装置，能理解指示命令、感知环境、识别对象、规划自身操作程序完成任务”。如约翰・范诺伊（John Vannoy）等人采用实时自适应的运动规划（RAMP）算法的 PUMA560 机械臂，它能在复杂动态环境中自动识别来自不同方向的移动或障碍物，主动规划路径，完成预定任务。

2. 智能机器人的类型

智能机器人根据其智能程度的不同，又可分为三种：

（1）传感型：又称外部受控机器人。机器人的本体上没有智能单元只有执行机构和感应机构，它具有利用传感信息（包括视觉、听觉、触觉、接近觉、力觉和红外、超声及激光等）进行传感信息处理、实现控制与操作的能力。

（2）交互型：机器人通过计算机系统与操作员或程序员进行人机对话，实现对机器人的控制与操作。虽然它具有了部分处理和决策功能，能够独立地实现一些诸如轨迹规划、简单的避障等功能，但还是要受到外部环境的控制。

（3）自主型：机器人无需人的干预，能够在各种环境下自动完成各项拟人任务。自主型机器人的本体具有感知、处理、决策、执行等模块，像一个自主的人一样能独立地活动和处理问题。全自主移动机器人的最重要特点在于它的自主性、适应性及交互性，由于全自主移动机器人涉及诸如驱动器控制、传感器数据融合、图像处理、模式识别、神经网络等多方面的研究，所以能够综合反映一个国家在制造业和人工智能等方面的科技水平。

3. 智能机器人的三个要素

大多数专家认为智能机器人至少要具备以下三个要素：一是感觉要素，用来认识周围环境状态。它以利用诸如摄像机、图像传感器、超声波传成器、激光器、导电橡胶、压电元件、气动元件、行程开关等机电元器件来实现。二是运动要素，对外界做出反应性动作，可以借助轮子、履带、支脚、吸盘、气垫等移动机构来完成。在运动过程中要对移动机构进行实时控制，这种控制不仅要包括有位置控制，而且还要有力度控制、位置与力度混合控制、伸缩率控制等。三是思考要素，根据感觉要素所得到的信息，思考出采用什么样的动作，包括有判断、逻辑分析、理解等方面的智力活动。这些智力活动实质上是一个信息处理过程，而计算机则是完成这个信息处理过程的主要手段。

（三）智能机器人的关键技术

随着机器人应用领域的扩大，人们对智能机器人的要求也越来越高。智能机器人所处的环境往往是未知的、难以预测的，在研究这类机器人的过程中，主要涉及以下关键技术：

1. 多传感器信息融合技术

多传感器信息融合技术是近年来十分热门的研究课题，它与控制理论、信号处理、人工智能、概率和统计相结合，为机器人在各种复杂、动态、不确定和未知的环境中执行任务提供了一种技术解决途径。机器人所用的传感器有很多种，根据不同用途分为内部测量传感器和外部测量传感器两大类。内部测量传感器用来检测机器人组成部件的内部状态，包括特定位置、任意位置（角度传感器）、速度（角度、加速度、倾斜角、方位角传感器）等。外部传感器包括视觉（测量、认识传感器）、触觉（接触、压觉、滑动觉传感器）、力觉（力、力矩传感器）、接近觉（接近觉、距离传感器以及角度传感器）、倾斜、方向（姿式传感器）。多传感器信息融合就是指综合来自多个传感器的感知数据，以产生更可靠、更准确或更全面的信息。经过融合的多传感器系统能够更加完善、精确地反映检测对象的特性，消除信息的不确定性，提高信息的可靠性。目前，多传感器信息融合方法主要有贝叶斯估计、Dempster–Shafer 理论、卡尔曼滤波、神经网络和小波变换等。①

2. 导航与定位技术

在机器人系统中，自主导航是一项核心技术，是机器人研究领域的重点和难点。导航的基本任务主要有三点：第一，基于环境理解的全局定位。通过环境中景物的理解，识别人为路标或具体的实物，以完成对机器人的定位，为路径规划提供素材。第二，目标识别和障碍物检测。实时对障碍物或特定目标进行检测和识别，提高控制系统的稳定性。第三，安全保护。能对机器人工作环境中出现的障碍和移动物体做出分析并避免对机器人造成损伤。

（1）导航的类型。机器人有多种导航方式。①根据环境信息的完整程度、导航指示信号类型等因素的不同，导航可分为基于地图的导航、基于创建地图的导航和无地图的导航三类。②根据导航采用硬件的不同，导航可分为视觉导航和非视觉传感器组合导航。所谓视觉导航是利用摄像头进行环境探测和辨识，以获取场景中的绝大部分信息。所谓非视觉传感器组合导航是指采用多种传感器共同工作，如探针式、电容式、电感式、力学传感器、雷达传感器和光电传感器等，用来探测环境，对机器人的位置、姿态、速度和系统内部状态等进行监控，感知机器人所处工作环境的静态和动态信息，使得机器人相应的工作顺序和操作内容能自然地适应工作环境的变化，有效地获取内外部信息。

（2）机器人定位。在自主移动机器人导航中，无论是局部实时避障还是全局规划，都需要精确知道机器人或障碍物的当前状态及位置，以完成导航、避障及路径规划等任务，这就是机器人的定位问题。比较成熟的定位系统可分为被动式传感器系统和主动式传感器系统。被动式传感器系统通过码盘、加速度传感器、陀螺仪、多普勒速度传感器等感知机器人自身运动状态，经过累积计算得到定位信息。主动式传感器系统通过超声传感器、红外传感器、激光测距仪以及视频摄像机等主动式传感器感知外部环境或人为设置的路标，并与系统预先设定的模型进行匹配，从而得到当前机器人与环境或路标的相对位置，获得定位信息。

3. 路径规划技术

路径规划技术是机器人研究领域的一个重要分支。最优路径规划就是依据某个或某些优化准则（如工作代价最小、行走路线最短、行走时间最短等），在机器人工作空间中找到一条从起始位置到目标位置、可以避开障碍物的最优路径。

路径规划方法大致可以分为传统方法和智能方法两种。（1）传统路径规划方法主要有自由空间法、图搜索法、栅格解耦法、人工势场法等。大部分机器人路径规

① David Silver，Aja Huang，etc. “Mastering the Game of Go with Deep Neural Networks and Tree Search”，*Nature*，2016.

划中的全局规划都基于这几种方法。但这些方法在路径搜索效率及路径优化方面有待于进一步改善。其中，人工势场法是传统算法中较成熟且高效的规划方法。它通过环境势场模型进行路径规划，缺点是没有考察路径是否最优。（2）智能路径规划方法是将遗传算法、模糊逻辑以及神经网络等人工智能方法应用到路径规划中，来提高机器人路径规划的避障精度，加快规划速度。其中，应用较多的算法主要有模糊方法、神经网络、遗传算法、Q 学习及混合算法等。这些方法在障碍物环境已知或未知情况下均取得了一定的成果。

4. 机器人视觉技术

视觉系统是自主机器人的重要组成部分，它一般由摄像机、图像采集卡和计算机组成。[①] 机器人视觉系统的工作包括图像的获取、处理和分析、输出和显示。核心任务是特征提取、图像分割和图像辨识。如何精确高效地处理视觉信息是视觉系统的关键问题。目前视觉信息处理逐步细化，包括视觉信息的压缩和滤波、环境和障碍物检测、特定环境标志的识别、三维信息感知与处理等。其中，环境和障碍物检测是视觉信息处理中最重要、也是最困难的过程。

5. 智能控制技术

随着机器人技术的发展，对于无法精确解析建模的物理对象以及信息不足的病态过程，传统控制理论无法很好地解决。近年来，许多学者提出了各种不同的机器人智能控制系统。其智能控制方法有模糊控制、神经网络控制、智能控制等技术的融合，包括模糊控制和变结构控制的融合、神经网络和变结构控制的融合、模糊控制和神经网络控制的融合和基于遗传算法的模糊控制方法等。

智能控制方法提高了机器人的速度及精度，但是也有其自身的局限性。例如，机器人模糊控制中的规则库如果很庞大，推理过程的时间就会过长；如果规则库很简单，控制的精确性又会受到限制。无论是模糊控制还是变结构控制，抖振现象都会存在，这将给控制带来严重的影响。神经网络的隐层数量和隐层内神经元数的合理确定，仍是目前神经网络在控制方面所遇到的问题。另外，神经网络方法易陷于局部极小值等问题。这些都是智能控制设计中要解决的问题。

6. 人机接口技术

目前，复杂的智能机器人系统仅仅依靠计算机来控制是有一定困难的。即使可以做到，也由于缺乏对环境的适应能力而并不实用。智能机器人系统还是需要借助人机协调来实现系统控制。因此，设计良好的人机接口就成为智能机器人研究的重点问题之一。

人机接口技术是研究如何使人方便自然地与计算机交流。为了实现这一目标，

---

① Steven Borowiec and Tracey Lien，“AlphaGo beats human Go champ in milestone for artificial intelligence”，*Los Angeles Times*，March 12，2016，accessed May 21，2019，http://www.latimes.com/world/asia/la-fg-korea-alphago-20160312-story.html.

除了要求机器人控制器有一个友好的、灵活方便的人机界面之外，还要求计算机能够看懂文字、听懂语言，甚至能够进行不同语言之间的翻译。而这些功能的实现又依赖于知识表示方法。因此，研究人机接口技术有巨大的理论和应用价值。目前，人机接口技术已经取得了显著成果，如文字识别、语音合成与识别、图像识别与处理、机器翻译等技术已经开始实用化。另外，人机接口装置和交互技术、监控技术、远程操作技术、通讯技术等也是人机接口技术的重要组成部分，其中远程操作技术也是一个重要的研究方向。

（四）智能机器人的应用

现在，智能机器人基本能按人的指令完成各种比较复杂的工作，如深海探测、作战、侦察、搜集情报、抢险、服务等，模拟完成人类不能或不愿完成的任务。它不仅能自主工作，而且能与人共同协作或在人的指导下完成任务。它在不同领域有着广泛的应用。

智能机器人按照工作场所的不同，可以分为管道、水下、空中、地面机器人等。管道机器人可以用来检测管道使用过程中的破裂、腐蚀和焊缝质量等情况，在恶劣环境下承担管道的清扫、喷涂、焊接、内部抛光等维护工作，对地下管道进行修复；水下机器人可以用于进行海洋科学研究、海上石油开发、海底矿藏勘探、海底打捞救生等；空中机器人可以用于通信、气象、灾害监测、农业、地质、交通和广播电视等方面；服务机器人能半自主或全自主工作、为人类提供服务。其中，医用机器人具有良好的应用前景；仿人机器人的形状与人类似，具有移动功能、操作功能、感知功能、记忆和自治能力，能够实现人机交互；微型机器人以纳米技术为基础，在生物工程、医学工程、微型机电系统、光学、超精密加工及测量（如扫描隧道显微镜）等方面具有广阔的应用前景。下面再列举几个常见方面的应用：

图 2–13　管道机器人

图 2–14　水下机器人

图 2–15　空中机器人

图 2–16　地面机器人

1. 国防军事领域

近年来，军用智能机器人得到前所未有的重视和发展，美英等国研制出第二代军用智能机器人。其特点是采用自主控制方式，能完成侦察、作战和后勤支援等任务。在战场上具有看、嗅等能力，能够自动跟踪地形和选择道路，具有自动搜索、识别和消灭敌方目标的功能。如美国的 Navplab 自主导航车，SSV 自主地面战车等。在未来的军事智能机器人中，还会有智能战斗机器人、智能侦察机器人、智能警戒机器人、智能工兵机器人、智能运输机器人等，成为国防装备中新的亮点。

2. 体育比赛活动中

近年来，迅速开展起来一种称为机器人足球的高技术对抗活动，国际上已成立相关的联合会 FIRA、地区协会等，这些组织已经比较正规，且具备相当的规模和水平。机器人足球赛目的是将足球（高尔夫球）撞入对方球门取胜。球场上空 2 米高悬挂的摄像机将比赛情况传入计算机内，由预装的软件做出恰当的决策与对策，通过无线通讯方式将指挥命令传给机器人。机器人协同作战，双方对抗，形成一场激烈的足球比赛。在比赛过程中，机器人可以随时更新它的位置，每当它穿过地面线截面，双方的教练员与系统开发人员不得进行干预。机器人足球融计算机视觉、模式识别、决策对策、无线数字通讯、自动控制与最优控制、智能体设计与电力传动等技术于一体，是一个典型的智能机器人系统。

3. 康复医疗方面

智能机器人在康复医疗领域也具有十分广阔的应用前景，目前全球老龄化现象突出。据预测，到 2050 年全世界老年人口将达到 20.2 亿。其中，中国老年人将达到 4.8 亿，将占中国总人口数 30%，几乎占全球老年人口的四分之一。然而，我国的康复医疗专业人员数量严重不足，康复医疗行业供需矛盾日益凸显。将智能机器人应用到康复医疗行业，可以很大程度上改善由于专业康复医疗人员数量不足导致的社会矛盾。目前，康复医疗机器人已经具有一定规模，例如关节康复训练机器人、自动化床椅机器人、上下肢康复训练机器人、外骨骼机器人等。

4. 工业生产领域

智能机器人在工业生产领域有着广泛的应用。例如，在煤炭工业领域，考虑到社会上对煤炭需求量日益增长的需求和煤炭开采的恶劣环境，将智能机器人应用于矿业开采势在必行。在建筑方面，有高层建筑抹灰机器人、预制件安装机器人、室内装修机器人、擦玻璃机器人、地面抛光机器人等。在核工业方面，则主要研究机构灵巧、反应快、重量轻和动作准确可靠的机器人。

5. 服务清扫方面

世界各国尤其是西方发达国家都在致力于研究开发和应用服务智能机器人。以清洁机器人为例，随着科学技术的进步和社会的发展，人们希望更多地从烦琐的日常事务中解脱出来，这就使得清洁机器人进入家庭成为可能。如日本公司研制的地面清扫机器人，可沿墙壁从任何一个位置自动启动，利用不断旋转的刷子将废弃物扫入自带容器中；美国的一款清洁机器人“Roomba”具有高度自主能力，可以游走于房间各家具缝隙间，灵巧地完成清扫工作；瑞典的一款机器人“三叶虫”，表面光滑，呈圆形，内置搜索雷达，可以迅速地探测并避开桌腿、玻璃器皿、宠物或任何其他障碍物，一旦微处理器识别出这些障碍物，它可重新选择路线，并对整个房间做出重新判断与计算，以保证房间的各个角落都被清扫到。

随着智能机器人应用领域的日益扩大，人们期望智能机器人能在更多的领域为人类服务，代替人类完成更多更复杂的工作。

（五）智能机器人的未来

现阶段，机器人的研究正进入第三代——智能机器人阶段。目前，虽然国内外针对智能机器人的研究已获取了诸多成果，但智能机器人的智能水平仍有很大的发展空间，各国纷纷制定了其智能机器人的发展计划。

1. 各国发展计划

美国作为最早开发及应用机器人的国家，其智能机器人技术在国际上一直处于领先水平。近年来，美国先后制定和发布了多项与机器人发展相关的战略计划。2016年，推出了“机器人路线图”最新版本，对无人驾驶、人机交互、陪护教育等方面的机器人应用提出了指导意见；同年，又推出“国家机器人计划2.0”，致力于打造无处不在的协作机器人，让协作机器人与人类伙伴建立共生关系。

在欧洲，机器人技术创新一直是欧盟数字议程、第七研发框架计划和2020地平线项目资助的重点优先领域。2014年欧盟启动了“欧盟机器人研发计划”，这是世界上最大的民间自助机器人创新计划，计划到2020年投入28亿欧元。这项计划集合200多家公司、1.2万研发人员参与，目的是在制造业、农业、健康、交通、安全和家庭等领域推广应用机器人。

日本作为机器人第一大国，于2015年发布了《机器人新战略》，旨在将机器人与计算机技术、大数据、网络、人工智能等深度融合，在日本积极建立世界机器人技术创新高地，营造世界一流的机器人应用社会，引领新时代智能机器人发展。

在韩国，智能机器人被视为21世纪推动国家经济增长的十大“发动机产业”之一。韩国知识经济部于2013年制订了《第2次智能机器人行动计划（2014—2018年）》，到2018年韩国机器人国内生产总值20万亿韩元，挺进“世界机器人三大强国行列”。

自2013年以来，中国已成为全球最大的机器人市场。根据工信部的部署，下一阶段相关产业促进政策将着手解决两大关键问题：一是推进机器人产业迈向中高端发展；二是规范市场秩序，防止机器人产业无序发展。2016年12月29日，工信部、发改委、国家认监委联合发布《关于促进机器人产业健康发展的通知》，旨在引导我国机器人产业协调健康发展。与此同时，工信部制订了《工业机器人行业规范条件》，以促进机器人产业规范发展。

2. 发展方向

在各国智能机器人发展计划的指导下，智能机器人的发展方向呈现出以下特点：

（1）面向任务的智能机器人受到青睐。由于目前人工智能还不能提供实现智能机器的完整理论和方法，已有的人工智能技术大多数要依赖专业领域知识。因此，当我们把机器要完成的任务加以限定，即发展面向任务的特种机器人时，已有的人工智能技术就能充分发挥作用。

（2）传感技术和集成技术相结合。在现有传感器的基础上发展更好、更先进的处理方法和实现手段，或者寻找新型传感器，提高集成技术水平，增加信息的融合十分必要。

（3）智能机器人网络化。通过互联网技术把各类智能机器人连接于电子计算机网络之中，通过对网络的调节，达到对智能机器人控制的目的将是今后的一个方向。

（4）更多使用智能控制方法。与传统的计算方法相比，以模糊逻辑、基于概率论的推理、神经网络、遗传算法和混沌理论为代表的软件计算技术具有更高的鲁棒性、易用性及计算的低耗费性。将它们应用到机器人技术中，可以提高问题求解的速度，较好地处理多变量、非线性系统的问题。

（5）机器学习算法深入其中。各种机器学习算法的出现推动了人工智能的发展，强化学习、蚁群算法、免疫算法等可以用到机器人系统中，使其具有类似于人的学习能力，以适应日益复杂的、不确定和非结构化的环境。

（6）智能人机接口需求升级。人机交互技术越来越向简单化、多样化、智能化、人性化的方向发展，因此需要研究并设计各种智能人机接口，如多语种语音、自然语言理解、图像识别和手写字识别等，以便更好地适应不同用户和不同应用任务的需要，提高人与机器人交互的和谐性。

（7）多机器人协调作业趋势明显。组织和控制多个机器人来协作完成单机器人无法完成的复杂任务，在复杂未知的环境下实现实时推理、反应以及交互的群体决策和操作十分必要。

总之，由于现有智能机器人的智能水平还不够高，因此在今后的发展中，努力提高各方面的技术及其综合应用，大力提高智能机器人的智能程度，提高智能机器人的自主性和适应性，是智能机器人发展的关键。同时，智能机器人涉及多个学科的协同工作，不仅包括技术基础，也包括心理学、伦理学等社会科学。最终目的是让智能机器人完成有益于人类的工作，使人类从繁重、重复、危险的工作中解脱出来，就像科幻作家阿西莫夫所提出的“机器人学三大法则”一样，让智能机器人真正为人类服务，而不能成为反人类的工具。相信在不远的将来，各行各业都会出现各种各样的智能机器人，科幻小说中的场景将在科学家们的努力下逐步变成现实。

第三章　人工智能技术应用之一
——智能制造

“若没有一个真正强盛、充满生机的制造业基础，没有国家可以长期成功。”

——艾伦·穆拉利（Alan Mulally，福特总裁）

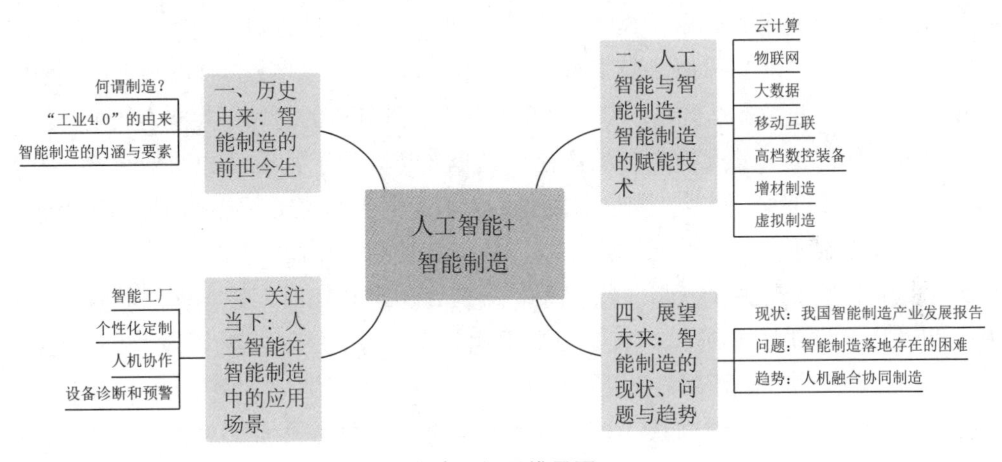

本章知识思维导图

制造业是一个国家经济发展的支柱性产业和战略性产业，在国民经济中占有举足轻重的作用。可以说，没有制造业，就没有了生产的工具与设施，也就谈不上农业、建筑业、服装业。

智能制造在国际上尚无公认的定义。目前比较通行的一种定义是，智能制造技术是指在制造工业的各个环节中，以一种高度柔性与高度集成的方式，通过计算机来模拟人类专家的制造智能活动。

制造业是指对制造资源（物料、能源、设备、工具、资金、技术、信息和人力等）按照市场要求，通过制造过程，转化为可供人们使用和利用的大型工具、工业品与生活消费产品的行业。

随着新一代信息通信技术与先进制造技术的深度融合，全球兴起了以智能制造为代表的新一轮产业变革，数字化、网络化、智能化日益成为未来制造业发展的主要趋势。智能制造成为制造业变革的核心。世界主要工业发达国家加紧谋篇布局，以重塑制造业竞争新优势。在我国，党的二十大更是高瞻远瞩，提出了“加快建设制造强国、质量强国”的战略部署，因此，我国的制造企业应该更加重视将新一代信息技术与制造技术的深度融合，以信息技术提升我国的制造水平和质量水准，加快落实二十大提出的这一战略部署。在这个方面，我国已有一些制造业企业走在了前列，例如海尔打造的具有自主知识产权的工业互联网 COSMOPlat，红领服饰基于信息系统打造的高端服饰个性化定制系统。相信，有了以人工智能为代表的信息技术的加持，我国的制造业水平和质量水平将日益提高，二十大提出的制造强国和质量强国的目标将很快实现。

一、历史由来：智能制造的前世今生

（一）何谓制造?

要理解智能制造，首先要了解什么是制造。百科全书对“制造”是这么解释的：把原材料加工成适用的产品。其中，“制”侧重于操作制造，对象是一般器物；“造”侧重于从无到有，对象可以是较大的器物。从这个解释中，我们可以知道，“制造”有几个要素：一是要有原材料，二是要有工具，三是制成的产品一定要有用处。

制造与使用工具是人类生存的本能，也是人类区别于其他动物的分水岭。人类历史上先后出现过手工制造、大机器生产、流水线生产、大规模定制四种制造模式。

（1）手工制造时代，人们肩挑手扛，依靠人力和简陋的生产工具，造出了直到今天仍让我们啧啧惊叹的工匠文明。手工制造经历了早期的人类本能发展阶段、农耕文明时期家庭手工业阶段、农业与手工业分离阶段、手工工场阶段等漫长过程，即便从新石器文明开始算起，也至少经历了万年以上的演化。

（2）手工制造发展时间长了，工具不断演进，出现了更加复杂的机器，一台机器需要另外的机器配合，于是产生了链式的机器发明。这一过程在 250 年前的英国纺织业反复进行，最终在瓦特发明蒸汽机之后大功告成，开启了大机器生产时代。

（3）流水线生产是福特在手工制造汽车过程中发现问题并试图解决问题的过程中创造出来的。流水线生产意味着高效率的大规模生产，大规模生产必须大规模销售，大规模销售进而催生了大规模消费。

（4）流水线生产带来的物资繁荣没有持续多久，人们就开始乏味了。美国通用汽车公司通过多样化产品线来应对大众多样化需要，很快把福特公司竞争下去了。又过了一段时间，日本丰田汽车公司同样敏锐地觉察到了世界已经发展到多样化、个性化时期，迎合这个需要才能发展。但丰田汽车公司本身根本没有实力照搬美国通用汽车公司的大规模生产模式，进而创造出了精益生产模式，强调零消耗，满足小批量、多样性需要。

图 3-1 福特发明的汽车流水线生产①

现在，互联网、大数据、物联网、人工智能等一大批新兴技术的快速发展正在将信息技术革命推向新的高度，也将与新工业革命实现历史性交汇，催生新一轮制造业大变革。

传统制造业是以劳动密集或资本密集为主要特征的，以传统、通用技术为主要生产手段的制造加工行业，包括：食品、饮料、烟草、纺织、服装、皮革、木材、家具、造纸、印刷、文体用品及日用杂品等传统消费品制造业和化工、橡胶塑料、非金属矿物制品、设备制造、汽车、电气、仪器仪表等传统工业品制造业。

制造业从手工作坊、机器生产、机械化生产、流水线生产到自动生产线，再到柔性生产，其发展经历了两个世纪的历程。回顾制造业的演变历史，可以看出它的发展经历了三个阶段：第一阶段，制造是完全依靠人的劳力和智力；第二阶段，人的劳力被机器取代，但仍依赖人的智力，这是制造业的第一次飞跃；第三阶段，人的智力正被机器智能所取代，这是制造业的第二次飞跃。

（二）“工业 4.0”的由来

前三次工业革命的发生，分别源于机械化、电力和信息技术。一般将 18 世纪引入机械制造设备定义为“工业 1.0”，20 世纪初的电气化定义为“工业 2.0”，始于 20 世纪 70 年代的生产工艺自动化定义为“工业 3.0”，而物联网和制造业服务化迎来了以智能制造为主导的第四次工业革命，或革命性的生产方法，即“工业 4.0”。2011 年，德国汉诺威工业博览会上，德国相关的协会提出“工业 4.0”的初步概念，此后由德国机械设备制造联合会等协会牵头，来自企业、政府、研究机构的专家成立了

① 资料来源：杨青峰.未来制造：人工智能与工业互联网驱动的制造范式革命［M］.北京：电子工业出版社，2018.

“工业 4.0 工作组”，进一步加强“工业 4.0”的研究并向德国政府进行报告；2013 年，德国政府将“工业 4.0”纳入《高技术战略 2020》中，正式成为一项国家战略。

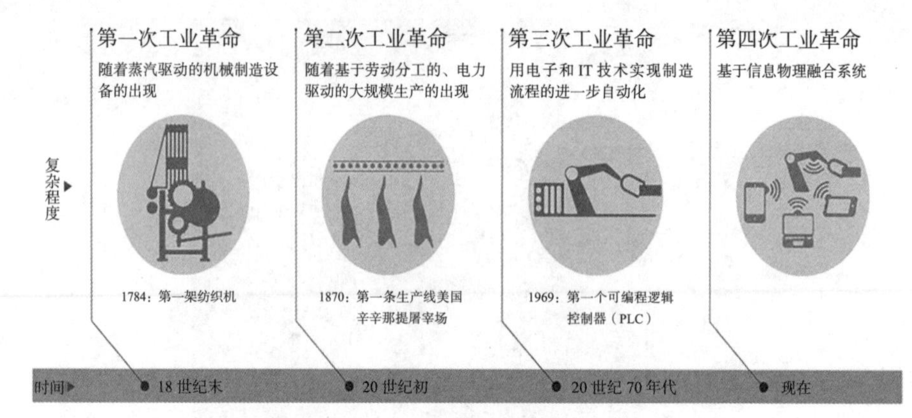

图 3-2　工业革命的四个阶段[①]

（三）智能制造的内涵与要素

智能制造是指将物联网、大数据、云计算等新一代信息技术与设计、生产、管理、服务等制造活动的各个环节融合，具有信息深度自感知、智慧优化自决策、精准控制自执行等功能的先进制造过程、系统与模式的总称，具备以智能工厂为载体、以关键制造环节智能化为核心、以端到端数据流为基础、以网通互联为支撑的四大特征，可有效缩短产品研制周期、提高生产效率、提升产品质量、降低资源能源消耗，对推动制造业转型升级具有重要意义。

1. 智能设备

智能设备是指任何一种具有计算处理能力的设备、器械或者机器。设备智能化就是指使设备具备准确的感知功能、正确的思维与判断功能以及行之有效的执行功能，其目的是使设备通过人工智能的部分或全部功能，尤其是应用现代计算机和网络技术，使产品达到最佳工况。

2. 智能生产线

随着产品制造精度、质量稳定性和生产柔性化的要求不断提高，制造生产线正在向着自动化、数字化和智能化的方向发展。生产线的自动化是通过机器代替人参与劳动过程来实现的；生产线的数字化主要解决制造数据的精确表达和数字量传递，实现生产过程的精确控制和流程的可追溯；智能化解决机器代替或辅助人类进行生产决策，实现生产过程的预测、自主控制和优化。

与传统生产线相比，智能生产线的特点主要体现在感知、互联和智能三方面。感知指对生产过程中的各种不同类型数据的感知和采集，并进行实时的监控；互联指生产线所涉及的产品、工具、设备、人员互联互通，实现数据的整合与交换；智

① 资料来源：德国人工智能研究中心，2011 年。

能指在大数据和人工智能的支持下，实现制造全流程的状态预知和优化。建设智能生产线需实现工艺的智能化设计、生产过程的智能化管理、物料的智能化储运、加工设备的智能化监控等。

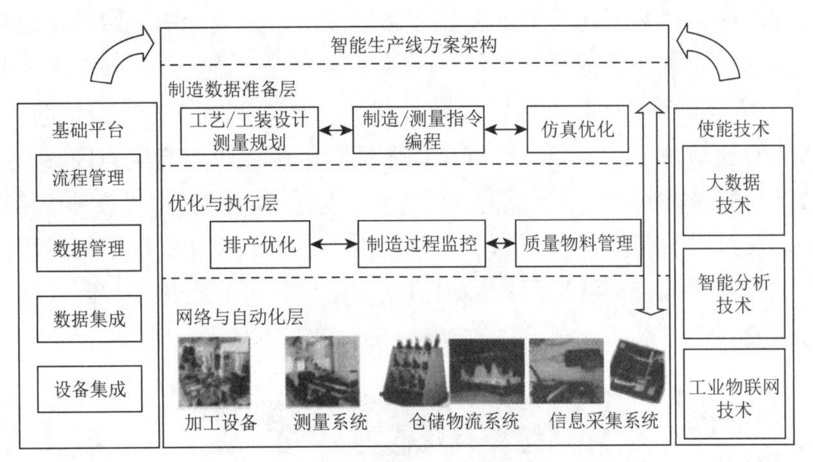

图 3–3 智能生产线方案构架[①]

3. 智能工厂

智能制造的核心是智能加工与装配，包括设计、服务和管理等多个环节。在智能工厂里，可以及时掌握产销流程、提高生产过程的可控性、减少生产线上人工的干预、即时正确地采集生产线数据，以及合理编排生产计划与生产进度等。与传统的数字化工厂、自动化工厂相比，智能工厂具备以下几个突出特征：

（1）制造系统的集成化

首先是企业数字化平台的集成。在智能工厂中，产品设计、工艺设计、工装设计与制造、零部件加工与装配、检测等各制造环节均是数字化的，整个制造流程完全基于单一模型驱动。其次是虚拟工厂与真实制造现场的集成。在产品生产之前，制造过程中所有的环节均在虚拟工厂中进行建模、仿真与验证。在制造过程中，虚拟工厂管控系统向制造现场传送制造指令，制造现场将加工数据实时反馈至虚拟工厂，形成对制造过程的闭环管控。

（2）系统具有自主能力

在智能工厂中，"机器"可采集与理解外界及自身的资讯，并据此分析判断及规划自身行为，它们与人共同构成决策主体。在"机器"的决策过程中，人类向制造设备输入决策规则，"机器"基于这些规则与制造数据自动执行决策过程，这样可降低由人为因素造成的决策失误。同时，在决策过程中形成的知识又可作为后续制造决策的原始依据，使决策知识库得到不断优化与拓展，从而不断提高制造系统的智能化水平。

① 资料来源：万荣．互联网＋智能制造［M］．北京：科学出版社，2016.

（3）加工过程的自动化

智能工厂中的各种设备、物料等大量采用了如条码、二维码、RFID（射频识别系统）等识别技术，使车间中任何实体均可被唯一识别，实现了物料、加工设备、刀具、工装等的自动装夹与传输。在智能制造设备中还大量引入智能传感技术，可以实时采集加工过程中的温度、振动、噪声、应力等制造数据，并采用大数据分析技术来实时控制设备的运行参数，使设备在加工过程中始终处于最优的工作状态，实现设备的自适应加工。例如，通过在机床底脚上引入位置与应力传感器，即可检测到不同时段地基的沉降程度，据此，通过对机床底脚的调整即可弥补该精度损失。

此外，通过对设备运行数据的采集与分析，还可总结在长期运行过程中，设备加工精度的衰减规律、设备运行性能的演变规律等，可自动执行故障诊断，并对故障排除与维护。

图 3-4　智能工厂

4. 智能管理

智能管理是通过综合运用现代化信息技术与人工智能技术，以现有管理模块（如信息管理、生产管理）为基础，以智能计划、智能执行、智能控制为手段，以智能决策为依据，智能化地配置企业资源，建立并维持企业运营秩序，实现企业管理中各种要素之间的高效整合，并与企业中的“人”结合以实现“人机协调”的管理体系。新一代商务智能系统已被企业界确认为未来最有力的信息管理工具，世界主要软件巨头如微软（Microsoft）、国际商业机器公司（IBM）、甲骨文（Oracle）、塞贝斯公司（Sybase）等都不约而同地投入巨资开发新一代商务智能管理系统，而目前主流的 ERP（Enterprise Resource Planning，企业资源计划）、SCM（Software Configuration Management，软件配置管理）、CRM（Customer Relationship Management，客户关系管理）等应用系统的升级也都向分析型（即智能型）系统迈进。国际上比较著名的智能管理方式有以下四种：

（1）精益生产（LP）

20 世纪 80 年代初，日本的汽车、家电等产品占领了美国和西方发达国家的市场，其根本原因在于采用了由丰田汽车公司创造的新生产方式，即精益生产（Lean Production，LP）。精益生产的核心内容是准时制生产方式。该方式通过看板管理，成功地制止了过量生产，从而彻底消除了制造过程中的浪费，实现了生产过程的合理性、高效性和灵活性。

（2）敏捷制造（AM）

美国为了夺回被日本、西欧相关国家和世界其他国家所占领的市场，巩固其在世界经济中的霸主地位，重振经济雄风，把希望寄托在 21 世纪的制造业上。1991 年，在美国国防部的资助下，美国里海大学发表了具有划时代意义的《21 世纪制造企业发展战略》报告，提出了敏捷制造（Agile Manufacturing，AM）的概念。敏捷制造的目标是要实现企业间的集成，核心问题是组建动态联盟（又称虚拟企业），充分利用现代通信技术把地理位置上分开的两个或多个成员公司（盟员）组成在一起。为了共同的利益，每个成员只做自己特长的工作，以最短的响应时间和最高效的投资为目标，来满足用户的需求。

（3）并行工程（CE）

传统产品制造按照“产品设计、工艺设计、计划调度、生产制造”的顺序进行，设计和制造脱节，一旦制造出现问题，就需要修改设计，使整个产品开发周期延长，新产品难以很快上市。面对激烈的市场竞争，1986 年美国提出了并行工程（Concurrent Engineering，CE）的概念。这种方法要求产品开发人员在设计一开始就要考虑产品整个生命周期中从概念形成到产品报废处理的所有因素，包括质量、成本、进度计划和用户要求。并行工程是充分利用现代计算机技术、现代通信技术和现代管理技术来辅助产品设计的一种工作方法。

（4）企业资源计划（ERP）

随着市场竞争的进一步加剧，企业竞争空间和范围进一步扩大，具有有效利用和管理整体资源的管理思想的企业资源计划（Enterprise Resource Planning，ERP）随之产生。企业资源计划是基于计算机技术和管理科学的最新发展。对于企业来说，管理思想是企业资源计划的灵魂，而企业资源计划的实施过程又必须考虑对企业的管理改造和流程优化。

二、人工智能与智能制造：智能制造的赋能技术

随着人工智能技术的提升，以及在智能制造行业应用的推广，劳动力市场将产生颠覆性变革。19 世纪前叶，随着机械织布机在英国的广泛使用，让众多有技术的纺织业者一夜之间沦落街头，加入失业大军。1900 年，随着拖拉机、联合收割机和作物种植机的出现和使用，让近一半在田地间劳作的成年人一下子变得无所事

事。1945年，自动化技术进步让超过1.5万名曼哈顿电梯操作工人和维修工人成为无业者。

自动化技术的进步，对制造业劳动工人来说，既让他们从重复单调的操作中解放出来，也让他们失去了赖以生存的岗位。不过，这时对于制造业来说，自动化技术带给企业员工的还只是点上的变化，被淘汰的工人范围和数量极其有限。然而，在人工智能时代，企业员工被淘汰呈现的是面上的变化，可谓是全方位的。比如富士康公司，在大陆的工厂拥有100多万工人。该公司宣布引进100万台机器人，以代替人工作业。这些机器人成本更低廉，且极易管理，能24小时不停歇，始终做到敬业、勤劳、不怠工，更不会出现为人诟病的自杀现象。富士康引进机器人从事生产的现象，代表了世界制造业生产变化的一个趋势。

人工智能对制造业的影响主要来自两方面：一是在制造和管理流程中运用人工智能提高质量和效率；二是对现有产品与服务的彻底颠覆。德勤智能制造调研发现，51%的受访企业在制造和管理流程中运用人工智能，46%的受访企业在产品和服务领域已经或计划部署人工智能。重构商业模式是一项复杂艰巨的任务，商业模式优化、创新管理以及云部署为企业能力建设三大关键任务。行业对人工智能的理解已随着算法、技术和应用的发展，越来越加深。对于企业而言，应跳出人工智能仅是“机器换人”的既定思维，在精益制造、产品质量、用户体验等多方面进行部署。

但是，必须看到，制造业朝着集约化、智能化进行产业升级是一种技术进步的需要，这也可以说是人类社会发展的一种必然进程。有人从历史经验中总结出，因技术而导致人类丧失工作的悲观论调从来就没有成为事实，反而是依托技术进步，那些老旧落后的产能被淘汰后，人类的文明有了大踏步的前行。因而，面对人工智能技术的进步，受到冲击而失去就业机会固然让人感到沮丧，但正确的做法应当是调整心态，顺应时代发展需要，充分感受技术进步带给人类的各种积极变化。

（一）云计算

云计算是一种利用互联网实现随时随地、按需便捷地访问共享资源池（如计算设施、存储设备、应用程序等）的计算模式。通过云计算，用户可以根据其业务快速申请或释放资源，并以按需支付的方式对所使用的资源付费，在提高服务质量的同时降低运维成本。通常情况下，云计算采用计算机集群构成数据中心，并以服务的形式交付给用户，使得用户可以像使用水、电一样按需购买云计算资源。

云计算与信息化制造、物联网、语义Web、高性能计算等技术一起，构成了“云制造”。云制造的运行原理如下：首先，需要将各种制造资源与制造能力封装为云服务，这一过程称为制造资源的“接入”。根据不同的制造需求，云服务能够聚集形成制造云。在整个云制造体系的运转过程中，知识起到了核心支撑的作用。云制造体系能够实现基于知识的制造全生命周期集成，提供了一种面向服务、高效低耗和基于知识的网络化智能制造新模式。

（二）物联网

智能制造的首要任务是信息的处理与优化，工厂 / 车间内各种网络的互联互通则是基础与前提。物联网指通过信息传感设备，按照约定的协议，把任何物品与互联网连接起来，进行信息交换和通信，以实现智能化识别、定位、跟踪、监控和管理的一种网络。它是在互联网基础上延伸和扩展的网络。

物联网与互联网最大的不同，在于后者是一个由电子设备（如服务器、网关、路由器、计算机等）组成的虚拟信息世界，前者则是通过传感器、信息通信等技术将现实世界与虚拟世界连为一体的信息基础设施。物联网的主要特征是展示现实世界中各种事物的真实信息并对世界上的事物加以调控，也是其区别于现有互联网的特点。

（三）大数据

工业大数据是智能制造的基础。智能制造时代的到来，也意味着工业大数据时代的到来。制造业向智能化转型的过程中，将催生工业大数据的广泛应用。工业大数据无疑将成为未来提升制造业生产力、竞争力、创新能力的关键要素，也是目前全球工业转型必须面对的重要课题。

2012 年，通用电气公司（GE）首次明确了“工业大数据”的概念，该概念主要关注工业装备在使用过程中产生的海量机器数据。同年，麦肯锡的报告中给出的一个事实也颇为有趣，那就是在虚拟经济占主导地位的美国，其工业界蕴含的数据总量反而是最大的。

据统计，制造业存储了比任何其他一种行业都多的海量数据——仅 2010 年，制造业就存储了将近 2EB（Exabyte，艾字节）的新数据。工业已经进入“大数据”时代，而他们所控制的数据的体量、多样性和复杂程度，也正以前所未有的速度不断激烈地爆发式发展。

（四）移动互联

移动互联泛指以移动通信网络作为接入网络的互联网应用、业务及服务，是移动通信技术和互联网技术融合演进的结果。移动互联网能够促进社会资源的优化，改变传统企业的商业模式，极大地促进社会经济发展，因而受到世界各国的重视。

（五）高档数控装备

当今世界各国制造业广泛采用了数控技术，以提高制造能力和水平。数控机床又称“工业母机”，在各工业发达国家被列为国家的战略物资，具有高附加值，是价值链的高端，处于产业链的核心部位，包括超大型多轴复合机床、高速高精度制造装备、巨型重载制造装备、超精密制造装备等。

（六）增材制造

通俗地讲，增材制造是相对于传统制造业采用的减材制造而言的。减材制造就是通过模具、车铣等机械加工方式对原材料进行定型、切削、去除，从而最终生产出成品。与减材制造方法正好相反，增材制造是采用材料逐渐累加的方法制造实体零件的技术，将三维实体变为若干个二维平面，通过对材料处理并逐层叠加进行生产，就好比用砖头砌墙，逐层增加材料，最终形成一堵墙。这种制造方法不需要复杂的工艺、庞大的机床、众多的人力，大大降低了制造的复杂度，使生产制造得以向更广的生产人群范围延伸。

增材制造还有快速原型、快速成形、快速制造、3D 打印等多种叫法，其中 3D 打印是最通俗的称呼。麦肯锡近期的一份报告预测，到 2025 年将有更多企业采纳 3D 打印技术，并将焦点转向产品的个性化。

3D 打印，即快速成型技术的一种，它是一种以数字模型文件为基础，运用粉末状金属或塑料等可黏合材料，通过逐层打印的方式来构造物体的技术。3D 打印通常是采用数字技术材料打印机来实现的，常在模具制造、工业设计等领域被用于制造模型，后逐渐用于一些产品的直接制造，已经有使用这种技术打印而成的零部件。随着 3D 打印的对象不同，3D 打印机的成本差别很大。在航空航天领域，金属打印机的价格需要几百万元人民币，而日常生活和创客项目中的 3D 打印机已降到千元级别。

随着“中国智造”的稳步推进，在智能制造如火如荼发展的背景下，3D 打印能够有效地与大数据、云计算、机器人、智能材料等多项先进技术结合，实现“材料—设计—制造”的一体化，成为高端装备制造业的关键环节。

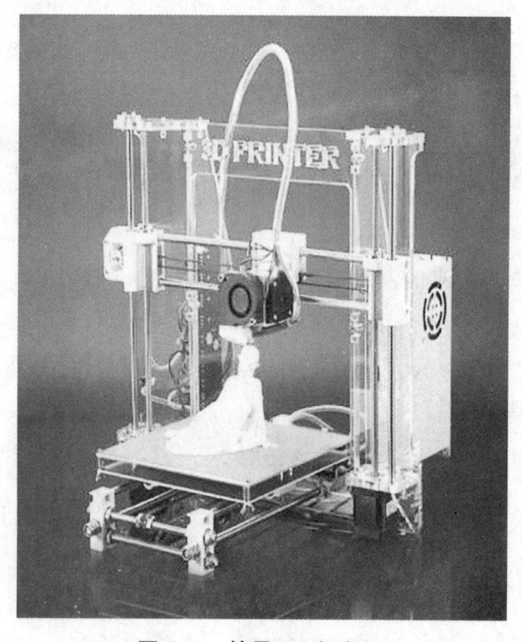

图 3–5　简易 3D 打印机

图 3-6　3D 打印技术已用于建筑当中

（七）虚拟制造

虚拟制造技术（Virtual Manufacturing Technology，VMT）是以虚拟现实（VR）和仿真技术为基础，对产品的设计、生产过程统一建模，在计算机上实现产品从设计、加工、装配、检验到使用整个生命周期的模拟和仿真，以增强制造过程各级的决策与控制能力的制造技术。

以飞机的虚拟制造过程为例，在飞机的设计过程中，可以应用 VR 技术提前开展性能仿真演示、人机功效分析、总体布置、装配与维修性评估，能够及早发现并弥补设计缺陷，实现设计、分析、改进的闭环迭代。在飞机研制的整个历程中，设计工作主要集中在方案论证、初步设计、详细设计和工程研制四个方面，采用 VR 技术进行产品设计的特点是先进行虚拟体验，因此设计部门可以直接在 VR 系统下建造飞机，而不再需要搭建实体模型。

三、关注当下：人工智能在智能制造中的应用场景

中国社会科学院工业经济研究所、腾讯研究院共同编制的《“人工智能 + 制造”产业发展研究报告》指出了人工智能应用于制造业的三类典型应用场景。一是实现从软件到硬件的智能升级。人工智能算法将以能力封装和开放方式嵌入到产品中，从而帮助制造业生产出新一代的智能产品。如谷歌开发出专用于大规模机器学习的智能芯片 TPU、腾讯 AI 开放平台对外提供计算机视觉等 AI 能力、亚马逊推出内嵌人工智能语音助手的智能音箱 echo 等。二是提高营销和售后的精准水平。在售前营销，以人工智能进行用户侧需求数据的多维分析，实现更实时、精准的广告信息传递，如谷歌为制造业专门开发了精准广告平台；在售后维护上，人工智能和物联网、大数据一起，实现对制造业产品的实时监测、管理和风险预警。又如三一重工把分

布全球的30万台设备接入平台，实时采集近1万个运行参数，利用大数据和智能算法，远程管理庞大设备群的运行状况，有效实现故障风险预警，可以大大提升排障效率并降低维护成本。三是增强机器自主生产能力。人工智能技术可以使得机器在更多复杂情况下实现自主生产，从而全面提升生产效率。应用场景包含：工艺优化，即通过机器学习建立产品的健康模型，识别各制造环节参数对最终产品质量的影响，最终找到最佳生产工艺参数；智能质检，即借助机器视觉识别，快速扫描产品质量，提高质检效率。

而其中，视觉缺陷检测、机器人视觉定位分拣和设备故障预测报警等应用场景，随着深度学习和人工智能的成熟，已在制造现场实现落地。例如通过集成3D扫描仪和协作机器人、视觉系统、吸盘/智能夹爪，实现对目标物品的视觉定位、抓取、搬运、旋转、摆放等操作，并对自动化流水生产线中无序或任意摆放的物品进行抓取和分拣。这既可应用于机床无序上下料、激光标刻无序上下料，也可用于物品检测、物品分拣和产品分拣包装等。目前在应用场景案例中已能实现规则条形工件100%的拾取成功率。在设备故障预警应用场景中，基于人工智能和物联网（IOT）技术，通过在工厂各个设备加装传感器，对设备运行状态进行监测，并利用神经网络建立设备故障的模型，从而在故障发生前提前预测故障，并将可能发生故障的工件替换，从而保障设备的持续无故障运行。这样的应用可以将生产线停工时间从几十分钟压缩至几分钟。

总之，消费互联网的蓬勃兴起让软件成功定义了我们的生活，而且这种发展趋势必然会蔓延到制造业。“工业4.0”理念下的制造，是将一切的人、事、物都连接起来，形成万物互联，整合为由智能机器与人类专家共同组成的人机一体化智能系统，在制造过程中能进行智能活动，注入分析、推理、判断、构思和决策等，融合成为一套智能制造系统。

（一）智能工厂

1. 客户需求和方案简介

COSMOPlat是由海尔自主创新打造的具有自主知识产权的工业互联网，是物联网模式下以用户为中心的共创共赢的多边平台。海尔COSMOPlat平台可以为离散型制造企业提供智能制造和资产管理解决方案。通过物联网技术，实现人、机、物的互联协作，包括设备、人员、流程、工厂数据的接入和监测分析，满足不同企业信息化部署、改造、智能升级需求，实现大规模定制的高精度与高效率。海尔COSMOPlat平台通过设备资产数据的实时采集，对资产在线实时监测和管理，并根据资产模型和运行大数据，优化资产效率。例如，可采集设备实时数据，结合设备机理分析和建模，实现了预测性维护，提升效率，降低成本。下图为海尔大规模定制智能制造系统架构。

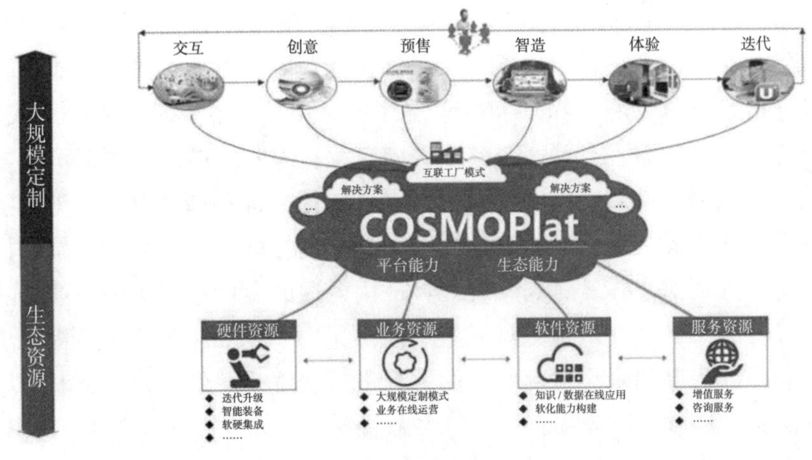

图 3–7　海尔大规模定制智能制造系统架构

2. 具体解决方案介绍

海尔 COSMOPlat 平台智能制造解决方案运用了各种智能化技术，构建了用户交互、研发、采购、制造、物流、服务等七个应用模块，实现了高精度的产品创新服务和高效率的智慧生产服务。COSMOPlat 平台中的所有服务依托于海尔提出的互联工厂，实现了以用户个性化需求为中心的家电产品的混合柔性生产。海尔互联工厂以 COSMOPlat 平台为核心，采用智能化、数字化、柔性化的设计理念，通过与 COSMOPlat 平台的无缝连接，不仅实现了冰箱、洗衣机等产品从个性化定制、远程下单到智能制造的全过程，同时也实现了智能产品和智能制造全流程的无缝连接。

3. 海尔智能化互联工厂

海尔智能化互联工厂包含用户定制、模块智能拣配、柔性装配、模块装配、智能检测、定制交付等多个智能单元，集成了 COSMOPlat 平台、虚实融合双胞胎系统、RFID、智能相机、双臂机器人、AGV（自动引导运输车）、网络安全等多种智能技术。用户可以应用众创汇、HOPE 等在线交互设计平台，自主定义所需产品，平台整合需求并达到一定需求规模后，形成用户订单，同时引进一流资源在线开展虚拟设计，订单可直达工厂与模块商，驱动全流程并联，自动匹配所需模块部件，通过工厂 AGV 与空中积放链等智能物流系统实现模块立即配送和按需配料，并全流程追溯和可视化制造过程信息数据（制造过程数据及网器大数据），针对 VIP 和紧急用户订单还提供智能插单功能。此外，虚实融合双胞胎系统既可以离线仿真所有生产流程，也可实时动画显示现场设备的运行状态和订单数据。

4. 海尔产品智能化

海尔 U+ 智慧家庭平台打造了全球首个物联网智慧家庭领域行业解决方案，以海尔智慧家电产品为载体，通过底层及应用层协议打通，以及接口的开放，提供了多入口、全场景的智能家居解决方案，海尔 U+ 智慧家庭平台是一套智能操作系统，能够理解用户需求、主动提供服务，以家庭用户为中心，串联“人”“家电”“服务”三张网，赋能家电，为终端用户提供全场景智能服务。例如，海尔智能物联网洗衣机，能自动辨别衣物面料、添加和购买洗涤剂，用户仅需要将脏衣物放入洗衣机，洗衣机便可以智能判断、自动完成整个洗衣流程；海尔智能冰箱不但可以与手机实时无缝互联，也可以通过门外的触摸屏，查看冰箱内部存储的食材，浏览图片、观看视频、查找食谱等，还可以与其他家电产品互通互联，比如买回一块牛排，可以为用户提供烹饪菜谱，并发送到燃气灶具，用合适的温度进行烹饪，烟机随着灶具自动控制风量大小，烹饪全程无需人工干预，让用户更专注于烹饪过程，洗碗机也自动选择合适的程序和水温对用餐后的餐具进行清洗。海尔的智能家电产品还包括智能控制浴室的浴霸、排风扇、灯光等多个设备，用户开门进入 / 关门走出浴室后，浴室的灯会自动开启 / 熄灭；当检测到浴室温度低于洗浴所需的舒适温度时，就会提前启动浴霸；当检测到浴室内水汽过多时，就会自动开启排风扇等。海尔 U+ 智慧家庭平台已经在家电、家具、家装、医疗、安防、机器人、通讯七大领域实现推广落地，推动企业从“硬件制造”到“硬件 + 软件 + 服务”的物联网生态转型，为物联网时代下的创新变革带来新模式。

5. 方案实施后的价值或成果

海尔用户场景大数据与制造数据融合，促进了产品迭代和体验提升。用户数据与生产数据互联互通，实现智能化生产。例如，COSMOPlat 云平台搜集微博、微信、搜索引擎及其他途径的用户需求，发现用户对所有品牌空调的各类需求问题，通过数据分析挖掘出空调声音为主要问题。空调声音主要包括噪音和异音，噪音可通过分贝辨别，而异音有千万种，COSMOPlat 平台依托大数据和人工智能技术自主学习辨别异音和自动管控，提升辨别的精准度，聚焦噪音问题后，可追溯生产过程，通过生产过程大数据，分析出导致异音的原因（包括空调风扇安装不良、电机安装不良或者骨架模块毛刺等原因），进而总结出改善异音的关键措施，提前预防，改善用户体验。海尔 COSMOPlat 平台旨在推动企业智能化转型升级和人工智能与制造行业融合创新，构建新型企业组织结构和运营方式，形成制造与服务智能化融合的业态模式，实现大规模定制。在 COSMOPlat 平台的效应下，产品生产效率和产品不入库率得到了提升。同时 COSMOPlat 是“企业和智能制造资源最专业的连接者”，在服务内部互联工厂的同时，也为制造业企业转型升级提供解决方案和增值服务，让企业自身具备持续提升大规模定制的能力，满足用户的最佳体验。

（二）个性化定制

2016 年，在中国大数据产业峰会暨中国电子商务创新发展峰会上，李克强总理微微拉开外套，面向来自全球信息产业的知名大咖展示了他的西装。他说，他的西装是中国企业做的，是一件大数据西装，出自一家来自青岛的服装企业——红领服饰。

关于总理身上所穿的“大数据西装”，其面料、花色、纽扣……大大小小的 100

多个细节，都可以由订购者在手机 APP 上自行定制。这些个性化需求将统一传输到后台数据库中，形成数字模型，由计算机完成打版，随后分解成一道道独立工序，通过控制面板及时下达给流水线上的工人。这样的场景发生在青岛红领集团的智能化车间中，通过十三年来再造血般的内部流程改造，如今的红领服饰已经从简单的规模量产模式转变为更加聚焦消费者的 C2M（Customer-to-Manufactory，顾客对工厂）模式。

1.“消费者需求”驱动的有效供给和电商新业态

红领服饰自主研发了电子商务定制平台——C2M 平台，消费者在线定制，订单直接提交给工厂。C2M 平台是消费者的线上入口，也是大数据平台，从下单、支付到产品实现全过程都是数字化和网络化运作。这是“按需生产”的零库存模式，没有中间商加价，没有资金和货品积压，企业成本大大下降，消费者也不需要再分摊传统零售模式下的流通和库存等成本。

传统模式下，定制成本居高不下，质量无法保证，交期在 1 个月以上，实现不了量产，价格昂贵。红领服饰通过互联网将消费者和生产者、设计者等直接连通，个性化定制的服装 1 件起定制，传统服装定制生产周期为 20—50 个工作日，红领服饰已缩短至 7 个工作日内，实现了量产，性价比最优。过去只有少数人穿得起的“高大上”的贵族定制，通过“红领模式”变成了更多人能享受的高级定制。

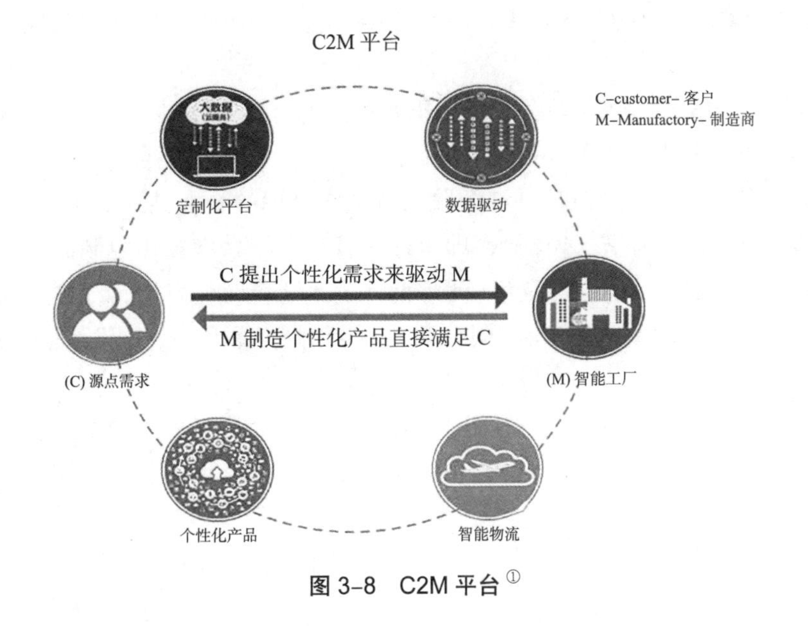

图 3-8　C2M 平台[①]

2. 数据驱动的智能工厂和产业链协同

消费者定制需求通过 C2M 平台生产订单，订单数据进入红领服饰自主研发的版

① 资料来源：工业互联网产业联盟。

型数据库、工艺数据库、款式数据库、原料数据库进行自动处理，突破了人工制作版型的瓶颈，实现1人1个专属版型、专属款式。生产过程中，每件定制产品都有专属芯片，伴随生产全流程。每个工位都有专用终端设备，从工业云下载和读取芯片上的订单数据，进行定制生产。信息系统实现集成和协同，打破了企业边界，多个生产单元和上下游企业通过信息系统共享数据、协同生产。

3. 用工业化的效率和成本进行个性化产品的大规模定制

红领服饰把互联网、物联网等技术融入大批量定制，在一条流水线上制造出灵活多变的个性化产品，包括“智能化的需求数据采集、研发设计、计划排产、制版”，以及“数据驱动的生产执行体系、物流和客服体系”等。目前已形成数万种设计元素、数亿种设计组合，能满足各种体型的定制，包括驼背、凸肚等特殊体型。专业量体方法采集人体18个部位22个尺寸数据，三维激光量体仪1秒内采集完成。计划研发便携式体型数据采集新仪器和方法，打破量体受限于地域距离的限制。

4. 形成了可以帮助传统企业转型升级的解决方案

红领服饰把“以满足需求为出发点”的管理思想和以上三种核心价值相融合，形成了标准化的解决方案，实现了编码、程序、标准和个性化，命名为“SDE”源点论数据工程。智能制造不等于“无人化、机器换人”，红领SDE适用于我国基本国情，适用于传统制造业的升级改造，特别是中小企业，可以帮助他们实现不同程度的转型升级。

红领服饰将进行平台化运营，继续升级C2M平台，同时通过SDE的输出，将“红领模式”的基因植入到大量企业中，目前已经和牛仔服装、自行车、鞋帽、家具等行业的40多家企业签约改造。红领服饰将把转型后的企业纳入C2M平台，形成以“定制”为核心的新的产业体系，即全球消费者在平台上提出定制需求，驱动平台上的多个工厂制造，没有中间商、代理商。为了适应时代发展，红领服饰将定制业务注册了“青岛酷特智能股份有限公司”，专注“互联网+工业”模式的实践和输出。

C2M模式砍去了不必要的经销环节，不仅让C（消费者）享受到“造物”的乐趣，直接参与服装的制作过程，也给M（制造商）带来巨大的利润空间，并以消费者需求为驱动力，持续倒逼企业进行技术革新。

数据统计，2015年，我国纺织服装出口2837.8亿美元，同比下降4.9%。与仍然挣扎在下降泥潭的服装企业不同，红领集团近年来开始收获定制化带来的“红利”，逆势迎来高增长期。据统计，2015年，红领集团定制业务年均销售收入、利润增长均超过150%，而这其中的70%来自美国，由C2M模式带来的个性化定制服装在欧美市场获得巨大成功。

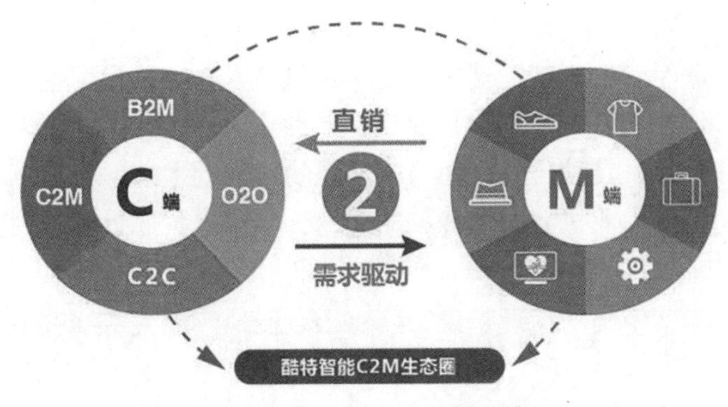

图 3-9 C2M 生态圈[①]

十多年来，红领集团投入数亿元，将原本传统的流水线升级为信息化的定制工厂，通过整合互联网、3D 打印、大数据平台等最新技术，实现了 M 端（制造端）的信息化改造，解决了传统高端定制中生产线灵活度低和转换成本高的难题。

穿梭在改造后的红领集团车间可以看到，每个工人面前都有一个数据终端，工人操作前刷射频芯片卡，下达给他的处理指令即刻显示在终端屏幕，无关指令则被过滤，工人只需按照指令完成不同工序（如镶边、钉扣等），就能精准生产出完全不同的服装。

图 3-10 红领集团生产车间

正是通过这样一套精准的智能系统，让看似完全相悖的流水线规模生产和个性化定制生产完美融合，既满足了消费者与众不同的新需求，也在一定程度上降低了企业的生产和管理成本。

（三）人机协作

2016 年工博会期间，我国机器人制造公司新松机器人推出了一款具备柔性多关节技术和可动双目视觉系统的双臂协作机器人。两条伸展开近 3 米长的双臂，共 14

① 资料来源：工业互联网产业联盟。

个关节的灵活柔性和可动双目视觉系统，能够对人双臂做出的任意动作即学即会，还可以装配手表甚至穿针引线。这款双臂协作机器人具有高灵活性、安全性、自主避障等特点，可以为用户提供更加集成化、柔性化的解决方案，可以快速布局于自动化工厂、仓储分拣、自动化货物超市，实现物料自动搬运、物品上下料、物料分拣等。它改变了传统工业机器人的操控方式，无须编程，通过拖拽的方式就能让机器人记住运行轨迹，下一次就可以自动运行。同时每条臂有7个自由度，更能适应狭小的空间，对于目前中国的工厂来说，可以很方便地实现生产线改造，进行渐进式的升级替代。

人工智能提高了人类在人机协同工作中的安全性。随着工厂流水线上使用的机器人越来越多，操作工人的安全性日益显得重要。历史上就发生不少机器人致人死亡的事件。世界上第一位被机器人杀死的人叫作威廉（Robert Williams），原本是福特汽车位于密西根佛拉特雷克上班的工人。1979年1月25日，工厂内用于抓取存放区零件的机器人出现故障了，年仅25岁的美国福特工厂装配线工人威廉直接进入存放区拿零件，不料这时机器人无声无息地恢复了运作，直接对他的头部造成重击并持续半小时之久，才被同事发现。这是迄今为止第一例有据可查的工业机器人杀死人类的案件，因为工业机器人生产安全问题的缺失，法院裁定判决威廉的家人一千万美元的补偿。人工智能用于生产制造可以提升机器人的操作效率和准确度，救回不少人命。在美国就从1970年的14 000位罹难者，降到2014年的4821位罹难者。

图3-11　人机协作的安全性

（四）设备诊断和预警

物联大数据驱动的智能服务：以工业设备诊断和预警为例。物联大数据能有效地感知和利用来自传感和设备、体现物理世界和人类社会生产生活实际状态的问题，通过深度关联大数据为我们提供趋势分析和研判，持续优化地提供决策依据和生成方案。

工业大数据是工业数据的总称，包括信息化数据、物联网数据以及跨界数据，是工业互联网的核心要素，具有“多模态、高通量、强关联”的数据特点、“强背景、碎片化、低质量”的数据分析，以及“物理信息、产业链、跨界”多源数据融合并赋能先进制造业的应用特点。同时，大数据技术正在从消费互联网向产业互联网渗透，大数据系统软件面临着跨界数据融合、用户结构转变等应用挑战。

对于布置着很多工业机器人的生产线，如果某个机器人出现了故障，当运维人员感知到时，往往已经产生了大量的次品。如果在生产线的各个设备上安装适当的传感器，利用人工智能和物联网技术，对设备的运行状态进行检测，并利用神经网络建立设备故障的模型，就可以在故障发生前做出预测，做到有效预防，从而减少损失。在人工智能界有个很有名的人叫吴恩达，他去年成立了一个叫 Landing.AI 的公司，号称专门要解决人工智能在制造业的落地问题。

图 3–12　生产线的故障预测①

四、展望未来：智能制造的现状、问题与趋势

（一）现状：我国智能制造产业发展报告

2018 年，德勤中国在调研了 150 余家生产型和技术服务型的大中型企业后，发布了《中国智造，行稳致远——2018 中国智能制造报告》。报告认为智能制造是由物联网系统支撑的智能产品、智能生产和智能服务。它已经成为全球价值链重构和国际分工格局调整背景下各国的重要选择。一些国家纷纷加大制造业回流力度，提升制造业在国民经济中的战略地位。亚洲作为制造业重要区域也在积极部署自动化、智能化。随着人工智能的飞速发展，智能化已经成为产业发展的重要方向。

（1）智能制造发展取得了明显成效，进入高速成长期。中国智能制造进入成长期主要体现在三方面：第一，中国工业企业数字化能力素质提升，为未来制造系统的分

① 资料来源：视觉中国。

析预测和自适应奠定基础。制造型企业数字化能力素质显著提升，大部分企业正致力于数据纵向集成。第二，财务效益方面，智能制造对企业的利润贡献率明显提升。利润来源包括生产过程中效率的提升和产品服务价值的提升。第三，典型应用方面，中国已连续六年成为工业机器人第一消费大国，需求增长强劲。对于我国智能制造的未来发展，党的二十大报告进一步明确了方向，提出要“推动制造业高端化、智能化发展”，“巩固优势产业领先地位”。相关的优势企业一定要进一步深挖自身潜力，带动一批智能制造企业快速成长起来，不断提升我国制造业的智能化水平。

（2）中国工业企业智能制造五大部署重点依次为：数字化工厂（63%）、设备及用户价值深挖（62%）、工业物联网（48%）、重构商业模式（36%）以及人工智能（21%）。受访企业所关注的相关技术包括工业软件、传感器技术、通信技术、人工智能、物联网、大数据分析等。

（3）智能制造是以制造环节的智能化为核心，以端到端数据流为基础，以数字作为核心驱动力，因此数字化工厂被企业列为智能制造部署的首要任务。目前企业数字化工厂部署以打通生产到执行的数据流为主要任务，而产品数据流和供应链数据流提升空间大。

（4）制造型企业面临愈发激烈的市场竞争和日益透明的产品定价，不得不寻找新的价值来源。德勤智能制造调研结果显示，设备和用户价值深度挖掘是企业智能制造部署第二重点领域。62% 的受访企业正积极部署设备和用户价值深度挖掘，其中 41% 的企业侧重设备价值挖掘，21% 的企业侧重用户价值挖掘。

（5）中国制造企业云部署积极性不高。53% 的受访制造企业尚未部署工业云，47% 的企业正在进行工业云部署，其中 27% 的企业部署私有云，14% 的企业部署公有云，6% 的企业部署混合云。

（6）智能制造不仅能够帮助制造型企业实现降本增效，也赋予企业重新思考价值定位和重构商业模式的契机。德勤调研结果显示，30% 的受访企业未来商业模式以平台为核心，26% 的企业走规模化定制模式，24% 的企业以“产品 + 服务”为核心向解决方案商转型，12% 的企业以知识产权为核心。

（二）问题：智能制造落地存在的困难

由于技术的迅猛发展、投融资力度的加大，以及地方政府和科技界、工业界的广泛合作，人工智能应用的广度和深度均大大超出预期，成为推进供给侧结构性改革的新动能和振兴实体经济的新机遇。其中，人工智能与制造业融合发展是新一轮产业变革的核心内容，是制造业高质量发展的必由之路。虽然人工智能加快向各领域渗透，但在制造业这一最具潜力的场景下应用落地仍困难重重，面临以下三大挑战：

1. 制造业与人工智能融合应用成本高昂

人力成本方面，人工智能领域基础人才短缺，直接导致用人成本升高，进而大幅提高了制造业与人工智能对接成本。目前，人工智能人才培养暂时落后于产业发展步伐，人工智能与制造业的融合型技术人员数量滞后于人工智能与制造业融合发展的要求，企业不得不通过提高薪资待遇来抢夺稀缺的人工智能领域人力资源。资源成本方面，人工智能所需设备购置、运营维护升级均会提高制造业与人工智能对接成本。人工智能技术所需的各类高、精传感器价格昂贵，一系列的技术应用和系统维护都不是免费服务，最终形态成本将高于传统的低技术含量产品。技术成本方面，人工智能技术尚处“弱人工智能”阶段，技术落地应用多需要人力辅助，形成双倍成本。人工智能技术很难实现理想的“无人化”，其定位更像是一种工具，弥补人类在计算力和操作能力等方面的不足，帮助人类简化操作，制造企业即便在已经购置人工智能设备之后，仍需聘用技术工人予以辅助。

2. 产融学对接尚不充分

产融协同方面，制造业资本投入不足。制造业自有资金不足。近年来制造业利润普遍不高，只靠企业自身投入几乎难以支撑长期所需的大量资本投入。此外，制造业融资困难，制造企业的投资回报率相对于其他高新技术领域偏低，短期效益可能很难显现，资本逐利特性导致资本投入更为谨慎，商业资本的关注度持续走低。产学协同方面，人工智能前沿技术在制造业难以落地。高校以一流期刊论文发表引用为衡量标准的评价导向，导致学界专注于学术研究，对产品商业化理解不足，不能及时针对市场变化对研发重点进行调整，致使技术与市场脱节，难以将人工智能研发成果转化为现实生产力。

3. 制造业数据孤岛问题严重阻碍与人工智能的融合应用

制造业信息化建设尚不完善。目前人工智能技术主要基于机器学习，数据的体量与质量将直接决定人工智能技术效能。然而我国大部分制造企业尚停留在“工业 2.0”阶段，大量数据下沉在各条生产线之间，信息化建设不足导致各类生产制造数据极度缺乏。制造业数据标准不统一。我国制造企业诸多生产设备均采购于多家国外厂商，不同制造企业甚至是同一企业不同生产线的数据标准差异大，各类数据之间难以互通共享，极大增加了人工智能顶层设计标准的复杂度，不具备应用落地普适性。

（三）趋势：人机融合协同制造

从智能制造业角度出发，人工智能技术正在深入改造制造行业。

当前，人工智能技术在制造中的应用主要在于将深度学习优化制造业各流程环节效率。主要由工业物联网采集各种生产数据，放到云计算资源中，通过深度学习算法处理后提供建议甚至自主优化。

而未来智能制造将以人为中心，统筹协调人、信息系统和物理系统的综合集成大系统，即“人—信息—物理系统”（Human-Cyber-Physical Systems，HCPS），机器和人将重新磨合成新的相互配合、补充、协同工作的平衡关系。

未来，人工智能的一个发展方向是脑机接口，通过脑机接口实现人机融合的超级“人类智能”。简单来说，脑机接口就是在人脑与外部计算机设备间建立的直接连接通路。在单向脑机接口的情况下，计算机或者接受脑传来的命令，或者发送信号到脑。双向脑机接口技术则允许脑和外部设备进行双向信息交换，即一是从大脑输出正确的信息；二是把正确的信息输入到大脑。

脑机接口技术并不新，至少有近 20 年的实践和探索。在 20 世纪六七十年代，科学家已发现动物的肢体运动和神经元放电模式的关系，为脑机接口提供了科学基础。2000 年以后，脑机接口技术发展较快。在 2002 年巴西世界杯中，一名身穿机械外骨骼的截肢残疾人，依靠脑机接口开出了一球。2016 年 12 月，美国明尼苏达大学开发的脑机接口技术，允许受试人员仅利用意识就可控制机器人手臂。

最近，加州大学伯克利分校和美国分子制造研究所的研究人员将神经科学前沿的纳米技术、纳米医学与 AI 和计算领域相结合，在脑机接口的基础上，提出了“大脑 / 云接口”（B/CI），目标是将大脑中的神经元和突触实时连接到庞大的云计算网络中。这一技术可以创建一个未来化的“全球超级大脑”，将每个人的大脑和 AI 网络连接起来，实现“集体思考”。

源于工业领域长期积累的工业智能，与源于信息领域的人工智能，这两种智能技术相互借鉴和融合，兼顾其他智能自动化技术，是今后智能制造技术的主流发展方向，是适用于中国企业的智能制造之路。未来必然是以高度的集成化和智能化为特征的智能化制造系统，取代制造中的人的脑力劳动为目标，即在整个制造过程中通过计算机将人的智能活动与智能机器有机融合，以便有效地推广专家的经验知识，从而实现制造过程的最优化、自动化、智能化。

第四章　人工智能技术应用之二——商业服务

> “人工智能代表一种核心的变革方式，我们正重新思考怎样做每一件事情。”
>
> ——桑达尔·皮查伊（Sundar Pichai，谷歌总裁）

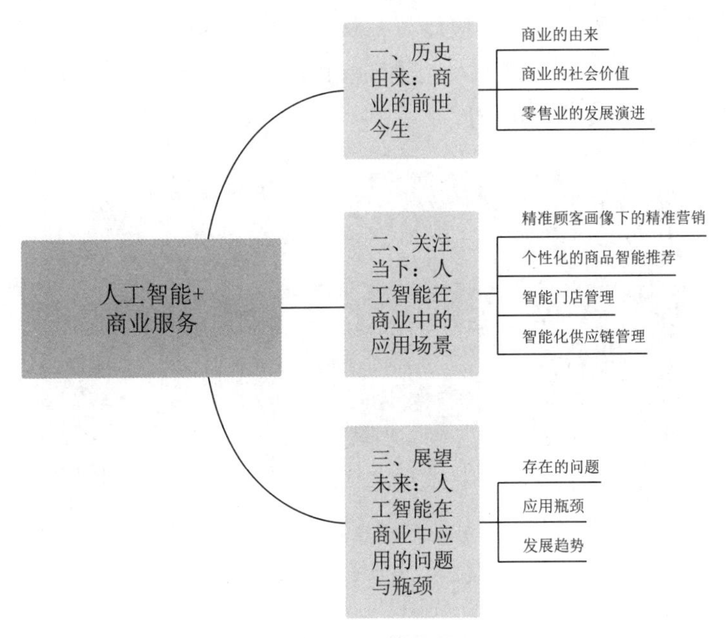

本章知识思维导图

近年来，融入诸多黑科技的无人购物便利店在国内外掀起了一股风潮，国内外的知名线上线下的零售企业纷纷投身其中。

2016年底，亚马逊先在西雅图开了一家Amazon Go体验店，但仅对亚马逊内部员工开放；经过一年多的试验和改进，这家位于亚马逊西雅图总部地标性建筑旁边的Amazon Go无人超市，终于在美国西部时间2018年1月22日上午7点正式开门营业，迎接它的第一批真正的顾客。

在这家Amazon Go店铺的橱窗上，贴着这么一张醒目的带有亚马逊标志的橙色海报："没有排队。没有收银台。（是的没有，我是认真的。）"在这儿买东西就是（拿完）直接走出去。这就是亚马逊宣称的"拿完就走吧"（Just Walk Out）的购物概念。

具体操作是这样的：消费者在进店前先下载好Amazon Go的手机软件（APP），并与自己的亚马逊账号进行绑定；进店时，只需用手机在门口的机器上进行扫描即可进入购物；当从货架上拿起一件商品时，它会在传感器的追踪下自动加入一个虚拟的购物车，你还可以从APP中查看具体商品的库存状况；消费者离店时，系统会从其亚马逊账户中自动扣款。在整个流程中，没有店员或者任何实体收银工具的参与，即拿即走。

Amazon Go无人超市可谓到处充斥着看不见的智能，这项名为"Just Walk Out"的技术整合了计算机视觉、机器学习、传感器等技术，店内遍布传感器和摄像头，以及各种信号接收装置，可以监测商品从货架取下或放回，并在虚拟购物车追踪，操作过程类似于无人驾驶汽车。应该说，从目前已披露的店内购买场景看，在购物效率和消费体验方面的突破上，人工智能确实起到了至关重要的作用，同时也为"AI+零售"打开了更大的想象空间。

图4-1　亚马逊无人购物店

我国的一些知名商业零售企业也在进行着相关实践探索。阿里的淘咖啡、缤果盒子、苏宁的BIU店、京东无人快闪店"JOY SPACE"，都是无人店的代表。例如，京东无人快闪店所采用的"无人超市"是利用物联网、人工智能、生物识别等多项技术打造而成的，超市内每件商品都有独一无二的身份识别芯片，顾客购物时只需穿过结算通道，就能自动"刷脸"付款，享受"无感知"的购物体验。除此以外，店内还设置了AR试妆镜，消费者不用化妆就能直接体验在脸上变换妆容的效果，智能音箱“叮咚”可以为你导购答疑，互动拍照区教消费者拍摄杂志大片等炫酷设计，这极大地提高了顾客的购物体验。

在此不禁要问：国内外龙头商业企业为何纷纷要进行无人店的试水？无人店是否就代表了商业的未来趋势？人工智能是否还有其他的应用场景？人工智能将如何赋能商业？其应用的场景、问题与前景究竟如何？

一、历史由来：商业的前世今生

（一）商业的由来

商业是随着人类社会生产力的发展才逐渐产生的。早期人类社会主要经历了三次社会化大分工：第一次分工是原始社会后期发生的畜牧业同农业的分离。原始人类征服自然的能力有了提高，促进了劳动生产率的增长，引起了部落间的产品交换，为私有制的产生创造了物质前提。第二次大分工是手工业和农业的分工，发生于原始社会末期。这次社会大分工促进了劳动生产率的进一步提高，促使私有制的形成。第三次分工是奴隶社会初期出现了专门经营商品买卖的商人，而众多商人则组成了商业这个产业。

一般认为，我国从商朝开始就有了商人和商业活动，主要是行商；自秦汉以来就有了在固定场所从事商业活动的坐商。

（二）商业的社会价值

商业在整个社会再生产的体系中发挥着重要作用。按照马克思的政治经济学观点，社会再生产过程中主要经历生产、分配、交换和消费四个环节。产品生产出来以后，必须经过分配和交换环节，才能最后进入消费环节，因而，分配和交换是联结生产和消费的中间环节，这一中间环节职能则是由社会的商业企业来完成，因此商业活动的价值是承担整体社会产品如何在社会进行分配和交换。因此，一方面商业促进了生产活动的顺利进行，另一方面也满足了广大百姓的生活所需。

按照交易层次和环节，可以把商业分为代理、批发和零售三个环节。代理是拿到上游厂家的商品代理销售权，负责商品在代理区域内的商品经销；批发是大批量买进商品，然后小批量卖给下游商家；零售则是直接面向消费者，零星售卖商品，满足终端消费者的生活所需。由于零售直接与消费者发生联系，所以在人们对商业的日常认知中，往往将商业等同于零售；同时在现在产业的实践中，人工智能与零售的结合也最为紧密，因此本章内容也主要侧重从零售维度来展开介绍。

（三）零售业的发展演进

零售业的发展演进有着自身的逻辑，是社会需求、技术、行业创新力和政府推动综合作用的结果，与社会整体生产力水平相适应。在19世纪之前，零售业发展总体缓慢。19世纪后，随着工业革命的演进，技术迭代的速度逐渐加快，社会化生产效率极大提升，零售业也随之发生了巨大的变化。在理论界，主流的观点认为零售行业主要经历了四次革命。

（1）第一次零售革命：百货商店。世界上第一家百货商店出现在1852年，打破了“前店后厂”的小作坊运作模式。百货商店带来了两方面的变化：在生产端支持大批量生产，降低了商品的价格；在消费端，百货商店像博物馆一样陈列商品，减少奔波，使购物成为一种娱乐和享受。由于兼顾了成本和体验，百货商店成为一种经典的零售业态，一直延续到今天。

（2）第二次零售革命：连锁商店。1859年后开始走向高潮的连锁商店也是一种经典业态。连锁店建立了统一化管理和规模化运作的体系，提高了门店运营的效率，降低了成本。同时，连锁商店分布范围更广，选址贴近居民社区，使购物变得非常便捷。

（3）第三次零售革命：超级市场。超级市场大约在1930年开始发展成型。超级市场开创了开架销售、自我服务的模式，创造了一种全新体验。此外，超级市场还引入了现代化IT系统（收银系统、订货系统、核算系统等），进一步提高了商品的流通速度和周转效率。

（4）第四次零售革命：电子商务。由信息技术变革所催生，以电子商务和移动电子商务为表现形式，目前正在爆发一场继百货商店、连锁商店和超级市场之后的新零售革命。由于不受物理空间限制，商品的选择范围急剧扩大，使消费者拥有更多选择。电商颠覆了传统多级分销体系，降低了分销成本，使商品价格进一步下降。

对于四次零售革命，理论界王成荣教授认为，前三次革命为单一的“业态革命”，而第四次零售革命则是“综合革命”，很难用一种新的零售业态来标识。这里面其实隐藏着零售业变革的两个基本规律：①零售业越来越成为整个社会的主导；②由于消费升级，零售业的内涵与外延在不断扩充，旅游、贷款、教育、医疗、房产、交通、娱乐等都属于广义的零售业务，所以，当单一的商品销售再也难以满足消费者多样化、服务化、个性化需求的时候，零售的跨界就出现了，最终导致新的零售生态圈的形成。

在零售实业界，马云、刘强东和张近东作为行业的标杆性人物，也纷纷提出了自己对于现在商业革命的观点：马云把现在的零售革命定义为“新零售”；刘强东认为第四次零售革命就是“无界零售”；而张近东则称之为“智慧零售”。三个概念尽管名字不同，本质上说的是一个东西，那就是零售行业的变革：特征是全渠道、全场景和全业态，手段是互联网、大数据、人工智能，目的是效率、成本和体验。

可以看到，从百货商店、连锁商店、超级市场，再到基于互联网基础上新商业的零售革命，零售历史的发展一直围绕着“成本、效率、体验”在做文章。每一次新业态的出现，都至少在某一方面有所创新。而经得起时间考验的业态往往能够同时满足成本、效率和体验升级的要求。所以说零售的本质是不变的，但无论它怎么发展，一定还是会紧紧围绕“成本、效率、体验”中心进行尝试和实践，因此，人工智能与商业的结合也将会围绕着这个中心目标展开。

二、关注当下：人工智能在商业中的应用场景

在互联网、大数据、云计算、区块链等新技术不断涌现的今天，人工智能得到了快速的发展。零售商业作为竞争激烈的产业，对于技术的变革非常敏感，并且一直在紧随科技的进步而变得更好。随着技术的迭代发展，以及越来越多的零售商在自身业务中部署人工智能，人工智能在零售行业的商业化也正逐渐成为一个重要的趋势与潮流，并在诸多场景中与商业紧密结合，发挥了重要的作用。

（一）精准顾客画像下的精准营销

精准营销（Precision Marketing）的概念是由营销专家菲利普·科特勒在 2005 年底提出的，认为企业需要更精准、可衡量和高投资回报的营销沟通，需要制订更注重结果和行动的营销传播计划，还有越来越注重对直接销售沟通的投资。简单来说就是 5 个合适：在合适的时间、合适的地点，将合适的产品以合适的方式提供给合适的人。

而精准营销的前提就是对客户能够从不同维度进行精准分析，即要有清晰的顾客画像。所谓顾客画像，是指单个用户所有信息标签的集合，即通过收集与分析用户的人口属性、社会交往、行为偏好等主要信息，将用户所有的标签综合起来，勾勒出该用户的整体特征与轮廓。如下图：

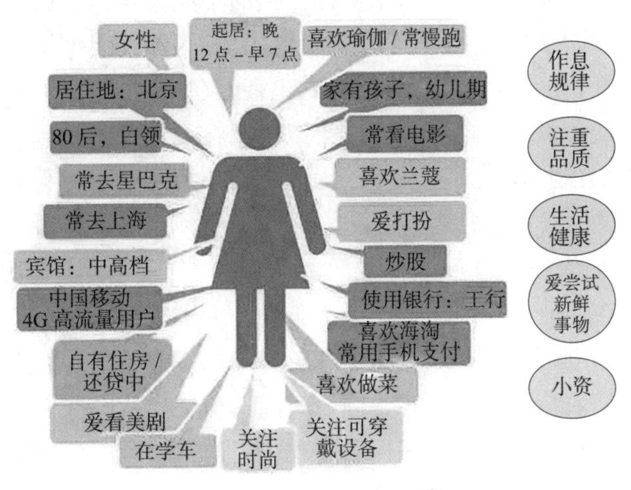

图 4–2 精准顾客画像[1]

移动互联网时代的来临，通过用户各种使用场景大数据的积累，结合云计算和

① 资料来源：科技边角料，2016。

算法的结合，通过人工智能基本能够实现用户的360度画像，这为商家对客户提供个性化的精准服务提供了可靠的技术保障，同时提高了消费者满意度的指数，为商家的可持续发展提供了动力。试想一下，在未来的某个奇妙的平行世界里，奥黛丽·赫本和玛丽莲·梦露同时出现在一家精品时装店，门店会自动引导她们关注符合自己风格和品味的单品，从而以不同的路线逛完一家店，并且即使同样的服装，在她们阅读时也会显示出不同的描述方式，以适应她们不同的文化程度和关注点，并根据她们不同的反馈，做出关联推荐。而当前，99%的零售店铺会给这两位女性提供完全一样的服务，因为在传统的零售市场分类里，她们年龄相仿（仅相差3岁）、职业类型、事业成就和收入规模都应当归入同一类人群，即高收入、高价值、高时尚品味女性客群。但是众所周知，她们的体型、性格、文化程度、品位偏好迥异，她们应当有完全不同的服装购物体验。而这，正是人工智能技术在未来零售体验中应用的发展方向。

（二）个性化的商品智能推荐

个性化、定制化的推荐系统是零售行业内应用最为广泛、效果最为显著的人工智能技术。目前，无论是线上的亚马逊、阿里巴巴、京东等电商巨头，还是线下的沃尔玛、天虹等知名企业，正在竭尽全力地利用这一功能来提高用户体验。

通过运用此个性化推荐系统的技术可以帮助企业进行交叉销售、向上销售、提高复购率。通过分析线上用户的购买、浏览、点击等行为，结合线下通过机器视觉技术收集消费者在线下门店内的数据、通过自然语言处理技术分析客户在与客服沟通时的数据，搭建机器学习模型去预测用户何时会购买什么样的产品，并进行相应的产品推荐。如天猫2018年创造的2135亿人民币销售额背后就是一套成熟稳定的个性化推荐系统。淘宝的“千人千面”也是人工智能在个性化推荐系统的应用。

人工智能在推荐系统上的运用除了可以提高在线销售的销量表现，同时还将通过更加精准的市场预测降低库存成本。因此，人工智能技术将为企业和整体行业带来成本降低与增益价值。

（三）智能门店管理

围绕增强顾客体验，增加店铺与顾客黏性，人工智能与线下门店进行结合，提升店铺的智能化管理水平，即通过机器视觉技术捕捉分析店铺客流量与路径、消费者货柜前行为（如表情和肢体语言、停留时间、拿货比货动作）等数据，指导店铺环境布局与设计优化、商品陈列和库存管理、店内营销和服务内容改善以及精准推送和交叉销售。

（1）店铺人脸识别技术的运用。通过人脸识别技术，可以识别进店的顾客是第几次进店、以前分别是什么时间、在店铺停留了多长时间等。在收银台的时候，能识别顾客临走前的面部表情，进而可以分析顾客的购买偏好和特性，从而更好地提升导购对顾客的个性化、人性化的服务，提升店铺服务质量。

（2）助力实现客户资料无感收集。人工智能技术进入实体店铺后，在顾客进店时，将自动收集顾客特征、性别、年龄等信息，给顾客建档，沉淀用户资料，建立完整的客户资料库，从而为顾客省去填写 VIP 资料的麻烦，提升顾客满意度水平。

（3）可通过店铺智能动线分析与动作捕捉实现顾客行为洞察，优化企业经营策略。顾客进店以后，能对顾客在店铺走动的路线有效捕捉，并能分析在每个区域所停留的时间，从而判断顾客对该区域产品的喜爱和偏好，从而更好地规划店铺空间布局，引导购物路线；并根据顾客在每个区域具体产品面前的停留时间、触摸次数，从而判定该款式的适销度，做好单款的畅滞销预警分析。

（4）优化顾客体验，让整个购物过程变得更智能化。良好的体验对于零售店铺来讲，至关重要。早在 2016 年，肯德基就与百度合作，在上海和北京开设了两家人工智能概念店——Original+，打造人工智能服务场景。除此之外，还可以通过使用机器人和店内聊天机器人来增加用户的参与度，帮助消费者在店内找到他们需要的东西。同年，软银第一款机器人 Pepper 以“销售员”的身份入驻日本最大的电器销售商山田电机（Yamada Denki）。Pepper 之前也曾帮助销售过智能手机和咖啡机等商品。Pepper 接收企业的租赁订单，每月租金 55000 日元（约合人民币 2730 元），仅为日本平均最低工资的一半。2017 年 7 月，优衣库在北京、上海、广东、天津、福建等地的 100 家店铺推出“智能买手”。“智能买手”是一块内置感应系统，可以展示新品、优惠信息和推荐搭配，并进行互动的智能屏幕，优衣库希望通过这个智能系统帮助顾客更有效地找到产品。2017 年 9 月，肯德基中国与蚂蚁金服宣布已经在其杭州分店“KPRO”餐厅推出了一项新服务——人工智能技术面部识别功能。顾客通过虚拟菜单下单后，便可以在付款页面选择“面部扫描”进行付款，整个过程不到 10 秒钟即可完成。如今，这些体验主要集中在使用机器人接收和理解消费者的语音指令，帮助消费者找到合适的产品，从而帮助消费者找到感兴趣的产品上。零售商甚至开始测试机器人为客户挑选和包装客户订单。

延伸阅读材料 4-1：

智能试衣间

通过带触摸屏的镜子及灯光调整，可以帮助用户找到适合自己的尺码、颜色和消费场景的服装。消费者进入商店，通过镜子浏览店铺中所有商品，提交试穿申请，它们就会被导购员摆放在试衣间。顾客可以调整灯光亮度和颜色模拟使用场景，镜子感应衣服上的 RFID 标签并显示在屏幕上，然后镜子给出搭配建议。如果需要试其他颜色或尺码的衣服，也能通过屏幕下指令，让导购员给你送来。当你试穿满意后，可以直接在镜子上通过移动支付付款，试穿过的衣服会保存在个人账户中。试衣间里还可以记录追踪试衣者的动作，这为后续智能试衣间的智能化进行，提供了想象空间。

这套eBay和Rebecca Minkoff合作的系统在Nordstrom的西雅图和圣何塞分店投入使用。主要目的在于通过智能化的手段和亲身体验效果，来提升线下实体店服务的体验，创建线下服务相对于线上电商的差异化竞争力。

（材料来源：智能零售：少数人已经看到了“AI+消费”的未来［EB/OL］. https://www.sohu.com/a/202022426_799350.）

（四）智能化供应链管理

供应链的效率是商业企业竞争力的重要支柱，如何搭建高效供应链体系一直是企业思考的重点。亚马逊、阿里、京东都在这个领域广泛地应用人工智能提升整体供应链的效率，并取得了很大的进步。

1. 亚马逊智慧供应链

亚马逊作为国际电商巨头，早早就开始部署智慧供应链。据雷锋网消息，亚马逊近日宣布在全球包括中国已率先启用了全新的“无人驾驶”智能供应链系统。基于云技术、大数据分析、机器学习和智能系统等方面的领先优势，亚马逊全新的“无人驾驶”智能供应链可以自动预测、采购、补货、分仓，根据客户需求调整库存精准发货，从而对海量商品库存进行自动化、精准化管理。

图 4–3　亚马逊智慧供应链

2. 阿里智慧供应链

阿里推出智慧供应链中台，目前已应用于包括天猫超市、天猫国际、天猫电器城、1688、零售通、AliExpress、村淘、阿里健康等多个业务场景的供应链服务。阿里供应链中台核心能力主要包括以下几点：（1）智能预测备货——帮助业务通过历史成绩、活动促销、节假日、商品特性等数据预测备货，有效减少库存；（2）智能选品——智能化诊断当前品类结构，优化品类资源配置，实现了商品角色自动划分、新品挖掘、老品淘汰等全生命周期智能化管理；（3）智能分仓调拨——将需求匹配到距消费者最近的仓库，尽量减少区域间的调拨和区域内部仓库之间的调拨，同时优化调拨时的仓配方案，最大化降低调拨成本。

3. 京东无人仓

京东则在无人仓方面做出了很好的探索，无人仓的实现结合了物联网和人工智能。RFID（射频识别）技术是物联网的关键技术，可以通过无线电信号识别特定目标并读写相关数据，而无须识别系统与特定目标之间建立机械或者光学接触。相应的射频标签包含了电子存储的信息，数米之内都可以识别。与条形码不同的是，射频标签不需要处在识别器视线之内，也可以嵌入被追踪物体之内。利用 RFID 技术，可以实时掌握物品的位置，从而成为智能系统管理的实现基础。而人工智能技术则大量体现在工业机器人上。京东无人仓是自主研发的定制化、系统化解决方案。其采用大量智能物流机器人进行协同与配合，通过人工智能、深度学习、图像智能识别、大数据应用等技术，让工业机器人可以进行自主的判断和行为，适应不同的应用场景、商品类型与形态，完成各种复杂的任务，在商品分拣、运输、出库等环节实现自动化。

可见，在商业服务的四个主要应用场景中，无论是精准顾客画像、商品智能推荐、智能门店管理，还是智能供应链的优化，都不难发现，人工智能与商业服务的结合始终围绕提升消费者满意度的中心任务，追求企业管理流程优化和效能提升、追求消费者服务体验的优化，因此人工智能作为企业的管理技术手段，将会继续在更多的应用场景与企业经营进行结合。

三、展望未来：人工智能在商业中应用的问题与瓶颈

人工智能在商业活动上无疑带来了诸多便利，也使企业在运营方面提高了效率和效益。然而，目前人工智能技术也面临一些问题和瓶颈。

（一）存在的问题

1. 个人隐私泄露

无论在线上还是线下，人的行为记录将被跟踪、采集和记录，这些数据与人在其他场景的个人信息数据相融合，共同构成 AI 数据库。高效商业人工智能就是基于这些数据对人的全方位分析，然后基于这些数据为消费者进行服务。可以说，人在智能面前是透明的。因此，诸多顾客对 AI 顾客系统有可能通过网络将个人隐私泄露而感到不安，人们有必要了解自己的个人隐私信息用途。对此，未来需要顾客、企业、政府三者联合解决，要提高信息收集与使用的透明度。

2. 部分职业岗位消失

人工智能作为一种趋势，对于不适应人工智能或者不能善用人工智能的企业和个人来讲可能是一种破坏力。一些企业将会在冲击下倒下，一些简单重复的工作岗位也将被机器代替。推而广之，这是一个“职业杀手”，不少企业和员工会因为人工智能而被迫下岗。岗位的消失，将会为整个社会带来一些不稳定的因素，这为国家劳工部门和个人知识技能的更新带来了挑战。

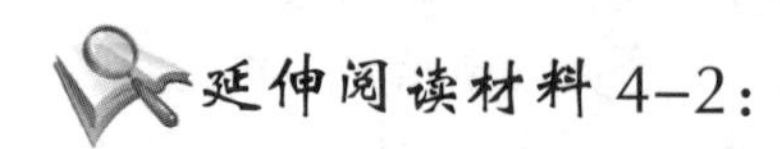

人工智能 + 餐饮

在餐饮业总体创新乏力、用工成本不断增加的环境下，让机器人替代人工，似乎已成为未来餐饮行业发展的必然趋势。

在人工智能风潮来临中，肯德基最早开起了智能餐厅。2016 年 4 月，肯德基在上海推出首家概念店“Original ＋”，并提出人工智能服务概念——引入百度度秘机器人为顾客服务。2016 年 12 月 23 日，肯德基又在北京金融街开设了全国第二家“Original ＋”智能概念店，该门店引入了“人脸识别”点餐系统，系统会自动扫描顾客拍照，并判断用户的年龄、心情、颜值等指标，根据这些指标给你推荐个性化套餐（一共 5 种套餐）完成消费闭环。

将餐饮与机器人“萌”结合的还有重庆小面“嘿小面”。早在去年 5 月，位于金牛万达商业街的“嘿小面”便引入了一个萌萌哒的机器人“服务员”，这台仿女性设计的机器人能承重 20 斤，具有感应功能，当机器人感应到前方有人时，会停下并语音提示，避免与顾客相撞。

而位于上海长乐路“Fish Eye”（鱼眼咖啡）咖啡店，则搬出了一台叫作“Poursteady”的手冲咖啡机器人。相比传统的手冲方法，它的制作更高效，质量更稳定。一杯手冲咖啡 15 分钟的等待时间，能在冲煮路径被计算后压缩到原来的二分之一甚至三分之一。机器人的效率在走量时更能体现：它一次可以同时冲泡 5 杯，一个小时内最多可以做出 60 杯咖啡。

事实上，如果你仔细观察会发现，餐饮行业早就在向智能化演变。过去，结账要用计算器，现在有电脑代劳；还有微信、支付宝，顾客一扫就能结账……凡此种种，都暗示餐饮行业的智能化已成时代趋势。

（资料来源：当人工智能遇上新型零售模式——黑科技、无人商业都来了［EB/OL］. http://news.winshang.com/html/062/9460.html）

3. 固化消费习惯

首先，机器可能有隐藏的偏见，不是来自设计者的任何意图，而是来自提供给系统的数据。如果输入的商业数据是错的，尽管算法和算力都很好，但也只能带来错误的决策结果，如果最终没有人来做判断，可能会带来损失；其次，可能强化或固化消费者的认知范围，基于人们使用习惯的推荐系统，会不断基于人们的阅读习惯和以往的购买商品，来智能化地推介商品和内容，最终可能导致人们认知的固化，限制了人们的学习领域。

（二）应用瓶颈

作为基于大数据、云计算基础上的人工智能，目前在与商业结合的过程中仍存在以下三个方面的瓶颈：

1. 经营成本居高不下

人工智能属于高成本的高技术，需要相当高的技术研发成本和设备成本。目前，能够实现人工智能技术应用的主要是资金实力较为雄厚或产业规模较大的龙头企业，以及依托龙头企业扶持的新科技企业。而零售行业普遍存在着毛利率低的特点，因而非常重视利润，由此带来的成本非每个零售商都可以接受。例如，对于大型连锁便利店而言，要让成千上百家门店实现智能化，一次性成本较高，短期内当机器成本比人力成本还高时，零售商往往犹豫不决，倾向于依旧采用人力。由于投入巨大、技术复杂，所以人工智能技术开始只能在规模较小的社区商业样板店运行，未来要在社区商业领域内实现大规模的推广应用，势必会因高成本而受到资金投入的限制。

2. 应用场景受到局限

人工智能落地零售场景很多，但技术落地效果参差不齐，主要是因为零售业涉及环节和品类很多，品类之间性质差别较大。而且，国内外人工智能应用的场景局限于社区便利店单一业态，商品品类、品种有限，尚不能实现多业态、全品类运营。另外，虽然人工智能设备能够极大提高消费购物的便利性，但是不可避免的问题是消费者面对的不再是生动活泼的人，而是冷冰冰的机器设备，这容易使消费者产生违和感，影响消费意愿。这是社区商业与人工智能技术实现融合所要面临的重要挑战。而且，在商品质量、个性化服务以及商业品牌价值等领域如何更好地彰显人工智能技术的优越性，还有很大的提升空间。

3. 大数据集合积累有一定的困难

人工智能算法的实现离不开大数据，大数据的真正实现是人工智能技术赖以存活和发挥巨大效能的最根本保证。相比其他行业而言，由于零售行业的系统化程度发展较快，通过摄像头技术、热感应技术、POS 机、在线支付等技术的长期应用，数据获取更容易，因此数据维度更多样，数据积累量更大，且获取数据及时性也更强，这为 AI 落地零售行业打下了坚实基础。但是，零售行业依旧面临着大量数据难以互联互通的问题，这也阻碍了数据被深层次应用的探索。据了解，由于零售行业环节很多，产业链上下游公司之间存在数据壁垒。数据作为一个公司的财富，在看不到既得利益时，许多公司不愿意公开自身掌握的数据。例如，零售商不愿向制造商公开数据，物流商也不愿向零售商公开数据。整个行业产业链的数据联通谈判周期较长。而目前，国内能够实现真正意义上巨量数据集合积累的零售商屈指可数，如何对巨量的消费数据进行深度挖掘，实现各类消费数据的有效梳理、整合和转化利用，使人工智能技术与社区商业完美融合，仍是社区商业人工智能化的一大课题。

（三）发展趋势

作为拥有消费者、企业自身和供应链上游企业相关交易、行为数据的商业类企业，拥有人工智能应用的先天条件和动力，特别是阿里、京东、亚马逊等知名互联网科技类企业，围绕着成本、效率和体验进行的各类场景的人工智能的探索，为行业提供了标杆和方向。与此同时，随着以大数据、云计算和算法为基础的整体人工智能产业的发展，也为行业的整体发展提供了基础。在整个发展过程中，不难发现有以下三个趋势：

（1）围绕着以成本、效率、体验为焦点的整个行业的企业竞争不仅不会止步，反而会更加激烈，因此整个商业行业企业与互联网、人工智能技术的结合只会更加密切，全渠道经营是未来发展的必然趋势。

（2）人工智能与商业的融合将在广度和深度上进一步地进行融合演绎，智能化将会贯穿和影响整个商业企业的经营。一方面，在大型商业企业中简单的、重复的、繁重的工作岗位将会逐渐被人工智能取代，比如收银、后台客户服务、搬运与仓储等；另一方面，在商业企业决策过程中，商业企业借助计算机视觉识别、机器学习等人工智能技术，在企业数据分析和决策支持等方面将会发挥更大的作用，同时也会在强化体验方面提升企业与顾客的黏性。

（3）随着商业企业对人工智能需求场景的扩展，一方面，人工智能人才的社会整体供给将会逐步得到缓解；另一方面，对于现有商业企业人才的培养要求和规格将会更加关注创新力，对数据应用能力和商业经营思维、顾客关怀力等方面进行提升。

第五章　人工智能技术应用之三
——生物技术

“这是世界上第一个人造细胞。我们称它为‘人造儿’，因为这个细胞完全来自于合成的染色体，用 4 瓶化学物质在一个化学合成器下制造出来的。这是地球上第一个父母是电脑，却可以进行自我复制的物种。”

——克雷格·文特尔（Craig Venter）

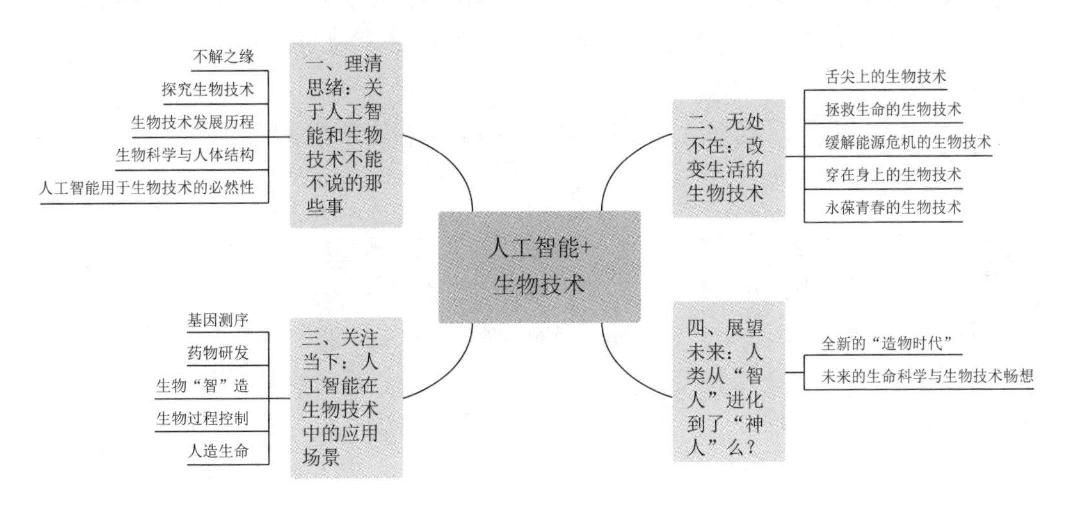

本章知识思维导图

中国人民大学出版社于 2019 年 9 月出版了美国范德堡大学校长、历史学教授迈克尔·贝斯编写的《改造后代：遇见来自生物工程的生命》。书中指出，当今高速发展的生物技术如同互联网、人工智能一样深深影响着人类的生活和自身发展。基因编辑等技术的出现不仅可以改变人的能力，甚至可能会改变人的心智模式。尤其是当前发展的人工智能如果与生物技术相融合，将会为人类应对全球健康、环境、能源等难题带来新的解决方案。人们会活得更健康，寿命可能会延长至160岁。人造婴儿、改造我们的后代或许不再是梦想。自然选择、上帝之手可能转换成权利的选择。生物技术与人工智能的结合将会如何影响我们的未来？我们能否接受这样的技术？能否接受两者融合之后改变的未来？我们该如何接受这样的未来？这是我们要共同面对和不得不面对的现实。本章将会对当今高速发展的两大技术融合将会对人类社会带来哪些改变进行一一解密。

图 5–1 辛西娅及其创作者克雷格·文特尔（Craig Venter）

一、理清思绪：关于人工智能和生物技术不能不说的那些事

（一）不解之缘

数百年前，科学家们就一直试图制造各种具有“生命”的机器，用以代替人的四肢、五官和大脑。西班牙科学家、现代神经科学之父、诺贝尔奖得主圣地亚哥·拉蒙·卡哈尔（Sántiago Ramóny Cajal）在19世纪发现了神经细胞的结构，即神经元结构，并且手绘出神经元结构图（图5–2）。受神经元启发，形成了以感知为基础的第一代人工智能。但人们发现，第一代人工智能不够灵敏，于是形成了反向传播神经网络算法（Back Propagation，BP）的第二代人工智能。后来，人们发现猫的视觉中枢里存在感受域（Receptive Field），通过研究猫在不同视觉刺激的情况下，其大脑对于不同区域的反映，由此形成一个新的技术——卷积神经网络（CNN），也就是深度学习神经网络，这在解决视觉识别问题方面取得重大突破。现在，神经网络系统已经发展成为非常完备的体系。从某种意义上说，AI是建立在生命科学对脑科学的探索之上的。

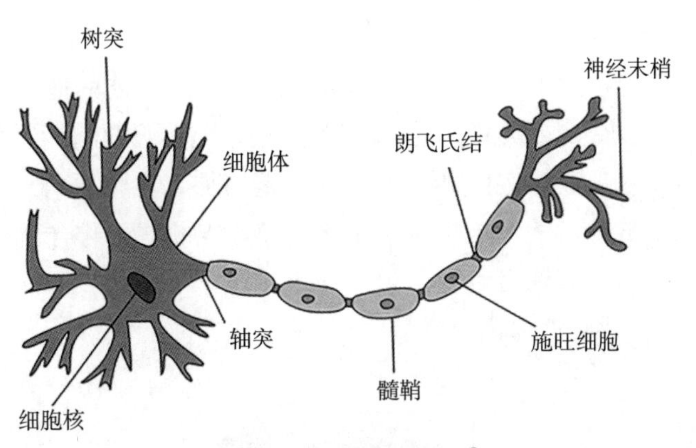

图 5-2 神经元结构图[①]

事实上，大脑是人类最复杂的器官，如果我们把大脑的工作原理和工作过程研究清楚了，那么我们就可以在现有智能机器人的基础之上制造出像大脑一样聪明的机器了。2014 年研究人工智能方向的北京交通大学的刘峰博士和中国科学院虚拟经济与数据科学研究中心主任石勇教授合作写了一篇《互联网，脑科学与人类的未来》的文章，展示了互联网和人脑的相似之处。图 5-3 显示，互联网就是一个向我们大脑一样工作的事物。随着生物科学的进步，计算机、互联网、大数据等技术的不断发展，相信我们会对大脑的认识更加深入，具有人类智慧的智能机器终会出现。

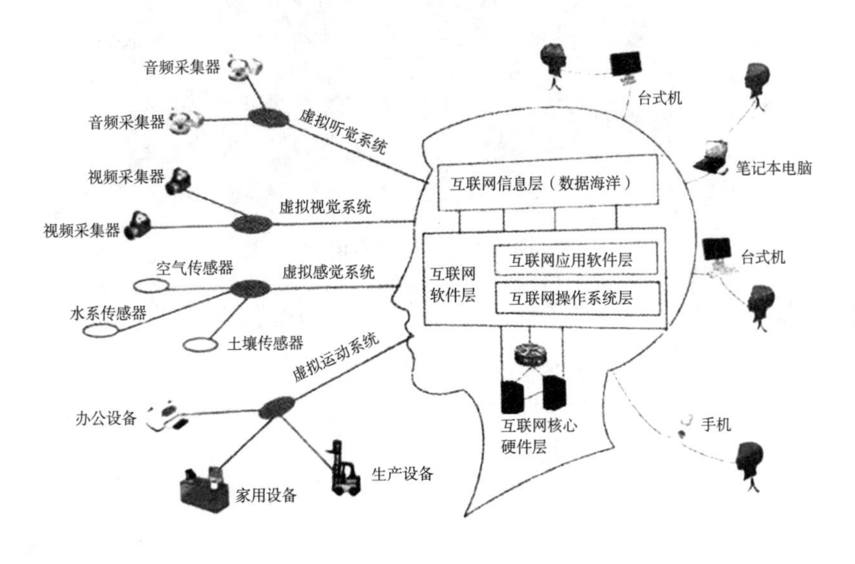

图 5-3 互联网虚拟大脑结构图

① 资料来源：汤寿根，陈秀兰，王东江 . 生命的奥秘［M］. 北京：科学普及出版社，2018.

（二）探究生物技术

人工智能的灵感是源于生命科学的研究，本章人工智能的应用领域之一——生物技术就是生命科学研究成果的直接转化者。该技术就是以生命科学的研究为基础，结合先进的工程技术手段，按照既定的设计改造或加工生物原料，为人类生产出所需要的产品或达到某种目的。生物技术是生物科学与机械、电子、信息等工程技术相结合的学科，因此也被称为生物工程。图 5-4 显示了生物技术所依托的基础学科以及为人类生产的产品和所做的贡献。

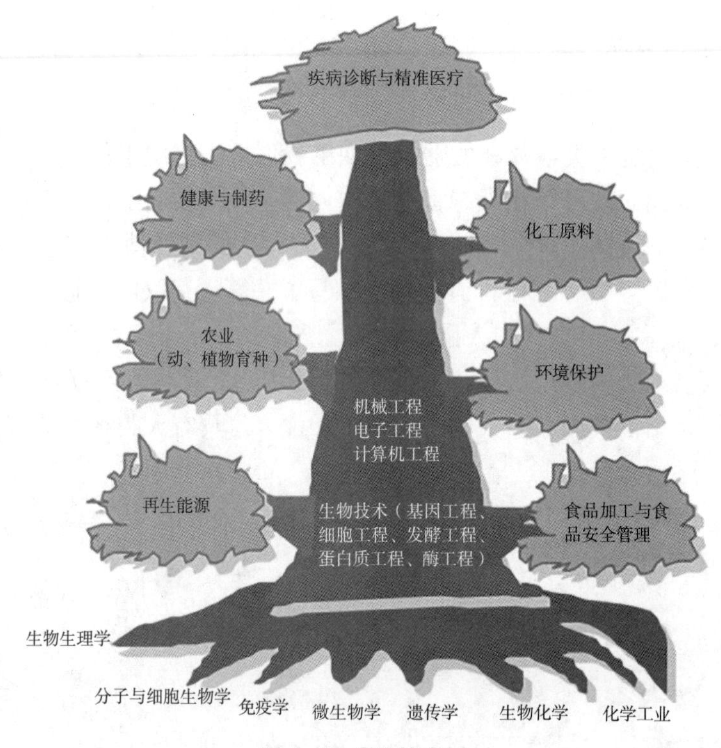

图 5-4　生物技术树

图 5-5 展示了现代生物技术所包含的具体技术和它们之间的关系。基因工程技术是核心技术，微生物细胞或是动物细胞通过基因改造的手段获得“工程菌”或“工程细胞株”，也可以通过基因手段改造酶或蛋白质，改变细胞内代谢过程，如果想得到最终的产品都必须经过发酵技术以及下游分离纯化技术。随着生物技术的不断发展，它应用于医药卫生、农业、食品、环境、化工、能源等各个领域直接造福人类，而且随着基因编辑、克隆技术、干细胞治疗等技术的涌现，人类现在所面临的疑难杂症、能源短缺、环境污染等难题未来都要靠生物技术来解决。所以说 21 世纪是生命科学的世纪，生物技术引领第四次技术革命，其中生物技术是引领第四次工业革命的核心技术。

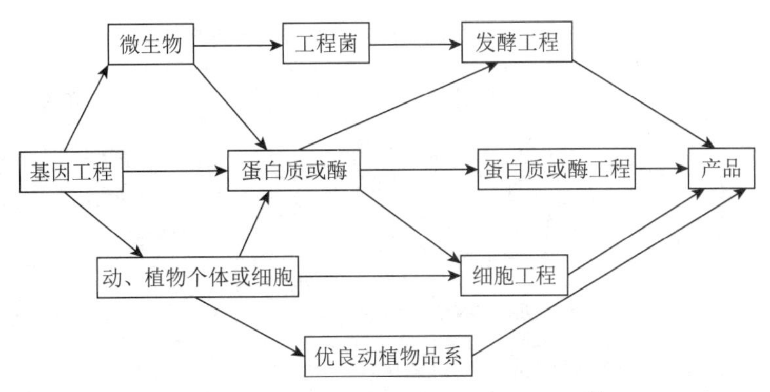

图 5-5 生物技术各大工程之间的关系[①]

（三）生物技术发展历程

如果你每天打开手机，关注一下科技频道，你就会发现有关生命科学、生物技术的研究报道占据半壁江山。生命科学、生物技术的研究之所以被称为科技研究的热点，与人类探究生命的秘密、追求健康长寿的梦想有关。应该说，在所有的科学技术中，生命科学的研究、生物技术的应用或许才能达成人类的目的。当然，生物技术的发展及应用也绝对离不开物理、数学、工程学等学科的理论研究和技术。纵观生物技术的发展历程也不难发现这一点。图 5-6 和表 5-1 列举了生物技术发展历史长河中的标志性事件和伟大的科学家。

生物技术简明时间表

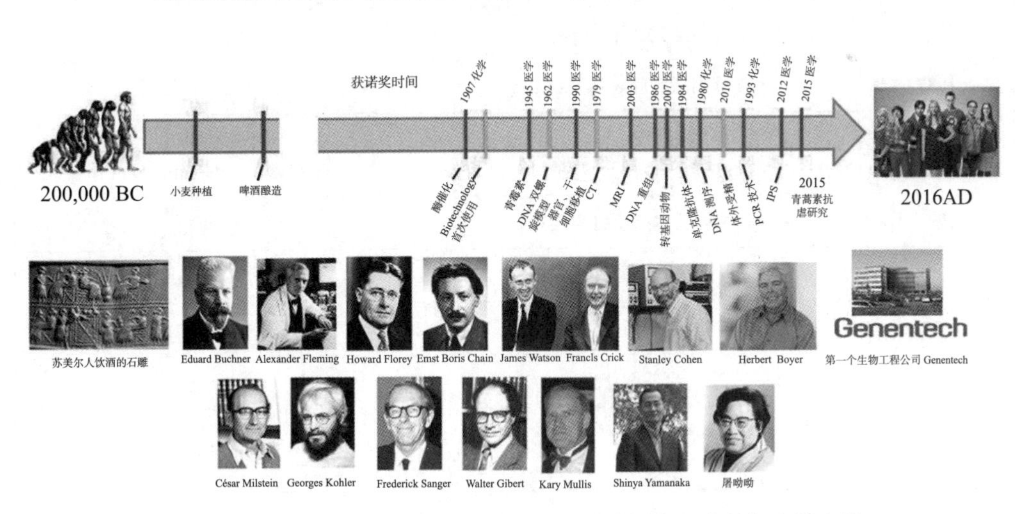

图 5-6 百年诺贝尔自然科学奖与生物技术发展历程中的标志性事件

① 资料来源：赵广荣，杨冬，财音青格乐等. 现代生命科学与生物技术［M］. 天津：天津大学出版社，2008.

表 5-1 生物技术发展历程及标志性事件[①]

年份	技术	贡献者
1953	DNA 双螺旋模型	Watson 和 Crick
1970	第一个限制性内切酶	Watson 和 Crick
1971	第一家生物技术制药公司成立	Cetus 公司
1972	体外重组 DNA	Jackson 和 Berg
1973	重组质粒在大肠杆菌中表达	Boyer 和 Cohen
1975	细胞融合，杂交瘤，单克隆抗体技术	Kohler 和 Milstein
1976	第一家基因工程技术制药公司成立	Genentech 公司
1977	DNA 测序技术	Sanger 等
1978	大肠杆菌中表达出胰岛素	Genentech 公司
1980	转基因小鼠	Gordon 等
1981	第一台商业化的 DNA 自动测序仪	ABI 公司
1982	基因工程人胰岛素在美国上市	Eli Lilly 公司
1982	转基因超级小鼠	Palmiter 等
1983	基因扩增的 PCR 技术	Kary Mullis
1985	植物转基因技术	Horsch 等
1986	基因工程重组乙肝疫苗上市	Merck 公司
1987	转基因鼠乳腺表达药物 tPA	Gordon 等
1990	人类基因组计划开始 第一头转基因奶牛	美国 GenPharm International 公司
1993	生物技术产业组织建立	美国
1994	转基因耐贮番茄品种田间释放	美国 Calgene 公司
1995	基因电路模拟与设计	Keller AD
1996	第一台毛细管测序仪	ABI 公司
1997	克隆动物绵羊多利，转凝血因子 IX 基因绵羊波利	苏格兰 Roslin 研究所 Wilmut 等
1998	第一个反义基因药物上市	美国
1999	中国加入人类基因组计划	中国

① 资料来源：杨冬，财音青格乐等 . 现代生命科学与生物技术［M］. 天津：天津大学出版社，2008.

续表

年份	技术	贡献者
2000	绘制出人类基因组“工作框架图”	中、美、英、日、法、德 6 国
2003	绘制出人类基因组“序列图” 第一个基因药物上市	中、美、英、日、法、德 6 国 中国
2005	超高通量测序仪	454 公司
2006	酵母生产抗疟疾药物前体青蒿酸	Keasling 等
2007	皮肤细胞脱分化成胚胎干细胞	Yamanakas 等
2007	基因组物种间转移	Craig J. Ventor 研究所
2008	全合成支原体基因组	Craig J. Ventor 研究所

古埃及的壁画向我们呈现了一幅早在公元前 4500 年的时候古埃及人酿造啤酒的全过程的场景。列文虎克用自制的显微镜发现了把小麦转变为啤酒的秘密——酵母，自此开启了传统生物技术时期。19 世纪巴斯德建立了微生物纯种培养技术，为发酵技术奠定了基础，开启了以发酵技术为主体的传统生物技术。20 世纪 50 年代，青霉素的大规模发酵生成形成了近代生物技术。DNA 双螺旋结构被发现之后，20 世纪 70 年代 DNA 重组技术的建立标志了现代生物技术的开始。

（四）生物科学与人体结构

生物技术发展得这么快，完全是建立在人类对生命奥秘的探索之上。“你是谁？你从哪里来？要到哪里去”这三个问题一直纠缠着哲学家和科学家。通过科学对人体结构的层层分解分析，现在我们知道细胞是组成生物体的基本单位。那么，组成细胞结构的又是什么？就是我们日常从食物中摄入的营养物质蛋白质、糖（碳水化合物）、脂类（脂肪）、维生素、无机盐、水之外，还有决定你是你的重要密码——核酸。蛋白质、糖、脂肪、核酸属于有机大分子物质，它们又是由小分子无机物组成，例如碳、氢、氧、氮。无机分子又是由原子组成。所以生物体就是一堆原子！

这个世界上每个生命体都是独一无二的，纵使双胞胎也是如此。从孟德尔的豌豆实验起，一拨又一拨的科学家都在试图揭示控制生物体遗传和变异的密码。1909 年，丹麦遗传学家约翰逊第一次给孟德尔的遗传因子起了个名字“gene”（基因）。德国的科学家戴波克和美国细菌学家罗利亚发现基因有着传宗接代的大本领。其实，早些年，德国细胞学家弗莱明发现了细胞能有一种物质在细胞分裂的时候增加一倍，随后能分成两份，分别进入两个子细胞中，这样才能使得两个子细胞是一样的，而且能被碱性燃料染成红色，这种物质就是我们现在所说的“染色体”。直到 20 世纪初，遗传学家摩尔根通过果蝇实验得出了“染色体是基因载体”的结论。艾弗里的

“肺炎链球菌转化实验”、康拉特的“烟草花叶病毒重建实验”以及赫斯的“噬菌体感染实验”这三大经典实验证明了具有遗传作用也就是传宗接代功能的是核酸，因此基因的本质就是核酸。核酸有两种：核糖核酸（RNA）和脱氧核糖核酸（DNA）。现在的研究表明大多数生物的遗传物质是DNA，一些病毒的遗传物质是RNA。DNA又是什么呢？与基因的关系又如何呢？直至1953年DNA双螺旋结构的发现，才开启了生命奥秘的解读。图5–7揭示了染色体、DNA以及基因之间的关系，DNA与蛋白质以核小体的形式缠绕形成染色体，而基因则是DNA上一个一个具有功能的片段，因此生物体的染色体DNA也被称为基因组。

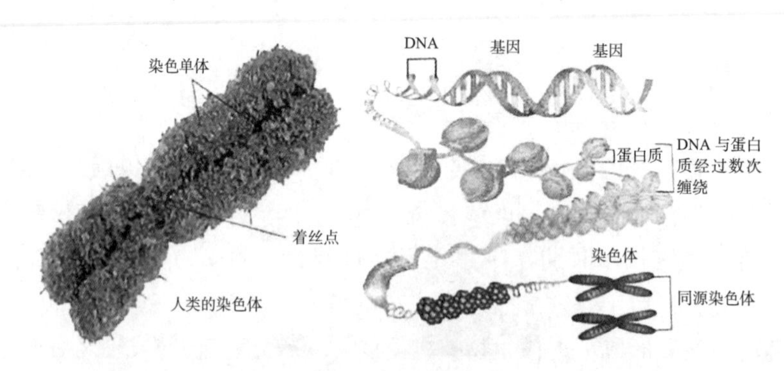

图5–7　染色体、DNA以及基因之间的关系①

图5–8展示了DNA双螺旋结构。DNA属于大分子，组成它的小分子物质被我们称为核苷酸，核苷酸是由是一个磷酸、一个由5个碳原子组成的糖和一个碱基组成。碱基有四种，就是我们听说过的A（腺嘌呤）、T（胸腺嘧啶）、C（胞嘧啶）、G（鸟嘌呤）。4种碱基就形成了4种核苷酸单体，核苷酸单体之间首先依靠五碳糖上基团与磷酸形成作用力（3，5磷酸二酯键）连在一起形成长长的核苷酸链，但DNA中是有两条链连在一起形成的双螺旋结构。如果把这种螺旋结构展开成平面，它就像一个梯子（生命的天梯），两条长的碳链就是两边的柱子。中间每个横档由核苷酸中连着的碱基配对形成，配对遵守严格的原则，A只能和对面链上T连接形成横杠，C一定得和G连接才能形成横杠。由于核苷酸的不同是因为连接的碱基不同，所以这个梯子中间横杠的排列次序就由四种碱基的排列顺序所决定了。为了方便起见，通常用碱基的组成和排列顺序来表示核苷酸的组成和排列顺序。不同生物体中，组成DNA的碱基的数量排列顺序是不同的。所以当你作为一个独立的生物个体，体内的A、T、C、G的数量和排列顺序是与其他任何一个生物个体都不同的。不过作为人类的你，碱基的数量与其他人类都是一样的，有30亿对，与他人所不同的就是碱基的排列顺序是独一无二的。

① 资料来源：汤寿根，陈秀兰，王东江．生命的奥秘［M］．北京：科学普及出版社，2018.

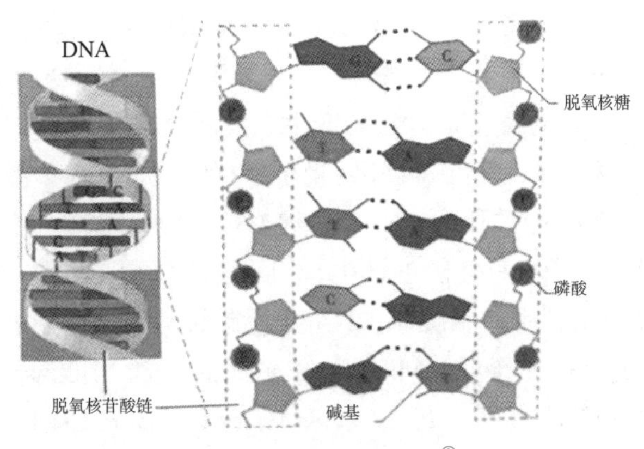

图 5-8 展开的 DNA[①]

为了读懂由 A、C、T、G 所书写的人类生命“天书”，人类开展了一项堪比登月计划的“人类基因组计划”，通过核苷酸测序技术（基因测序）读出人类 30 亿对核苷酸碱基的排列顺序。2000 年，完成了人类基因组草图，2003 年完成了全部 30 亿对碱基对的测序工作，开启了生命科学基因组时代。

基因是生命遗传和变异的物质基础，而体现生物体性状的是蛋白质。虽然基因早已决定了你的一切，但可惜的是它只能待在细胞的细胞核中，只能储存遗传的信息，但是无法把这些信息直接呈现出来，这个时候蛋白质就要上场了。蛋白质的功能可强大了，能调节你体内的化学变化（酶），能运输氧（血红蛋白），能保护你不受病菌危害（抗体）等，所以最终呈现你的容貌和行为的功臣是蛋白质。蛋白质也是大分子，组成它的基本单位是氨基酸，组成人体的氨基酸种类就不只 4 种了，大约有 20 种，氨基酸的种类和排列顺序不同就形成不同的蛋白质。可见，要想把基因种的信息体现出来，就得先合成蛋白质，也就是要把 4 种碱基的排列顺序转变为氨基酸的排列顺序。而这个过程 DNA 无法单独完成，这个时候另一类核酸 RNA 就要登场帮忙。DNA 先把信息转给 RNA（转录），然后 RNA 来到核糖体指挥氨基酸排好队形成蛋白质。不过，这 4 种碱基如何对应 20 种氨基酸呢？葛宾・霍拉纳（Gobind Khorana）和马歇尔・尼伦伯格（Marshall Nirenberg）建立了遗传密码子表，通过遗传密码子表，我们可以查出 3 个相邻的碱基对应一种氨基酸，这样我们就可以把基因中碱基的顺序转变为蛋白质中氨基酸的排列顺序了。最终通过蛋白质调控体内的变化，呈现生物体独一无二的性状。现代生物技术中基因工程、蛋白质工程、细胞工程、酶工程等都是建立在上述生命科学研究基础之上的。

（五）人工智能用于生物技术的必然性

1. 生物技术的学科基础

从生物技术发展历程看，生命科学和生物技术的发展离不开物理学、化学理论

① 资料来源：汤寿根，陈秀兰，王东江 . 生命的奥秘［M］. 北京：科学普及出版社，2018.

及技术的发展，特别是与一些获得诺贝尔奖的技术密切相关。例如，1895年，德国物理学家威尔姆·康拉德·伦琴（Wilhelm Conrad Röntgen）发现了X射线（1901年获诺贝尔物理学奖），X射线衍射方法的产生和发展直接导致了DNA双螺旋结构的发现，开启了分子生物学时代。1944年，量子力学的奠基人埃尔温·薛定谔（Erwin Schrödinger）出版了《生命是什么？》。该著作不仅深刻影响了一批物理学家和生物学家的思想，促成了分子生物学派的诞生，而且直接吸引了一批物理学家投身到生命科学研究的热潮中，其中包括提出DNA双螺旋结构模型的新西兰物理学家莫里斯·休·弗雷德里克·威尔金斯（Maurice Hugh Frederick Wilkins）和英国物理学家弗朗西斯·哈里·康普顿·克里克（Francis Harry Compton Crick）。1967年，英国电子工程师戈弗雷·纽博尔德·豪斯菲尔德（Godfrey Newbold Hounsfield）制作了第一台能加强X射线放射源的简单扫描装置，经过一系列改进之后，于1974年在英国放射学年会上正式宣告了CT的诞生，成为医学放射诊断学发展历史上的里程碑（1979年诺贝尔生理学或医学奖）。1973年，美国科学家保罗·C.劳特布尔（Paul C. Lauterbur）开发出了基于核磁共振现象的成像技术（Magnetic Resonance Imaging，MRI）。1976年，英国科学家彼得·曼斯菲尔德（Peter Mansfield）率先将核磁共振成像术应用于临床，大大提高了疾病的诊断率，引领了医学影像学领域的发展（2003年获诺贝尔生理学或医学奖）。由此可见，多学科交叉对于生物技术的发展具有巨大的推动作用。

2. 生物技术的新兴领域

人工智能在生物技术领域的应用直接催生了新的学科——生物信息学和合成生物学。随着人类基因组计划的启动，人类与模式生物基因组的测序工作发展迅速，尤其是高通量测序技术的快速发展，基因测序数据如同潮水般汹涌而至，增长惊人。然而，这些数据只是信息的源泉，从中获得我们所需要的信息才是重点。另一方面，与生物医学数据的迅猛增长相比，相关知识和信息的增长却相对缓慢。正是由于二者之间的矛盾，极大地催生了生物信息学的快速发展，伴随着综合应用数学、计算机科学和生物学的各种理论及工具的应用，深入挖掘这些海量生物医学信息中所蕴藏的生物学意义，将累积的数据转变为信息和知识，从而全面认识生命的本质，揭示海量而复杂的数据的生物学奥秘，特别是针对人类生老病死以及各种人类疾病的探索，解释生命的遗传语言，阐明生命的规律。

合成生物学，简单而言就是以人工手段制造生物系统，与传统生物学通过解剖生命体以研究其内在构造的办法不同，合成生物学的研究方向完全是相反的，它是从最基本的要素开始一步步建立零部件。与基因工程把一个物种的基因延续、改变并转移至另一物种的做法不同，合成生物学的目的在于建立人工生物系统（artificial biosystem），让它们像电路一样运行。基因测序、基因合成以及基因编辑技术的加速发展为合成生物学领域的研究奠定了坚实的基础；而计算机、大数据、先进制造及自动化等技术为合成生物学的应用插上了腾飞的翅膀。美国公司通过数据驱动、人工智能、高通量筛选和机器人自动化的串联模式徐进菌株优化与化合物合成。英国还建造了名为“Foundry”的设施用于DNA制备过程的工业化。合成生物学正与人工智能、大数据技术、化学合成技术会聚，加速工程化进程。

3. 人工智能技术应用的优势

人脑虽然复杂有智慧，但是它的计算能力有限，不够快速，如何提高对现有生物数据的挖掘利用？人工智能虽然源于生命科学，但它的快速发展和它惊人的数据信息分析和处理的能力又可以反作用于生物技术，是解决现有生物技术发展瓶颈的利器。借用人工智能技术的多种手段和技术，了解在后基因组时代基因表达的调控机理，根据生物分子在基因表达和调控中的作用，描述人类疾病的诊断及治疗的内在规律，有助于阐明生命的遗传语言。

2017年5月25日，《未来简史》的作者以色列历史学者尤瓦尔·赫拉利在厦门举办的一次论坛上也曾指出，随着生命技术和信息技术结合，我们在越来越了解自己的身体、基因和大脑的思维方式的同时，人工智能也会不断发展强大，一旦这两者结合，我们就会越来越逼近未来的世界，解码人类的一些秘密。时至今日，这两个将对世界产生巨大影响的技术已经开始相互渗透。

当我们还震惊于谷歌旗下公司“深度思维”（DeepMind）研发的人工智能“阿尔法狗”（AlphaGo）在国际象棋、围棋比赛中战胜人类时，2018年11月2日，该公司推出的另一款人工智能“阿尔法折叠”（AlphaFold）在墨西哥举办的全球蛋白质结构预测竞赛中，击败了与会所有参赛者，成功地根据基因序列预测出了蛋白质3D折叠结构。而蛋白质折叠错误将会引发疯牛病、老年痴呆等许多疾病，因此能够预测蛋白质的结构将为诊断和治疗这类疾病提供新方法，这一技术的成功标志着人工智能已经成为生命科学研究的加速器，开启了生命科学研究的新篇章。

二、无处不在：改变生活的生物技术

没有什么东西比生物技术更能造福人类社会了。

——〔德〕莱茵哈德·伦内贝尔格

21世纪是生命科学的世纪，伴随着生命科学的新突破，生物技术已经成为新技术革命的三大核心之一，不断涌现出的新技术使其在医药卫生、农业、食品、环境、化工、能源等各个领域广泛应用。随着后基因组时代的来临，尽管生命科学和生物技术仍存在伦理和社会方面的忧虑，但其在提高人类健康水平、延长寿命、开发新能源、环境保护等方面将发挥越来越重要的作用。因为生物技术已经遍布于我们生活的方方面面，可以说在我们的生活中无处不在（图5–9）。

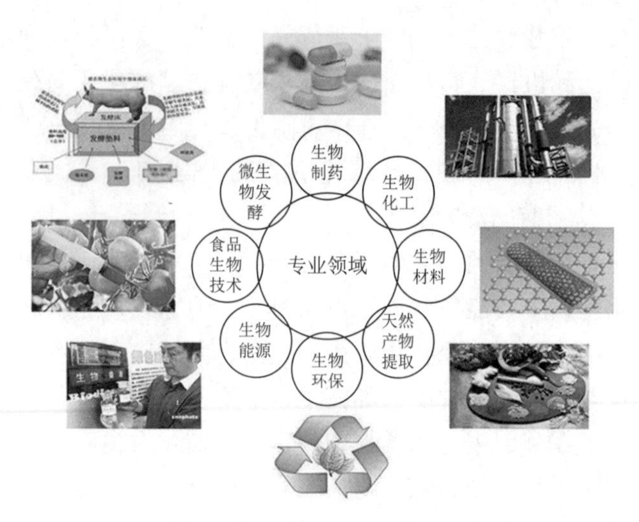

图 5-9　无处不在的生物技术

（一）舌尖上的生物技术

生物技术即是源于古代人类对美食的追求，美酒、面包是最早利用生物技术生产的美食，虽然那时人类并不认识微生物和发酵技术。可以说，生物技术在美食中的应用源远流长。

1. 美酒

"对酒当歌，人生几何？"从古至今，不少文人学士写下了品评鉴赏美酒佳酿的著述，留下了斗酒、写诗、作画、养生、宴会、饯行等佳话。美酒作为一种特殊的文化载体，在人类交往中占有独特的地位。美酒种类有很多种，如白酒、啤酒、葡萄酒、米酒、黄酒、药酒等。不管是哪一类酒，都是酵母利用粮食或葡萄等原料通过发酵过程酿制而成的。

2. 奶酪

早在 19 世纪，牛奶凝结的现象已引起人们注意，后来研究发现，原来是一种被称为凝乳酶的酶把牛奶中的酪蛋白凝固形成了奶酪。1857 年，克里斯蒂安 · 汉森创办了第一家生产凝乳酶的公司。当时的生产凝乳酶的方法是从小牛犊新鲜的胃膜里提取凝乳酶。不过现在最大的酶制剂公司诺维信（Novozymes）已经采用现代生物技术大规模发酵基因重组酵母菌来生产凝乳酶，将牛的凝乳酶基因通过基因重组的技术转入酵母，酵母就可以产生牛犊凝乳酶。利用这种技术生产的凝乳酶经大量测试，结果表明是安全高效的。

除了奶酪，还有一款常见的乳制品美食，那就是酸奶。酸奶也是典型的发酵美食，以牛奶为原料经乳酸菌发酵而成，发酵过程中乳酸菌会将牛奶中的糖在无氧条件下转变为乳酸，乳酸导致牛奶的酸性增强，使得牛奶中的蛋白质变性形成沉淀。在酸奶的发酵过程中加入凝乳酶也是制作奶酪的常用方法。

3. 调味品

除了日常食用的酸奶、面包外，还有一大类在食品中广泛应用的物质是经过发酵技术生产的，那就是让美食有滋有味的调味品，如酱油、醋、味精、腐乳等。食醋是以小麦、大米、高粱等原料经醋酸菌发酵而成的酸味剂，酱油是以大豆为原料经霉菌发酵而成。这些调味剂以往都是采用传统发酵工艺，生产率较低。近年来，利用基因重组技术改造菌种，可以缩短发酵周期，改良风味，提高产能。

另外一类是在食品加工中常用的食品添加剂，如甜味素、色素、香精、增稠剂、防腐剂等。此类制剂一直以来由于动植物原料有限，提取成本高，所以都是采用化学合成的方法生产，但可能对人体的健康带来危害。这些物质事实上我们都可以找到发酵生产它们的微生物，现在已经利用微生物发酵来生产鲜味剂如氨基酸（味精的主要成分是谷氨酸），稳定剂如黄原胶（酸奶、果冻中常用的稳定剂）。

4. 转基因食品

从上述一些利用传统微生物发酵技术生产美食的过程中，已经可以窥见现代基因重组技术改造菌种生产产品的优点。然而，基因工程在食品原料以及食品加工中的应用产生的异类食品——转基因食品，却一度引发了“谈转基因色变”的恐慌，也引起了全民大辩论的热潮。任何事物都具有其两面性，我们更应该从客观、科学的角度分析问题。自转基因食品诞生之时，各国都颁发了转基因食品的相关规定，各国科学家也都在积极开展对转基因食品安全风险评估的研究。2003 年，国际食品法典委员会通过了转基因食品安全问题的系列准则，主要是针对转基因食品投放市场前的风险评估。因此，市面上的转基因食品都需要进行安全评估。至今，还没有证据表明转基因食品会给人体健康带来风险。但是，同样也没有证据证明它是绝对安全的，所以这还是一类具有争议的食品。其实，转基因食品已逐渐越来越多地走进我们的日常生活，例如，我们摄入的肉类，其动物的饲料转基因原料所占比例越来越大，我们不可能把饲料中的基因完全从肉类中剥离开来，也不可能做这样的处理工作。即使如此，科研人员还在继续开展转基因食品的研究探索。

（二）拯救生命的生物技术

以基因工程技术为核心的现代生物技术，其最大的应用领域就是医药行业。自从揭示了生命的秘密——DNA 双螺旋结构，掌握改造主宰生命的基因技术之后，基因工程、细胞工程在医药领域中的研究突飞猛进。基因诊断、基因治疗、干细胞治疗获得了一个又一个的突破。

1. 抗生素

抗生素应该是生物技术在医药领域较早应用的一类产品。1928 年，英国科学家弗莱明发现青霉菌产生的青霉素能够治疗细菌感染，这一重要的抗生素在第二次世界大战期间，挽救了无数生命。青霉素大规模发酵工艺技术的建立，标志着传统生物技术发展至近代生物技术。由于当时的青霉素活力不高，治愈一名患者需要 1000

升的青霉菌液，所以全世界的人们都一直在寻找产量更高的青霉菌，现在通过一些手段处理和改造青霉菌，其产量可以达到100g/L，是弗莱明那个年代的两万倍。

2. 激素

要想维持身体功能的正常运行，细胞内的化学反应也就是体内的新陈代谢要有条不紊，相互协调，一旦失衡，就会生病。例如糖代谢异常就易得糖尿病，脂肪代谢异常就会出现高血压、高血脂等疾病。其实我们平时所说的得“三高”（高血压、高血糖、高血脂）就是由于代谢异常引起的。如何能保证代谢过程正常运行，除了需要细胞产生相应的生物催化剂——酶之外，还需要一类调节酶的活性或者说调节新陈代谢反应的调节剂——激素。激素分为两大类：固醇类激素（如类固醇、地塞米松）和蛋白类激素（如胰岛素）。这些激素的生产也利用了生物技术，尤其是蛋白类激素。1985 年，利用基因重组技术生产了第一个激素产品——胰岛素（降低血糖），把人的胰岛素基因转入大肠杆菌，发酵大肠杆菌工程菌可以大量生产胰岛素。另外，你有没有经历过小时候家长怕你长不高，要带你去打生长激素的情形？人体生长激素（Human Growth Hormone，HGH）能促进骨骼、内脏和全身生长，促进蛋白质合成，影响脂肪和矿物质代谢，在人体生长发育中起着关键性作用。这类激素主要是脑垂体分泌的，如果自身不能分泌，就会患有先天性的侏儒症。20 世纪 80 年代，生长激素的来源主要是从死者脑内分离脑垂体提取的，但这种方式会给患者带来很大的风险，比如感染其他疾病如克雅氏病（类似疯牛病）。基因重组技术的出现解决了蛋白类激素的生产壁垒。现在这类激素都是采用基因重组的技术在大肠杆菌、酵母菌以及动物细胞中产生。除了这些激素之外，还有一些蛋白类药物如干扰素、疫苗、抗体等都是利用基因技术和细胞技术来生产。

3. 基因检测

自从人类发现控制生物的基因密码后，随着基因组时代和后基因组时代的到来，染色体 DNA 上的基因功能再被一一解密，目前已经找到了许多与疾病相关的基因。而且随着基因测序技术的发展、成本的降低，疾病的诊断不再需要传统的诊疗技术，可以直接检测与疾病相关的基因中 A、C、T、G 的排列是否正常。通过基因检测、基因诊断直接探寻到最终的病根。这种诊断方式最大的优势就是可以早期筛查，也就是在临床病症之前就可以发现你是否患有相应的疾病，以期做到早发现、早预防、早治疗。2013 年 5 月，好莱坞著名电影明星安吉丽娜·朱莉在《纽约时报》上刊登了一篇题为《我的医疗选择》（*My Medical Choice*）的公开信，宣布通过基因检测测试出自己体内携带一种遗传自母亲的缺陷基因 BRCA1，罹患乳癌和卵巢癌风险较高，因而进行了双乳腺切除及乳房再造手术，术后其患病的几率从 85% 下降到了 5%。2015 年 3 月，为防止卵巢癌风险，她又切除了卵巢。为了减低残疾儿童的出生率，参与了人类基因组测序任务的华大基因开创了无创产前筛查，主要筛查胎儿患有先天性唐氏综合症的风险，除此之外还开展了地中海贫血、耳聋基因的早期筛查，可以做到宝宝未出生前确定其是否患有先天性疾病，这对于降低缺陷儿童的出生、降低孩子家庭负担具有一定的意义。但近两年，有关无创基因筛查的负面消息满天飞，这从另一侧面也反映出基因检测方法也不是百分之百准确，但不管怎样，基因检测技术的确能够对一些疾病如肿瘤、先天性疾病起到早发现、早治疗的作用。

4. 基因治疗

据统计，大约 25% 的生理缺陷、30% 的儿童死亡以及 60% 的成年人疾病都是遗传性疾病，这类疾病都是由先天性基因异常造成的。单纯依靠药物和手术都难以治疗这类疾病，只能通过 DNA 水平认识其发病机制，通过基因改造的技术手段直接将患者染色体 DNA 有缺陷的基因改造。这种治疗方法就是基因治疗。基本过程是：医生将有缺陷基因的细胞从患者体内取出，在实验室通过基因重组的技术把正确基因放在病毒载体上，再转入细胞，将这些带有正常基因的细胞重新植入患者体内。1989 年，美国国家癌症研究中心首次在人体内进行了癌症基因治疗试验。1990 年，对两名患有严重联合免疫缺陷（SCID）的女孩进行了基因治疗，这是一种先天性免疫系统不能正常工作的疾病，这次基因治疗首次获得了成功，两个女孩免疫功能修复了，开始了正常人的生活。那是不是有了基因治疗技术，所有的疾病都可以根治了呢？事实上，基因治疗尚未成为灵丹妙药，毕竟很多遗传疾病的发病机制、所有基因的功能及相互之间的作用方式还知之较少，或许一些疾病是多个基因共同作用的结果，所以现阶段的基因治疗技术还有漫长的路要走。

5. 器官移植与干细胞治疗

基因技术是在 DNA 分子层面改造生命，细胞工程技术则是在细胞层面重塑生命。克隆羊多利的诞生是不是也让你幻想着克隆一个和你一模一样的另一个你呢？但出于伦理考虑，各国政府都严令禁止克隆人！不过细胞克隆技术可以应用于器官移植，尤其是干细胞培养技术。很多电影和电视剧的桥段都会有主人公得病或车祸，肾脏或心脏出问题了需要器官移植，或得白血病需要换骨髓了，不幸的是没有能等到合适的配型，总之剧情一波三折。事实上，器官老化也是人类死亡的原因，器官衰竭老化是临床医学上的常见疾病。器官移植如今在现代医学中已经属于常见治疗手段，除了大脑不能换之外，换肾、换肝、换心脏都很常见。但器官移植的前提是供者的器官不能与受者身体发生排异反应，免疫系统毕竟是六亲不认的，一般只有父母或兄弟姐妹之间的免疫排斥反应会低一些外，大多数情况下能否等到排斥反应低的外人供体只能看天意了，而且每年的器官捐赠者数量远少于等待移植的患者。所以，科学家希望利用基因改造的方式改造动物，比如猪，希望猪的器官人类化能直接移植到人体内。可这种新技术带来的道德伦理也是较难被人接受的。

从胚胎、骨髓分离而得来的干细胞具有“无限”增殖、多向分化的潜能，具有造血支持、免疫调控和自我复制等特点，具有再生为各种组织器官和人体细胞的潜在功能。2006 年，日本科学家山中伸弥利用导入基因的方式，让成熟的小鼠皮肤细胞重新编程为类似于胚胎干细胞的细胞。干细胞、生物材料、调节因子可以在体外培养人造皮肤、人造骨头、甚至人造心脏。我们还可以取患者自身健康的细胞，在体外重新编程成胚胎干细胞，再移植进患者体内进行器官组织的修复。但是目前有关干细胞的治疗尚在研究之中，临床应用还较少。

（三）缓解能源危机的生物技术

石油作为地球上的主要能源，为人类社会发展做出了巨大的贡献，但也产生了两个问题：一是石油是不可再生能源，总有一天会枯竭；二是石油作为燃料会释放出大量的废气，易产生温室效应，污染环境。这种情况下，无所不能的生物技术在缓解能源危机方面也开始崭露头角。

1. 人造燃气

甲烷作为传统的可再生能源在我国农村广泛应用。沼气是利用人畜粪便、农作物秸秆、废水、垃圾等有机物物质，在适宜的条件下，经过微生物在没有氧气的条件下发生厌氧发酵分解过程，产生的可以燃烧的气体，这些气体的主要成分就是甲烷。由于这种可燃烧的气体最初在沼泽地和池塘中发现，所以就被称为了沼气。科学家已经发现海底下储存了大量的甲烷水合物，如果这些甲烷被释放，将会带来巨大灾难。地球上的微生物每年能产生大约 5 亿—10 亿吨的甲烷，这和天然气田的开采量相当。以有机废料为原料产生沼气对于工业国家来说作用可能有限，因为沼气只能满足总能源需求的 1%—5%，但对世界各农业国来说，沼气却是丰富并可以开发利用的人造燃气能源。

2. 石油的替代品

在巴西，当启动汽车发动机的时候，你以为会闻到一股难闻的汽车尾气，然而，你却会闻到一股酒精的味道。是的，酒精不仅可以作为美酒的主要成分，还可以作为石油的替代品——燃料乙醇。现在巴西的汽车燃料已经由石油转变成了一种水合乙醇。燃料乙醇是一种再生能源，而且乙醇燃烧过程中所排放的废气要比石油低得多，所以也是一种清洁能源。燃料乙醇从哪里获得呢？当然是利用微生物发酵技术，以淀粉为原料发酵生产乙醇是主要方法，但同时淀粉也是粮食作物，容易造成浪费。所以科学家也通过将枯枝烂叶中的纤维素、半纤维素水解为酵母可利用糖，再进一步将糖转变为酒精。

（四）穿在身上的生物技术

前面介绍的主要是发酵工程、基因工程以及细胞工程等在生活中的应用。另外一大工程——酶工程也与我们的生活息息相关。商品化的酶制剂已经广泛应用于食品、轻化工、医药领域。

1. 仿旧牛仔服

牛仔服是备受现代人青睐的休闲服装，传统的牛仔布是以靛蓝染色的经纱和本色的纬纱采用三上一下右斜纹组织交织而成的。利用靛蓝染料的环染效果及湿摩擦牢度差的特点，通过特殊的石磨水洗方法使之均匀脱色或局部褪色而获得“石磨蓝”及“穿旧感”的外观效果。然而，由于浮石与服装不断摩擦，牛仔服的局部损伤严重，浮石还会残留在织物上，刺激皮肤。因此，酶洗取代石磨水洗的工艺便应运而生了。纤维素酶水洗是利用纤维素酶对靛蓝、硫化、还原染料染色后的劳动布表面产生可控制的剥蚀，并借助水洗机的揉搓和摩擦，使织物表面磨损、染料脱落，绒毛去除，从而产生不均匀的褪色。

2. 衣物洗涤剂

加酶洗衣粉中添加了多种酶制剂，如碱性蛋白酶制剂和碱性脂肪酶制剂等。这些酶制剂不仅可以有效地清除衣物上的污渍，而且对人体没有毒害作用，并且这些酶制剂及其分解产物能够被微生物分解，不会污染环境。所以，加酶洗衣粉受到了人们的普遍欢迎。目前在加酶洗衣粉中使用的酶共有 4 种：蛋白酶、脂肪酶、淀粉酶和纤维素酶。它们对污垢的去除能力超强，而且在洗衣粉配方中用量少、成本低而且涤效果超强。

（五）永葆青春的生物技术

近年来，随着生物技术在分子生物学、医药等领域的快速发展，生物技术和生物制剂在化妆品原料的研发、化妆品的安全性和功效性评价等化妆品工业领域中的多个环节得到了广泛推广和应用，生物技术逐渐成为化妆品行业未来发展的主要方向之一。

1. 天然化妆品

生物技术在化妆品行业的应用主要用于生产科技含量较高的化妆品活性添加剂，如蛋白质及功能多肽类、多糖类、有机酸类、维生素类以及植物活性成分提取物等。与化学合成的原料相比，来源于微生物发酵产物的化妆品原料具有高效安全性，是环保型的“可持续性原料”，而且这种原料还具有化学合成所无法完成的特殊结构，在功能上有其独到之处。1983 年，日本三井化学公司采用两步法培养紫草细胞，成功实现了工业化生产，并于 1984 年利用紫草宁研制出了生物口红。1985 年，日本资生堂利用生物发酵技术，采用链霉菌进行突变处理筛选出了透明质酸高产菌株，通过发酵法大规模生产透明质酸。植物来源的天然资源存在成本高、资源消耗大等缺点，因此植物组培技术是化妆品原料的“可持续发展”方法之一。

2. 干细胞美容

干细胞具有全能性，可以在体内外诱导分化成各类成熟的体细胞，当然包括皮肤细胞。韩国成均馆大学医学院的研究小组从脂肪细胞中培养干细胞，并发现该干细胞的提取物能够促进皮肤细胞生长。2011 年，韩国 FCB Pharmicell 公司以骨髓干细胞培养液为核心原料开发出了人体干细胞培养化妆品，在试验中发现注入该培养液的皮肤纤维细胞中生成的胶原蛋白量是对照组的 5 倍。

三、关注当下：人工智能在生物技术中的应用场景

生物技术包括上游的改造细胞的基因工程和细胞工程技术，也同样包括能够将改造的细胞生产出人类有用的产品的下游发酵技术。同样，人工智能既可以用于设计和改造细胞的上游技术领域，也可以用于下游发酵工艺自动控制领域。

（一）基因测序

基因测序技术的建立使得人类能读懂组成人体的 30 亿对碱基的排列顺序，人类基因组计划才能得以完成。目前，基因测序主要应用在医疗领域和非医疗领域（图 5-10）。医疗领域的四大应用是现今基因测序的重要方向。而非医疗领域的应用，对人的健康也有重要的意义。基因测序的流程（图 5-11）包括了从样本中提取 DNA、制备小片段的 DNA 到数据分析等环节，在每个阶段都需要做大量的、重复性的工作，手工在短时间内已无法完成如此大的工作量，因此必须由高速度、高精度的机械设备（包括人工智能系统）替代人工来进行。

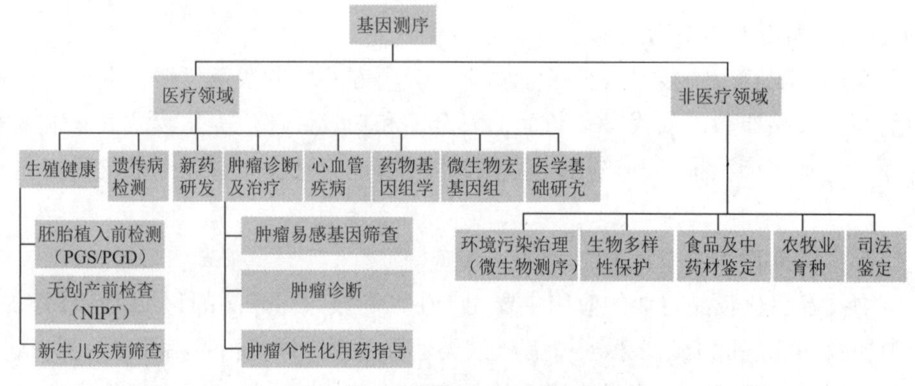

图 5-10　基因测序主要应用领域

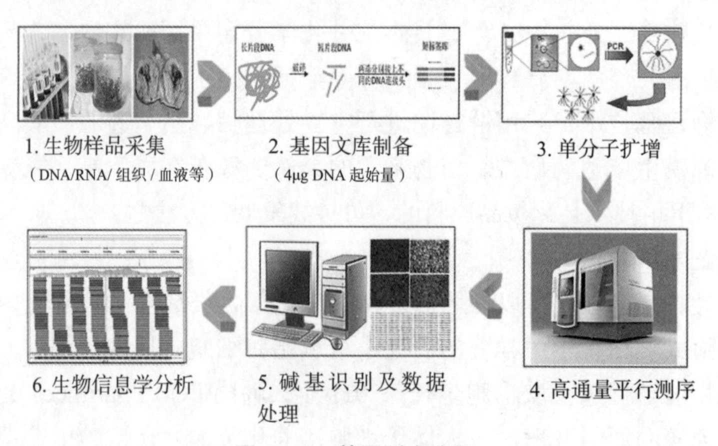

图 5-11　基因测序流程

美国 Whitehead 基因组研究中心组建了自己的自动化研究小组，该小组成功地

使该中心的测序速度在一年内提高了20倍，该中心拥有7个“克隆自动挑取机器人”及众多的配套设备。（图5-12）其他的生物公司如PerkinElmer（珀金埃尔默仪器有限公司）、Amersham Pharmacia Biotech（一家生物技术公司）、Eppendorf（艾本德）等也纷纷投入对智能机器人的研究并开发了众多的产品，PerkinElmer公司的设备Fillwell TM2002能一次性加1536个样品，而且加样量最少可达0.5ul（微升），准确度达到90%以上。

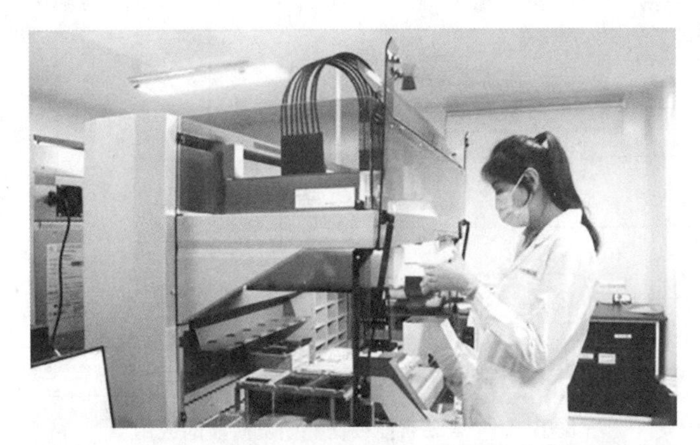

图5-12　实验人员操作自动化工作站进行测序之前的文库制备

（二）药物研发

开发一种有效的药物是一个非常艰难的过程。传统的科学方法是：科学家首先想出一种假设，比如说一种特定的异常蛋白质是造成某种类型的癌症的原因，然后制药公司测试这个假设，从数十万种化合物中筛选其中可能和蛋白质发生化学反应的化合物，成为潜在的抗癌药，这些潜在的抗癌药还要经过多轮的筛选及漫长的三期临床试验。即使能够进入临床试验，最后能够通过FDA（食品药品监督管理局）批准的也不到百分之一。而且，制药公司完成研发和生产一种新药的费用可能高达数亿美元，时间长达数十年之久。结合人工智能技术后，药物研发将会显著提高研发效率并降低成本。AI可应用于药物挖掘、新药安全有效性预测、生物标志物筛选等药物研发各环节中（图5-13）。目前，已经涌现出多家AI技术主导的药物研发企业，借助深度学习，在心血管药、抗肿瘤药、“孤儿药”和常见传染病治疗药等多项领域中取得了新突破。例如，硅谷的Atomwise公司通过IBM超级计算机，在分子结构数据库中筛选治疗方法。利用强大的计算能力，评估出820万种候选化合物，而研发成本仅为数千美元，研究周期仅需要几天时间。2015年，基于现有的候选药物，应用AI算法，不到一天时间就成功地寻找出能控制埃博拉病毒的两种候选药物，以往的类似研究需要耗时数月甚至数年。位于美国波士顿的Berg公司，尝试采用人工智能的方法设计新药。他们收集数量庞大的生物样本，例如癌症患者的血液、尿液、肿瘤和健康组织样本，同时收集患者的详细临床表型，然后他们对样本的基因、蛋白质、代谢物和脂肪进行测试。将测试结果及患者的临床表现一起输入人工智能系统，系统将从这些以10万亿为单位的数据节点上找出造成疾病和健康组织差异的分子。这样，改变或者替代这些分子就成为新药研发的依据。用这种方法，Berg公司只需要9—12个月就能研制出一款新药。临床二期的新药BPM31510联合Gemcitabine治疗胰腺癌就是成功的例子。

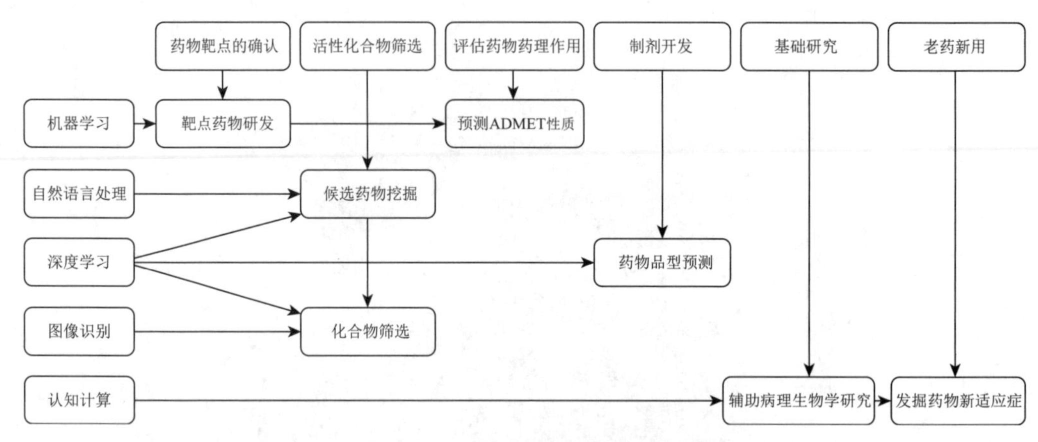

图5-13　人工智能在医药研发阶段的应用

（三）生物“智”造

近年来，人工智能技术迅猛发展，已开始推广到绿色生物制造领域，尤其是在其核心元件蛋白质的设计方面。（图5-14）人工智能“阿尔法折叠”（AlphaFold）能够成功预测蛋白质结构，极大地加速了计算机辅助蛋白结构预测以及新功能酶设计。酶是生物催化技术中的核心“发动机”，其本质是一种蛋白质。蛋白质的生物学功能很大程度上由其三维结构决定，结构预测是了解酶功能的一种重要途径。《科学》杂志将蛋白质折叠问题列为125个最为重大的科学问题之一。设计蛋白质一方面可以揭示蛋白质结构与功能关系的规律，另一方面可以创造具有潜在应用价值的蛋白质。

β－氨基酸是一大类非蛋白质氨基酸，具备多样的特殊生物活性，被应用于医药、食品、农牧业等多个产业。除此之外，β－氨基酸还被广泛应用于重要活性天然产物和药物合成中。β－内酰胺抗生素、重磅药物紫杉醇（抗癌药物）、西格列汀（糖尿病药物）及维生素B5等多种具有巨大市场销售额的明星分子均需要β－氨基酸作为合成单元。β－氨基酸的合成长期以来一直依赖于过渡金属催化的化学途径，需要昂贵的催化剂、烦琐的保护与去保护步骤以及苛刻的反应条件。这些传统化学合成工艺为环境带来了巨大的压力。因此，设计β－氨基酸的新型绿色合成途径成为了合成领域的一项重大挑战。

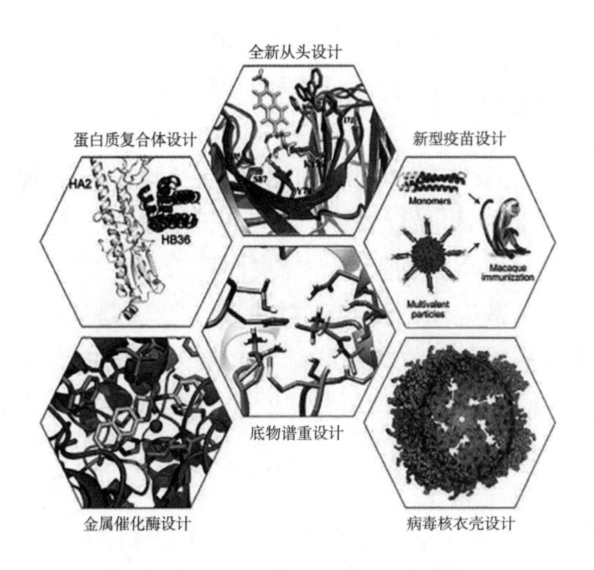

图 5-14 人工智能与蛋白质设计

面对这一挑战，我国中科院科学家吴边团队选择了一种直接把两种来源丰富、结构多样的原料直接结合，无须附加其他辅剂的方法，是美国化学会提出的最具“绿色化学和绿色工业”特性的十大反应之一。然而，无论是人工设计的化学催化剂或是天然存在的生物催化剂，都不能直接催化该反应。因此，需要寻找能催化反应的酶。寻找新酶的一般做法是：从一个酶出发，改变它的一些氨基酸，使它的结构和功能都发生变化，然后在化学反应中验证它的催化能力。通过不断尝试，最终有可能筛选出效果不错的酶。传统方法中，每改变一次酶的氨基酸，就要进行上述一整套操作，工作量很大，耗时耗力。而人工智能的神奇之处就在于，可以根据给定的氨基酸序列，预测酶的结构，并通过复杂计算挑选出最好的酶。研究人员只需将人工智能推荐的酶付诸实验，就能大大提高筛选效率和成功率。因此，吴边团队采用了人工智能蛋白质设计技术，综合选用势能计算、近似反应态几何尺度限定与蒙特卡洛随机序列空间扫描等计算方法，分别针对具有代表性的脂肪氨基酸、极性氨基酸和芳香氨基酸底物，对芽孢杆菌来源的天冬氨酸酶进行了分子重设计，成功获得了一系列具有绝对位置选择性与立体选择性的人工 β－氨基酸合成酶。

随后，该团队构建出能够高效合成 β－氨基酸的工程菌株。通过发酵工艺优化与转化工艺优化，该生物催化体系可进一步实现相应 β－氨基酸的合成。该人工设计的反应体系体现了高效率、高原子经济性等巨大优势，底物浓度达到 300 g/L，实现了 99% 转化率，99% 区域选择性，以及 99% 立体选择性，相关指标达到了工业化生产的标准。除了生物催化在上游转化的固有优势之外，该工艺的下游提取过程也极具绿色特性，可通过直接结晶和离子交换等适用于工业生产的简单分离纯化方法获得产物，避免了大量有机溶剂及色谱分离步骤。该项研究成果为人工智能技术在工业菌株设计方向的成功案例，验证了其科学理论基础，也为人工智能与传统工业生产的互作融合打开了新局面。

此外，中国科技大学的刘海燕团队则提出了一种新的统计能量模型，为搭建具有高“可设计性”的蛋白质主链结构提供了可行性解决方案。2017 年，该团队与中科院脑科学与智能技术卓越创新中心杨弋团队合作，设计出了新一代细胞代谢荧光蛋白质探针，并将其应用于活体动物成像与高通量药物筛选。中国科学院天津工业生物技术研究所的江会锋团队，通过使用人工智能技术进行关键合成酶的发掘，在国际上首次实现了重要中药活性成分灯盏花素的人工生物合成，引起强烈反响。

（四）生物过程控制

基因、细胞等上游技术构建的工程菌或工程细胞株需要经过发酵过程才能生产大量我们所需要的产品，而发酵过程就需要提供良好的环境供细胞繁殖、合成产品，这就需要一系列的设备，建立生产车间。发酵过程的核心设备就是供细胞生产的房子——发酵罐，连接辅助设备，提供细胞生长、产物合成合适的环境。一个生物技术产品从基因到大规模工业产品生产，历经了从细胞内的生命过程到细胞外的反应器操作，既包括基因结构、转录、表达、蛋白质、各种蛋白质或小分子化合物的相互作用、代谢网络、代谢流，也包括各种中间代谢物的过程参数相关分析，以及在不同反应器操作条件下的流场特性变化等。研究系统的复杂程度与已掌握知识的局限性的不可逾越的矛盾，会出现“数据超载”的情况，因此，如何利用过程中产生的海量数据是过程研究中的重大关键问题。而且实际工厂组织产品生产时，生产过程表现为工艺环节多、单机人流、物料介入频繁，因此，为了解决低碳节能降耗与高污染问题，必须实现高品质系统服务与生产工艺决策。目前，以上问题的研究与数据处理基本是依靠低效的人工处理与判断。由于人工能力的局限性，缺乏深层次的全局因素考虑；即使有了多尺度相关分析理论，但相关分析基本仍然靠人工判断，不能在车间普遍推广使用。总之，面临的基因、代谢、过程到生产，只是一大堆互不联系的实验或生产数据——数据孤岛，无法快速搜索并形成新的知识管理平台。为此，必须引入人工智能化处理方法，深度挖掘和学习生物控制过程所反馈数据背后的秘密，反过来更好地调控绿色生产过程。（图 5-15）

（五）人造生命

2010 年 5 月，世界首个“人造生命”在美国诞生，项目的负责人克雷格 · 文特尔（Craig Venter）将“人造生命”起名为“辛西娅”（Synthia，意为“人造儿”）。科学家们仿佛终于扮演了一回上帝的角色，构造出从未存在过的生命形式。

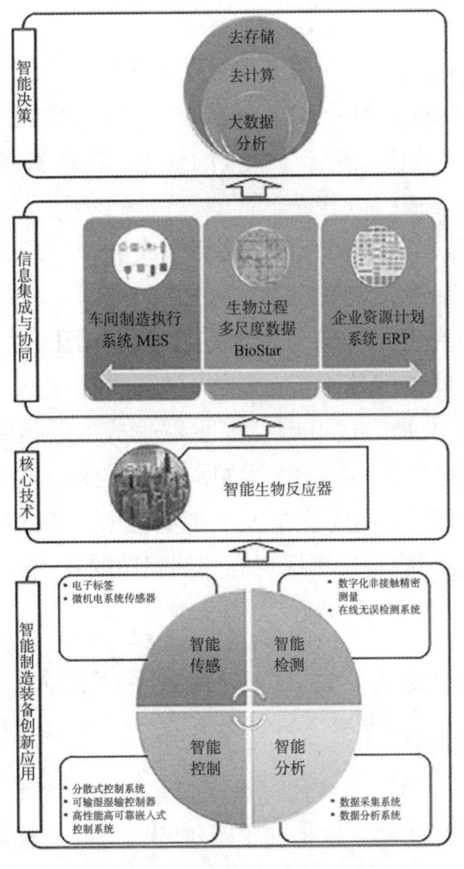

图 5–15 智能化生物反应器

辛西娅是一种细菌。克雷格·文特尔和他的团队以丝状支原体（Mycoplasma mycoides）的基因组作为模板，化学合成出一整套支原体的基因组，并将它移植到除去了 DNA 的山羊支原体（Mycoplasma capricolum）细胞内。这套人工合成的基因组最终在细胞内活了下来，辛西娅诞生了，轰动了科学界。

科学家是如何创造出辛西娅的呢？人工智能在辛西娅的诞生过程中扮演了怎样的角色？克雷格·文特尔说过，辛西娅的父母是计算机。

基因是生命的密码，因此合成细胞之前，必须先要合成基因组。辛西娅 1.0 是以基因数据库中丝状支原体的基因组为模板的，基因组有 901 个基因，超过 100 万个碱基对，没有办法一次合成。以当时的技术，文特尔和同事只能选择分段分步合成。利用大肠杆菌和酿酒酵母这两种常见的模式生物作为宿主，他们合成了 1078 条大约 1000bp 的 DNA 片段，然后组装成辛西娅的基因组（Syn1.0）。事实上，在这个辛西娅 1.0 版本中，有一些基因片段对于辛西娅的生命活动是没有用的，所以其基因组应该还可以再精简，因此文特尔和生物化学家克莱德·A. 赫钦森（Clyde A. Hutchison III）等人开始了简化辛西娅“代码”的旅程。目标只有一个：得到一个能够支持辛西娅完成生存的最小基因组（minimal genome）。

如何才能精简其基因组，只保留有功能的基因组？科学家开启了设计—制造—测试—再设计的循环（Design–Build–Test Cycle），最终科学家得到了辛西娅 3.0 版本。这个流程在过去 5 年的实验中表现出了强大的效能，在未来可能成为定制基因组的有力工具。在这个循环过程中，电脑人工智能算法起到了设计生命的作用。电脑将已有的基因组转化成数据，经过人工智能算法后生成了“合成细胞”的基因组。所以说辛西娅的生命是电脑设计的，是人工智能算法决定的。

在这个循环中，研究者要做的是设计好自己的基因组，合成相应的基因序列，利用酵母作为宿主构建完备的基因组，最终在相应的宿主（本例中是支原体）中完成筛选。虽然基因组的确是经过电脑计算重新生成的，但要让它变成真正的“生命”，还要合成基因组的原料，4 瓶化学物质（合成 DNA 的原料即 4 种核苷酸）和一个合成器（利用 4 种原料采用化学方法合成基因组）。随后将合成的基因组放到移除了原有 DNA 的支原体细胞中，利用现有的细胞中的其他成分，在人工合成的基因组指挥下产生具有生命活性的辛西娅。

四、展望未来：人类从“智人”进化到了“神人”么？

（一）全新的“造物时代”

人工智能在生物科学领域的应用，大大提供了人类对已有的基因组、蛋白组、代谢组等海量生命信息的处理、挖掘和学习进程，人类已经接近“上帝”创世的秘密。从“辛西娅”1.0 至“辛西娅”3.0 的进化过程中，我们可以意识到全新的“造物时代”已经来临。只要给你一台电脑，联网至生物信息领域的数据库，依据人工智能的算法和学习，可以根据你的意愿设计好你想要的生物的基因序列，进一步人工合成 DNA 序列，即可得到你想要的具有生命的新生物个体。人类已经揭开了上帝创世的秘密，人类可以在实验室利用人工智能通过生物信息重新设计生命，不再需要物种之间的遗传来完成了，人类的能力已经可以“操纵”自然界了。

（二）未来的生命科学与生物技术畅想

1. 想要啥有啥——未来的细胞工厂

当化石能源走到尽头，人类何以为继？科学家们有一个宏伟的构想：让生物来提供今天人类所必需的一切——我们可以用秸秆、杂草来生产药品、溶剂、汽车、塑料；我们可以提取废水、废气，甚至空气中的有机质、碳元素来转化为柴油、汽油、燃气、电力；我们可以通过大型发酵罐来获得食品、饮料、衣物、鞋帽……科学家们试图把细胞改造成生产药物、食物和材料，甚至诊断用的生物传感器的工厂。这就是未来的细胞工厂。

所谓“细胞工厂”，就是指科学家将微生物细胞作为一个“加工厂”，以细胞自身的代谢机能作为“生产流水线”，以酶作为催化剂，通过计算机辅助设计高效、定向的生产路线，通过基因技术来强化有用的代谢途径，从而将微生物细胞改造成一个合格的产品“制造工厂”。生物技术与人工智能相结合催生的合成生物学将会在未来的细胞工厂大展拳脚（图 5–16）。

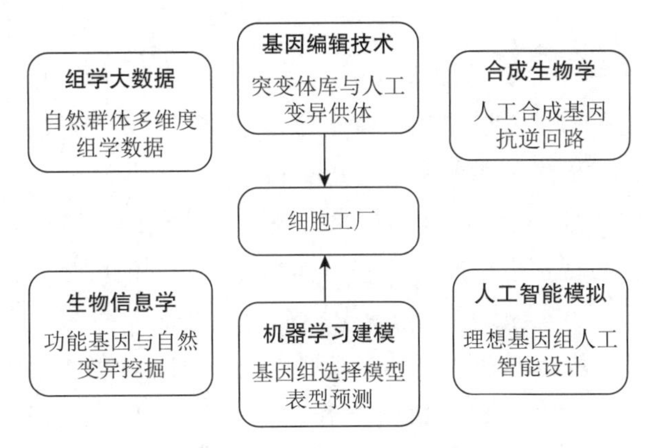

图 5–16　细胞工程设计过程

这并不是科幻。今天，细胞工厂已初露端倪。使用上述的合成生物学技术，科学家们成功构建出一系列高效的细胞工厂。在燃料化学品方面，生产长链醇（丙醇、异丁醇、异戊醇）、脂肪酸酯、脂肪醇、烷烃、烯烃等燃料的细胞工厂相继面世。美国能源部联合生物能源研究所的研究人员构建了可合成先进生物燃料的大肠杆菌菌株，所合成的生物燃料可以替代汽油、柴油和航空燃油，这一研究成果被称为“里程碑事件”。日本产业技术综合研究所、NEC 公司以及宫崎大学的一个研究团队利用源自藻类的材料开发了生物塑料，这种塑料更具韧性，比传统塑料拥有更好的耐热性。中国科学院天津工业生物技术研究所的研究人员以秸秆为原料成功构建了高效生产丁二酸的大肠杆菌细胞工厂，生产出的丁二酸可用于制造生物降解塑料。

在天然产物方面，紫杉醇、银杏内酯、丹参酮、吗啡、白藜芦醇、莽草酸、番茄红素、虾青素、辅酶 Q10 等产物及其关键前体化合物的细胞工厂也被成功开发。中医科学院研究员屠呦呦因为发现抗疟疾药物青蒿素荣获 2015 年度诺贝尔生理或医学奖，“青蒿素”迅速引起社会的广泛关注。青蒿素是一种萜类化合物，于 20 世纪 70 年代被发现，最初是从植物黄花蒿提取而来，现在国内的主要生产方法依然是从黄花蒿中提取，但是植物提取存在占用耕地、依赖环境气候、提取过程烦琐等问题。全世界每年约有几亿人感染疟疾（2010 年感染人数高达 2 亿人，死亡数高达 65.5 万人），解决青蒿素的生产原料问题，意义重大。2004 年，在盖茨基金会的赞助下，科斯林（Keasling）教授和生物技术公司 Amyris 合作启动了“青蒿素项目”。成功构建产青蒿酸的酵母菌株，产量达到 115mg/L，通过发酵优化青蒿酸的产量可以进一步提高到 2.5g/L。

随着合成生物学各种新技术的不断发展，细胞工厂的构建技术也将越发完善。

几乎我们生活所需要的一切产品都可以通过秸秆、有机废弃物甚至二氧化碳来制造，农民将不再需要在田地上辛苦耕种粮食，工厂将不再成为人类生存环境的污染源。我们生活的这个世界，将不再有雾霾、污染、生态破坏，到处都会是蓝天、净水、鸟语花香！

2. 长生不老——未来的纳米机器人

“基因编辑婴儿”事件报道之后，许多科学家、知名人士都表示反对和忧虑。然而，谷歌首席未来学家雷·库兹韦尔（Ray Kurzweil）却发表了更惊人的意见：基因编辑只是很初级的技术！在不远的将来，技术将让我们变得更聪明、更健康，人类将在 2029 年开始实现永生。库兹韦尔可不是一般人，他可是“爱迪生的正统接班人”，盲人阅读机、音乐合成器和语音识别系统都是他发明的。这里他说的技术包括纳米机器人——一种处于分子水平、能够在纳米空间内实现运作的“功能分子器件”，是人工智能、生物技术以及机械技术的结合体。科学家可以利用生物技术中的各种原理，将具有生物功能的分子植入器械中，使得器械在代替人力的同时也能行使生物学的功能。它们体积微小，能够深入细胞之中，解决很多医学难题。

电影《超验骇客》中依靠纳米机器人技术治病救人、保护环境，是人类的希望。未来的纳米机器人更能够实现精准医疗。到那个时候，医生会根据每位患者分析出不同的专属癌细胞靶向基因，然后将这个专属靶向基因植入纳米机器人，再将纳米机器人复制出足够的数量后，植入到患者体内。纳米机器人就将会根据靶向基因，自动寻找患者体内的癌细胞，将之分解杀死，从而达到完全无痛无创治疗癌症的目的。中国哈尔滨工业大学已经研发出一款纳米机器人，这种神奇的机器人可以替代手术刀治愈白血病。将来这种纳米机器人杀死变异细胞后，还可以当体内巡逻警察，在体内不断巡逻，寻找细菌、病毒和变异的细胞，一段时间后，它们觉得已经没问题了，就会降解融入血液之中。（图 5–17）

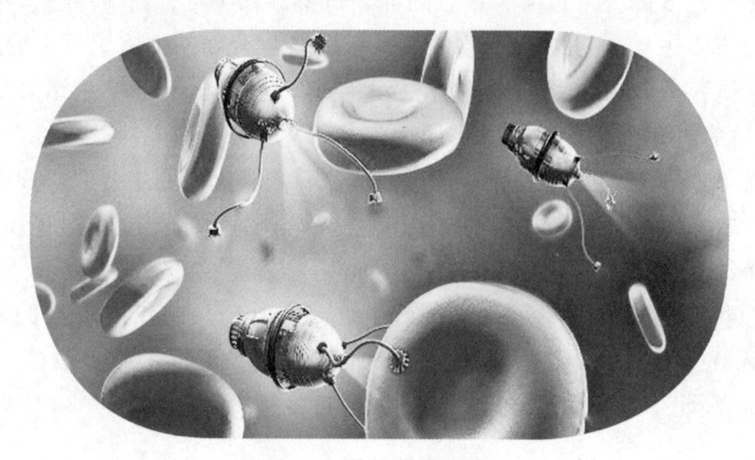

图 5–17　体内纳米机器人

另一方面，人类之所以衰老和死亡，是因为细胞会老化，会失去自我修复的功能。但是纳米机器人的出现，会根据人类细胞的生存情况，进行及时的修复。即使我们仍然在工作，纳米机器人也会乐此不疲地在人类的身体里，哪里有病修哪里，直到你的身体恢复到原来健康的状态。这样，你永远都不会感觉到累，永远可以保持年轻时候的状态，让自己精力充沛，生活的质量会大大提高。库兹韦尔预言到2030年左右，我们将可利用纳米机器人通过毛细血管以无害的方式进入大脑，并将我们的大脑皮层与云端联系起来。届时，人类将变得更有趣、更性感、更聪明、更善于表达爱意。到2020年左右，我们将开始使用纳米机器人接管免疫系统。到2030年，血液中的纳米机器人将可以摧毁病原体，清除杂物、血栓以及肿瘤，纠正DNA错误，甚至逆转衰老过程。

3. 人造生命——未来的新物种

自从辛西娅诞生之后，2017年3月10日出版的国际顶级学术期刊《科学》以封面专题的形式，报道了世界首个真核细胞——酵母染色体的合成成果，这是由中国科学家完成的重要成果。

“人工合成酵母基因组计划（Sc2.0 Project）”旨在实现人工合成真核生物酿酒酵母的全部16条染色体（长约14Mb），酵母的生命源代码可以达到完全由人工编写。Sc2.0项目由中国、美国、英国、法国、澳大利亚、新加坡等国家的多个研究机构参与合作。其中，来自华大基因、天津大学、清华大学的中国科学家团队完成了其中的4条，占完成数量的66.7%。与辛西娅相似，研究人员也同样先根据酵母的基因数据库，通过计算机、人工算法，从表型、基因组、转录组、蛋白质组和代谢组5个层次系统地进行基因型–表现型的深度关联分析，设计出除酵母基因组序列，再利用化学合成的方法合成出酵母基因组。

华大基因理事长杨焕明院士介绍说：“细菌、病毒等原核生物的基因组相对简单，而动物、植物、真菌等真核生物的基因（DNA）既丰富又复杂，通常会包含数亿甚至数十亿碱基对信息。同时，作为遗传物质的DNA通常被分配到不同的染色体中，而这些染色体又深藏在细胞核的特定区域。所以，合成一个真核生物的基因组是一项非常艰巨的任务。”

据完成该项目的科学家戴俊彪介绍，我国科学家取得的上述成果，不仅对于深化生命认知、推进相关研究意义重大，而且也将在实际应用中大显身手。此前，基因修饰的酵母已经用来制作疫苗、药物和特定的化合物，这些新成果的发表意味着化学物质设计定制酵母生命体成为可能，产物范围也将被拓展。人工合成酵母的推广应用，必将显著提高其在工业生产、药物制造等方面的效率与质量。

人造酵母新生命的诞生，标志着合成生物学里程碑式的进展。这个领域的快速突破，将变革生物制造、医药、能源、环境、农业等领域，带来颠覆性的发展。同时也预示着人类将会合成更多物种的染色体，或许有一天能创造出新的物种。合成生物学与人工智能的结合，将会打开人类对于未来的无穷想象空间！

但是，最后我们必须认识到，任何科学都是双刃剑。它可能有好的一面，也可能会有坏的一面。技术颠覆我们的生活，而我们目前可能还无法用好坏来评价。未知的想象会给我们一种恐惧感，但也可能会带来美好和更便利的一面。我们需要做的就是：理性看待，守住科学和伦理的底线。

第六章 人工智能技术应用之四——自动驾驶

> “汽车将完全自动驾驶，这样，你就可以拥有自己的个人空间，坐下来、放松自己。”
>
> ——约翰 · 克拉夫西克（John Krafcik，Waymo 总裁）

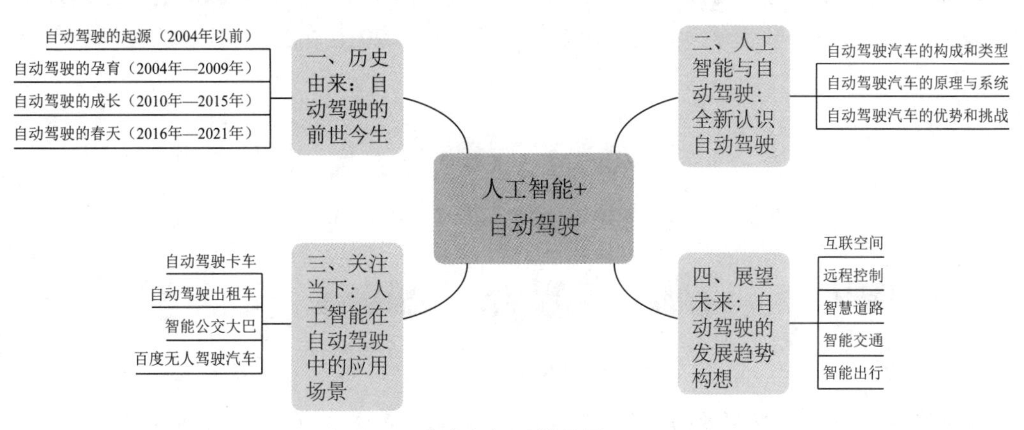

本章知识思维导图

引领新一轮科技革命和产业变革的人工智能技术正在深刻改变我们的生活，具有百年历史的汽车也不例外，无论是传统车企，还是新兴科技企业，汽车产业竞争聚焦在汽车电动化、智能化、网络化和共享化“新四化”，特别是伴随人工智能技术、通信技术商业化步伐提速，汽车产业智能化已经扑面而来。据介绍，全球自动驾驶路测里程已近 3000 万公里，达到技术商业化的临界点。作为汽车产业融合创新的重要载体，自动驾驶是人工智能、汽车电子、信息通信、交通运输等行业深度融合的新兴产业，是全球创新热点和未来发展的制高点，是推进我国交通强国、科技强国、制造强国、智慧社会建设的重要载体和支撑，将为创造更加安全、更加智能、更加清洁的未来出行和道路交通环境提供可靠保障，正在推动汽车产品形态、交通出行模式、能源消费结构和社会运行方式的深刻变化。重建汽车行业的技术链、产业链和价值链，具有广阔的市场前景和巨大的增长潜力。

一、历史由来：自动驾驶的前世今生

1886 年 1 月 29 日，卡尔·本茨发明了奔驰 1 号汽车，人类进入汽车时代，移动出行方式发生变迁，从 1.0 跃迁为 4.0，迄今已一百多年，如今汽车产业面临转型升级，汽车正从改变世界的交通工具转变为大型移动智能终端、储能单元和数字空间，经历了机械车、电器车、电子车转变过程，正向智能网联汽车迈进，由“装在四个轮子上的沙发”转变成“装在轮子上的电脑”。这次百年巨变的发源地不是传统汽车城如美国的底特律、德国的沃尔夫斯堡、日本的丰田市，而是美国的硅谷。科技发展对人类的“出行”进行了重新定义，从功能汽车到智能汽车，人类对于自动驾驶这一梦想有了新的期待与希冀。那么，自动驾驶是如何起源、孕育、发展、爆发的呢？让我们一起来看看它的前世今生。

自动驾驶的发展，可以分成起源、孕育、成长和春天四个阶段：按时间发展顺序，2004 年以前是自动驾驶的技术起源阶段，2004—2009 年是自动驾驶的技术孕育阶段，2010—2015 年是自动驾驶的技术成长阶段，2016—2021 年将是自动驾驶的春天阶段。

人类出行方式的变迁

移动出行 1.0
1900
移动出行 2.0
1985
移动出行 3.0
2010
移动出行 4.0
公共服务
大规模摩托化
数字化
智能、网联、自动驾驶
化石燃料
化石燃料
电动化
交通工具使用权
□城市都围绕着铁路网修建；
□公共交通出行深入人心（个人不具备拥有交通工具的能力）
交通工具所有权
□汽车的发明改变了人类城市建设的方式；
□拥有汽车成为人们生活必不可少的需求和共识；
□汽车成为彰显人们自由以及经济状况良好的标志
交通工具所有权
□与2.0阶段相比，除了车辆的性能及舒适性在不断提升以为，没有其他的改变
交通工具使用权
□共享优先于购买；
□使用代替拥有；
□对服务质量的追求；
□人成为出行的核心

图 6-1　人类出行方式的变迁[①]

（一）自动驾驶的起源（2004 年以前）

1921 年 8 月，第一辆无人驾驶（实为遥控）汽车在美国诞生，美国陆军的一位

① 资料来源：张瀛．产业变革下的智能网联汽车研发．长城汽车．深圳汽车电子 2019 年会（20190330）2019.3.

电子工程师坐在后面的一辆车上，用无线电操控前面那辆无人车的方向盘、离合器和制动器。

1939年的纽约世界博览会，通用汽车在“未来世界”展览上，预言1960年高速公路将具有电子轨道，与汽车的自动驾驶系统相配合，实现无人驾驶，汽车直到驶出高速公路才切换回司机驾驶。1956年通用汽车展出了火鸟二代（Firebird II），这辆看似“火箭”的概念车有史以来第一次具备了自动导航系统，是智能网联汽车的第一步。两年以后，火鸟三代（Firebird III）问世时，英国广播公司BBC现场直播了基于车路协同的无人驾驶，高速公路上预埋的线缆与车端的接收器通过电子脉冲信号进行通信，展示了未来高速公路的无人驾驶形态。

20世纪60年代，斯坦福研究院（Stanford Research Institute），后来改名为斯坦福国际研究院（SRI International）研制出真正具备独立自动驾驶能力的原型——Shakey，这是第一个具有完整感知、规划和控制能力（这也是后来机器人和无人车的通用框架）的机器人。后来的“斯坦福车”（Stanford Cart）则是第一辆接近于无人驾驶汽车的机器人，是自动驾驶最早的原型车之一。多数情况下，“斯坦福车”需要通过远程图像来操控。

20世纪80年代，电视剧《霹雳游侠》（*Knight Rider*）中的KITT自动驾驶汽车风靡一时。几乎同时，汽车制造强国日本、德国和美国真正开始自动驾驶汽车的研发。日本的筑波工程研究实验室、德国的慕尼黑国防军大学与梅赛德斯联合团队、美国的国防高级研究计划局（DARPA）和卡内基梅隆大学，分别以“摄像头为主、其他传感器为辅”开发出不同的自动驾驶汽车的原型，并且在真实路况中展现出了令人信服的能力。

1995年，卡内基梅隆大学研究的NavLab，完成了从匹兹堡到圣地亚哥的“No Hands”跨越美国之旅，其中98.2%的里程由无人驾驶完成，这辆后来进入“机器人名人堂”的无人车是基于Pontiac Trans Sport Minivan（小型多用途车）改造的，主要原因是相比轿车，Minivan能塞进去更多的设备。后来谷歌Waymo也是采用了菲亚特克莱斯勒（Pacifica）的Minivan“大捷龙”作为无人车的改装基础。20世纪90年代末的另一个创举来自意大利帕尔马大学视觉实验室VisLab，他们利用双目摄像头组成的立体视觉系统，在高速公路上实现了2000公里的长距离试验，无人驾驶占比94%，而车速则达到了112公里/小时。

几乎与此同时，中国学术和产业界也开始了智能驾驶的探索。在清华大学，1978年齐国光教授课题组开始研究自动驾驶，1986年何克忠教授的HTMR课题组接力，到HTMR-III，才真正有了接近自动驾驶汽车的原型车。

中国第一辆自动驾驶汽车是1992年ATB-1（Autonomous Test Bed-1），在校园内自主驾驶躲避障碍，最高速度21.6公里/小时，由北京理工大学、南京理工大学、国防科技大学、清华大学和浙江大学5家单位联合研究，而后的ATB-2

速度较之第一代提升了3—4倍，这些院校多数成为了后来中国无人驾驶人才的摇篮。

（二）自动驾驶的孕育（2004年—2009年）

自动驾驶技术的孕育由美国率先开启。2004年，美国国防高级研究计划局（Defense Advanced Research Project Agency，DARPA）发布无人车挑战赛“Grand Challenge”。时值“第二次海湾战争”刚刚开始，国防部注意到沙漠行动中的士兵伤亡，希望用无人驾驶来解决这一问题。DARPA挑战赛是美国的一项优良传统，国会拨专款，通过挑战赛发现那些变革性的、高回报的科研成果，极大地缩短了基础科学发现与军事应用之间的鸿沟，为自动驾驶技术交流开辟了空间和研究的土壤，为产业贡献了大量的人才。第一代的自动驾驶技术大牛，基本都是以DARPA无人车挑战赛为起点。DARPA的3次无人车挑战赛、1次机器人挑战赛（Robotics Challenge），以及2018年的航天发射挑战赛（Launch Challenge），使其天下闻名。挑战赛要求无人车成功穿过240公里的沙漠道路，然而，2004年所有的15支车队在内华达州莫哈韦沙漠中折戟，最好的车队行程只有11.78公里。

2005年，无人驾驶车的传统三强是卡内基梅隆大学、斯坦福大学和麻省理工学院。卡内基梅隆大学的两辆车一路领先，可下半程莫名的故障导致两辆车大幅减速，只获得第二名和第三名。斯坦福大学的“斯坦利”（Stanley）无人车并不起眼，可是领队塞巴斯蒂安·特龙（Sebastian Thrun）矢志夺魁，他是机器人SLAM（同步定位与地图创建）技术的先驱者，先前从卡内基梅隆大学失意出走，试图在这场比赛中夺回尊严。“斯坦利”虽然在比赛中出了几次事故，但没有大碍，在删除了一些无关紧要的代码后竟然越跑越快，最终斩获200万美元的冠军奖金。在这次比赛中，很多车辆都使用了激光雷达、高精度的地理信息系统和惯性导航系统，直到今天这些仍然是很多无人车的标准配置。

2007年，DARPA已经不满足于荒野的无人驾驶，开始“城市挑战赛”（Urban Challenge），这标志着无人驾驶建设从学术研究向产业开发转变。卡内基梅隆大学卷土重来，这次他们准备充分，组建了一支40人的队伍，其中包括大将克里斯·乌尔姆森（Chris Urmson）。除了两辆参赛的车辆，还有一辆补给车提供充足的零件替换。卡内基梅隆大学的惠塔克终于摘得桂冠。据说，这次卡内基梅隆大学投入巨大，以至于拿到200万美元大奖后依然没有填补亏空。在他们的装备库里，第一次出现了一种新型的64线激光雷达，为了让这件装备投入使用，卡内基梅隆大学的工程师编写了大量的驱动程序。

两次挑战赛极大地振奋了科研界的信心，也培养了大量人才。据说谷歌的创始人拉里·佩奇（Larry Page）是个极客，他与特龙因为对机器人感兴趣而成为密友，对于无人驾驶，佩奇有了新的想法。他把特龙招来谷歌，先是在谷歌街景上小试牛刀，到2009年的时候，秘密成立了无人车项目“司机”（Chauffeur），并且聚集了一批在挑战赛中声名鹊起的名将，包括乌尔姆森和莱万多斯基。阿姆依·沙书亚（Amnon Shashua）是一位视觉专家，属于麻省理工派，在斯坦福学术休假时是特龙的室友。作为希伯莱大学的教授，他创建了Mobileye（自动驾驶视觉芯片公司），是第一个试图产品化先进驾驶辅助系统（ADAS）技术的先驱者。Mobileye创建于1999年，到2009年时，走过了“从0到1”的苦旅，已经有多款车型安装了它的产品。

自动驾驶产业化的正式开启是2009年，Google X确立了多个“探月”计划（Moonshot），旨在捕捉未来惠及全人类的核心技术。无人车项目在谷歌的资金支持下正式开启。随后，陆续有更多的科技巨头入场。

DARPA的无人车挑战赛激励了中国的同行。2009年，在国家自然科学基金委员会“视听觉信息的认知计算”重大研究计划的支持下，首届中国“智能车未来挑战”大赛在西安举行，从此拉开了中国系列挑战赛的序幕。

表6–1 三届DARPA无人驾驶挑战赛①

第1届	2004年在美国的莫哈韦沙漠进行。共有21支队伍参加赛事，其中15支进入了决赛，但在决赛中，没有一支队伍完成整场比赛。卡内基梅隆大学的Sandstorm行驶的最远，共行驶了11.78公里。
第2届	共有195支队伍申报参加，有5支队伍（Stanley、Sandstorm、Hlghlander、Kat–5、TerraMax）通过了全部考核项目。其中，来自斯坦福大学的Stanley以30.7公里/小时的平均速度、6小时53分58秒的总时长夺冠，赢得了200万美元，同时，这也标志着无人驾驶汽车取得了重大突破。
第3届	2007年，在美国加利福尼亚州一个已关闭的空军基地举行。这届比赛的任务是参赛车辆在6小时内完成96公里的市区道路行驶，并要求参赛车辆遵守所有的交通规则。这届比赛不仅要求参赛车辆完成基本的无人行驶，检测和主动避让其他车辆的同时，还要遵守所有的交通规则。由于车辆需要根据其他车辆的动作实时做出智能决策，这对于车辆软件来说是一个特殊挑战。来自卡内基梅隆大学的Boss以总时长4小时10分20秒、平均速度22.53公里/小时的成绩取得了冠军。

（三）自动驾驶的成长（2010年—2015年）

2010年，特龙以创始人身份成立Google X，谷歌的第一款无人车是基于混电车普锐斯（Prius）改装的，顶上装着64线激光雷达，以此建立高分辨率的三维环境模型或高精度地图。谷歌的第二代无人车是更为强大的雷克萨斯（Lexus），同样是混合动力。前面提到，无人车的基础车型，第一个要求是要大，装得下各种设备，第二个要求就是电控，因为发动机的底层控制算法比电机要困难很多，多数团队更愿意把时间放在高层的算法上。但真正让世人瞩目的是2014年谷歌第三代无人车“萤火虫”（Firefly）的诞生，这款长得像考拉的小车是针对无人驾驶完全进行重新设计的，比如移除了雨刷，因为并不需要有驾驶员在雨中看清路况。按照设计，这种车

① 资料来源：2018人工智能之自动驾驶研究报告（前沿版）AMiner研究报告第七期，清华–中国工程院知识智能联合实验室2018年7月。

是没有方向盘的，但由于加州法律的限制，车里还是安装了一个游戏操纵杆作为方向盘。这辆车后来获得了红点设计大奖。

与此同时，Mobileye 赢得了车厂的信任，以视觉为主的 ADAS 低价方案进入主流市场，到 2015 年时，装机量已经近千万台。Mobileye 也偷偷开始了自动驾驶的研发。相比谷歌的方案，Mobileye 基于视觉的方案有独到之处。比如它采用视觉地图，从视觉中提取的地图特别小（每公里只需 10 kb 级别的数据，相比之下谷歌是 GB 级别的），适合实时上传、通过众包的方式更新。事实上，基于视觉的定位更接近于人类的驾驶方式。我们根据道路上的标志来评估大致的位置，并且根据路面线条的变化做出实时的决策（选哪一条车道，是否上匝道等），因而，只需从视觉中提取出那些标志和线条，众包上传到地图，行驶时便可以通过视觉匹配来获得定位。

2015 年还发生了几件大事：首先是年初，梅赛德斯 – 奔驰的无人驾驶概念车 F015 在美国国际消费类电子产品展览会（CES）上惊艳亮相，一下子把无人车呈现到大众面前；2 月初，新闻爆出打车应用“优步”（Uber）从卡内基梅隆大学及其附属的国家机器人研究中心挖走 50 多名科学家和工程师，建立自己的无人车研发团队；而最让人直面“未来已来”的，是 10 月份特斯拉发布辅助驾驶系统 Autopilot。虽然 Autopilot 是 L2 级的辅助驾驶，但很多普通车主都被这个名称给误导了。3 名胆子比较大的司机打开 Autopilot 模式，完成了美国东、西海岸的穿越，全程平均速度达到了 84 公里 / 小时。

2010 年—2015 年的这个阶段，中国略显沉寂。2015 年，一家华人背景的视觉芯片公司——安霸收购了 VisLab。2011 年 7 月，国防科技大学贺汉根教授技术团队自主研制的红旗 HQ3 无人驾驶汽车，首次完成了从长沙到武汉 286 公里的高速全程无人驾驶试验，其中人工驾驶里程不足 1%，而且相比上一代的 CA7460，在硬件小型化、控制精度和稳定性等方面取得了显著进展。基于此，国防科技大学也拿到了当年“智能车未来挑战”大赛的冠军。而这之后，李德毅院士的团队成为冠军的常客（除了 2013 年由北京理工大学获得，其主将是驭势科技首席技术官姜岩博士）。

2015 年的下半年，有三个值得回忆的事件：第一，8 月份，宇通和李德毅院士团队合作的大巴完成了郑开高速的 33 公里无人驾驶，在世界范围内开创了无人驾驶大巴的先河。第二，11 月份，第 7 届“智能车未来挑战”大赛在常熟成功举办，挑战赛得到了央视新闻联播的报道，无人驾驶成为了普通大众茶余饭后的谈资。第三，12 月份，百度推出无人车年度大片，百度与宝马合作的无人车 G7 在“高速—五环—奥林匹克森林公园”的路线中进行了往返行驶，吸引了无数眼球。对于这个项目中的一些人来说，这次演示是一个结束，随后他们离开百度开始新的征程。而对百度来说，这是一个开始，自动驾驶部门正式成立，王劲挂帅，号称“三年商用，五年量产”，“如果汽车行业不革自己的命，就会被别人革了命”。这三个事件让国人意识到，在无人驾驶这个高精尖领域，中国并没有缺位。2015 年，已是自动驾驶蓬勃发展的前夜。

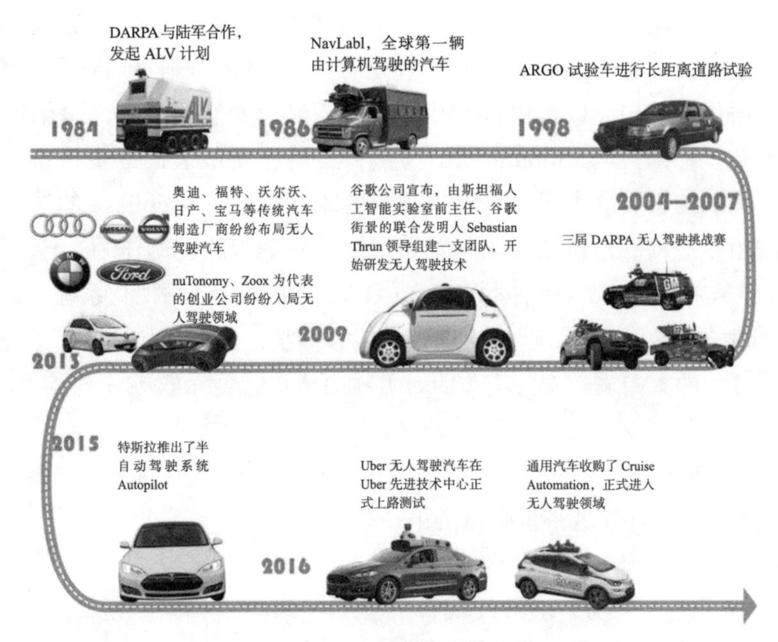

图 6-2 国外无人驾驶汽车发展历程[①]

（四）自动驾驶的春天（2016年—2021年）

1. 2016年：无人驾驶的“春分”时期

3月份连爆几件大事，“阿尔法狗”（AlphaGo）五番棋大胜韩国世界围棋冠军李世石点燃了民众对人工智能的热情，而通用汽车以10亿美元收购彼时只有几台样车、40多个人的Cruise Automation，让大众也意识到，无人驾驶时代即将来临。在中国，北京的春季车展，长安与博世和清华合作的几辆无人车“2000公里进京”，无人驾驶也真正进入中国大众视野。

4月份峰回路转，英特尔高调宣称押注智能驾驶领域，收购Mobileye（自动驾驶视觉芯片公司）。一年以后，英特尔宣布以153亿美元收购Mobileye，代表了个人计算机（PC）时代的巨头正式大举进入这一领域，自动驾驶核心技术得以跨越式发展。

春寒料峭，几起事故让人陡生疑虑：2月份谷歌的无人车撞上了巴士，这是其第一起主动承认有责任的事故，但那起轻微碰撞并未引起太多指责，后面总结出来的教训之一是巴士司机惹不起。5月份，特斯拉的第一起致命车祸占据了头条。死者是一位司机，特斯拉的热衷者。当时车辆运行在高速Autopilot模式中，司机却在观看视频，完全忽略了紧盯路况的责任。Autopilot系统没有检测到一辆大卡车正横穿马路，

---

① 资料来源：2018人工智能之自动驾驶研究报告（前沿版）AMiner研究报告第七期，清华-中国工程院知识智能联合实验室2018年7月。

车辆以极高的速度从卡车肚子下钻了过去，司机当场身亡。事故中纵然有 Mobileye 视觉未能识别出白色拖车横侧面的缘故，但前视雷达也由于安装位置较低错过了目标。公众开始质疑：这类 beta 版的软硬件是否允许上路？软件升级了是否要重新车检？另一方面，Autopilot 被错误宣传成了自动驾驶，而实质上仍然是辅助驾驶。这起事故也导致了特斯拉与 Mobileye 的“分手”，除了事故表面的责任，还有一个重要的原因，特斯拉想要自主研发计算机视觉的雄心触碰了 Mobileye 的核心利益。在几个回合的相互指责后，特斯拉先是宣布把博世的毫米波雷达作为主传感器，到 10 月份，它正式宣布 Autopilot 硬件版本 2.0（HW2）采用自己的视觉系统。也许是特斯拉 CEO 马斯克的“第一性原理”（人靠视觉能够驾驶，无人驾驶也一样）起了作用。

8 月份的一件大事是“优步”（Uber）耗资 6.8 亿美元收购卡车自动驾驶公司 Otto。

12 月份，Waymo 作为一家独立的公司从 Alphabet 母体中拆分，一夜之间这个全新的名字成为无人驾驶领域举世瞩目的第一高手。

2. 2017 年：无人驾驶的“雨水”时期

如果 2016 年是“春分”，那么 2017 年则是“雨水”。雨水充沛，万物复苏，很多公司大踏步而来。大公司，无论是科技巨头还是主机厂，都开始真正投入资源。同时，2017 年是创业公司纷纷入局的一年。另一个重要的迹象是，无人驾驶百花齐放，不仅是乘用车，还出现了各种商用车、专用车，除了载人之外，物流变成了一个更大的市场。

1 月份的美国国际消费类电子产品展览会（CES）是个风向标。这一年的最热话题是自动驾驶。驭势科技也向世界推出了概念车“城市移动空间”，其具有 360 度无死角传感器覆盖和没有方向盘油门刹车的 L4 级自动驾驶设计，特别是独特的内部环形沙发布局彰显了“在路上的 VIP 休息室”概念。

4 月份，英特尔以 153 亿美元收购 Mobileye。对于老牌巨头们来说，新旧动能的转换是挣扎的，通用汽车也是潜流暗涌，Cruise 的 L4 级无人驾驶新生力量与 Super Cruise 的 L2 级自动驾驶产品团队该如何相处？Cruise 团队获得了极高的自主权，在人员快速发展的同时，力图保留硅谷的创业文化；另一方面，通用汽车又提供了硅谷所不具备的汽车工程能力，两者取长补短，使 Cruise 很快在旧金山繁忙的街头展示了高超的水平，成为 Waymo 之后进步最快的追赶者。它声称，比起 Waymo 和 Uber 在亚利桑那的那几个城市（当然 Waymo 并不只是在亚利桑那），旧金山的复杂度提升了数十倍。2016 年，福特推出 2021 自动驾驶宣言——在 2021 年实现无人驾驶的商业化运营。2017 年年初，又有以 10 亿美元投资 Argo AI 这样的大手笔。

在汽车圈里，“分”与“合”蔚然成风。“分”可以轻装上阵迎接“新四化”（新能源化、共享化、智能化、网联化），能够更快决策，更容易融资。典型的案例就是德尔福拆分出安波福，全力聚焦智能网联汽车（几乎与此同时，又以4.5亿美元并购了初创公司NuTonomy）。福特也拆出Ford Autonomous Vehicles LLC。另一方面，通过“合”化敌为友，抱团取暖，分担研发成本，也不失为上策。于是，在这个竞技场里，大家各自站队，迅速形成不同的联盟。比如，英特尔/Mobileye、安波福、宝马一个圈子，后来又加入了大陆、菲亚特克莱斯勒等。英伟达、博世、ZF、大众/奥迪、沃尔沃等又是一个圈子。出行服务商Uber有戴姆勒、沃尔沃、丰田的朋友圈。而“老二”Lyft也有通用汽车、安波福、捷豹路虎等伙伴。单以联盟成员的规模来说，百度“阿波罗生态”可以说是最大的朋友圈：2017年3月，陆奇入主智能驾驶事业部，引起了另一拨核心人才的出走。据说，此时百度美国研究院一位工程师建言开源，百度领导层迅速展现了巨大的魄力，在4月份的上海车展上，陆奇宣布“阿波罗”计划，做汽车界的安卓。

一石激起千层浪，整个行业为之震动。在7月份的人工智能开发者大会上，李彦宏乘坐一辆与博世合作的苏州牌照汽车，在五环展示了一番自动驾驶技术，接到交警罚单，但这不能掩盖Apollo 1.0的宣布所引起的轰动，大家开始意识到，百度是认真的。

在2017年，值得一提的商业化落地事件有三个。第一，4月份驭势科技与白云机场在航站楼与停车场之间的摆渡服务，是国内第一起公开的无人驾驶运营，虽然仅仅一周，但与演示有本质的区别，如果说演示是规定时间、规定路线，运营则是面向终端用户和开放环境、全时态工作。第二，6月份驭势科技与凯德集团在杭州来福士地下停车场的摆渡服务，是国内第一起长达数月的多辆无人车常态化运营，开放的人车环境、狭窄的车道、没有全球定位系统（GPS）的定位，都是技术亮点。第三个事件是年底深圳的阿尔法巴，4辆经过改造的大巴在设计好的公交路线上展示了不错的能力，这是创业公司和高校合作的结果。让人始料不及的是大量“震惊体”文章的刷屏，这与几十年前罗森在Shakey上碰到的问题如出一辙，在技术还在演进的过程中，管理媒体和大众的预期至关重要。

当然，2017年最有意义的事件发生在美国。10月中旬，Waymo宣布，没有前排安全司机的自动驾驶汽车已经开始上路试运营。对于一家非常重视安全的大公司来说，这需要巨大的勇气以及对技术绝对的信心。当然，为确保安全，Waymo仍有安全员在后座以备不测。2018年年初，加州的车辆管理局进一步宣布“允许车内不坐安全员、只需远程安全员”这个巨大的跨越，相信与Waymo所带来的信心有关。美国在对无人驾驶的态度上，从上届政府到本届政府，从参众两院，从联邦到州政府，都具有极高的共识——美国要成为领导者。两任交通部长安东尼·福克斯（Anthony Foxx）和赵小兰连续推动《自动驾驶汽车联邦政策》《自动驾驶系统2.0：安全愿景》《准备迎接未来交通：自动驾驶汽车3.0》，在法律空间里增加豁免，为行业松绑。

几乎同时，德国也推出了首部与自动驾驶汽车相关的法律——《道路交通法第八修整案》，允许自动驾驶系统在特定条件下代替人类驾驶，同时全球第一部自动驾驶道德准则也应运而生。这些立法活动为世界第一款 L3 级自动驾驶产品——奥迪 2018 年款 A8 的拥堵巡航（Traffic Jam Pilot）扫清了障碍。

中国也一直在探索无人驾驶立法和测试体系的建立。早在 2016 年，国家层面就开始讨论路测规范。第一个宣布的是北京市，2017 年 12 月，北京市交通委联合北京交管局、北京市经济和信息化委员会等部门，制定发布了《北京市关于加快推进自动驾驶车辆道路测试有关工作的指导意见（试行）》和《北京市自动驾驶车辆道路测试管理实施细则（试行）》两个文件，如同平地一声雷，让年底的产业界振奋不已。既然第一块牌已经落地，多米诺骨牌就不会停止。2018年的上半年，上海、重庆、深圳、广州等地纷纷推出当地的路测政策和指南。4 月 11 日，工信部、公安部和交通运输部联合推出《智能网联汽车道路测试管理规范（试行）》，在国家层面一锤定音。

考虑到中国的复杂路况对安全有更高的要求，国内的路测规范都要求测试主体事先在封闭测试场内进行一定里程的测试。早在 2016 年 6 月，由工信部批准的国内首个“国家智能网联汽车（上海）试点示范区”封闭测试区在嘉定开园。随后，形成了“5+2”的全国布局。时至今日，各地仍在修建或改造智能网联汽车的测试场，虽然短期内有重复建设的问题，但从长期来看，未来无人车无论是上市还是年检，都有很大的需求。

3. 2018 年：无人驾驶的“惊蛰”时期

2017 年、2018 年开始，自动驾驶技术得到商业化验证。车厂领跑者——奥迪首发了全球第一款 L3 级别的量产自动驾驶车辆；科技公司的领跑者——Waymo 在经过 10 年的测试和技术打磨之后，推出 Waymo One 的自动驾驶出租车服务，试水商业化运营，并在 2018 年分别向捷豹、菲亚特 - 克莱斯勒下了 20 000 辆捷豹 I-PACE 车型以及 62 000 辆 Pacifica 混动车的订单，用于在未来 3 年内在全美扩大自动驾驶车队阵容。无独有偶，优步早期也与沃尔沃达成协议，计划采购 2.4 万辆车辆，用于自动驾驶车队。2017 年的“雨水”过后，2018 年或许是“惊蛰”，既有商业化的隆隆春雷，也可能有“倒春寒”。

2018 年的“灰犀牛”是事故。当整个行业进入深水区，事故已经成为大概率的风险。Waymo、优步和特斯拉都出现了多起事故，且后两者都出现了致命的事故。3 月 18 日，一辆 Uber 无人车夜间行驶时撞死了一名推着自行车违章横穿马路的行人，这是世界首例无人驾驶汽车引起的致命车祸事件。那么到底需要多少数据，或者通过多少里程来证明安全性呢？美国著名的智库兰德公司给出了一个数学模型，如果要在统计学意义上证明无人驾驶开得比人好 20%，需要 110 亿英里。那就意味着，100 辆车、1 天 24 小时、1 年 365 天不停地跑，要跑 500 年。就无人驾驶而言，Waymo 积累了最多的里程，2018 年 10 月时积累了 1000 万英里。特斯拉在 2016 年的事故中自辩，1.3 亿英里、2 次人命事故，数据也是不够的，但它的一个启示是：

要学会靠用户的车去获得数据、验证算法，如果有1000万辆车，1辆车只需跑1100英里，110亿英里就达到了。

2018年，中国正孕育着全新的基础设施，阿里和百度等都提出“车路协同”的概念，基于LTE-V2X和5G带来的超视距感知能力和高可靠低延迟链路，可以把一部分感知和决策能力放在路端，利用边缘云的思路去解决环境和基础设施的问题。

随着车厂自动驾驶量产计划日益临近，前装供应链的“车轮”也已经率先启动，标志性的事件就是2019年年初，四维图新斩获国内首个L3及以上的高精度地图的主流车厂订单（宝马）。预计从2019年开始，到2020年、2021年，根据全球主流车厂的计划表，将陆续开始有量产的自动驾驶车辆出炉，自动驾驶产业有望进入黄金发展期，步入百花盛开的春天。

二、人工智能与自动驾驶：全新认识自动驾驶

汽车产业正在面临百年巨变，新科技、新产品层出不穷。随着人工智能、大数据、云计算、万物互联等新技术的出现，自动驾驶、智能网联和5G移动物联网给汽车行业带来了前所未有的新变革。那么，何谓自动驾驶，其定义、内涵、构成、功能、作用和种类是什么？它与人工智能、无人驾驶、车联网以及当前社会有何关系？……下面就上述问题进行简要叙述。

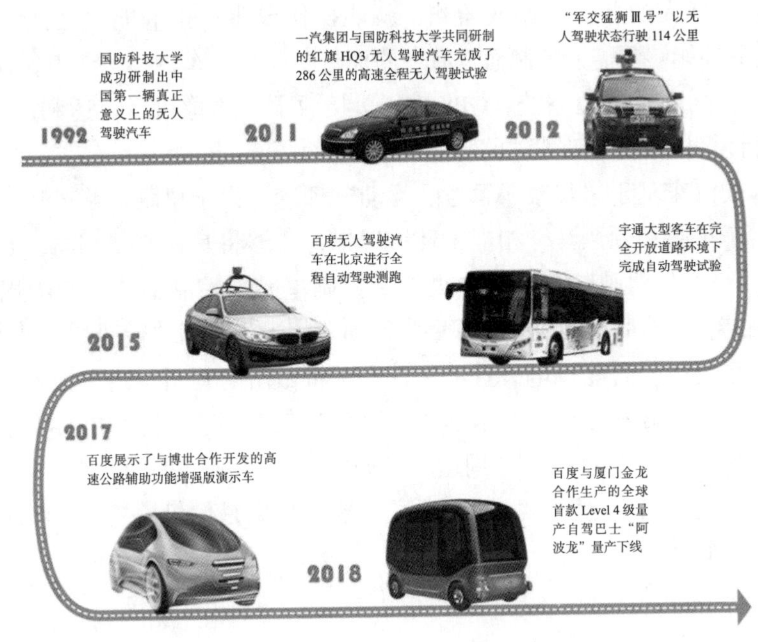

图6-3 我国无人驾驶汽车发展历程[①]

① 资料来源：2018人工智能之自动驾驶研究报告（前沿版）AMiner研究报告第七期，清华-中国工程院知识智能联合实验室2018年7月。

（一）自动驾驶汽车的构成和类型

自动驾驶汽车（Autonomous Vehicles）是人工智能与传统汽车相结合的创新产物，是汽车行业发展的未来。其中，自动驾驶的最高级——无人驾驶技术就像人工智能王冠上的明珠，在人工智能应用领域熠熠发光。

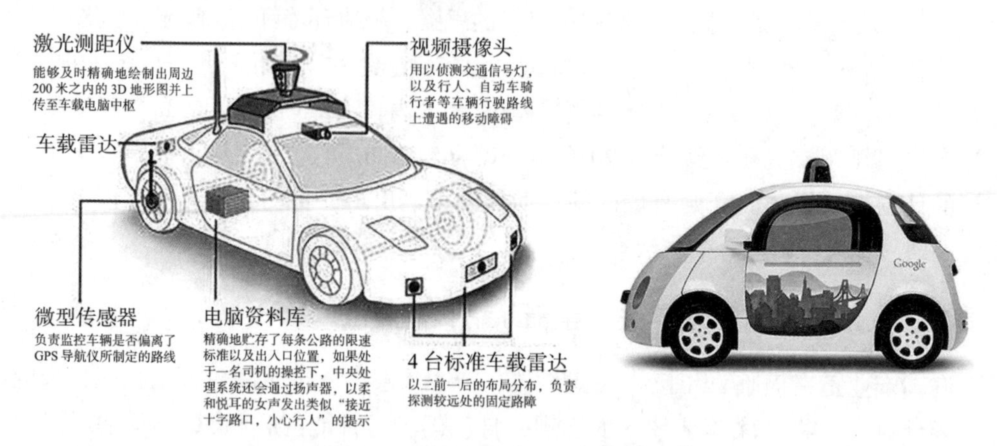

图 6–4　谷歌无人驾驶汽车示意图[①]

1. 自动驾驶汽车的构成

自动驾驶汽车又称智能汽车、自主汽车、无人驾驶汽车或轮式移动机器人，是指具备无需自然人的肢体控制或监测，就能操作或驱动车辆能力之技术的任何车辆[②]，即是一种能够不需人控制而具有在路面行驶能力的车辆，须使用各种传感器和数据信息，包括全球定位系统（GPS/BDS）接收器、摄像机、雷达和激光雷达等，是一种通过计算机实现自动驾驶的智能汽车。

自动驾驶汽车基于“观察、思考、行动”理念，由千里眼、顺风耳、驾驶脑和手脚组成。千里眼和顺风耳，相当于环境感知，能够将其环境传感器，如摄像头和雷达（“观察”）与驾驶脑车辆的中央电子控制单元域控制器（相当于规划决策的“思考”）相结合，然后控制执行指挥手脚行动（相当于手脚“行动”），即传动装置、底盘和转向系统中的智能机电装置动作，汽车将做出的判断付诸实施，这就是自动驾驶路径的技术基础和原理。技术框架可以分为三个环节：感知层、决策层和执行层。感知层解决的是“我在哪”“周边环境如何”的问题；决策层则要判断“周边环境接下来要发生什么变化”“我该怎么做”；执行层则是偏机械控制，将机器的决策转换为实际的车辆行为。

① 资料来源：贺萍，董铸荣．汽车文化［M］．北京：商务印书馆，2018.

② 陈全世，智能网联新能源汽车的技术发展前景，清华大学，深圳汽车电子2018年会（20180330）2018.3.

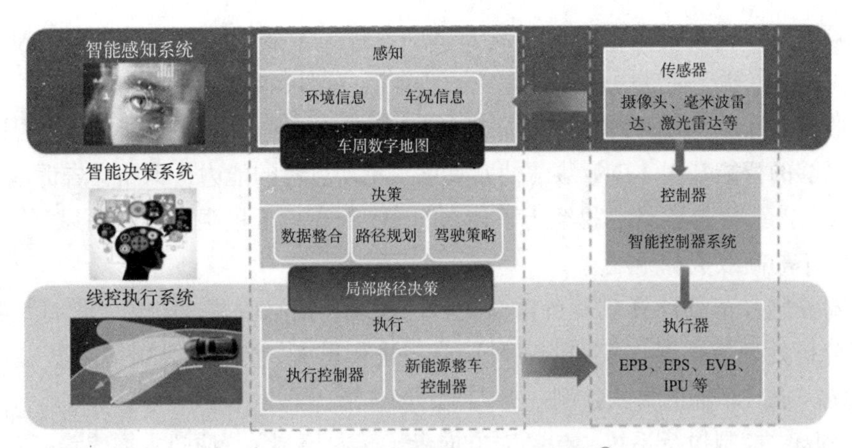

图 6–5　自动驾驶系统的主要构成①

◆千里眼：各种类型及用途的传感器可代替驾驶员的视觉。用于观察世界的摄像头，同时具有 360 度全景视野，相较之下，但人类的视野却只有 120 度。视觉系统分辨率高，善于对环境颜色信息进行区分，可探查不同的颜色，因而能帮助系统识别交通指示灯、施工区、校车和应急车辆的闪光灯；激光雷达擅长障碍探测与障碍追踪；毫米波雷达可以快速获得速度信息，并且在雾天衰减率低，穿透性好。遇到传感器束手无策的天气，就需要借助高精度地图。

指标	传感器	激光雷达	毫米波雷达	超声波雷达	摄像头
精度	探测距离	<150m	>150m	<10m	<50m
	分辨率	>1mm	10mm	差	差
	方向性	能达到1度	最小2度	90度	由镜头决定
	响应时间	快（10ms）	快（1ms）	慢（1s左右）	一般（100ms)
	精度整体	极高	较高	高	一般
环境适应性	温度稳定性	好	好	一般	一般
	传感器脏、湿度影响	差	好	差	差
	环境适应性整体	恶劣天气适应性差；穿透力强	恶劣天气适应性强；穿透力强	恶劣天气适应性差；穿透力强	恶劣天气适应性差；穿透力差
成本		高	较高	低	一般
功能		实时建立周边环境的三维模型	自适应巡航、自动紧急制动	倒车提醒、自动泊车	车道偏离预警、前向碰撞预警、交通标志识别、全景泊车、驾驶员注意力监测
优势		精度极高，扫描周边环境实时建立三维模型的功能暂无完美替代方案	不受天气影响，探测距离远，精度高	成本低、近距离测量精度高	成本低、可识别行人和交通标志
劣势		成本高，精度会受恶劣天气影响	成本高，难以识别行人	只可探测近距	依赖光线、极端天气可能失效、难以精确测距

图 6–6　传感器优劣势对比②

① 资料来源：黄少堂. 汽车“新四化”重塑产业变革. 江铃汽车. 深圳汽车电子 2019 年会（20190330）2019.3.
② 资料来源：同上。

◆顺风耳：自动驾驶的外围设备及辅助系统。包括无线通信系统、触摸屏、麦克风和/或扬声器、辅助电源等。此外，还有用户接口界面，用于向车辆用户提供信息或接收来自车辆的用户输入。车联网 V2X 相当于听觉，车路协同实际上是赋予了路和车足够的智能基因（DNA），使其具备了主动思考的能力，即路会告诉车“我看到了什么”，车会告诉路“我经历了什么”，赋予车“千里眼”和“顺风耳”，从而实现路和车的高效资源分配。

◆驾驶脑：车载计算机及自动驾驶软件系统。信息收集及处理，代替驾驶员的大脑，分析处理传感器收集到的各种信息，进行思考、判断并做出决策，指挥执行控制系统完成对车辆的驾驶控制。

◆手脚：控制执行系统。包括对方向盘（转向控制）、油门（加速踏板）、制动踏板的控制，从而执行对车辆的控制和操作。

自动驾驶与人类驾驶相比，特点是没有疲劳、情绪、酒驾，全年无休、不要加班费、不会发脾气、出错率又低。理论上，机器比人更适合开车。人类的可靠视距大概只有两三百米，但是激光雷达可以看到更远。人类只能看到前面 120 度的视角，看不到后面有车追尾，机器可以环顾 360 度。人只能靠个体学习积累驾驶经验，用公里数换经验，但是机器可以做到 100 万辆车共享一个大脑，去学习沉淀经验。人类开车走复杂路段，是靠自己的经验控制方向盘，但是机器可以学习车王舒马赫怎样精准过弯。人类操纵汽车是靠手感，是靠脚踩下去的感觉，但机器人可以精确到毫米、微米去控制机械。机器也不会疲劳驾驶、酒驾。在技术足够成熟的前提下，机器驾驶的综合安全性会比人类高一个量级，而这意味着全球每年死于道路交通事故的人员中，有更多生命会得到拯救。届时，那些辛勤的司机就会面临最大的职业危机。

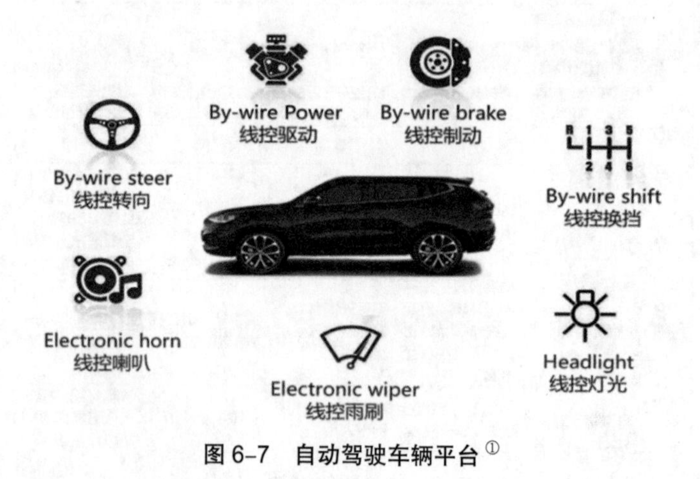

图 6-7　自动驾驶车辆平台[①]

① 资料来源：张瀛．产业变革下的智能网联汽车研发．长城汽车．深圳汽车电子 2019 年会（20190330）2019.3.

2. 自动驾驶汽车的技术类型

自动驾驶汽车是一种跨技术、跨产业领域的新兴汽车体系，从不同的角度、不同的背景对它的理解是有差异的，欧洲各国及美国、中国等对其定义不同，叫法也不尽相同，但是最终的目标是一样的，即为可上路安全行驶的无人驾驶汽车。从技术上来说，自动驾驶汽车就是一台搭载了许多传感器，并融合现代通信与网络技术，实现了在路上能够识别复杂的环境感知，并且具有智能决策、协同控制与执行等功能的车。按照技术路线不同，自动驾驶汽车可分为自主式、网联式和智能网联式三种：

（1）自主式自动驾驶汽车 AV（Autonomous Vehicles）：依靠摄像、雷达等车载传感器感知车辆周边环境，并由自车的计算设备决策、控制车辆行为。

（2）网联式自动驾驶汽车 CV（Connected Vehicles）：可以通过通信与网络技术，更全面地获取周边车辆与环境信息并进行决策，以实现各交通要素间的信息共享与控制协同。

（3）智能网联汽车 ICV（Intelligent Connected Vehicles）：结合了自主式自动驾驶汽车 AV 和网联式自动驾驶汽车 CV 的优势，即互联网 + 人工智能 + 汽车 = 智能网联汽车。智能网联汽车是指搭载先进的车载传感器、控制器、执行器等装置，融合现代通信与网络技术，实现车（V）与人、车、路、云等（X）智能信息交换和共享，使车辆具备复杂环境感知、智能化决策、协同控制功能，能实现安全、节能、环保、舒适行驶，逐步替代人操作的新一代汽车。

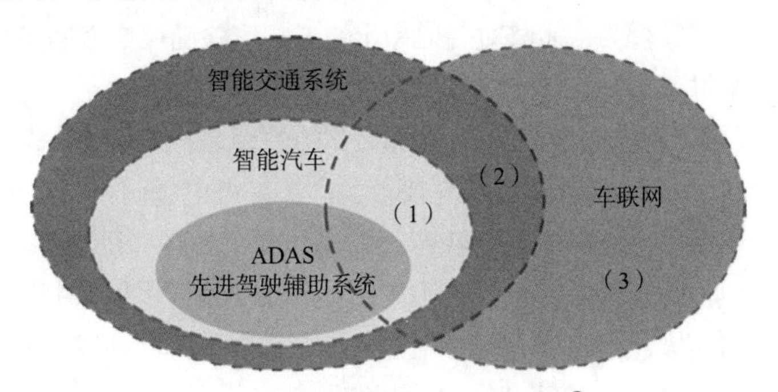

图 6–8 自动驾驶汽车概念区别 ①

要注意的是，智能网联汽车 ≠ 车联网，智能网联汽车是车联网与智能汽车的交集。车联网（V2X）：以车内网、车际网和车云网为基础，按照约定的体系架构及其通信协议和数据交互标准，在 V – X 之间，进行通信和信息交换的信息物理系统。车联网能够实现的主要功能包括智能动态信息服务、车辆智能化控制和智能化交通管理等。图 6–9 中（1）——协同式智能车辆控制（智能网联汽车），（2）——协同式智能交通管理与信息服务，（3）——汽车智能制造、电商、后服务及保险。

① 资料来源：张海涛 . 智能网联汽车开发现状及展望 . 上海汽车 . 深圳汽车电子 2019 年会（20190330）2019.3.

无人驾驶是自动驾驶的终极目标，是集自动控制、体系结构、人工智能、视觉计算等众多技术于一体，是计算机科学、模式识别和智能控制技术高度发展的产物，是自动驾驶发展的终极目标。

（二）自动驾驶汽车的原理与系统

1. 自动驾驶的核心问题[①]：

（1）我在哪？在开车前，首先会打造详尽的3D高清地图，突出显示道路剖面图、路缘石及人行道、车道标志、斑马线、停车牌及其他道路情况。车辆并不完全依赖于GPS功能，车辆将交互参照预先绘制的地图与实时传感器数据，在对两者进行比对后，确定车辆所在的位置。（2）我周边的情况？配置的车载传感器及软件将持续扫描车辆周边的目标，包括行人、骑行者、车辆、道路施工及障碍物。车辆将持续从交通灯的颜色读取交通控制指令。车载系统还将从铁路道口栅门识别临时性停车的信号。测试车辆的扫描半径为300米，可实现全方位覆盖。（3）接下来将会发生什么？软件可基于道路上各动态目标的当前速度及行动轨迹，预测其未来的动向，甚至能分清车辆与骑行者或行人间的差别。利用从其他道路使用者处获得的信息，预计可能存在的多种行驶路径。该软件还将道路的变化情况也纳入其考量范围（如车道发生交通拥堵），并预测路面情况将对测试车辆周边的其他目标产生何种影响。（4）我应该怎么做？软件根据这类信息，寻找一种适合车辆采用的方法与行驶路径。选定精确的驾驶轨迹、车速及确保道路安全所需的转向操控。因为这类车辆将持续监控环境，预判车辆周边其他道路使用者的驾驶行为，能够对变道做出快速响应并确保变道期间的安全性。

2. 自动驾驶的技术分级

自动驾驶之所以曾看似遥不可及，很重要的原因是汽车太“笨”了。而今，借助最新的人工智能、雷达、地理信息等技术，汽车变得更聪明：不仅能“看”，还没有盲区；有了“智商”，懂得变道和转弯、加速和刹车。路口是红灯还是绿灯、左转还是右转、与前车保持多远距离……理论上，都可以通过机器来判断。从有人到无人，变化的不仅是驾驶形态，还有移动出行方式。自动驾驶涉及的技术非常广，涵盖软硬件多方面，任何一个环节“瘸腿”都跑不起来。

美国汽车工程师学会（SAE）制定的标准SAEJ3016提出了L0—L5六等级分类法。L0：全部手动；L1：巡航控制（脚离开油门）；L2：解放双手，诸如自适应巡航（ACC）、紧急制动刹车（AEB）和车道偏离预警系统（LDWS）的辅助驾驶（脚离开油门、手离开方向盘）；L3：解放双眼，允许驾驶员把手脱离方向盘，驾驶员可以看看报纸，玩玩手机，或者欣赏周围美好的景致；L4：高度自动驾驶；L5：全自动无人驾驶。在该标准中，L0为传统意义上的纯人工驾驶，L1—L5分别为辅助驾驶、部分自动驾驶、条件自动驾驶、高度自动驾驶、完全自动驾驶。其中，L2和L3是

① 陈全世．智能网联新能源汽车的技术发展前景．清华大学．深圳汽车电子2018年会（20180330）2018.3.

重要的分水岭，在L2及以下的自动驾驶技术仍然是辅助驾驶技术，尽管可以一定程度上解放双手（Hands Off），但是环境感知、接管仍然需要人来完成，即由人来进行驾驶环境的观察，并且在紧急情况下直接接管。而在L3级中，环境感知的工作将交由机器来完成，车主可以不用再关注路况，从而实现了车主双眼的解放（Eyes Off）。而L4、L5则带来自动驾驶终极的驾驶体验，在规定的使用范围内，车主可以完全实现双手脱离方向盘以及注意力的解放（Minds Off），被释放了手、脚、眼和注意力的人类，将能真正摆脱驾驶的羁绊，享受自由的移动生活。从实际应用价值来看，L3/L4相对于辅助驾驶技术有质的提升，从“机器辅助人开车”（L2）到“机器开车人辅助”（L3），最终实现“机器开车”（L4/L5）即无人驾驶汽车，L3将是用户价值感受的临界点，将成为产业重要分水岭。以奥迪A8为例，A8上配备了4颗鱼眼摄像头、12颗超声波雷达、4颗中距离毫米波雷达、1颗长距离毫米波雷达、1颗激光雷达、1颗前视摄像头。

3. 自动驾驶车辆的运行系统

◆激光雷达（LiDAR）系统。包括三种类型激光雷达：（1）短程激光雷达，可使车辆持续不断地获得车辆周边环境；（2）高分辨率的中程激光雷达；（3）新一代功能强大的长距离激光雷达，视线面积可达三个足球场。

◆辅助传感器（Supplemental Sensors）。包括音频检测系统，该系统可以听到数百英尺远的警车和急救车辆所发出的警报声；而GPS可以为车辆对其自身的地理定位提供辅助。

◆自动驾驶软件。就是车辆的“大脑”，使得传感器采集的信息变得有意义，这个“大脑”还能利用这些信息帮助车辆做出最佳驾驶决策。

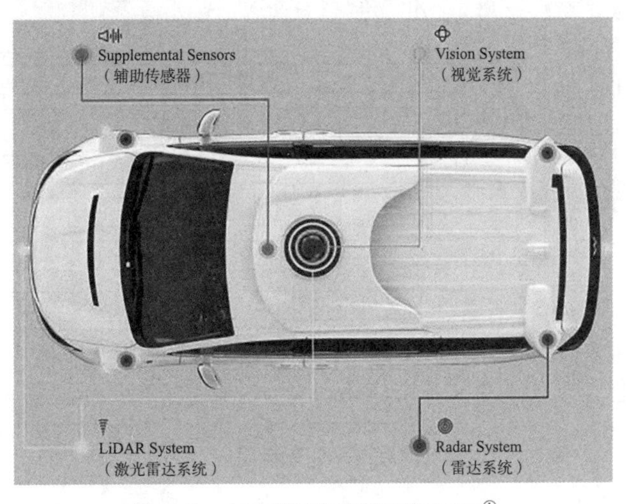

图6-9 自动驾驶汽车的运行原理[①]

① 资料来源：陈全世.智能网联新能源汽车的技术发展前景.清华大学.深圳汽车电子2018年会（20180330）2018.3.

4. 先进驾驶员辅助系统

先进驾驶员辅助系统 ADAS（Advanced Driver Assistance System）是一种在车辆行驶过程中全程帮助驾驶员的主动安全辅助系统，属于自动驾驶 L1 级，按执行基本功能可分为以下三类：

（1）执行自动完成枯燥、困难或重复任务的系统：

- 自适应巡航控制（Adaptive cruise control）；
- 自动停车；
- 平行泊车辅助等。

（2）执行改善驾驶者获得重要信息的系统：

- 自适应前照灯；
- 盲点检测、车道偏离等。

（3）执行有助于预防事故发生和减少事故严重性的系统：

- 紧急制动辅助；
- 驾驶疲劳检测；
- 防撞系统。

5. 技术架构与技术路线

智能网联汽车融合了自主式智能汽车与网联式智能汽车的技术优势，涉及汽车、信息通信、交通等诸多领域，其技术架构较为复杂，可划分为“三横两纵”式技术架构。其中，“三横”是指：车辆 / 设施关键技术、信息交互关键技术、基础支撑技术；“两纵”是指：车载平台和基础设施。

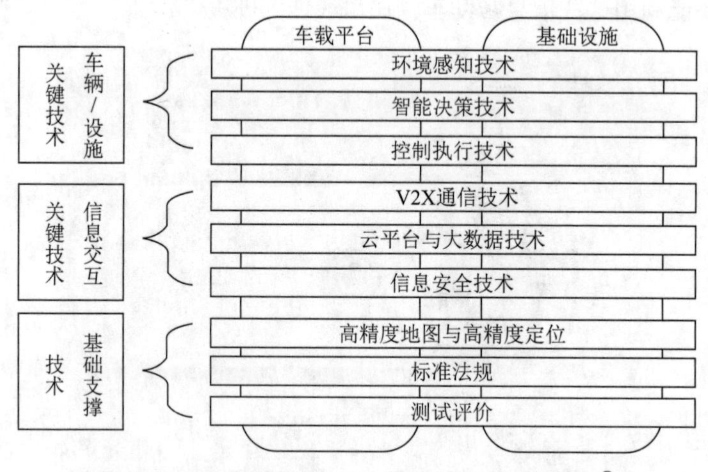

图 6–10 智能网联汽车“三横两纵”式技术架构 [①]

---

① 资料来源：张海涛．智能网联汽车开发现状及展望．上海汽车．深圳汽车电子 2019 年会（20190330）2019.3.

目前，自动驾驶技术的发展有两条路线：一条是以传统车企为主的渐进式路线，如特斯拉、宝马车企，适用结构化道路测试；另一条是以IT、互联网企业为主的颠覆式路线，如谷歌，适用于军事。

（三）自动驾驶汽车的优势和挑战

自动驾驶汽车系统被认为是汽车智能化发展的最高目标，是人工智能最重要的应用领域。其中无人驾驶技术更是人工智能王冠上的明珠。自动驾驶改变汽车的未来，通过将现代传感技术、信息与通信技术、自动控制技术和人工智能等融于一体，对改善交通安全、实现节能减排、消除交通拥堵、保护环境、提升社会效率，拉动汽车、电子、通信、服务、社会管理等协同发展，促进汽车产业转型升级具有重大战略意义。其优点[①]为:（1）减少交通事故及人员伤亡;（2）缓解交通拥堵压力;（3）降低驾驶者门槛;（4）助推新产业发展。缺点为:（1）应用需要较多限定条件;（2）信息安全问题;（3）行业颠覆、人员失业问题。

如果智能网联和无人驾驶汽车普及开来，它对我们的影响不仅限于减少交通事故，也将会有可能大大改变当前的汽车使用模式、改变汽车的消费者类型，以及人们购买汽车的原因。无人驾驶汽车可以提高按需打车服务的供应能力。汽车的自主驾驶属性越高，它对分享经济的贡献就越高，用车成本将会大大降低。人们不再有“驾车”的概念，因为汽车会自动驾驶，人们在车上可以尽情地玩手机、聊天，甚至是喝酒，而无须担心交通事故，酒驾和代驾将成为历史。但同时，也可能面临安全问题、可靠性和黑客等挑战。

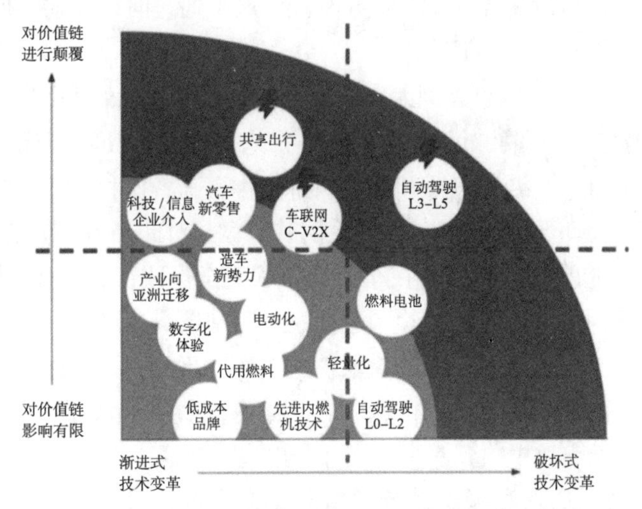

图 6–11　自动驾驶新技术对汽车产业价值链的颠覆[②]

---

① 柴占祥，聂天心，Jan BECKER. 自动驾驶改变未来［M］. 机械工业出版社，2017.

② 资料来源：张瀛 . 产业变革下的智能网联汽车研发 . 长城汽车 . 深圳汽车电子 2019 年会（20190330）2019.3.

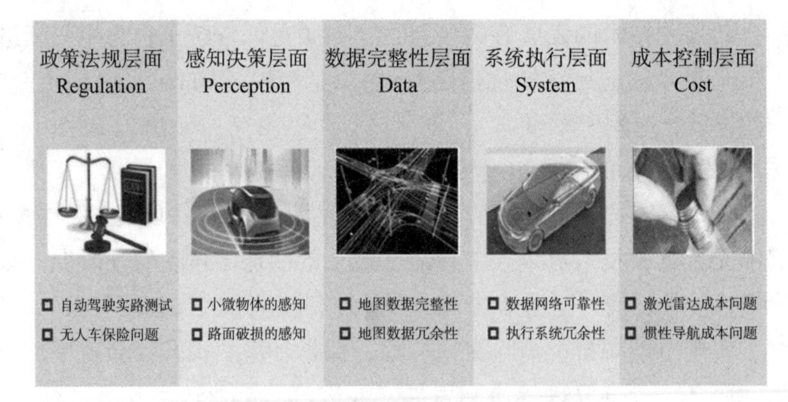

图 6–12　自动驾驶新技术面临的挑战[①]

1. 自动驾驶汽车安全吗?

自动驾驶系统的风险，除了法律、标准和规范尚未健全以外，最大的风险是安全，尤其是人身的安全。无人驾驶系统在测试及试运行过程中，已经发生了一些经过媒体报导的人身伤亡事故。2017 年 5 月，特斯拉造成了全世界第一宗自动驾驶系统致人死亡的车祸。据外媒报道，美国一辆特斯拉 Model S 电动汽车在途经十字路口的时候，撞上了一辆正在左转的卡车。特斯拉无人驾驶车 Model S 的前挡风玻璃撞进了卡车底部，导致乘车人（驾驶员）死亡。特斯拉表示，在强烈的日照条件下，大货车车身颜色及阳光反射致使摄像头无法分辨，驾驶员和自动驾驶系统都未能注意到拖挂车的白色车身，因此未能及时启动刹车系统。而由于拖挂车正在横穿公路，且车身较高，这一特殊情况导致 Model S 从挂车底部通过时，其前挡风玻璃与挂车底部发生撞击，导致驾驶员不幸遇难。

2018 年 3 月 18 日[②]，世界首例无人驾驶汽车引起的致命车祸事件（特斯拉的那几次不算无人驾驶）是：一辆“优步”（Uber）无人车夜间行驶时撞死了一名推着自行车违章横穿马路的行人。据美国亚利桑那州警方称，一名亚利桑那州的女性在过马路时被一辆“优步”自动驾驶测试车 SUV 撞倒并身亡。对此当地警方已经要求“优步”紧急停止其自动驾驶汽车项目，并在车上配备了安全员或工程师。“优步”公司、当事安全员、传感器制造商、算法芯片制造商、车辆制造商、当地政府等与车辆和道路相关的各方都很可能成为民事诉讼的对象。这次致死事故只是“优步”自动驾驶汽车在测试过程中发生的众多事故中的 1 例。自动驾驶技术主要由两部分组成，探测设备及算法软件。在此次事故中，到底是哪一部分出现了问题，多位专家进行了分析。

◆ “优步”的自动驾驶测试车辆均搭载了多个低线及高线雷达、毫米波雷达、

① 资料来源：张瀛．产业变革下的智能网联汽车研发．长城汽车．深圳汽车电子 2019 年会（20190330）2019.3.

② 陈全世．智能网联新能源汽车的技术发展前景．清华大学．深圳汽车电子 2018 年会（20180330）2018.3.

摄像头等多种环境传感设备。而根据事发地的录像显示，当时天气良好，道路环境并不复杂。但“优步”SUV 的右前方依旧与死者发生了碰撞。显然，这些价格不菲的传感器及算法并没有帮助车辆规避事故，拯救生命。可见，距离完全的无人驾驶，现阶段的技术还有较长的路要走。

◆真实的道路状况不可能完全事先输入电脑之中，需要通过自动驾驶汽车在道路实测中不断自我学习，积累经验。自动驾驶汽车路测里程不足，很多情况就不可能“学习”到，这会导致算法中存在一定的瑕疵。

2019 年 3 月 5 日，美国检察机关认定，这起交通肇事案的自动驾驶程序研发者“优步”公司对事故不负刑事责任。主要原因是司法查证认为，“优步”公司并不存在程序设计上的不合理之处。

以上这些自动驾驶车辆事故表明，自动驾驶技术距离成熟应用还有一段漫长而艰辛的发展历程，这不是一蹴而就的。目前国内自动驾驶技术虽取得了长足进步，但核心技术水平不高，关键零部件非国产化严重，政策法规需要逐步完善等问题依然需要不断努力。

图 6–13 “优步”（Uber）自动驾驶测试车辆

2. 黑客入侵

汽车黑客看似是一个技术问题，但由于汽车与车主的财产权、生命权息息相关，汽车一旦被攻击，车主轻则破财、重则舍命，因此已经成为一个经济问题和社会问题。2015 年 7 月，在一次汽车黑客实验中，查理・米勒和克里斯・瓦拉塞克两位网络工程师利用一台联网的计算机控制了在圣路易斯高速公路行驶的一辆克莱斯勒切诺基汽车，可以控制汽车制动、加速等各种功能。2016 年 9 月，腾讯安全科恩实验室全球首次通过远程无物理接触方式，成功入侵特斯拉汽车，可以在千里之外遥控别人的特斯拉，包括在至关重要的制动、转向功能上动手脚。随着信息技术与汽车技术的融合，汽车安全已从被动安全升级到主动安全，从碰撞安全升级到行驶安全、功能安全和信息安全。

目前，由于自动驾驶技术更依赖于网络，如通过云端获取的地图、导航等数据，其信息安全尤为重要，但无人驾驶汽车基本上不设防，存在电控单元 ECU、Can-bus 总线、车内通信、车载 T-Box、手机和车机 APP、远程服务提供商 TSP、车载综合信息处理系统、IVI 等多个被攻击面，以及电控单元、智能钥匙、胎压监控等超过 30 个被攻击点，在大面积联网使用时，汽车既可造福人类，也有可能带来危险。

3. 行业冲击

自动驾驶技术的发展，必将会对汽车产业链产生冲击，可能会减少全社会的工作机会，如驾校低迷、陪练市场萎缩、代驾彻底消失、出租车和商用车司机失业等。由于安全性提高，汽车保险公司和经纪人将面临失业，甚至还将导致医院急诊室和骨科业务量下降。同时，每年因交通违规而收到大量罚款的政府，也会面临财政收入下降的可能。据亚当·乔纳斯预计，未来，在技术颠覆性发展、监管变化以及共享自动驾驶汽车等的冲击下，北美 1 万家经销商最终可能会减少到只有 10 家超大型的车队管理者。

4. 成本难题

自动驾驶技术走向产业化还面临着成本难题。比如，一个激光雷达就要 7.5 万美元，比一辆普通车还贵。谷歌无人驾驶汽车仅激光设备和雷达感应器成本就在 50 万美元到 70 万美元，再加上特定的机械手等，一辆车成本至少 200 万美元，目前难以大规模推广应用。

安全，是研发自动驾驶汽车的初衷。要证明无人驾驶在绝大多数情况下比人驾驶安全，需要跑上 110 亿英里，这意味着要用 100 辆车没日没夜跑 500 年。业界把每行驶多少里程需要人工干预一次，作为衡量自动驾驶技术成熟度的标准之一。目前，表现最优秀的无人车的数据是 1.1 万英里。建立自动驾驶安全性的全球标准很重要。

三、关注当下：人工智能在自动驾驶中的应用场景

自动驾驶应用可分为高速自动驾驶和低速自动驾驶（速度低于 20 公里 / 小时），低速自动驾驶实现难度要低很多。受当前技术发展的限制，自动驾驶汽车当下应用场景只限于低速、无人、不影响公共安全的环境，会从厂区、机场、码头等特定封闭场景普及，之后是市政公交、出租车，最后才是开放的城市道路。如：[①]

● 仓储物流行业：领先的电商如亚马逊和京东已经部署了无人搬运车 AGV（Automated Guided Vehicle）。2018 年“6 · 18”，京东北京地面运送站，20 余台配送

---

① 柴占祥，聂天心，Jan BECKER. 自动驾驶改变未来［M］. 机械工业出版社，2017.

机器人整齐列阵，随调度平台命令出发，自动奔向订单配送目的地。

- 农业自动驾驶车辆：包括可以进行耕作和收割的农业机械，在非道路上进行低速移动的场景难度很小，转场时可用其他运输车辆转移。

- 局部封闭场所、特定景区：如景区游览车、低速代步工具、自动行驶的婴儿车、移动行李箱等；还如度假村、旅游景区、机场、矿区、码头、建筑工地等，在上述应用场景行驶的车辆多数是特种车辆，如挖掘机、起重机、小型电动车等。

- 城市公交系统：有固定的行驶路线，如专用公交车道，可以有选择地实行自动驾驶。无人驾驶技术之所以最先应用在城市公交车上，主要因为它是固定线路，可控性高，安全性也更有保障。自动驾驶巴士被认为是解决城市“最后一公里”难题的有效方案，大多用于机场、旅游景区和办公园区等封闭的场所。百度 Level 4 级量产自驾巴士“阿波龙”已经量产下线。“阿波龙”能够载客 14 人，没有驾驶员座位，也没有方向盘和刹车踏板，最高时速可达 70 公里，充电两小时续航里程达 100 公里。

- 商业运营车辆：如出租车、公司上下班车等。

- 快递用车和工业应用：快递用车和“列队”卡车是一个较快采用自动驾驶的领域。在线购物和电子商务网站快速兴起，给快递公司带来利好，促进了自动驾驶电动车和卡车快递，在经济效益和避免人员伤亡方面，自动驾驶创造了不少增加值。

- 老年人和残疾人：由于身体条件的限制和视力原因，这两类人都面临出行困难，因此智能车辆能给他们带来不少好处。自动驾驶汽车不仅可以增强老年人的移动能力，也能帮助残疾人旅行。2012 年谷歌让失去视力 95% 的史蒂夫 · 马汉（Steve Mahan）坐上谷歌的自动驾驶汽车，体验其中的乐趣，成为全球首位残疾人无人驾驶者。

- 移动广告平台：低速无人驾驶可实现不知疲倦、无须人工成本的移动商业广告。

汽车产业升级换代，自动驾驶独领风骚。自动驾驶时代，汽车不再只是汽车，而是用户的第三空间。高等级自动驾驶意味着手、脚、眼和注意力将逐步被解放，从“机器辅助人开车”（L2）到“机器开车人辅助”（L3）”“机器开车”（L4/L5）意味着车主的生产力、时间的释放，汽车将不再是代步工具，用户在车内即可实现娱乐和办公，汽车有望进化成为家庭、办公场所之外的第三生活空间。汽车的产品形态将被重新定义，商业价值也将在更多维度上展开，自动驾驶创造了新的消费经济和生产力市场——乘客经济，乘客在路上或消费，或工作，或娱乐，每一辆车都可以变成移动的商业地产。自动驾驶的应用将以 L0—L5 的路线渐进式展开，主要落地应用场景将以私家车出行、共享客运接驳、货运物流为主，从低难度的区域（封闭低速路段）向高难度的区域（复杂城市道路）循序渐进地落地。下面列举几个典型案例：[①]

① 柴占祥，聂天心，Jan BECKER．自动驾驶改变未来［M］．机械工业出版社，2017．

（一）自动驾驶卡车

自动驾驶卡车具备自适应巡航、防侧翻、防追尾、车道偏离预警等功能，在长途驾驶、车队出行等情况下，能够大幅减轻驾驶员体力负荷，提供更为可靠的技术保障。2013年，日本研究机构展示自动驾驶卡车技术，4辆卡车分别保持4米间距、以80公里/小时的同一速度进行了试跑，好像一节节没有连接的火车车厢，这是因为采用了车队一体智能驾驶行车系统。每辆卡车都安装了自动驾驶系统，通过车辆间的车与车（V2V）通信，各辆车可以共享速度和制动等信息，从而使得系统能够同时控制多辆卡车。业内普遍认为，卡车将是智能化互联驾驶尤其是无人驾驶最先实现的领域。原因在于，卡车主要运用于港口、物流园区、矿区、高速公路等较为封闭的场景，而较之乘用车，卡车的这些应用场景更符合无人驾驶的条件。正因如此，目前中国卡车企业正围绕无人驾驶等智能技术领域积极布局。一汽解放、东风商用车、福田汽车等都展示过各自的L3级和L4级的智能卡车，且完成了车队编队行驶。一些卡车企业计划在2020年，先于乘用车将无人驾驶技术应用到物流商业场景中。

未来，当卡车司机进入驾驶室，卡车会告知一切需要的信息：装货时，提醒司机已经装满，可以出发；途中，提醒司机哪些路段容易出现事故，随时监测司机是否处于疲劳驾驶中；空驶时，提醒司机就近接单；抵达时，准确核对当天的货运信息；等等。智能卡车驶入信息高速公路，也是正在到来的智慧社会的一个缩影。

（二）自动驾驶出租车

2016年9月，“优步”在美国匹兹堡，推出无人驾驶汽车载客服务。四辆福特Fusion无人驾驶汽车，配有摄像头、激光雷达和其他传感器等，搭载“优步”的乘客上路行驶。为保险起见，每辆车上配有两名工程师，一人坐在驾驶座上，随时准备接管车辆，另外一个在后座监控。测试结果表明：这些车辆多数情况与真人驾驶车辆无异。随后，全球第一辆无人驾驶出租车在新加坡亮相，公众可以通过APP免费叫车。2018年12月，全球首个无人驾驶出租服务出现，谷歌Waymo宣布向菲亚特—克莱斯勒（FCA）采购6.2万辆Pacifica混动力箱式车，用于打造自动驾驶出租车队，目前已完成超过400万英里自动驾驶道路测试，在美国凤凰城郊区推出首个商业自动驾驶乘车服务Waymo one。通用汽车在美国旧金山推出自动驾驶出租车服务，全面转型出行服务企业。

（三）智能公交大巴

2017年12月2日，专线运行的阿尔法巴智能驾驶公交系统在深圳福田保税区首发试运行，4辆智能驾驶公交车阿尔法巴行驶在全程1.2公里的线路上，车速10—30公里/小时，途中设三个停靠站，这是全球首次在开放道路上进行智能驾驶公交试运行，标志着智能驾驶公交已具备上路条件。“阿尔法巴智能驾驶公交系统”是以国产、自主可控的智能驾驶技术为基础，集人工智能、自动控制、视觉计算等众多技术于一体，车辆配有激光雷达、毫米波雷达、摄像头、GPS 天线等设备感知周围环境，通过工控机、整车控制器、CAN 网络分析路况环境，能够实时对其他道路使用者和突发状况做出反应，已实现自动驾驶下的行人及车辆检测、减速避让、紧急停车、障碍物绕行、变道、自动按站停靠等功能，系统安全性、稳定性、可靠性完全符合公交试运行的要求，并且具备人工和智能驾驶两种模式，可根据实际需求进行切换。在复杂路况或突发情况下，驾驶员只需踩一下刹车，即可马上切换到人工模式，确保行车安全。阿尔法巴是中国未来新能源与智能公交系统示范项目，由国家智能交通系统工程技术研究中心和深圳巴士集团发起。除深圳之外，国内外还有至少 6 款无人驾驶的小型巴士在路上运行——迪拜的“EZ10”公交车；法国里昂的“Navya”；密西根州安娜堡市的“Mcity”；IBM 在马里兰州、拉斯维加斯和迈阿密等城市推出的“Olli”汽车。

（四）百度无人驾驶汽车

2013 年 1 月，百度组建深度学习研究院，成立国内第一家人工智能研究室。百度无人驾驶汽车技术核心是“百度汽车大脑”，即小度车载机器人，包括高精度地图、定位、感知、智能决策与控制四大模块。其人工智能技术可分为以下三个方面：语音识别技术、图像识别技术和深度学习技术。具体如下[①]：

- “听”——语音识别技术：百度开发的 CoDriver 智能语音交互系统，在车主声控时只需说出“小度，你好”唤醒，即可提供语音交互、电话、音乐和导航四大功能，还可借助百度地图 O2O 功能获取停车、加油、保养等行车服务，形成了完善的智能汽车服务，解放了车主的双手。
- “看”——图像识别技术：百度无人驾驶汽车依托国际领先的交通场景物体识别技术和环境感知技术，可实时感知路面和四周的路况，自动识别交通牌和行车信息，实现高精度车辆探测识别、跟踪、距离和速度估计、路面分割、车道线检测，使车辆通过反馈数据进行驾驶和避障。百度地图是无人驾驶汽车的眼睛，百度自主采集和制作的高精度地图记录完整的三维道路信息，能在厘米级精度实现车辆定位，为其在行驶过程中定位准确和实时识别奠定了坚实基础。
- “思”——深度学习技术：百度汽车大脑主要模仿人脑，拥有 300 亿个参数，且基于强大的计算机和人工智能技术。百度无人驾驶汽车对障碍物的反应速度达到了 200 毫秒，大大低于正常人的反应时间（约 600 毫秒），在车辆失控即将出现失控侧滑或翻车时，会探测到车身重力分布、驱动力分布失衡的状态，并及时做出反应防止事故发生。与此同时不断读取行车速度、方向和地面的接触状态信息，以保证汽车做出最准确的操作。

① 柴百霖. 从百度无人驾驶汽车看人工智能在交通领域的应用［J］. 中国高新区，2018（06）.

图 6-14　百度无人驾驶汽车路试[①]

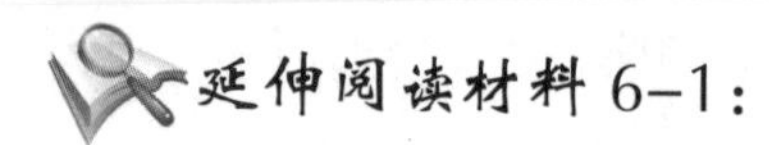

延伸阅读材料 6-1：

全球首张！今天，自动驾驶商用牌照在武汉发出

自动驾驶产业的发展正成为国内一线城市竞争力比拼的焦点，继上海向 3 家企业颁发首批智能网联汽车示范应用牌照后，武汉也在全国迈出了无人驾驶商业化应用的关键一步。2019 年 9 月 22 日上午，国家智能网联汽车（武汉）测试示范区正式揭牌，百度、海梁科技、深兰科技拿到全球首张自动驾驶商用牌照。这就意味着，获牌企业不仅可以在公开道路上进行载人测试，也可以进行商业化运营。

目前，国内多个城市均规划了自动驾驶专用试验道路，同时发布了优厚的政策，试图聚集产业、吸引投资。从产业链情况来看，国内企业在自动驾驶系统、高精度地图、通信模组等方面正多路推进，其中不乏 A 股上市公司。

在获得武汉市的自动驾驶商用牌照前，百度在 2019 年 7 月获得了由北京市自动驾驶测试管理联席小组发布的首批 T4 级别自动驾驶测试牌照，总计 5 张，百度全部收入囊中。

百度曾透露，公司已在全国范围内获得共计百余张自动驾驶测试牌照，也是国内获得牌照最多的企业。百度在自动驾驶领域的核心能力来自于其 Apollo 平台，据官网介绍，该平台可帮助企业快速搭建一套属于自己的自动驾驶系统。

相比于百度，另外两家获得自动驾驶商用牌照的企业则低调很多，不过，事实上，海梁科技与深兰科技在自动驾驶领域的积累同样丰富，其股东方背景深厚。

令舆论津津乐道的一点是，海梁科技早在 2017 年 12 月就发布了阿尔法巴智能驾驶公交。据悉，“阿尔法巴智能驾驶公交系统”是中国未来新能源与智能公交系统（CBSF）示范项目，由深圳巴士集团和海梁科技具体实施。

据天眼查数据显示，海梁科技的主要股东包括广州粤民投智海股权投资合伙企业（有限合伙）（下称粤民投智海）、胡剑平、深圳巴士新能源有限公司，持股比例

① 资料来源：贺萍，董铸荣 . 汽车文化［M］. 北京：商务印书馆，2018.

分别为44.1%、29.4%和9.8%。

资料显示，深兰科技则致力于人工智能基础研究和应用开发，在智能出行、智能环境及AI CITY等领域广泛布局。其创始人陈海波目前担任深兰科技董事长兼首席执行官，中国管理科学研究院学术委员、中南大学－深兰科技人工智能联合研究院第一届专家委员会委员。

值得一提的是，深兰科技已完成多轮融资，其中不乏知名投资机构，如云锋基金、中金资本、绿地控股等。目前，陈海波持有深兰科技的大部分股权，持股比例达50.39%。

（本文来源：浙江在线综合长江日报、中国新闻网、中新经纬微信公众号）

智能网联汽车迎机遇

中共中央、国务院不久前印发了《交通强国建设纲要》(下称《纲要》)。目标是到2035年基本建成交通强国，基本形成“全国123出行交通圈”(都市区1小时通勤、城市群2小时通达、全国主要城市3小时覆盖）和“全国123出行快货物流圈”(国内1天送达、周边国家2天送达、全球主要城市3天送达)。

值得注意的是，《纲要》中特别提到，要加强智能网联汽车（智能汽车、自动驾驶、车路协同）研发，形成自主可控完整的产业链。多位交通业内人士表示，《纲要》为中国智能网联汽车产业的发展带来了重大契机和利好。

中国交通运输部公路科学研究院公路交通发展研究中心主任虞明远向中新社记者表示，《纲要》中明确提出加强“智能汽车、自动驾驶、车路协同”研发，为未来智能网联汽车发展指明了方向。

目前智能汽车是重大投资热点，但智能网联汽车除了需要智能汽车，还需要智慧的公路网和强大的通信网络，虞明远认为，《纲要》对智能汽车、自动驾驶、车路协同进行了同时强调，为未来智能网联汽车明确了技术发展路径。

赛迪顾问提供的报告亦认为，《纲要》提出的措施将推动智能网联汽车产业快速发展，加快统一各方标准，推动智能网联汽车的开发和产业化进程。同时，巨大的智能网联汽车运营服务市场也将快速崛起。

但赛迪顾问也指出，中国智能网联汽车产业还处于发展初期。目前，由于传感器、处理器等自动驾驶必需的核心硬件对外依存度较大，国内的智能网联汽车仅在部分场景具备实现自动驾驶功能的可能性，智能网联汽车部分技术还需突破。

（智车科技，2019年9月22日）

四、展望未来：自动驾驶的发展趋势构想

国际上著名的未来学家杰里米·里夫金指出，不是每次技术变革都可以被称为

新一轮工业革命，判断是否为工业革命有三个依据：第一，是否有新的传播通信技术，新的传播通信技术能改变人类的交流方式，提高沟通效率，并能对人类的组织构架产生巨大影响；第二，是否有新的能源体系，更高效的能源可以推动经济的不断增长，能源越便宜，经济增长力越强；第三，是否有新的交通物流模式。

汽车作为多行业、多领域交叉的新一代产品，将会催生一系列新兴的产业形态、经济增长模式、新型汽车社会生态及汽车社会文明，会出现自动驾驶高精地图、云控系统等新型产业体系，出行/配送服务，如无人驾驶出租服务和基于高级自动驾驶的矿山/港口运输、园区物流、环卫清扫等商用车新型商业模式，以及乘客在路上工作、消费和娱乐的乘客经济新业态。电动加上共享和无人驾驶技术，可能会让交通服务的模式取代大部分的自有车辆，最极端的估计是汽车行业规模可能缩减 90%。大量共享的无人驾驶汽车会让城市把停车场变成新的住宅、花园及其他娱乐场所，21 世纪的无人驾驶电动汽车可能会以我们想象不到的程度深刻改变世界。

（一）互联空间

2019 年是 5G 商用元年，随着中国工业和信息化部正式发放 4 张 5G 商用牌照给中国移动、中国联通、中国电信和中国广电，中国正式进入 5G 时代。5G 是下一代移动互联网连接技术，要比以往任何时候都能提供更快的速度和更稳定的连接。5G 的“G”代表“generation”，5G 即第五代移动通信技术（5th Generation Mobile Networks），也称为第五代移动电话行动通信标准。5G 意味着什么？意味着高速率、低时延、广连接，更快的下载和上传速度；更流畅的在线流媒体内容；更高质量的语音和视频通话；更可靠的移动连接；整合更多物联网设备；更先进的技术拓展，包括自动驾驶汽车和智能城市。根据预估，大多数的 5G 网络预计平均速度可以达到 10GB/s，甚至有观点认为它的传输速率可能达到惊人的 800GB/s。这意味着用户可以在三秒钟之内下载完毕一部高清电影，下载和安装软件的速度也要比现在快得多。5G 通信是推动自动驾驶落地的关键，相比 4G 时代，由于网络时延大，自动驾驶不具备实际应用的条件。比如信号发出到车辆刹车，车辆还要前进 1 米，而差这 1 米说不定就已经撞上了。而 5G 网络的时延仅为毫秒级，和人实际开车没有差别。

工信部部长苗圩表示：“移动状态的物联网最大的一个市场可能就是车联网，以无人驾驶汽车为代表的 5G 技术的应用，可能是最早的一个应用。”工信部与交通部已经达成共识，将推动对公路进行数字化、智能化改造，对道路标志、红绿灯甚至管理规则都加以改造，以方便识别和传输数据。例如，经过改造后，汽车或许也可以接收、识别红绿灯信号，红绿灯上也可以安装摄像头，以采集汽车行驶速度、驾驶习惯等数据，从而减少出现道路堵塞的几率。5G 时代需要的是将无人驾驶技术与地图导航、视频分析、智能红绿灯等智慧城市技术相结合，实现“车城协同”。

自动驾驶将成为 5G 最重要的应用场景，5G 的高可靠性、大带宽、低时延等特性，让自动驾驶替代驾驶员成为可能，并且提高交通效率，避免“幽灵堵车”现象。你可以利用5G网络，通过将车与家的多场景使用融合，同时突破实体空间的限制，构成家车互联的移动空间，让用户体验未来的生活，感受科技的魅力。基于车联网、物联网、工业互联网实现车辆、交通、家居、城市的全面互联，打造更安全舒适的未来出行环境。

（二）远程控制

2018年9月20日，中国移动湖北公司与东风汽车集团技术中心签署技术协议，正式成立5G车联网联创开放实验室，这是在实验室里发生的一幕：驾驶员坐在办公楼里的室内驾驶舱里，通过5G网络远程操控3公里外装有6个摄像头的东风试验样车，这6个摄像头对应室内驾驶台上的6块高清LED显示屏，画面高清，视线无死角，松手刹、踩油门、打方向盘……驾驶员在完成这些指令的同时，远在3公里外的无人驾驶汽车也同步完成了起步、加速、转向等动作。在2019年上海车展上，东风推出首台融合5G远程驾驶技术的概念车Sharing-VAN，这款车被定义为移动出行服务平台，包含了自动驾驶、5G远程驾驶、调度监控系统等新技术。

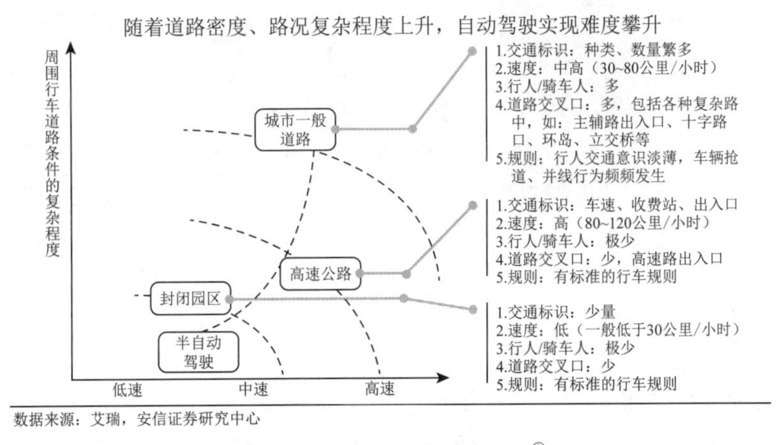

图6-15 自动驾驶实现路况[①]

随着技术的进一步发展，更多的自动驾驶场景将得以实现。当前，L1级别和L2级别半自动驾驶已经大规模量产，未来3到5年，某些L3级别自动驾驶车辆将实现规模量产，而在代客泊车、高速公路等限定场景下，L4级自动驾驶将开始应用，下一个10年或许是落地关键期。

（三）智慧道路

5G和自动驾驶结合，加速了自动驾驶的发展进程，下面列举中国北京房山5G自动驾驶示范区测试场地的应用场景。房山区政府与中国移动联手在北京高端制造

① 资料来源：张瀛．产业变革下的智能网联汽车研发．长城汽车．深圳汽车电子2019年会（20190330）2019.3.

业基地打造了国内第一个5G自动驾驶示范区，首期车辆测试道路于2019年9月19日正式对外开放。在北京高端制造业基地内，2.2公里的首期测试道路上，普通轿车、SUV、游览车等多种车型的自动驾驶车辆都可以测试。车辆可以自动完成加速、转弯、红灯路口刹车等一系列操作，在拐弯时还会自动减速。目前基地内已建成中国第一条5G自动驾驶车辆开放测试道路，设有10个5G基站、4套智能交通控制系统、32个车路协同车联网（V2X）信息采集点位、115个智能感知设备，可提供5G智能化汽车试验场环境。指挥中心的屏幕上显示的正是这条测试道路的动态数据，包括区域内自动驾驶车辆、行人的实时坐标位置以及信号灯变化情况等。

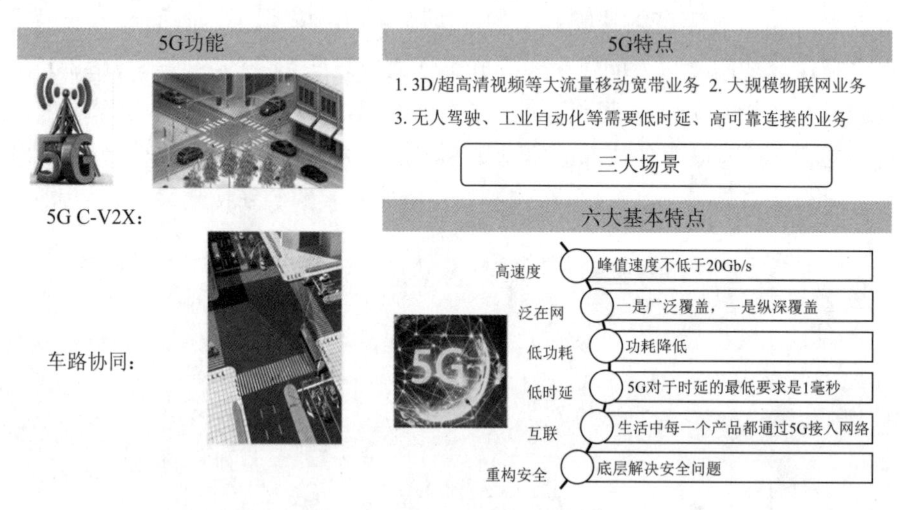

图 6–16　5G 自动驾驶特点[①]

（四）智能交通

智能交通系统ITS（Intelligent Transportation System）就是以缓和道路堵塞和减少交通事故，提高交通利用者的方便、舒适为目的，利用交通信息系统、通信网络、定位系统和智能化分析与选线的交通系统的总称，[②]是结余现代电子信息技术面向交通运输的服务系统，1991年由美国智能交通协会提出。它通过传播实时的交通信息使出行者对即将面对的交通环境有足够的了解，并据此做出正确选择；通过消除道路堵塞等交通隐患，建设良好的交通管制系统，减轻对环境的污染；通过对智能交叉路口和自动驾驶技术的开发，提高行车安全，减少行驶时间。

① 资料来源：黄少堂 . 汽车“新四化”重塑产业变革 . 江铃汽车 . 深圳汽车电子2019年会（20190330）2019.3.

② 贺萍，董铸荣. 汽车文化［M］. 商务印书馆，2018.

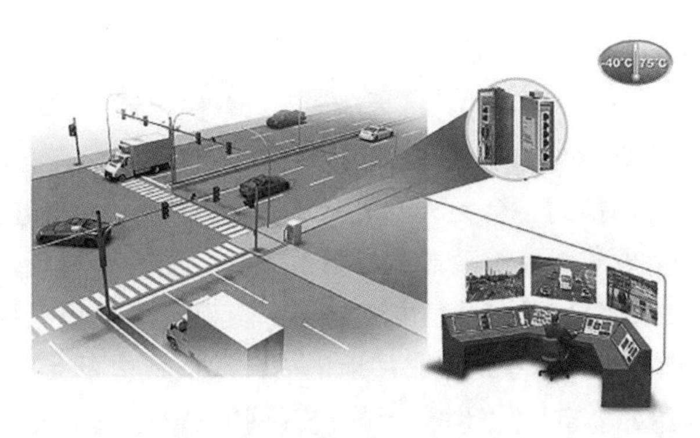

图 6-17 道路路口监控系统[①]

通常，智能交通主要由 7 个部分组成：先进的交通信息系统（ATIS）、先进的交通管理系统（ATMS）、先进的公共交通系统（APTS）、先进的车辆控制系统（AVCS）、货运管理系统、电子收费系统（ETC）和紧急救援系统（EMS）。

图 6-18 一种典型的智能交通系统构成[②]

（五）智能出行

面对因汽车增多而日益突出的交通拥堵问题、安全问题，“绿色出行”是不够的，未来的新能源汽车应与车辆“智能化”相结合，还要“智能出行”，这将成为汽车工业的发展方向。未来汽车不仅是交通工具，更是提供愉悦体验的出行伴侣。设想一下，当人们走入已经建好了的雄安市民服务中心，一排排带有“雄安森林”二维码的生态之木映入眼帘，园区内，京东无人超市、百度无人零售车已投入使用，“扫码预约、车到付款”。不少市民通过人脸识别技术，在菜鸟驿站和智能柜刷脸取件。京雄高速 2019 年年内开工，在设计特点上，内侧两条车道作为智慧驾驶专用车

① 资料来源：贺萍，董铸荣 . 汽车文化［M］. 北京：商务印书馆，2018.

② 资料来源：同上。

道，能够实现车路协同和自动驾驶。

畅想若干年后自动驾驶社会的某一天清晨，[①] 5G 路由器用悦耳的声音叫醒你，通过在床垫上翻动的次数感知你的睡眠质量，然后连接咖啡机，自动送上一杯咖啡。早餐之后，再自动帮你预约一台无人驾驶汽车，规划一条最通畅的路线。自动高速路上你可以享受“解放双手，解放双脚，解放大脑”的轻松驾驶，川流不息的汽车大多数是无人驾驶的，总体数量将大幅度减少，其利用率会极大提升，堵车将成为难得一见的新鲜事；停车场将成片成片地消失，取而代之的是公园、道路和住所；车祸几近于零。到达办公室，你还可以利用 5G 网络，通过虚拟现实技术召开远程会议……自动驾驶改变未来。

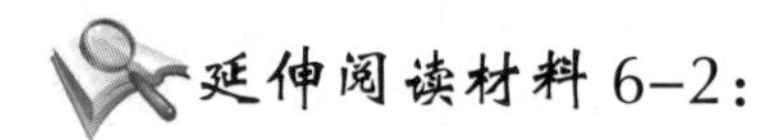

百年未遇大变革如何颠覆人类出行方式

人类未来的出行方式将走向何方？从一幅看似风马牛不相及的地图上或许就可以找出端倪。

在 7 月 2 日举行的 2019 世界新能源汽车大会上，全国政协副主席、中国科协主席万钢向与会者展示了带有雾霾日数实况的中国地图，从中可以清晰地看到，黑河 – 腾冲线（即胡焕庸线）两侧的色彩呈现出“天壤之别”，这条线的西北侧几乎是无雾霾的白色和少部分绿色，而经济较发达的东南侧，则是象征着重污染的“五彩缤纷”。

“这是一个特征或缩影，中国的能源、产业、经济分布是我们研究汽车产业发展的一个重要观察点。”万钢说，随着内燃机汽车大规模普及，石油依赖凸显，大气污染严峻，温室气体剧增，城市拥堵，形成了对汽车产业发展的巨大压力，激发出汽车产业节能减排、低碳、安全、便捷、高效发展的内生动力。

当天，汽车技术开发工程师出身的万钢以“迎接汽车产业百年未遇的大变革”为题做了主旨报告。他说：“随着新一代科技革命汹涌而至，形成了电动化、智能化、共享化变革的大潮流，全球汽车产业正在进入百年未遇的大变革。”

未来汽车是“长了腿的超级手机”

万钢将这次大变革概括为三个关键词：电动化、智能化、共享化。其中，智能化的核心内涵是汽车生产运行方式的变革，“在出行方面，主要体现在智能网联和自动驾驶上”。

他说，随着 5G 移动互联、北斗导航、传感技术、智能交通和能源基础设施等相关支撑技术和产业优势日趋增强，未来几年，我国智能网联和自动驾驶汽车技术将

① 柴占祥，聂天心，Jan BECKER. 自动驾驶改变未来［M］. 机械工业出版社，2017.

迎来快速发展。

当天，比亚迪董事长兼总裁王传福做主题发言时打了一个形象的比方，他说，智能汽车是“长了腿的超级手机”，而且是一个场景更加丰富的“手机”，其传感器、控制权远远多过手机，未来汽车可以是“移动的游戏机”，或者是“移动 KTV”。

王传福说，汽车行业将从“电动化”进入“智能化”的下半场。

他说，传统能源汽车行业销售的下滑趋势有增无减，过去高增长时代已经一去不复返，汽车行业内短期压力很大。但对新能源汽车行业来说机遇大于挑战。

国务院发展研究中心原党组书记、中国电动汽车百人会理事长陈清泰说，良好的机动功能只是电动汽车的“1.0 版本”，要充分释放未来汽车造福社会的潜能，还有赖于网联化、智能化和出行服务的创新。他同时提到，要把电动汽车升级为“强大的移动智能平台”，成为电气化、电子化、互联网化、智能化高科技产品，对于传统车企是巨大的挑战，“因为这并不是把各种硬件和软件堆砌到车体上就可以做到的”。

“年青一代对信息化有强烈的偏好和很高的要求。”陈清泰说，在跨界技术和造车新势力的参与下重新定义未来的汽车，可以确保电动化的汽车把握网联化、智能化的方向，很好地实现与未来的对接。

万钢当天提到的共享化，也和青年的喜好息息相关。按照他的说法，共享汽车作为实现汽车交通便捷、高效的运营方式，能够与城市公交互补，与高铁、航空等远程交通衔接，满足个性化交通需求，提高汽车出行效率，可以有效减缓交通拥堵。“这将逐步成为城市汽车用户，特别是青年人青睐的消费方式，改变汽车销售模式。”

万钢说，电动化、智能化、共享化在新一轮科技革命背景下孕育新生、叠期而至，推动着汽车产业能源动力、生产运行、销售使用的全面变革，以前所未有的速度、深度、广度改变着全球汽车产业，这在汽车百年发展中是前所未有的。

“这场百年未遇的大变革，不仅为全球汽车产业发展赋予了新动能，也带来了重塑世界汽车格局、应对全球气候变化、实现汽车产业可持续发展的历史机遇。”万钢说。

2035 年全球新能源汽车能占到一半?

2018 年，全球主要国家新能源汽车销量超过 214 万辆，中国销量达到 125.6 万辆，占中国新车销售比例达 4.5%。截至 2018 年年底，全球新能源汽车累计销量突破 564 万辆，中国占比达 52.8%，连续 4 年居世界首位。陈清泰在大会上发布的《世界新能源汽车大会博鳌共识》提到，“力争到 2035 年全球新能源汽车的市场份额达到 50%，全球汽车产业基本实现电动化转型”。

不过，大众汽车首席执行官赫伯特·迪斯做主题发言时“泼了一盆冷水”，他说，燃料电池达到市场规模还需时日。在他看来，燃料电池的轻型车和乘用车，直到 21 世纪 20 年代中期才能达到一定的市场规模，此外，市场还要为燃料电池建立充足的基础设施，并降低制氢成本。

宝马集团董事克劳斯·弗洛里希也提到，汽车电动化是一场“马拉松”，而不是“冲刺短跑”。

在这场马拉松中，我国已经做了自己的准备。正如陈清泰所说，“我国几乎比任何国家，对这一轮汽车革命都有更加热切的期待”。

陈清泰认为，这次汽车颠覆性变革的“底层”是可再生能源，是电动化、网联化、智能化、共享化的高度融合。而这几方面，恰恰都是我国近年发展状况良好的新兴领域，有一定比较优势，如果把握得好，中国有可能成为一个赢家。

当天，科技部副部长、中科院院士王曦也透露，科技部从“十五”就开始有序安排了科技项目，支持新能源汽车创新，在“十三五”新能源汽车重点专项中，又部署了动力电池和电子管理系统等38项研究任务。

发展了新能源电动车，传统油车怎么办?

“有人问我，我们会不会到某一天，把‘开关’一关，对传统汽车‘一刀切’?”万钢说:“我个人认为中国的发展地域太大，区域环境承载情况、生态环境情况以及气候变化的情况，都不适应于‘一刀切’的办法。”

在他看来，各个省市和地区要在党中央国务院的统一部署和要求下，按照各自的使命来建设生态文明试验区，按照人民的要求来降低大气污染的排放，按照社会发展的需求来推动高效率共享化交通的应用，“在这样的大形势下，中国的步伐一定会走得很稳健”。

新能源汽车安全问题首当其冲

中国第一汽车集团董事长徐留平注意到一个问题：最近一系列的电动汽车燃烧的报道频频成为“新闻头条”。在他看来，如果处理不好，这些电动车燃烧问题个案，或可能形成“恐慌性”的态势，给正在蓬勃发展的新能源汽车行业蒙上阴影。

在他看来，我国新能源产业目前正处于从“少年”向“青年”发展的关键时期，但是电动车的行驶安全性，全产业链、全生命周期、全商业模式的总成本，以及基础设施已成为影响中国电动汽车产业的三大关键问题。

“安全第一，是确保电动汽车长期健康持续发展的关键和前提。应该重视电动汽车安全，及时发布权威信息，正面回应社会关切，避免电动汽车产业不良蝴蝶效应发生。”徐留平说。

当天，就近期新能源汽车起火事故多发情况，工业和信息化部副部长辛国斌也透露，该部将进一步明确主管部门、生产企业、行业组织的责任，开展全行业的安全隐患排查，遏制新能源汽车起火事故的发生。

辛国斌说，针对这一问题，工业和信息化部还指导行业组织编写了电动汽车安全指南，发起新能源汽车安全倡议，开展如何安全使用电动汽车科普宣传等系列行动，降低新能源汽车安全风险，营造良好社会环境。

事实上，就在大会举行的前一天即7月1日，一场题为“新能源汽车安全与召回”的主题峰会已在博鳌举行。安全问题的受关注程度可见一斑。

万钢在这个峰会上也多次提到“安全”问题，他说：“我们要清醒地认识到，我国新能源汽车正处在培育期向成长期转变的关键时期，这次大会也要特别突出新能源汽车的安全主题，围绕开发、生产制造、运行使用等涉及安全的环节，进行集中研讨。”

万钢说，智能化、网联化、共享化等新技术在新能源汽车上的普及应用，如信息安全等新的安全问题将会叠加出现，因此要制定新的安全标准、规范，更需要多方发力。

他还提出了以下建议：加强科技支撑、提升产业质量、完善安全标准、加强安全监管、加强科学普及。更为重要的是，新能源汽车本身的技术“是否过硬”，万钢说，要深入开展动力电池技术的基础性研究，从动力电池的设计、生产制造等环节，提升产品的一致性、可靠性，从源头提升新能源汽车产品质量安全水平。

“新能源汽车的发展过程，也是一个标准制定的过程，要始终把驾乘者的安全作为工作的重中之重。”万钢说。

（《中国青年报》，2019-07-03）

第七章　人工智能技术应用之五——金融科技

> 市场中真正占主导地位的并非价格竞争，而是新技术、新产品的竞争，它冲击的不是现存企业的盈利空间和产出能力，而是它们的基础和生命。
>
> ——约瑟夫·熊彼特

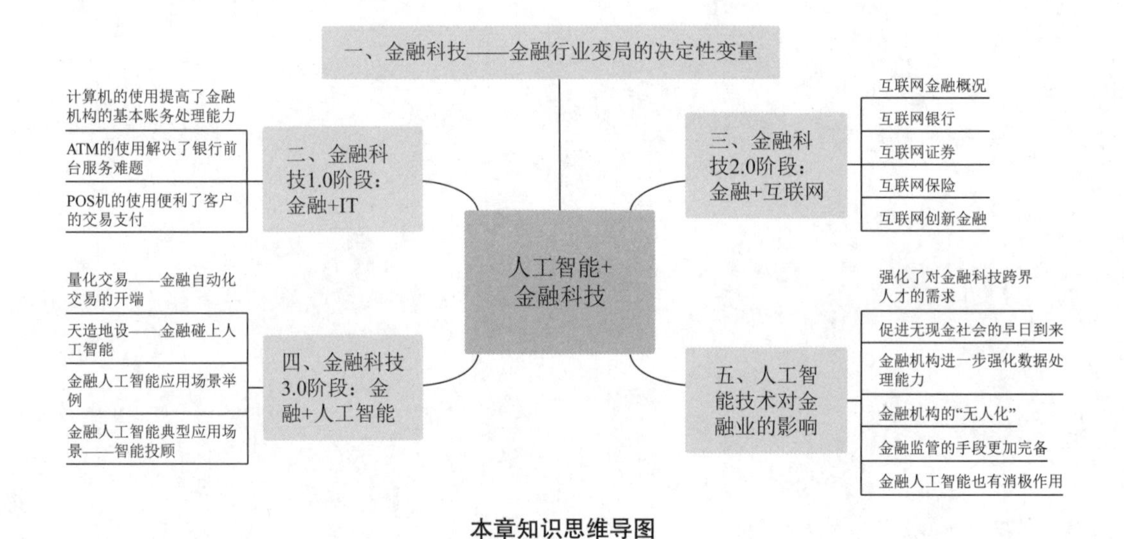

本章知识思维导图

你还经常去银行自动柜员机（Automated Teller Machine，ATM）上取钱吗？你还随身携带现金或银行卡吗？你还纠结于购物找零时是要硬币还是纸币吗？你还有出门忘记带钱的烦恼吗？在回答“你还记得上次去银行柜台办理业务是什么时候”这个问题时，你是不是还要认真回忆一下？

这些几年前还经常发生的事情，现在已经成为过去。扫码支付、移动支付已经成为我们生活中再平常不过的事情。现在我们出门只要带上手机，一切消费、购物、乘车，“扫一扫”全部搞定，“一机在手，天下任走”！当然，这里的“天下”指的是国内，国际上大多数国家还达不到目前国内的支付便利水平。

这都是金融科技发展的结果。

现在金融科技已经进化到人工智能阶段，在人工智能的加持下，部分银行已经可以刷脸存取款；银行利用智能客服帮助客户解决问题；2018 年建设银行在上海开办了无人银行，银行营业大厅没有工作人员，银行通过人工智能帮助客户办理业务；智能贷款、智能投资理财开始走进我们的生活。

本章将向您介绍金融科技的发展历程、网络金融的基本情况、金融人工智能的应用及其影响，思考金融业的未来。

一、金融科技——金融行业变局的决定性变量

现代社会中，金融无处不在，我们的日常生活离不开金融，投资理财离不开金融，企业的生产经营离不开金融，社会的经济发展离不开金融，国家的宏观调控离不开金融。所有的经济活动都通过金融这个节点联结起来。金融是经济的中心。金融活动是社会经济活动中最活跃的部分。金融业也是最有能力、最积极采用新科技的行业之一，因为它直接与价值、财富连在一起。从原始社会的结绳记账，到贝壳货币，到金属货币，到现代商业银行的纸币，再到电子货币，这个货币发展过程，既是满足经济发展的过程，也是科技推动的结果，特别是电子货币的出现，更是 IT 发展的结果。

20 世纪 50 年代以来，科技与金融的融合历程见图 7–1。

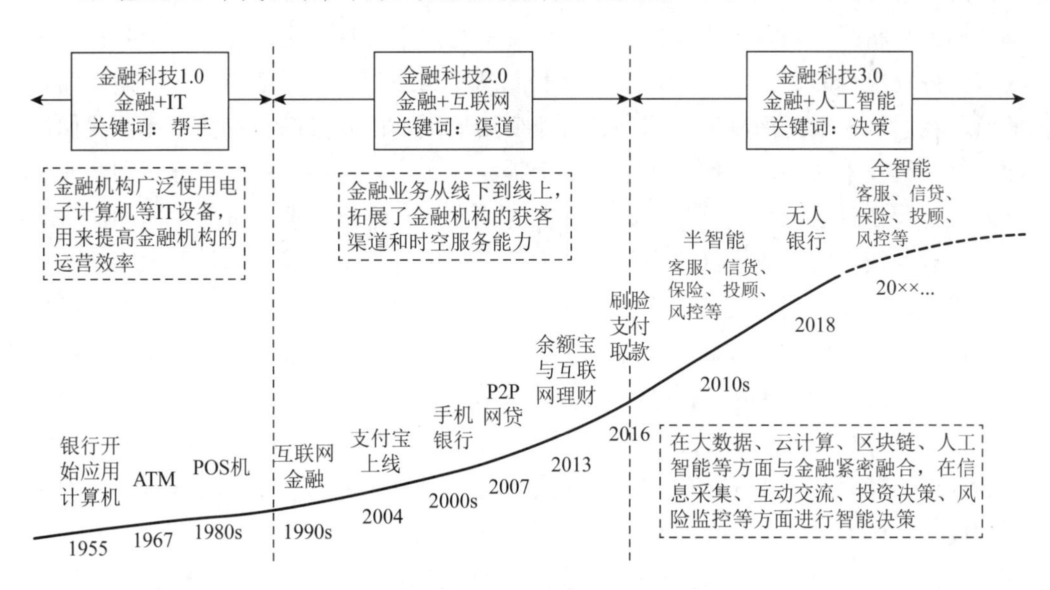

图 7–1　金融科技发展历程

金融科技 1.0（金融 +IT）的标志是金融机构广泛使用电子计算机等 IT 设备，设立 IT 部门，用来提高金融机构的运营效率，例如金融机构的会计系统、清算系统等大量使用 IT 设备。金融科技 2.0（金融 + 互联网）的标志是互联网的应用，拓展了金融机构的获客渠道和时空服务能力，比较典型的是网上银行、移动支付、P2P 网贷、互联网保险、网上炒股等。金融科技 3.0（金融 + 人工智能）的标志是在大数据、云计算、区块链、人工智能等方面与金融紧密结合，在信息采集、投资决策、风控等方面进行智能决策，比较典型的是智能支付、智能投顾、智能风控等。

提到金融科技，许多人马上想到移动支付、刷脸支付、银行卡、ATM（自动柜员机）、网上银行、手机银行、P2P 网贷、网上保险、网上证券、网上财富管理等；也有一些人想到银行卡、互联网、大数据、云计算、区块链、人工智能等。从广义上讲，它们都与金融科技有关，前者是从金融业态的角度看待金融科技，后者是从技术的角度看待金融科技。

英文的金融科技为 Fintech，是 Financial Technology 的缩拼，也可理解为 Finance（金融）与 Technology（科技）的融合，指通过利用各类科技手段创新金融产品和服务，帮助金融机构加强经营管理，提升经营效率，提高市场竞争能力。

自 2016 年以来，随着大数据、云计算、区块链、人工智能在金融行业应用的开展，“金融科技”成为整个金融行业的关注焦点。各金融机构无不感受到科技进步给金融业带来的机遇和挑战，重视科技在金融行业中的应用，加大金融科技投入。

招商银行在 2018 年年报（2019 年 3 月 23 日公布）中指出：“过去十年，传统金融机构已目睹了金融科技重新定义零售业务的全过程，从支付延伸到存贷款、财富管理，传统银行的资金中介、信息中介职能已受到深刻冲击，信用中介作用亦面临威胁。我们从未如此深刻地认识到，行业变局的决定性变量来自科技。无论我们情愿与否，科技革命将以几何量级从根本上提高生产力，进而重构生产方式和商业模式。银行业尽管已传承数百年，经历多次时代变局，经济周期、贸易冲突和监管政策没有改变银行的商业模式；电气时代和信息时代也只是为银行提供了更高效的渠道和工具，但新一轮科技革命则可能从根本上颠覆银行的商业模式。我们加大科技基础设施投入，以科技敏捷带动业务敏捷；我们加速金融科技应用，让每一个细胞都感知科技的脉搏，渗透互联网文化的血液。”

中国平安保险（集团）股份有限公司在 2018 年年度报告（2019 年 3 月 13 日公布）的封面中，紧靠“中国平安”名称的地方印上“金融 · 科技”，可见其对科技的重视程度，直接给人们以“金融与科技并重，金融与科技融合”的印象。其在 2018 年年报中披露，中国平安坚持“科技赋能金融，凭借全球领先的科技，通过人工智能、区块链、云等技术助力业务降本增效，强化风控，优化体验，让金融更有竞争力”；截至 2018 年 12 月末，平安的科技专利申请数较年初增加 9021 项，累计达 12 051 项，其中 PCT（Patent Cooperation Treaty，专利合作协定，专利申请人可以通过 PCT 途径向多个国家申请专利）及境外专利申请数累计达 3397 项，科技成果全面覆盖人工智能、区块链、云等核心技术领域；在“2018 年全球金融科技发明专利排行榜”中，平安排名第一。

金融业作为信息（数据）密集型行业，信息技术的每一次进步，都会带来金融业态的升级变化。金融业从起初的计算机、ATM 的应用，到互联网应用，再到当前大数据、云计算、区块链、人工智能的应用，无不是紧跟科技进步的结果。当前，金融与科技深度融合，在人工智能大潮的驱动下，金融业在产品、服务、管理、组织结构、思维方式等方面无不发生深刻的变革，不断为客户提供创新的金融产品和金融服务。

二、金融科技 1.0 阶段：金融 + IT

在这一阶段，IT 技术是处理金融业务的帮手，关键词是帮手。

在应用信息技术（Information Technology，IT）以前，金融体系的运转完全依赖人力，所有的业务工作都需要手工完成。在经济发展水平较低、人们财富较少、银行客户较少的情况下，依靠手工工作，银行也能正常运转。随着经济的发展，社会财富的增加，股票、债券、外汇市场的兴起和壮大，越来越多的公司、机构和个人成为银行的客户，依赖银行进行资金收付、转账结算，银行每天需要处理大量记账、对账、核算等简单重复的工作。特别是第二次世界大战以后，全球进入大规模的重建时期，企业大量增加，经济快速增长，国际、国内贸易蓬勃发展，财富也迅速增加，商品流动规模和资金流通的规模也随之扩大，账务处理的数量大幅度增加，给银行的业务处理带来了巨大的压力。

（一）计算机的使用提高了金融机构的基本账务处理能力

在银行进行手工业务处理的年代，缓慢的手工处理速度经常会发生账单积压状况，从而导致资金结算、流动出现严重的滞后。一方面银行员工疲于应付大量简单重复的开销户、存取款、查询、账务处理等工作；另一方面，资金结算的滞后也严重地影响了客户的资金周转效率，甚至对整个经济发展都带来负面影响。

这种状况使银行、客户双方都受到极大困扰，迫切需要找到破解这种困局的办法。电子计算机的出现使银行业看到了机会。

1946 年世界上第一台计算机出现，1953 年国际商业机器公司（IBM）推出了第一台用于数据处理的大型机 IBM702。而银行每日进行的大量事务性工作恰好就是数据处理。1955 年，位于美国旧金山的美国银行引进 IBM702 型计算机用于账务处理、报表编制，从而拉开了银行业电子化的序幕。

电子计算机的使用，极大地提高了银行的业务处理速度，使为数众多的工作人员从繁重的手工业务中解脱出来；不仅如此，计算机还显著提高了银行业务的准确率，降低了因人工操作失误带来的损失。于是，在20世纪60年代，以银行为代表的各类金融机构大规模推进计算机的使用，从银行的会计系统、支付结算系统到证券公司的交易结算系统，在计算机的帮助下，其账务处理效率大幅度提高，进而降低了金融机构的营运成本。

正是因为IT应用给金融机构带来巨大的效益，各大金融机构在业务处理上大量采用IT设备的同时，也促使其在组织结构上发生了重大变革，纷纷设立了IT部门，他们不仅进行设备的维护，而且还开发专门的软件，进一步推动金融业务的电子化。

（二）ATM的使用解决了银行前台服务难题

在20世纪60年代，计算机的使用虽然解决了后台账务处理的难题，但银行仍然需要服务大量排队的客户，许多客户来银行排队仅仅是存取很小金额的现金或查询账户资金余额，客户方面需要耗费大量的时间，银行方面需要耗费大量的人力物力，成本很高，代价很大。长时间的排队可能使银行流失客户，但如果要留住客户，需要增加营业网点和人手，成本又太高。银行迫切需要有机器代替人工处理这些简单、频繁的存取款业务、余额查询业务等。

1967年第一台ATM（自动柜员机）出现在伦敦的巴克莱银行，它能够很好地满足银行客户自助存取款、查询余额的需求。ATM不仅解决了银行客户排队的问题，还能够提供24小时不间断的自助服务，拓展了为客户服务的能力，受到了客户的欢迎，增加了银行对客户的吸引力，提高了竞争力。ATM受到了客户和银行的普遍欢迎，逐渐普及，银行前台自助服务也实现了IT化。随着技术的进步，ATM的功能不断扩展，包括存取款、余额查询、本行或跨行转账、修改密码等基本功能；有些多功能ATM还提供诸如存折打印、对账单打印、支票存款、缴费、充值等一系列便捷服务，使ATM的功能大大扩展。

（三）POS机的使用便利了客户的交易支付

20世纪80年代中期，随着IT技术的进一步发展，可刷卡支付的POS机（Point of Sale，销售终端）出现。POS是一种多功能终端，它是建立在电子数据交换基础上的交易付款自动化工具。人们无须持有现金，只需通过在商家提供的POS机上刷银行卡就能实现交易支付，使用起来快捷、可靠。

POS机的使用，免除了人们去银行网点取款然后再到商家点钱消费的麻烦，减少了银行服务工作量，拓展了银行的业务范围。

总之，IT设备在银行业务中的广泛应用，有效地减少了许多简单、频繁、重复业务（记账、对账、核算、存取款、余额查询等）的工作量，极大地提高了银行业务处理的效率，降低了银行的经营成本，提高了经济效益。

但IT在金融机构的使用，仅是加快了银行业务的处理速度，并没有增加银行的业务种类，也没有增加银行的业务渠道，机器仅是辅助手段。虽然如此，但也极大地提高了银行的经营效率和经济效益。

随着科技的进步，互联网的出现不仅拓宽了金融行业的业务渠道，还改变了金融业态，互联网金融应运而生。

三、金融科技 2.0 阶段：金融 + 互联网

在这一阶段，互联网技术成为拓展金融业务的渠道，关键词是渠道。

（一）互联网金融概况

互联网从 20 世纪 60 年代末期开始出现雏形，到 90 年代初期逐渐得到推广应用。一经被社会大众认可，互联网就得到了迅猛发展，整个世界都卷入到互联网大潮中。人们接收信息的方式、娱乐方式、生产经营方式、思维方式都出现了极大的改变，并且诞生了一批伟大的互联网公司，例如：美国的谷歌（Google）、亚马逊（Amazon）、脸书（Facebook）等；中国的阿里巴巴、腾讯、百度、京东（合称 BATJ）等。“互联网 +”成为推动社会变革、经济增长的重要力量。

一向对技术变化比较敏锐的金融机构看到了互联网在信息传播与获取方面的即时性、空间无限性、互动性等方面的优势，迅速采取行动，将金融业务搬到网上办理，极大地拓展了金融业的服务渠道，增加了服务对象。各种类型的金融机构纷纷搭建自己的网络金融业务平台，网上银行、网上证券、网上保险等应运而生。网络金融将金融服务的便捷性发挥到了极致，它摆脱了时间和空间的限制，能够在任何网络覆盖地区提供 24 小时不间断服务。通过网络金融，人们可随时随地办理网上转账、支付、买卖股票、买卖债券、买卖理财产品、办理保险，甚至还可以办理贷款的申请和归还。

金融 + 互联网，表面看起来是相互“连接”，实际上是金融机构服务的渠道。借助互联网，金融机构将金融业务从线下拓展到线上，在同一网络平台上汇集了各种各样的金融产品和服务。它把金融信息和客户连接在一起，客户可以借助网络查看金融产品的发行人、资金用途、资金使用期限、收益和风险，并可以货比三家，使各家金融机构的服务更加透明，收费更加合理；它提供互动交流服务的渠道，及时地回答客户的疑问，把以往人工面对面服务或电话服务的方式彻底颠覆，极大地提高了金融机构的客服能力，并减少了客服人员的数量；它提供一站式金融服务，现在许多网络金融平台不仅能够办理自家的金融业务，也能代理其他金融机构的金融业务，例如，在银行网络平台上除了可办理银行的网上支付、转账业务外，还可以购买理财产品、国债、基金，办理保险等金融业务。因此，互联网金融不仅能使金融服务更加便捷，拓展了金融机构的业务范围，也能够带来更佳的用户体验。

互联网的巨大优势不仅使传统金融机构纷纷利用互联网技术建立了自己的网上银行、网上证券、网上保险等网络金融服务平台，也吸引了信息技术公司利用其掌握的网络技术跨界进入金融行业，它们要么与金融机构合作通过提供网络技术服务的方式进入金融领域（例如蚂蚁金服与天弘基金合作的余额宝），要么以信息公司的

面目出现直接提供创新金融业务（例如第三方支付、P2P 网贷、股权众筹等）。

（二）互联网银行

20 世纪 90 年代初互联网刚刚面向社会推出后不久，在美国就出现了网上银行服务。我国互联网起步慢于美国，直到 90 年代中期才出现网上银行，逐步向客户提供信息查询、银企对账、缴费、自助转账等业务。虽然 90 年代后期我国也有几家银行提供网上银行服务，但由于当时互联网普及程度低，上网人数少，人们习惯于银行柜台服务，网上银行发展处于初级阶段，用户数量和资金规模都很小。

随着互联网在我国的发展，网民人数迅速扩大，随互联网一起成长的年轻人也越来越多，网络购物、网络消费成为很多人的习惯，网上银行的客户群体也越来越大。特别是余额宝的横空出世，成为了刺激互联网银行发展的催化剂。

2013 年 6 月，蚂蚁金服旗下的支付宝与天弘基金合作推出余额宝货币基金。该货币基金门槛低、收益高（相对于同期人民币存款）、零手续费、操作简便、可随取随用，具有理财和支付的双重功能。余额宝可直接用于购物、转账、缴费、还款等消费支付。余额宝是移动互联网时代的现金管理工具。余额宝一经推出，就受到了市场的热烈追捧，规模呈现井喷之势。截至 2014 年 6 月 30 日，余额宝规模由成立之初的 2.01 亿元，仅用一年时间就飞速上升到 5741.60 亿元。余额宝的出现，掀起了一股全民理财的热潮，也使全国网民受到了一次互联网理财的普及教育。到 2019 年 3 月 31 日，余额宝规模为 10352.12 亿元，依然是我国规模最大的货币基金。

余额宝的出现使广大普通民众像是发现了新大陆，原来以为高大上的理财也可以以这种简单的方式实现，大大拓展了大众的理财渠道，余额宝的规模迅速扩大，出现了存款分流的现象，使银行吸收存款的压力大增。为应对挑战，一方面，各大银行纷纷与其他金融机构合作推出类似余额宝的货币基金，如平安银行推出“平安盈”、民生银行推出“如意宝”、兴业银行推出“兴业宝”、中信银行推出“薪金煲”等；另一方面，各银行加大互联网银行的建设力度，不断完善和优化网上银行、手机银行的功能，把手机银行（手机 APP）打造成银行的移动服务综合门户，提供余额查询、转账支付、银企对账、贷款办理、买卖理财产品、买卖外汇及黄金、办理保险、生活缴费等业务，几乎对银行柜台业务全面覆盖。

手机银行成为银行吸引客户、留住客户的重要工具，承载了整个银行的业务生态。招商银行在 2018 年年报中披露“招商银行”与“掌上生活”两大 APP 累计用户数达到 1.48 亿，其中月活跃用户（MAU）突破 8100 万。招商银行在 2018 年年报中写道:“从银行卡转向 APP，重新定义银行服务边界。随着客户行为习惯的迁移，APP 已成为银行与客户交互的主阵地。24 年前，招行顺应客户需求，创新推出‘一卡通’，率先消灭存折；2018 年，我们再次引领潮流，率先实现网点‘全面无卡化’，打响‘消灭银行卡’战役。在时代趋势的滚滚洪流中，唯有因用户而变，才能与时光同行，哪怕壮士断腕、自我革命。因为我们深知，银行卡只是一个产品，APP

却是一个平台，承载了整个生态。目前‘招商银行’‘掌上生活’两大APP分别已有27%和44%的流量来自非金融服务。自建场景和外拓场景已初见成效，我们两大APP已有15个MAU超千万的自场景，还初步搭建了包括地铁、公交、停车场等便民出行类场景的用户生态体系……一切才刚刚开始。”可见手机银行对银行发展的重要程度。

除了传统银行的网上银行建设，我国还成立了纯正的互联网银行——微众银行、网商银行，它们的业务都在网上办理，没有线下实体营业网点。

2014年12月，腾讯牵头的民营银行——深圳前海微众银行正式获准开业，是中国首家互联网银行。微众银行推出的“微粒贷”依托QQ和微信两大社交平台，无担保、无抵押，客户只需姓名、身份证和电话号码就可以获得500元—20万元的信用额度；循环授信、随借随还；贷款从申请、审批到放款全流程实现互联网线上运营。

网商银行是由蚂蚁金服作为大股东发起设立的民营银行，于2015年6月正式开业。网商银行将普惠金融作为自身的使命，希望利用互联网的技术、数据和渠道创新，来帮助解决小微企业融资难融资贵、农村金融服务匮乏等问题，促进实体经济发展。根据网商银行介绍，其目前为用户提供转账汇款、贷款、理财、企业网银等业务。贷款方面，网商银行为借款人提供针对小微企业及创业者的网商贷，服务于乡镇农村地区用户的旺农贷，以及大家较为常见的支付宝借呗等金融产品。

互联网银行背靠实力强大的互联网巨头，具有天然的技术优势和流量优势。它们具有多维度的客户信息，通过数据挖掘，对客户进行精准营销，对贷款风控管理也具有丰富的数据保障。

（三）互联网证券

随着互联网的发展，美国在20世纪90年代中期出现了互联网券商。中国证监会于2000年颁布了《网上证券委托暂行管理办法》，为互联网证券业务开展提供了制度保障。证券公司开始利用互联网接受证券委托指令，查看委托结果，查询账户资产状况及历史交易记录。2013年3月，中国证券登记结算公司出台了《证券账户非现场开户实施暂行办法》，为网上开户奠定了政策基础。如今，客户利用证券公司的APP就可以进行非现场开户：客户准备好身份证、银行卡，打开券商APP，填写好相应栏目，上传身份证、银行卡照片，通过视频身份验证，即可完成开户。2014年，中信证券、国泰君安等6家证券公司成为国内第一批获准进行互联网证券业务试点的证券公司，意味着互联网证券业务在我国逐步全面展开。

互联网证券也类似于互联网银行，也是将线下证券业务整合到线上，通过APP、网站等形式，提供证券开户、委托、交易、查询、打新、业务介绍、行情信息、财经资讯服务、理财、投资建议等功能，有的还提供投资者交流（BBS论坛）等功能，帮助券商获得客户、黏住客户，扩大业务规模。

互联网证券的发展，主要通过以下途径：

（1）券商与网络巨头百度、阿里巴巴、腾讯以及门户网站新浪、网易等合作。利用网络引流，抢占互联网流量入口，是许多券商获取客户的主要路径之一，简单地说，就是进行网络广告或搜索排名，引来网上客户。

（2）券商与专业财经网站（万得资讯、金融界、同花顺等）合作。专业财经门户网站有大量的浏览客户，这些游客有的是为了查看财经资讯，有的是为了查看股票数据，财经网站通过连接券商端口，利用网络引流，向投资者提供股票开户服务。

（3）互联网公司收购券商。财经门户网站东方财富网通过收购西藏同信证券的控股权进军证券行业。根据东方财富信息股份有限公司 2018 年度报告，其主营业务收入中 58.05% 来自证券业，41.95% 来自信息技术服务业。

（4）纯粹的互联网证券。如腾讯系的富途证券、小米系的老虎证券等。富途证券在赴美 IPO（Initial Public Offerings，首次公开发行股票）前，腾讯作为富途证券最大的机构股东，持有其 38.2% 的股份。富途面向全球投资者提供线上证券投资服务，以股票交易、清算、融资融券服务为主，也提供市场数据、资讯、社交以及企业服务。目前它们为投资者提供境外股票投资服务。

（四）互联网保险

互联网保险，也称网上保险，是指保险公司或第三方保险网以互联网和电子商务技术为工具来实现保险营销、保险业务办理的保险方式。互联网保险能够部分或全部实现保险信息咨询、保险计划书设计、投保、缴费、核保、承保、保单信息查询、保权变更、续期缴费、理赔和给付等的网络化。

欧美国家在 20 世纪 90 年代中后期开始推出互联网保险业务。2000 年，平安保险推出“PA18 新概念”、泰康保险推出“泰康在线”，实现在线保险销售。2005 年，国务院颁布《中华人民共和国电子签名法》，规定电子签名与手写签名或印章有同等的法律效力，为互联网保险的发展提供了新的法律保障，随后中国人保财险完成了第一张全流程电子保单。2011 年保监会正式下发《保险代理、保险经纪公司互联网保险业务监管办法（试行）》，标志着我国互联网业务逐步走向规范化。2013 年，国内首家纯互联网保险公司——众安在线财产保险股份有限公司成立。

互联网保险将线下的保险业务拓展到线上，与线下保险相比具有以下优势：

（1）销售渠道的变革。相比线下销售，网络能突破时间和空间的限制，让客户能自主选择产品。互联网保险增加了向保险目标人群宣传推介保险产品的渠道，客户可以在线比较多家保险公司的产品，保费透明，保障权益也清晰明了，既可以释放真正的保险需求，也可以减少保险的退保率。

（2）保险服务更便捷。保险投保、理赔、保单价值查询等更简单便捷。

（3）减少销售费用、管理费用，有利于提高保险公司的经营效益。通过互联网向客户出售保单或提供服务，可以减少人员支出和业务管理支出，比传统营销方式节省更多费用。

互联网保险主要有三种模式：一种是保险公司自建网上保险，目前各大保险公司都建有自己的网上保险平台和手机 APP；第二种是借助现有第三方的专业网上保险平台（如慧择网、向日葵网等）或电子商务平台（如淘宝、京东等）；第三种是专门的互联网保险公司，众安在线、泰康在线、安心财险和易安财险等，其中众安在线因其主要股东为蚂蚁金服、腾讯、平安保险等而受到广泛关注。

除了银行、保险、证券外，传统金融还包括信托、基金等多个组成部分，无一例外，互联网对它们也产生了深刻影响，它们也都建立了自己的网上平台和手机 APP，其网上业务也类似于前三者的互联网业务，将金融业务由线下整合到线上，利用互联网的优势提供服务。

（五）互联网创新金融

从以上介绍中我们可以看到，在“金融 + 互联网”业务中，传统金融对互联网的应用，主要是将原来的线下业务搬迁到线上办理，发挥互联网的渠道优势和 24 小时在线优势，但它并没有改变传统金融机构的业务模式和运行方式。而第三方支付、P2P 网贷、互联网股权众筹等是由互联网环境下催生的新的金融业态，它们又各具特点。

1. 第三方支付

第三方支付是指独立于商户和银行并且具有一定实力和信誉保障的独立机构，为交易双方提供交易支付平台的网络支付模式。在第三方支付发展起来之前，并没有第一方支付和第二方支付的说法。现在为了区别不同的支付方式，通常把现金支付称为第一支付；将银行汇票、银行支票、银行卡支付等依托于银行的支付称为第二支付。随着第三方支付的普及，现金支付逐渐成为辅助支付手段，第二方支付则转向了巨额交易的场景。

提到第三方支付，许多人首先想到的是支付宝或者银联。实际上，我国首家第三方支付平台是 1999 年开始运营的“首信易支付”；银联于 2002 年成立；2003 年，阿里巴巴针对客户对淘宝平台上商家信用的担忧，成立了支付宝业务部，并于 2004 年 12 月正式推出支付宝，买家付款后款项先打到支付宝平台上，等交易完成并且客户满意后，款项才转到卖家手里，支付宝这个第三方支付平台实际上是发挥了信用中介功能，能有效地降低客户的交易风险；2010 年 6 月，央行发布《非金融机构支付服务管理办法》，明确规定非金融机构提供支付服务必须取得支付业务许可证，依法接受中国人民银行的监督管理；2011 年 5 月，中国人民银行公布了获得第三方支付牌照的首批企业名单，包括支付宝、银联、财富通等；2013 年支付宝上线余额宝业务，引起了网上理财的爆发；2014 年微信红包上线，社交转账功能出现，用户剧增。2015 年央行发布《非银行支付机构网络支付业务管理办法》，以规范非银行支付机构网络支付业务，防范支付风险，保护当事人合法权益。

我国第三方支付发展历史只有 20 年左右，但它给我们带来的支付习惯的变化却是颠覆性的。我们不仅可以通过第三方支付工具进行线上支付、线下扫码、社交转账（红包、消费 AA 制），也可以进行理财（余额宝、财富通等），还可以办理消费信贷（借呗、花呗、京东白条等）。现在许多人出门已经不带现金和银行卡，只要带上手机就可以通过移动支付完成购物、消费、娱乐、交通等活动。根据央行公布的《2018 年第四季度支付体系运行总体情况》，仅在 2018 年第四季度，非银行支付机构处理网络支付业务 1578.62 亿笔，金额 56.63 万亿元，同比分别增长 60.21% 和 22.26%。

2. P2P 网络借贷

P2P 网络借贷（peer to peer lending），是点对点网络借款，即个人对个人的网上借贷，是一种将小额资金聚集起来借贷给有资金需求者的一种民间小额借贷方式。借贷双方通过线上交易直接完成借贷，P2P 平台仅为借贷双方提供信息交互、撮合、资信评估等中介服务。这一点与通过银行的“传统借贷方式”不同。在“传统借贷方式”中，存款者和贷款者不直接发生关系，他们分别与银行之间形成债权债务关系，因而称为间接融资。而在 P2P 借款方式中，投资人（借出方）、用款人（借入方）形成直接的债权债务关系，应该属于“直接融资”。

全球首个 P2P 公司 Zopa 在 2005 年于英国成立。我国在 2007 年也出现了网络借贷平台，如拍拍贷。P2P 公司通常把自己定位为信息中介，只提供线上无担保的信息撮合，投资者及借款人均来自互联网，投资者自行承担风险。

P2P 在我国发展时间不长，但短短时间内经历大起大落。

2007—2012 年，起步阶段。我国早期的网络借贷平台拍拍贷、人人贷、红岭创投等相继面世，受我国整体的征信体系以及市场环境的特点影响，参与者少，发展速度相对较慢，市场不活跃。

2013—2014 年，快速混乱发展阶段。受企业及个人贷款需求的增长推动，网络借贷平台发展明显加速，新增平台数量持续增长，同时行业风险也不断积累，不少平台因无法给投资者还本付息而选择跑路。

2015—2016 年上半年，风险爆发。行业风险爆发，大量 P2P 平台或停业或跑路，负面新闻越来越多，逐渐引起了监管层的重视。

2016 年下半年至今，行业整顿。2016 年 8 月银监会联合工信部、公安部等联合发布《网络借贷信息中介机构业务活动管理暂行办法》，这是首个对网贷行业的监管办法，对 P2P 加强监管和规范，平台数量、交易额等也呈较为明显的回落趋势。

很多 P2P 网贷平台以远远超过同期市场利率的水平吸引投资者，给投资者的年利率动辄超过 12%，而平台还需要承担自身的运营费用、支付给员工奖励和提成，平台须向借款人收取多高的利率才能盈利？这样运作，P2P 出问题是必然的。根据“网贷之家”的统计数据，到 2019 年 4 月，我国出现的网贷平台一共有 6612 家，还在营业的只有 964 家，不到总数的 15%，其他 5600 多家或跑路关闭，或停止运作，或设法转型。我们这里看到的是几个简单的数字，其背后是千千万万血本无归的投资者。

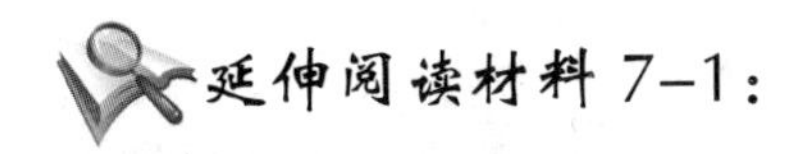

集资诈骗的“e 租宝”

打着“网络金融”旗号，一年半内非法吸收资金 500 多亿元，受害投资人遍布全国 31 个省市区……2016 年 1 月 14 日，备受关注的“e 租宝”平台的 21 名涉案人员被北京检察机关批准逮捕。

办案民警表示，从 2014 年 7 月“e 租宝”上线至 2015 年 12 月被查封，相关犯罪嫌疑人以高额利息为诱饵，持续采用借新还旧、自我担保等方式大量非法吸收公众资金，累计交易发生额达 700 多亿元。警方初步查明，“e 租宝”实际吸收资金 500 余亿元，涉及投资人约 90 万名。

其操作手法也不新鲜，主要包括：①“高收益低风险”的承诺陷阱。“e 租宝”共推出过 6 款产品，预期年化收益率在 9% 至 14.6%，远高于一般银行理财产品的收益率，吸引了大批投资者。②广告轰炸。先后花费上亿元大量投放广告进行“病毒式营销”，广告媒介包括电视、广播、报纸、网络、地铁、公交，户内户外，线上线下，无孔不入，密布全国。③以客户拉客户，高提成。

2017 年 9 月 12 日，北京市第一中级人民法院依法对该案作出一审判决，对“e 租宝”26 名主要犯罪人员以集资诈骗罪、非法吸收公众存款罪等罪行进行宣判。由于犯罪数额特别巨大，造成全国多地集资参与人巨额财产损失，严重扰乱国家金融管理秩序，犯罪情节、后果特别严重，应依法惩处。其中 2 人被判处无期徒刑，24 人被判处 15 年至 3 年不等的有期徒刑，并处剥夺政治权利及罚金。2017 年 11 月 29 日，北京市高级人民法院依法二审公开宣判，维持原判。

本材料根据以下 2 篇报道整理：

1.《“e 租宝”非法集资案真相调查》。记者：白阳、陈寂。《人民日报》(2016 年 02 月 01 日 15 版)。

2.《“e 租宝”案二审宣判》。记者：熊琳。《人民日报》(2017 年 11 月 30 日 10 版)。

另外，“互联网股权众筹”也经历了类似于 P2P 网贷的发展过程。互联网股权众筹是指筹资人（项目发起者）通过互联网众筹平台方式向投资者发行股票募集资金的行为。它在我国的发展也类似于 P2P。2011—2013 年是起步阶段，以国内最早的互联网股权融资平台天使汇、创投圈上线为起点；2014—2016 年上半年是高速成长期；2016 下半年至今为整顿调整期。

第三方支付、P2P 网贷、互联网股权众筹是互联网公司进行金融创新的主要形式，从最终发展的结果来看，第三方支付得到了社会的普遍认可。

目前，以支付宝、财富通为代表的第三方支付（除银联外）占据了绝大多数的市场份额，其应用场景遍及生活、消费的各个方面，具有极其强大的活力，推进了非现金支付的大发展。但就支付的绝对额来看，根据央行公布的《2018年第四季度支付体系运行总体情况》，2018年第四季度，银行处理移动支付业务465.95亿笔，金额615.95万亿元，平均每笔为13219.23元；而第三方支付业务1578.62亿笔，金额56.63万亿元，平均每笔为358.73元。虽然第三方支付的频率远远大于手机银行支付的频率，但其每笔交易的金额仅是后者的2.7%。因此，银行移动支付趋向于大额方向发展，而第三方支付向日常支付方向发展。

P2P网贷、互联网股权众在短时间内经过了大起大落的发展过程，从野蛮生长到强制规范发展，但其规模与传统金融机构的业务规模相比，还不值一提。

总的来说，新型的互联网金融业务是对主流金融业务的补充，有其合理性和必要性，同时也暴露出了不少问题。作为新事物，我们应当对金融创新既要持开放态度，允许先行先试；也要密切关注，避免失控，力求在创新中求发展，在发展中不断健康成长。

四、金融科技3.0阶段：金融+人工智能

在这一阶段，人工智能是金融决策的主角，关键词是决策。

（一）量化交易——金融自动化交易的开端

利用机器代替人工进行投资，一直是众多金融科技公司、金融机构梦寐以求的目标，其终极目标就是建立智能投资系统，完全由金融智能机器人代替人工进行理性投资，并且取得超过人工投资的获利水平。量化交易就是人们利用计算机系统进行的自动交易，是迈向智能投资的初步尝试。

量化交易是指投资者利用计算机技术、金融工程模型构建等手段将自己的金融投资思路用明确的规则定义和描述，按照数量金融模型的理念和对计算机技术的利用方式，并且严格按照所设定的规则去执行交易策略的交易方式。

量化交易以先进的数学模型替代人为的主观判断。人们将设定好的交易指令输入到计算机，一旦市场行情走势满足事先设定好的指标，计算机系统便会自动执行交易，在极短时间完成数百万手证券的买卖。

目前，在国外发达的金融市场上，利用计算机程序来执行金融交易决策已经十分普遍。从交易方式来看，量化交易已经成为欧美金融衍生品市场交易行为的主流方式，从交易量占比看，量化交易占到衍生品市场总交易量的70%以上。

受算法技术、通信技术、计算能力、获取数据能力等各种条件的限制，量化交易的获利能力完全取决工程师、金融分析师的设计水平和投资水平。它本身不具备自我学习和自我提高的能力，它按照程序事先设定好的指标和条件运行，一旦监测

到行情系统中的指标变动满足条件，就自动完成大规模的高频交易，因此，它又具有远远超过人工的交易能力。

对于量化投资而言，最重要的就是风险控制，如果风险控制不严，出现系统故障，瞬间产生无限循环程序交易，将会带来不可估量的损失。由于量化交易是由计算机系统机械式自动执行的大规模高频交易，它本身不具备主动思考、主动发现问题的能力，其风控水平还是要取决于系统的设计水平。对于量化投资而言，系统的风控问题最终还是要通过人工智能水平的提高来解决。

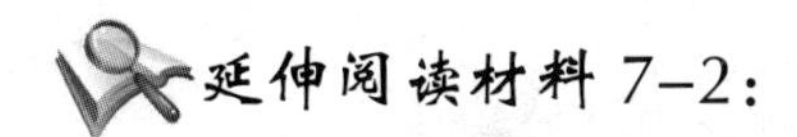

延伸阅读材料 7–2：

证券市场乌龙指：量化投资的天价"学费"

2013 年 8 月 16 日 11 时 05 分，多只权重股瞬间出现巨额买单。大批权重股瞬间被一两个大单拉升之后，上证指数瞬间飙升逾 100 点，最高冲至 2198.85 点（见图 7–2）。沪深 300 成分股中，总共 71 只股票瞬间触及涨停，且全部集中在上海交易所市场。其中沪深 300 权重比例位居前二的民生银行、招商银行均瞬间触及涨停。从立时冲击涨停的 71 只股票来看，其中 22 只金融股触及涨停，而在沪市银行板块中，除建设银行未触及涨停外，其余均碰及涨停。短短三分钟内，产生了 72.7 亿元的巨量交易。

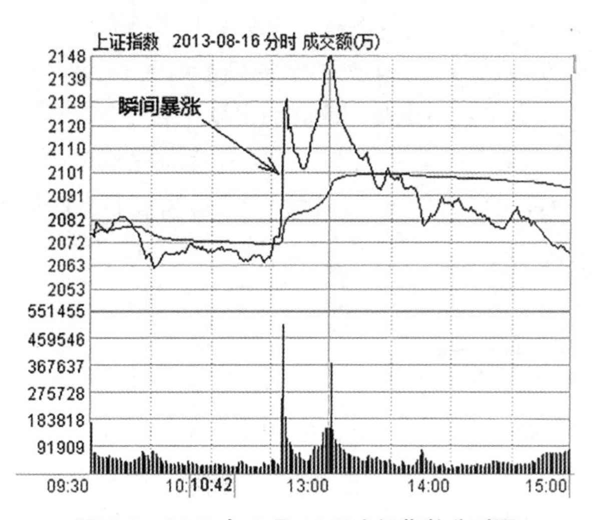

图 7–2 2013 年 8 月 16 日上证指数分时图

事后查明，这是由于某证券公司的量化交易系统出现了严重问题。

是什么原因触发系统交易大量自动生成订单？相关证券公司表示，是交易指令生成和指令执行两个部分均出现错误。经初步核查，本次事件产生的原因主要是策略投资部使用的套利策略系统出现了问题，该系统包含订单生成系统和订单执行系统两个部分。核查中发现，订单执行系统针对高频交易在市价委托时，对可用资金额度未能进行有效校验控制，而订单生成系统存在的缺陷，会导致特定情况下生成预期外的订单。由于订单生成系统存在的缺陷，导致在11时05分08秒之后的2秒内，瞬间生成26 082笔预期外的市价委托订单。由于订单执行系统存在的缺陷，上述预期外的巨量市价委托订单被直接发送至交易所。

事件明晰之后，当日沪指冲高后迅速回落，走出了长长的上影线（见图7–3）。

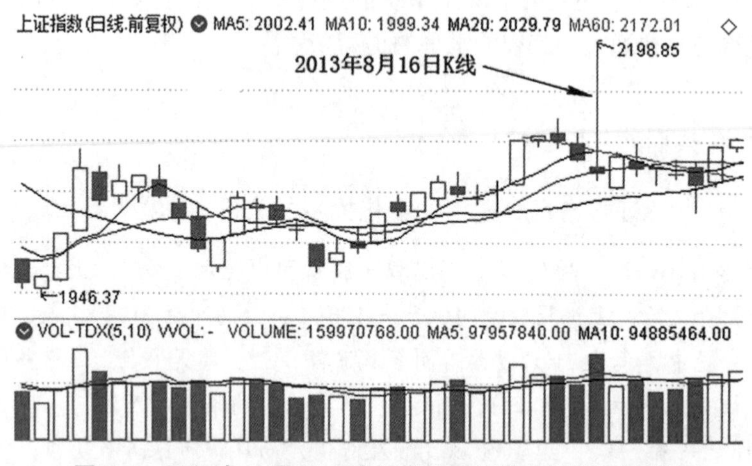

图7–3　2013年8月16日上证指数K线带有长长的上影线

经此事件，8月21日，该证券公司在回复《中国经济周刊》记者采访时称，公司以后在使用量化投资时将“更加慎重，牢牢坚持风控先行原则”。

能产生“8·16证券市场乌龙指”这样的问题，表明该证券公司的多个风控环节出现了问题。首先，在量化投资系统上，成交额度和订单数可能没有进行有效的参数设置。其次，在公司管理上，合规部对投资策略风险和财务部对资金额度控制上没有有效的控制。

本材料根据以下3篇报道整理：

1.《量化投资的天价“学费”》。来源：人民网－中国经济周刊，2013年08月27日。网址：http://finance.people.com.cn/stock/n/2013/0827/c67815-22700637.html。

2.《股市暴涨复盘：71只股票瞬间触及涨停》。来源：人民网－股票频道，2013年08月16日。网址：http://finance.people.com.cn/stock/n/2013/0816/c67815-22593360.html。

3.《天量错单敲响券商风控警钟》。记者：朱茵。来源：《中国证券报》，2013年8月19日。网址：http://www.cs.com.cn/app/iphone/02/201308/t20130819_4112067.html。

随着信息技术的进步、金融人工智能水平的发展，量化交易也由最初的纯机械式交易向智能化水平越来越高的方向发展。人工智能应用于金融，具有天然的优势。

（二）天造地设——金融碰上人工智能

自2016年以来，随着大数据、云计算、区块链、人工智能在金融行业中应用的开展，人们利用自然语言处理、计算机视觉、机器学习、知识图谱等人工智能核心技术，结合金融业的特点，将金融与人工智能相互融合，推动金融创新和金融服务不断发展。

1. 金融人工智能的基本原理

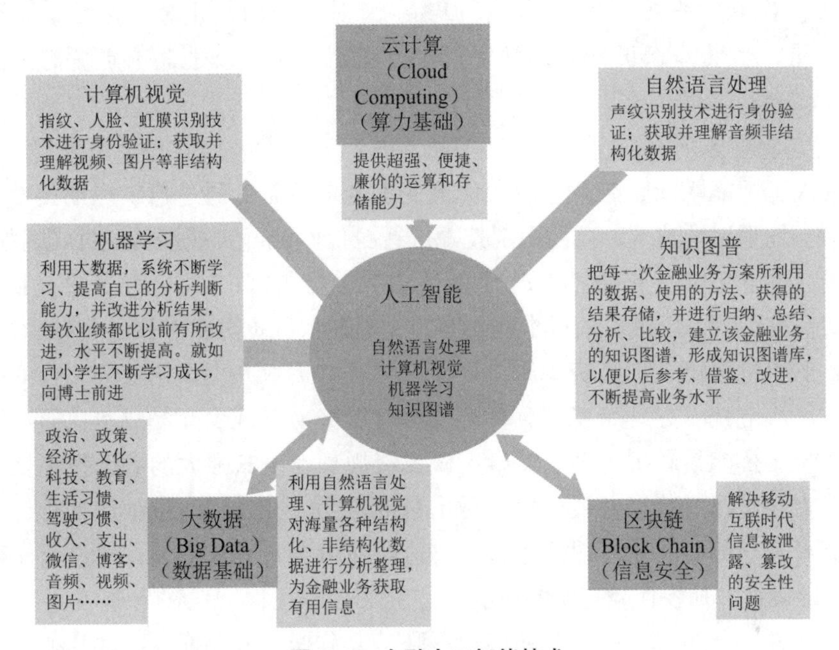

图7–4 金融人工智能技术

本图解读：

（1）金融人工智能以大数据、云计算、移动互联网为基础。

①大数据一方面为人工智能在机器深度学习、算法优化等方面提供丰富的训练资源，使金融人工智能系统变得越来越“聪明”，另一方面也为系统更准确地预测和决策提供充分的数据。

②云计算为金融人工智能提供超强、便捷、廉价的运算和存储能力。

③区块链技术解决了移动互联时代信息被泄露、篡改的安全性问题，使得金融交易具有更高的安全性。

（2）人工智能核心技术包括自然语言处理、计算机视觉、机器学习、知识图谱等。

①自然语言处理、计算机视觉，一方面可以通过指纹、声纹、人脸、虹膜识别技术进行身份验证；另一方面，帮助智能系统理解普通文本、音频、视频、图片等

非结构化数据，使金融人工智能系统获得更加广泛的政治、经济、科技、文化、社会发展等各方面的数据，为金融业务的预测和决策提供更充分的依据。

②机器学习，利用大数据，系统不断学习、提高自己的分析判断能力，并改进分析结果，每次预测和决策的结果都比以前有所改进，水平不断提高。就如同小学生不断学习成长，向博士前进。

③知识图谱，应用数学、图形学、可视化技术、经济学、统计学、金融投资学、社会学、自然科学等多方面的知识，把每一次金融业务方案所利用的数据、使用的方法、获得的结果存储，并进行归纳、总结、分析、比较，建立该金融业务的知识图谱，形成知识图谱库，以便以后参考、借鉴、改进，不断提高金融业务水平。

金融人工智能赋能金融业，极大地改变了金融业态：通过指纹识别技术、人脸识别技术、虹膜识别技术、声纹识别技术进行身份验证，实现移动支付或刷脸支付，提高了客户货币支付的便利性和安全性；通过大数据为客户“画像”，寻找和开发客户，做到精准营销，以最低的成本找到客户；通过大数据分析客户的贷款偿还能力，加快贷款的审批速度，提高贷款质量；通过区块链技术办理票据业务，降低操作风险；通过区块链技术办理跨境结算，实现点对点交易，减少交易成本；通过智能投资顾问系统（智能投顾）为客户量身定做投资规划，以其强大的数据搜集处理能力和计算能力对市场趋势以及资产价格做出精准预测，并且随时根据市场行情、信息以及投资者需求的变化调整投资组合，迅速抓住机会，完成交易；通过智能理赔提高理赔的准确性，加快保险理赔的速度，防止保险诈骗。

也就是说，金融人工智能借助移动互联、大数据、云计算，通过其独特的智能算法和深度学习能力，在海量的数据中分类、整理数据，寻找、归纳出规律性，依此预测金融市场的未来走势及其发生的概率，从而提供精准金融服务，并在这个过程中，不断提高自己的投资能力。

从广义上来说，金融人工智能是金融科技发展的高级形式，说到底也属于金融科技范畴。但它又不是普通的金融科技，它具有深度学习能力，能够主动地利用大数据自我学习和提高，主动地提出改进方案，不断提高金融业务水平和能力。它能从海量的数据中分类、整理数据，寻找、归纳出规律性，在金融产品创新、流程再造、服务升级、加强内控、提高效益、强化监管等方面赋能，发挥AI的重要作用。参考“金融科技Fintech”的命名方式，我们可以把人工智能在金融中的应用将之称为“金融人工智能”——FinAI，即Financial Artificial Intelligence的缩拼。

2. 金融业务过程即数据处理过程

金融机构提供服务的过程，无论是分析客户的资料，判断其信用级别、偿还贷款的能力，还是评估客户风险承受能力、投资风险偏好，以及社会政治、经济政策、市场行情的变化，都离不开数据的支持。因此，金融机构金融业务开展的过程，也就是数据搜集、整理、处理的过程，这些数据不仅仅包括以表格形式存在的结构化的电子数据，还包括各种以文字、图片、视频、音频的形式存在的非结构化的数据。我们所处的移动互联时代，同时也是数据爆炸的时代，数以亿计的互联网用户，每时每刻生产大量以光速传播的数据，这些数据，既可能来自官方网站（如人民网、新浪网、腾讯网），也可能来自博客、社交网络（如微信、QQ）；既可能是类似GDP（国内生产总值）、钢产量这样的客观数据，也可能是某种情绪的宣泄、某个习惯的变化。它们综合起来，共同影响市场，影响判断，影响信贷和投资。

相比传统的获取和分析数据的方法，金融人工智能无疑更具优势，其搜集数据、整理数据的能力是传统方法无法比拟的。数据（信息）越充分，离事物的真相也就越接近，做出的判断也就越准确。

处理金融业务需要大数据，而金融人工智能又具有处理大数据的天然优势。因此，基于大数据之上的人工智能应用于金融，实乃天作之合。

（三）金融人工智能应用场景举例

金融人工智能处理不同的金融业务一般都要用到上述技术，这里简单介绍三个应用场景。

1. 智能支付

在应用刷脸支付时，计算机视觉系统首先利用庞大的人脸图片资源（大数据）进行人脸识别训练，通过云计算提供的强大算力提高识别速度，将识别的结果形成知识图谱（归纳总结经验教训，找到规律），记入知识图谱数据库，不断自我学习，自我改进提高。目前人脸识别时间已经从之前的1—2秒压缩到了毫秒级，识别准确率已经超过99.8%，远远超过人眼的识别能力，使得用户体验得到质的飞升，达到了无感识别的水平，再也不用傻傻地在机器或手机面前等待识别。

2. 智能理赔

汽车发生保险事故后，驾驶员用手机联系保险公司，与保险公司进行视频通话，在这个过程中，保险公司自动核实驾驶员的真实身份及其驾照的有效性；然后驾驶员将车牌号、车辆受损部位的视频连线给保险公司；保险公司利用计算机视觉进行识别，并与以往的车损模板数据库进行对照，结合深度学习能力，识别损坏部件，判断损坏程度，并把这些数据写入车损模板数据库；智能系统借助云端数据，查询损坏部件价格和各维修公司的工时费，向司机列出维修清单，报出维修价格。具体过程如图7–5。

智能核实身份。人脸识别，判断司机身份，利用大数据确认驾照有效。

智能识别损坏程度。由司机用手机拍摄受损部位的图片和视频，上传给保险公司。公司利用计算机视觉进行识别，并与以往的车损模板数据库进行对照，结合深度学习能力，识别损坏部件，判断损坏程度。

智能定损。借助云端数据，查询损坏部件价格和各维修公司的工时费，向司机列出维修清单，报出维修价格。

智能引导。根据汽车的受损程度，引导受损汽车到达相关维修公司。如果该车还可安全行驶，则将汽车导航到维修点；如果不能继续安全行驶，则引导拖车公司前来救援，将汽车拖到维修点。

¥

智能支付。智能核实车主账户，保险公司快捷支付理赔款项。

图 7–5　车险智能理赔过程

3. 智能贷款

在办理个人信贷过程中，银行一般要求客户在网上填写自己的年龄、家庭成员、收入支出、贷款额度、贷款用途等。金融人工智能系统通过云计算，利用大数据搜索该客户及其家庭成员的资产负债情况、收入情况、消费习惯、健康情况、纳税及社保情况，核实其填写数据的真实性；如果有疑问，还可以利用自然语言处理、机器视觉与客户进行远程视频交流，通过分析客户微表情的变化，交流过程中语速语气的变化，进一步核实客户提供信息的真实性。在此基础上，形成该客户的信贷知识图谱，并调取相似家庭情况的信贷知识图谱库中的数据进行比较，判断贷款的可行性，迅速给出贷款同意与否、贷款金额大小的结论；贷后，金融智能系统监督贷款人按贷款用途使用款项；对于违约还贷的客户，智能监测其开支情况，加强催收。

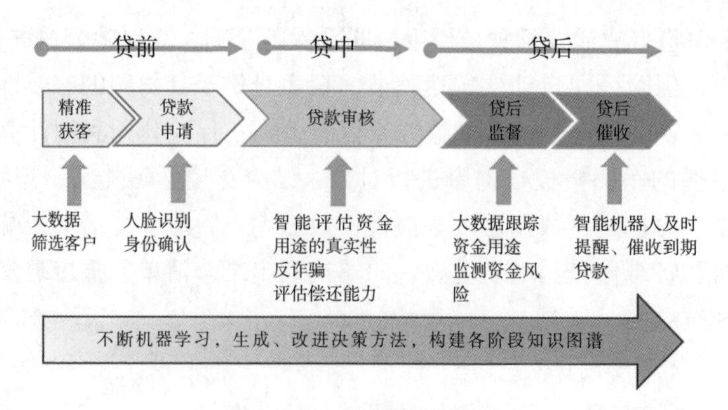

图 7–6　人工智能贷款过程

（四）金融人工智能典型应用场景——智能投顾

1. 为什么说智能投顾是典型的人工智能应用场景

金融业务处理的是数据，掌握的数据越充分，做出的决策就越准确。与信贷、保险等金融业务相比，投资管理所需要的数据量最大，证券投资既受到各种宏观、行业、公司因素的影响，也受到市场行情变化、心理因素的影响，而且各因素之间、结果和原因之间也相互影响，需要根据各种数据的变化不断动态调整资产组合。因此，金融人工智能投资顾问是最复杂、要求数据处理能力最高的智能金融业务。

2. 智能投顾的技术原理

智能投顾（Robo-Advisor）是一种以互联网、大数据、云计算为基础，应用人工智能，按照现代投资组合理论（MPT）构建投资组合的在线投资顾问服务模式。智能投顾（或称智能投资机器人）根据投资者风险偏好、财务状况、理财规划、税收筹划等，为用户生成自动化、智能化、个性化的资产配置建议，或直接执行投资决策。智能投顾把每一次投资组合方案所利用的数据、使用的方法、获得的结果存储，并进行归纳、总结、分析、比较，建立各种投资组合的智能决策模板数据库，以便以后参考、借鉴、改进，通过深度学习能力，不断自我学习，不断提高投资水平。

3. 智能投顾的工作过程

智能投顾根据客户的资产状况、风险偏好为客户量身定做个性化、专业化的资产组合投资方案，提供投资建议或者直接实施投资方案。

（1）客户画像：利用人工智能系统在移动网络空间广泛搜集特定人群、非特定人群的收入支出情况、生活习惯、健康情况、风险偏好、资产负债状况，找到共同特征，快速扩充潜在客户数据库。智能机器人对潜在客户进行针对性营销，提升客户转化率。一旦潜在客户表示出对智能投资的兴趣，便由智能机器人通过问卷调查评价客户的资产负债状况、风险承受能力和投资目标，必要时，利用视频与客户进行交流，通过客户微表情的变化，更加精准地判断客户的实际情况和真正的投资目标。

（2）资产配置比例：智能投顾系统根据客户的资产负债情况、投资目标、风险偏好，以系统数据库中相似人群的一系列资产配置比例模板为参考，确定客户不同风险资产的配置比例，例如股票、债券、基金、期货等的投资比例。

（3）选择投资组合：智能投顾系统从投资组合模板库中选择经过反复优化的方案建立投资组合。

（4）执行交易：客户可以根据智能投顾系统提供的投资组合方案买卖证券，也可以由智能投顾系统直接执行资产配置方案进行交易。由于证券市场资产价格变化迅速，在很多情况下，由客户自己根据投资组合建议进行交易的价格可能已经偏离了智能投顾建议的价格，反而不如由智能投顾直接交易的效果好。因此，随着智能投顾水平的提高，客户可能会越来越愿意接受由智能投顾系统直接完成投资交易。

（5）交易反馈：智能投顾系统可以 24 小时在线响应客户的请求，系统根据市场情况和客户需求变化实时监测及调仓，建立新的投资组合。

4. 智能投顾的优势

智能投顾的优势集中体现在其具有深度学习的能力上面。开发者培养智能投顾的能力，把政治学、经济学、金融学、数学、统计学、心理学，甚至把历史、文化、物理、化学、生物、医学等各方面的知识灌输给智能投顾，由系统融会贯通这些知识；然后再向系统导入证券市场历史数据，以其强大的云计算能力，建立各种资产组合，并根据历史数据验证这些资产组合的有效性，形成各种投资组合策略，建立投资组合策略库，不断自我学习，自我完善和改进。具体来说，智能投顾的优势表现在：

（1）智能投顾提供资产组合方案的时效性强。智能投顾具有获取并处理大数据的超强能力。从成千上万只证券中挑选出合适的投资组合对传统投顾来说，是一项非常繁重的工作，耗时费力，但对智能投顾而言，不到一秒便可以为客户提供投资组合方案，具有超强的时效性。

（2）智能投顾提供真正个性化的服务。智能投顾能够随时与客户进行沟通，理解客户的意图，根据用户反馈和市场的变化来调整客户的投资组合，真正实现个性化的服务。

（3）智能投顾能够提供普惠金融服务。智能投顾服务对象为广大投资者，不再局限于高净值人群。移动互联、大数据、云计算的成本大幅度下降，使得智能投顾能够提供廉价的服务。智能投顾可以迅捷地为各种各样的投资者建立个性化的投资组合方案，费用低廉。智能投顾的费率可降至 0.25% 以下，投资过程、费用交割等信息对用户实时公开，完全透明。而传统的人工投顾费用很高，有的超过资产的 1%，收费项目繁多，不透明。

（4）智能投顾以其强大的学习、分析、决策、执行能力，不仅廉价，而且能够提供优秀的投资业绩。

（5）智能投顾以客观的立场进行投资。智能投顾不像人工投顾那样，可能为了自己的利益（如为了多赚手续费而进行不必要的交易）而不向客户提供最佳建议；智能投顾也不受情绪影响，不像人工投顾那样可能由于在市场极度狂热或悲观的情况下做出非理性的投资决策。

5. 当前处于“半智能投顾”阶段

以上描述的是在人工智能水平足够高的情况下，智能投顾能够获得足够充分的数据进行分析，资产配置的决策或建议完全由智能投顾的智能算法给出，人工只做必要的有限干预或者完全不进行干预，甚至从分析到决策到执行的整个过程完全交给智能投顾来完成，并获得理想的效果。这种理想的智能投顾可以称之为“全智能投顾”。

但目前从技术角度看，无论是从算法水平、计算能力，还是获得数据的充分性等方面，人工智能技术还远未成熟，投资决策是否能够跑赢市场还需要得到时间的验证，需要不断完善和升级。现阶段的“智能投顾”还无法胜任多维度、复杂化的资产管理，由它提供的资产配置建议只能作为一种参考，最终投资建议必须经过人工检视、处理后才能提供给用户，更谈不上由系统自动决策并执行，所以只能称“半智能投顾”。

同样，目前其他智能金融机器人系统，如智能客服、智能信贷、智能保险、智能风控等也存在着相似的问题，也没有达到“全智能”的水平，处于“半智能”水平，还需要在人工干预的情况下处理相应的金融业务。

五、人工智能技术对金融业的影响

（一）强化了对金融科技跨界人才的需求

一方面，许多金融岗位将被金融机器人取代。不仅那些一线的、重复性的金融工作正在逐渐被人工智能替代，就是那些需要一定工作经验和工作技巧的金融岗位，如金融营销人员、信用分析员、信用审批员、保险理赔员、投资分析员也将被金融机器人取代。金融机构的前台和后台正加速自动化。例如已经有银行用机器人做大堂经理；许多金融机构以智能机器人代替人工客服；证券公司的机器人交易员、智能投顾开始大显身手。

另一方面，金融与科技融合的发展模式增加了对复合型、学习型人才的强烈需求。理想的金融科技人才应该是既懂金融又懂科技的跨界人才。由于信息技术发展很快，迭代很快，金融科技人才还应具备主动学习、求知创新的精神。

（二）促进无现金社会的早日到来

人工智能在金融业的应用还不算太久，但已经开始广泛而深入地改变我们的生活方式。移动支付、刷脸支付、停车场智能收费、高速路智能收费、乘车、消费等，金融人工智能给我们带来了各种各样的便利，我们已经有切身体会。仅就“智能支付”这一个应用场景而言，它使我们免除了排队、去银行存取款、随身携带现金或银行卡、数钱找零的麻烦，节约了大量的时间。货币的发展历史就是不断提高支付便利程度、降低支付费用的历史。

从网上商城，到线下实体店；从大型超市，到传统市场；从饭店消费，到街边购买小吃；从飞机出行，到乘坐公交大巴；从城市到乡村……到处都能够移动支付。很多人已经不记得多久没去过银行了，甚至不记得多久没有去 ATM 取现金了。

随着时间的推移，5G 的发展，移动支付、无感支付的场景会越来越多，社会大众越来越习惯于非现金支付，无现金社会即将到来。

在无现金社会，所有人的收入支出都有账可查，你的收入是来自工资收入？还是来自投资收入？还是来自别人转账？还是……总之，大数据可以追寻到每一笔钱的来龙去脉。没有人可以逃税，也没有人可以不劳而获。大数据系统甚至可以列出每个人一生收入、支出的每一笔钱。可以想象，在无现金社会中，一切走私贩私、吸毒贩毒，凡是涉及资金往来，都无处遁形。

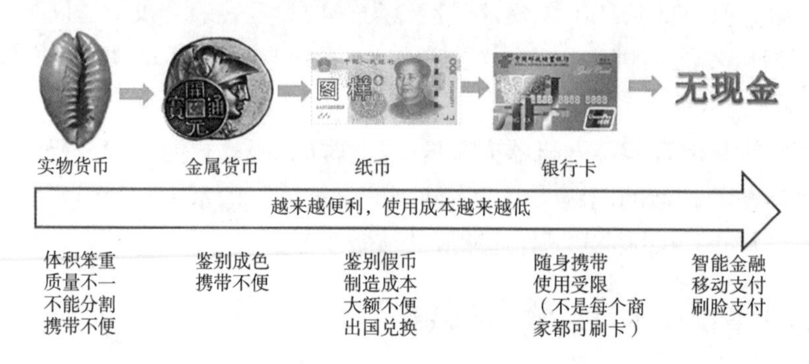

图 7–7　无现金社会到来

（三）金融机构进一步强化数据处理能力

银行处理个人信贷业务时，需要知晓客户的资产负债状况、收入支出情况、资信状况、风险情况、健康状况、贷款金额、资金用途等数据；投资机构为客户做投资顾问时，要知晓客户的资产负债状况、收入支出情况、投资目标、风险承受能力、风险偏好等数据；保险公司接受投保时，要知晓客户的资产负债状况、收入支出情况、健康状况、从事的职业、生活习惯、驾驶习惯等数据。

金融机构和客户之间几乎没有实际的“物质”交流和接触（以前经常发生的存取钱业务也因移动支付、刷脸支付而很少发生），仅仅是数据的搜集、整理和确认。在信贷过程中的房屋、机器设备、原材料等抵押品的评估，银行除了通过大数据获得该财产的状况外，还可以交给专门的第三方评估机构进行处理；同样，人寿保险公司对客户的身体状况的评估，除了通过大数据获得该被保险人的健康状况外，也可以委托专门的体检机构获得体检数据。

金融机构仅靠处理数据就能完成金融业务，而且处理这些数据，完全由金融人工智能系统就可以胜任，并不需要人的参与，因此，金融机构将进一步强化数据处理能力。

（四）金融机构的“无人化”

各种类型的金融机构特别强调人工智能在金融业中的应用，金融智能机器人取代人工服务已经成为趋势。金融机构日益向“无人化”方向发展。

2018 年，中国出现了首家“无人银行”。这家位于上海九江路的建设银行网点，大堂内没有一个银行工作人员，甚至连保安都没有。银行内充满了包括人形机器人、虚拟现实（VR）、增强现实（AR）、全息投影等在内的前沿科技，可以在没有银行工作人员协助的情况下，由智能机器人帮助客户办理多种业务。客户进入银行，机器人走上来自动打招呼，然后与客户进行对话，询问要办理的业务内容。机器人手上捧着的显示屏会列出各种自助服务选项，通过人脸识别技术确认客户，在语音识别技术的帮助下，指导客户操作，完成取款、转账、办理信用卡等常见业务。据建行工作人员介绍，目前有人银行 90% 以上的业务“无人银行”都能办理，仅仅零钱的兑换业务和外币的现钞业务还无法通过机器人自助办理。

我们一起来思考下面的问题：

① 将来金融机构还需要营业网点吗？

因为所有的数据采集都可以通过大数据、金融机器人视频对话、第三方机构获得，客户并不需要与金融机构的人员进行接触和交流，那营业网点还有存在的必要吗？

② 金融机构还会存在吗？

例如，某人需要资金，他完全可以把自己的资金需求放到网上进行众筹，由数据处理公司通过智能大数据系统评估他的还款能力，公众据以确定是否参加众筹。因此，并不需要找银行去贷款。再如，某人需要资产配置，数据处理公司通过智能大数据系统直接帮助他完成资产配置。这还有证券公司什么事吗？

③ 保险公司的业务是不是更容易被智能大数据公司取代？

保险行业起源于互助，“人人为我，我为人人”。简单地说，就是所有的投保人交保费，一旦某人发生保险事故，就把保费交给受益人。人工智能时代，是不是更容易做到“人人为我，我为人人”？

④ 银行、证券、保险等金融机构将来会不会被大数据公司所取代，或者它们本身就变成大数据公司？

（五）金融监管的手段更加完备

在金融人工智能时代，金融监管当局掌握数据的能力更加强大，利用大数据、云计算搜集更加全面的政治、经济、社会舆情等方面的数据，大到人口流通的变化、货物流动的变化、资金流动的变化，小到某一单位的财务报表的变化、某个人的投资账户的变化，金融监管当局通过分析海量的数据发现那些可能引爆金融风险的蛛丝马迹，进而制定对策，采取应对措施，防患于未然；也可以发现犯罪线索，反洗钱、反诈骗。

（六）金融人工智能也有消极作用

金融业的核心工作就是处理数据。哪一家金融机构掌握了更多的数据、处理数据的水平更高超，该金融机构提供的服务就越准确，竞争力就越强。智能系统不断搜集每个人的资料，从中选择潜在的客户，进行精准的营销；智能系统追踪现有客户的行为，进一步维护好该客户，或者提前发现风险，做好预警工作；智能系统设计方案，有针对性地从竞争对手那里挖来客户。因此，各金融机构为了提高竞争力，提高经济效益，无不竭尽全力全方位地搜集各种各样的数据。

1. 金融机构可能无限制地攫取私人信息

在移动互联时代，我们的一切，可能完全暴露在无所不在的云端数据中。我们利用手机或电脑购物、消费、看病、支付、买卖股票、乘车、聊天，我们的日常活动、我们的喜好、我们的社交圈和朋友圈都暴露在互联网上。我们的购物习惯不仅会被淘宝、京东等网上商城记录，也会被线下实体店记录（因为线下购物通常也是移动支付而不是现金支付），还可能被快递公司记录；字节跳动（今日头条推荐引擎）、微软（IE 浏览器）、谷歌（Google 搜索引擎、Chrome 浏览器）、阿里巴巴（UC 浏览器）、腾讯（QQ 浏览器）、百度（Baidu 搜索引擎）、奇虎科技（360 浏览器）等公司通过浏览器知道我们的上网习惯、浏览网页习惯，知道我们感兴趣的话题，知道我们的搜索关键词，也知道我们急着找什么；微信知道我们的朋友有哪些，知道我们在谈论什么、准备做什么，知道我们的喜怒哀乐；支付宝、微信财富通、银联知道我们怎么花钱，是用于购物、消费、旅游还是看病，知道我们购买的是奢侈品还是普通消费品；电信公司、导航软件知道我们身在何处、欲往何处等。

这些信息看起来都被不同的公司所掌握，是一个个的信息孤岛，一旦它们被汇集起来连成一片，并相互碰撞，进行全数据分析和模糊计算，就几乎可以对任何一个人进行全纬度画像。我们还有什么秘密可言？我们不仅担心无处不在的“第三只眼”，我们更担心隐私被二次利用，甚至被恶意应用。

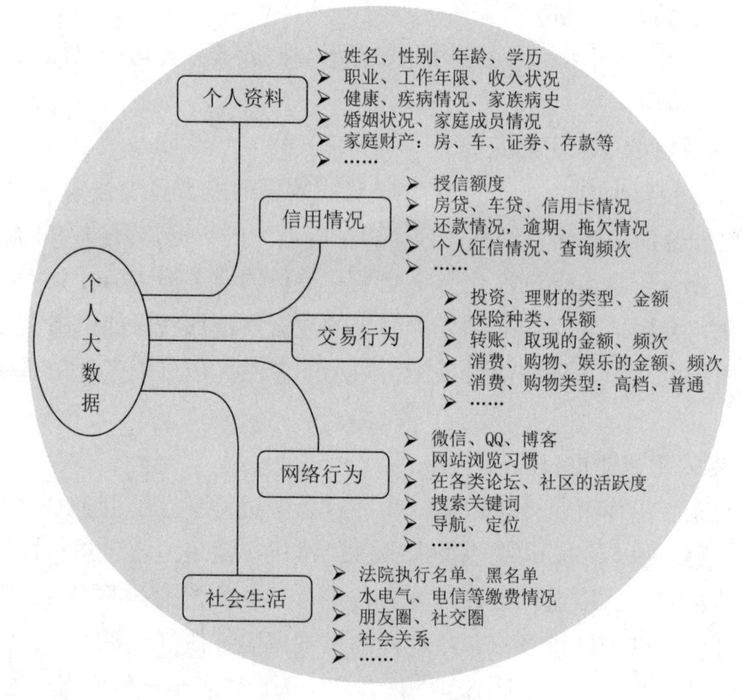

图 7-8　个人大数据

下面是商业公司为了获得客户信息而无所不用其极的例子：

2019年3月15日晚间，在中央电视台“3·15”晚会上，央视曝光科技公司利用技术手段偷偷获取附近手机MAC地址，并通过大数据匹配得到手机用户的个人信息，掌握用户年龄、性别、手机型号、常用APP、上网搜索关键词等，对用户进行精准画像。例如，某日去看过楼盘的人，即使没有在售楼处登记信息，之后也会经常收到房地产中介的电话，就是因为他在不知不觉中被人窃取了相关信息。你也不要以为这个电话是真人打的，很可能是智能机器人打来的电话，智能机器人完全模仿真人说话，几乎真假难辨，这样的智能机器人每天能打出1000个电话进行营销。

2. 金融机构可能利用大数据对客户过滤，使其不能享受普惠金融服务

我们常听到“权利面前不平等、财富面前不平等”的说法，在金融人工智能时代，人们还会面临“大数据面前不平等”。

商业银行利用金融人工智能一刻不停地搜集整理各种数据，也包括现有客户和潜在客户的数据，掌握他们的资产负债状况、收入支出情况、资信状况、消费习惯、健康状况、就业创业记录、家庭背景、社会关系等，给他们画像，从中筛选合适的放款对象，排除潜在的可能违约者。所谓合适的放贷对象，就是那些资信记录好、收入有保证、还款能力强的高收入者；而潜在的可能违约者，多是那些本来就收入比较低、收入不稳定、生活负担重，很难有比较强的还款能力的人。恰恰是后面这些人，当他们发奋努力，想要创业改变现状时，更需要得到资金支持，但金融人工智能对他们的现状一览无余，系统已经自动过滤掉他们的贷款申请资格。因此，在金融人工智能时代，这些人更有可能被排除在资本市场之外，不能收到银行的信贷支持。

再以购买疾病保险、死亡保险为例，保险公司通过智能系统不仅能够查到客户本人的健康状况，还能查到该客户家族中有血缘关系的人的健康状况、看病规律、平均寿命，从而制定有针对性的营销策略、保险方案，也可能以各种理由排除那些他们不想保险的人。

不管是银行还是保险公司，他们为了赚取更高利润，更精确地细分市场，针对不同的人群采取不同的办法，从商业角度看，这无可厚非，甚至还算得上人工智能时代企业经营的成功案例。但这种事件的发生，偏离了国家对金融机构须提供普惠金融服务的要求，使许多人不能获得相应的金融服务。因此，在人工智能时代，在大数据面前，如何避免金融人工智能的消极作用、如何防止金融机构无限制地攫取私人信息、如何防止金融机构利用金融人工智能开展歧视性的金融业务，这是值得我们认真思考的问题，也是需要从国家层面未雨绸缪的研究课题。

第八章　人工智能技术应用之六——医疗

“健康是一个物理上、精神上和社会关系上完全良好的状态，而不仅仅是没有疾病、不虚弱而已。”

——世界卫生组织

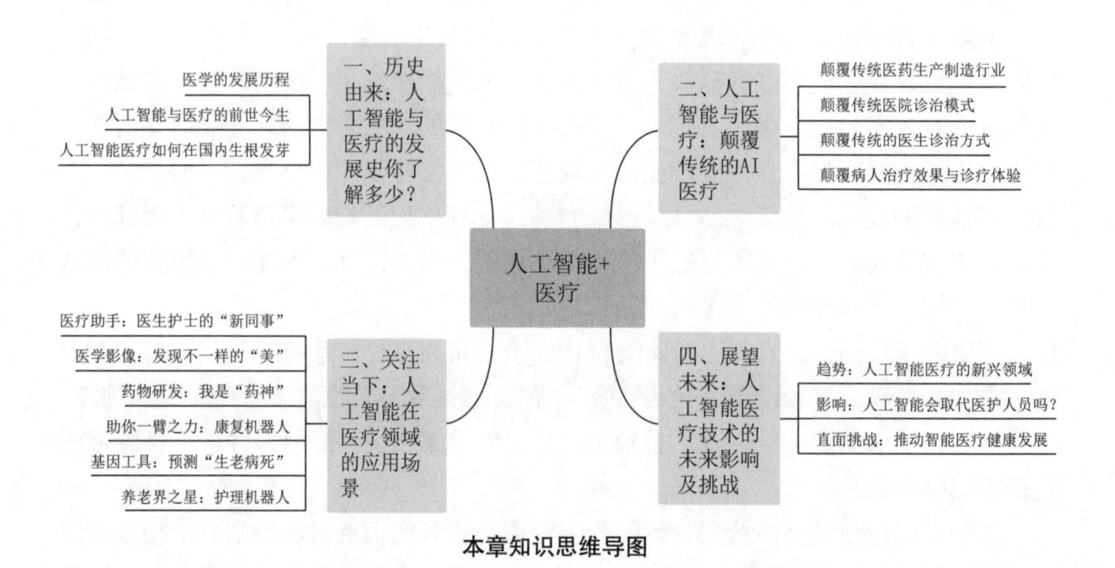

本章知识思维导图

随着大数据、互联网和信息科技的发展，人工智能被广泛试点应用于智慧医疗和教育等领域。近几年全球各地纷纷提出“大健康”、医疗大数据等概念，将民生健康置于战略性地位，促进了人工智能领域的发展。目前，人工智能发展迎来了第三次浪潮，其研发应用于各大领域，在医疗领域进行人工智能探索已有较长的历史。

一、历史由来：人工智能与医疗的发展史你了解多少？

（一）医学的发展历程

医学的历史源远流长，有了人类就有了医和药。从远古时代的人类相信神、僧侣、巫师是疾病的主宰，到20世纪生物–心理–社会医学模式的提出、认可，医学的发展进步贯穿于整个人类社会。秦汉时期我国首次出现有关医药类的著作《黄帝内经》、《神农本草经》及《伤寒杂病论》，为医学的发展打下了基石。随着历史的进程，医学的发展逐步系统化、分类化，从解剖生理学的建立，到免疫学、诊断学、外科学等的进步，逐步发展成现代医学。20世纪医学的特点是向微观和宏观方向发展。20世纪医学开始出现医学专科，分子生物学等技术应用于临床，器官移植、人造器官开始兴起；但同时新的疾病开始出现、关于恶性肿瘤等治疗无明显有效方法。医学的发展仍在不断探索，医疗技术仍在不断地提高。近年来，应用人工智能技术服务于医疗行业已成为现代科学研究的热点，鉴于医疗的多样性和复杂性，人工智能可以应用于医疗行业的多个领域。

（二）人工智能与医疗的前世今生

20世纪70年代，国外开始出现了在医疗领域的人工智能探索尝试。1972年，利兹大学研发的AAP Help是资料记载当中医疗领域最早出现的人工智能系统，主要用于腹部剧烈疼痛的辅助诊断及相关手术需求。随后的发展过程中，1974年匹兹堡大学研发的INTERNISTI主要用于内科复杂疾病的辅助诊断。20世纪80年代，出现QMR（Quick Medical Reference）和DXplain等一些商业化应用系统，依据临床表现提供诊断方案。20世纪90年代，CAD（Computer Aided Diagnosis，计算机辅助诊断）系统问世，它是比较成熟的医学图像计算机辅助应用，包括乳腺X射线CAD系统。

进入21世纪，IBM Watson是人工智能医疗领域最知名的系统，并且已经取得了非凡的成绩。Watson可以在150万份癌症患者治疗长达数十年的记录资料中进行筛选，时间几秒内可完成，同时给出多种治疗方案供大夫选择。现今全球前三位肿瘤治疗医院都在使用Watson，并且中国也正式引进了Watson。谷歌DeepMind于2016年2月成立DeepMind Health部门，且同英国国家健康体系（NHS）合作，帮助其进行决策，提高效率缩短时间。2017年，DeepMind宣称将区块链技术应用到个人健康数据的追踪以帮助解决患者隐私问题。DeepMind还参与NHS的一项利用深度学习开展头颈部肿瘤放射治疗方案设计的研究。同时，DeepMind与Moorfields眼科医院开展将此技术使用于尽早发现和治疗威胁视力的眼部疾病的合作。

（三）人工智能医疗如何在国内生根发芽

国内人工智能医疗领域的起步落后于发达国家，始于20世纪80年代初，但发展速度快。1978年，北京中医院教授关幼波与计算机专业专家合作开发的“关幼波肝病诊疗程序”，将医学专家系统第一次用于传统中医领域。之后我国加快了人工智能医疗产品的研发，具有代表性的是中国中医治疗专家及中医计算机辅助诊疗系统、林如高骨伤计算机诊疗系统等。

2016年10月，百度发布了百度医疗大脑，宣称开启智能医疗新时代，对标谷歌和国际商业机器公司（IBM）相同的产品。百度医疗大脑大量收集医疗数据并分析相关专业文献，模拟问诊，基于用户症状，给出最终诊断与治疗建议。2017年7月，阿里健康发布医疗AI系统“Doctor You”，并于同年10月成立承载“NASA计划”的实体组织——“达摩院”，主要用于基础性学科的研究及技术创新，第一批公布的研究领域主要包括人工智能的相关方面研究，如人机自然交互、自然语言处理、机器学习等。2017年11月，国家确定了4个首批创新平台：科大讯飞、腾讯、阿里云、百度，分别研发智能语言、医疗影像、城市大脑、自动驾驶等技术。

1. 讯飞助诊

目前，科大讯飞从2015年开始着手AI+医疗的产业布局，入局两年以来主要研发成果是“三个产品+一个平台”，分别是智医助理、语音电子病历、影像辅助诊断系统和人工智能辅助诊疗平台。其中智能助理参加2017年临床执业医生考试，以高出分数线96分的成绩通过了考试。

2. 腾讯觅影

2017年11月，腾讯自建的第一个AI医学影像成品“腾讯觅影”被国家第一批人工智能开放创新平台选入。通过图像识别和深度学习，“腾讯觅影”对各类医学影像实施培训学习，最终实现对病灶的智能识别，可对食管、肺部肿瘤、糖尿病并发症等疾病进行早期筛查。

3. 阿里健康

2018年9月，阿里健康和阿里云联合公布阿里医疗人工智能系统“ET医疗大脑”2.0版本问世。2018年11月，腾讯带头承担的“数字诊疗装备研发专项”动工，该专项是国家重点研发计划第一批开动的6个试点专项之一，基于“AI+CDSS”（人工智能的临床辅助决策支持技术）探索和助力医疗服务提升。

4. 百度灵医

2018年11月，百度发布人工智能医疗品牌“百度灵医”，目前已有“智能分导诊”“AI眼底筛查一体机”“临床辅助决策支持系统”三个产品问世。

总的来说，国内外大中型企业纷纷在“AI+”领域发力。根据动脉网发布的《2017医疗数据与人工智能产业报告》，当前医疗人工智能的细分领域主要为：虚拟助手、医疗影像、病案分析、疾病诊断与预测、新药研发、智能器械、健康管理和基因、医院管理。据统计，国内外的人工智能初创企业一共100多家，其中国内80多家，国外100多家。国外企业在几大医疗领域的应用场景有较为均衡的布局，国内企业中近半数涉足医疗影像，远高于其他几项应用场景，特别在新药研发、基因等高精技术领域涉足的企业远少于国外企业。我国医疗人工智能的布局不均衡而较多集中在医疗影像，大致原因为：第一是深度学习技术在图像识别领域取得了突破；第二是医疗影像数据丰富，医疗数据中90%以上是影像数据；第三是企业的商业定位，医疗影像是相对能够较快实现从试验向临床应用突破的分支，有利于新兴人工智能企业迅速起步；第四是由于我国在新药研发等一些高精技术领域相对国外的研发能力较弱，研发周期较长，相关的研发投入不如国外，因此人工智能的应用与布局也不足。

二、人工智能与医疗：颠覆传统的AI医疗

当今的人工智能技术尤其是以深度学习为核心，快速渗透于各个行业，应用广泛。人工智能医疗行业的发展演变大致经历了三个阶段：计算智能→感知智能→认知智能。从计算智能到感知智能再到认知智能，是人工智能不断深化与完善的过程，也是实现人工智能对医疗行业颠覆的演化路径，三者在互相协同并进中实现对医疗行业的颠覆。

人工智能对医疗行业的改变，主要是通过改变既往的就医模式来改变患者的治疗体验。人工智能对医疗行业的颠覆是一个循序渐进的过程：首先，人工智能将改变传统的药企，主要体现在药物选择使用方面，可以为患者提供“量身定制”的药品；其次，人工智能将颠覆传统的医院，传统的医院诊治模式是就近治疗，患者前往医院挂号就诊，而人工智能可以促使传统医院从固定到移动、从近程到远程，开启远程治疗模式；再者，人工智能将颠覆大夫的工作方式，可以让大夫从琐碎的工作中解放出来，花更多的时间精力去做他们最擅长的事情，充分发挥大夫的专长；最后，改变病人的看病体验，部分病人将实现待在家中即可得到精确的、个性化的治疗方案。

（一）颠覆传统医药生产制造行业

医药制造企业是指从事药品生产和经营销售的企业。传统医药企业的药品制造和经营具有很大的弊端。以药品开发为例，传统的制药过程需要大量的组合实验与样本测试，消耗大量资源，且制造出来的普适性药品，大部分的疗效不尽如人意，根据临床试验显示，传统的药品制造往往只对小部分人群有效，而对大部分人群起不到满意的治疗作用，同时还会带来一些副作用，因此我们认为人工智能将颠覆传统医药制造行业。

首先，人工智能将颠覆药物的开发模式。人工智能在药物开发领域中的应用越来越受到重视，人工智能借助大数据和云计算，在医药发现中可以通过大量数据模拟药物的药效和药物成分之间的化学反应。通过对大数据的分析解读，从数据海洋中寻找有效的药物成分，快速完成目标药物的发现。

其次，人工智能将颠覆医药的供应方式。传统的医药供应中，供应的均是相同品种、相同剂型、相同作用的通用药物，未来药企可能提供的是个性化的、精准的药物，供应的药物针对病人不同而药物也不同。传统医药供应中往往只注意到了人的共性而忽略了人的个性。而人工智能在医药行业的应用则可以有效解决个性的问题，人工智能通过辨别人的性别、基因、身体差异、靶点靶标等因素来确定人的个性，并针对人的个性设计出对其效果最佳的药物，从而大大提高疗效，同时减少副

作用。

（二）颠覆传统医院诊治模式

传统医院诊治模式是以医院为固定治疗地点，以医生诊断和治疗为中心，病人进入医院看病就诊通常是一个固定的过程：挂号、就诊、检查检测、诊断、开药、住院等，医院几乎是治疗疾病的唯一机构，病人多，大夫少，导致病人看病耗时耗力，治疗体验也差。随着科技的进步和医疗需求的提高，医院传诊治统模式将会迎来改革，远程医疗和虚拟医院将成为新兴的医疗模式。因此我们认为，人工智能对医院的颠覆将是从固定端到移动端、从近程到远程的变革。

其一，随着人工智能中感知智能的持续进展，远程医疗将成为现实。在不远的将来，医疗智能语音、医疗智能视觉等将逐步商用化，智能医疗检测设备可以采集到病人精准的病情信息，而这些获取的病情信息往往比医生直接给病人检查出来的还要精准，通过远程通信的方式将病人信息传递到远程的医生手中，医生根据精准的病情信息做出诊断与治疗，把病人从医院固定场所中解脱出来，从近程诊疗到远程诊疗。同时又获得了更可靠的治疗方案，省时省力，治疗体验更佳。

其二，随着人工智能中认知智能的持续进展，虚拟医院将成为现实。随着智能医疗决策和智能诊断的发展，越来越多的诊断与治疗均可由云端智能机器完成，通过感知智能与计算智能获取的病人精准的信息，经过网络传递给云端智能诊断机器人，智能诊断机器人对病情可以做出更加精准的判断，同时反馈给病人更可靠的治疗方案，病人基本可以从传统的医院场所中解脱出来，从固定场所诊疗到移动任意场所诊疗。

（三）颠覆传统的医生诊治方式

传统的医生诊治方法：医生通过问诊、体格检查、检验检测了解病人病情，确诊疾病，制订治疗方案，甚至包括病床的安排等，参与病人诊治的全过程，消耗医生大量的工作时间与精力。人工智能将对医生这种传统的诊治方式带来改变，可以辅助医生诊断与治疗，将医生从繁忙、低效的工作中解脱出来。

第一，我们认为未来智能化医疗机器人将会承担医生的“助理”工作。随着人工智能的发展，智能化机器人可以辅助医生进行病情的收集与诊断，最为典型的例子就是在医疗图像识别中。例如，阿里 ET 医疗大脑，该人工智能机器现可以更专业地识别图像，可以在图像、语音识别领域更好地协助医生。

第二，我们认为随着“医生助理”的进一步升级，智能化医疗机器人将取代部分大夫的职能。随着认知智能的不断发展，职能诊断将使得智能医疗机器人可以实现从疾病的诊断到病情的确立到治疗方案制定的一体化。医生的职能角色将发生改变，医生可以从传统的医疗束缚中解放出来，成为医疗规则的制定者和医疗过程的监督者。

（四）颠覆病人治疗效果与诊疗体验

病人是整个医疗领域的核心，病人的医疗需求是医疗领域发展的驱动力。我们认为人工智能在医疗领域的颠覆主要在于一方面提高了治疗的效果，另一方面改善了诊疗体验。随着人工智能医疗的不断深化与进步，病人可以借助随身可穿戴设备等感知智能设备，实现实时读取自身精确的诊疗信息数据，然后通过网络将诊疗信息数据传递给诊治方（大夫或智能诊断云端），诊治方根据病人的精确医疗信息数据确诊疾病，进而制订相应的治疗方案。通过上述方法，病人就诊可以实现足不出户，并且得到更好的检验检测体验与诊治体验。

我们可以想象一下这样一幅景象：一天，一个病人感到身体不舒服，于是他利用身边的人工智能设备，联系了远方的大夫，人工感知智能设备精确地读取了他身上的诊疗信息数据，并通过无线网络传递给了遥远的医生，医生根据诊疗信息确诊了他这次的疾病，同时制订了针对他这次疾病的药物治疗方案，医生将药物信息通过无线网络发送给遥远的医药企业，医药企业根据医生提供的药物信息精确定制了该病人的药物并通过物流方式递送到病人手中，病人服药后疾病快速痊愈。我们认为未来这样美好的诊疗景象将成为现实。

三、关注当下：人工智能在医疗领域的应用场景

（一）医疗助手：医生护士的“新同事”

在医疗领域中最令人瞩目的人工智能即智能机器人——医疗机器人。智能医疗机器人主要用于外科手术、功能康复及辅助护理等方面。

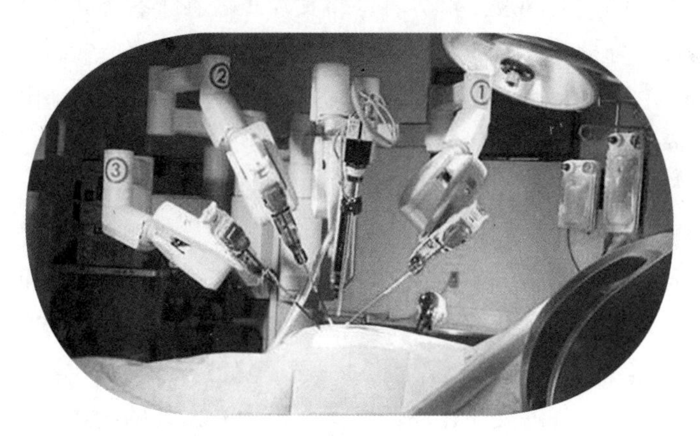

图 8-1　手术机器人

目前，临床上用来协助医生工作的机器人主要是手术机器人，手术机器人在临床上的应用主要分成三类：第一类是以达·芬奇机器人为代表的，能用微创技术完成许多复杂的手术，使手术更精细，并且达到更满意的治疗效果；第二类是放射机器人，优点也是精准性强，可以更好地发现病灶区域，减少这个过程中因为各种因

素而需要增强放射剂量，甚至是把健康的器官、组织放射过量，造成不必要的损害；第三类是辅助手术系统，通过导航设备帮助医生更好、更完美地完成手术，使手术效果更满意。

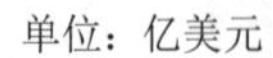

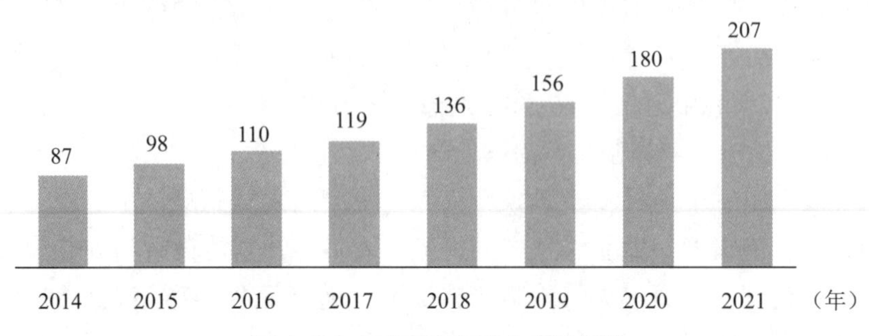

图 8–2　全球医疗机器人市场规模

谷歌母公司 Alphabet（阿尔法特）和强生公司在 2015 年 12 月共同成立 Verb Surgical 公司，研发新一代辅助手术的机器人。谷歌在肾脏、眼科等专科方面进展快速，同时 Alphabet 旗下有很多个生物科技和医疗公司，未来将聚合形成规模效应。强生作为老牌医疗器械公司，将得到 Verb Surgical 及谷歌系公司的技术，包括机器学习技术以及强大的图像处理技术。

人工智能在帮助医生提升治疗能力的同时，也在提升护理的能力。众所周知，在中国，护理人员严重不足，工作劳动强度很大，如何缓解护理工作人员的工作压力是一个迫切需要解决的问题。世界各国将关注点放在了智能机器人上，尝试应用人工智能来代替部分护理人员的工作。比如北京大学深圳医院投放的智能问询机器人“小易”，聪明能干的小易是高颜值的护士助手和行走的智能地图库，面对患者提出的一些比较简单的问题，如门诊业务、急诊业务、出入院的办理手续等，机器人都能进行相应的解答。不久前，美国麻省理工学院研制出了一款新型互动式机器人，它能接替护士管理的工作，同时也能在手术中给护士提供相关专业上的建议，以及安排合适的护士参加手术等。现在，一名叫“Ginger”的机器人已经被送往波士顿的贝斯以色列女执事医疗中心进行技能测试。目前为止，在 Ginger 提供的建议当中，有 90% 被护士所采纳。在日本的名古屋，一家医院已着手安排机器人来帮助值夜班的护士，它们承担着文件递交，药品的配送，样本和血袋的运送等重复性、低智力密度的护理辅助性任务。在这些聪明能干的机器人的帮助下，医护人员可以将更多的时间和精力用在病人的照看上，更好地发挥专业特长，在减轻医护人员负担的同时也让患者得到更好、更便捷的服务。除了节省时间外，这些智能机器人还能有效地保护护士的健康。2016 年 6 月，上海仁济医院的日间化疗中心请来了“配药机器人护士”。医疗人员只要从电脑中调取患者需要的处方二维码，并准备好药剂、输液袋等设备，机器人护士就会在做完扫码后立即配药。有了它，医护人员就无须近距离接触药物，不仅避免了配制过程中可能会发生的差错，同时还能让他们远离化疗药剂的伤害，从而保护医护人员的健康。

图 8-3 护理机器人示意图

未来或许能够往人体内植入一些对人体无伤害的人工智能芯片，这种芯片可以智能修复或代替机体受损的神经纤维、坏死的心肌细胞、膝关节组织，甚至肿瘤细胞等，以防止因脑中风、心肌梗死等可致残致死疾病对患者生活质量的影响。不久前，澳大利亚已有科学家成功引导大鼠脑细胞在半导体芯片上生长，形成神经回路，这就是所谓的"芯片大脑"，但是该项研究还只停留在实验阶段，估计还需要等 15 至 20 年才能实际应用于临床。"芯片大脑"可以为临床神经修复术提供一个新的思路，有助于医生研究神经退行性疾病、中风等，让受损的大脑得到恢复。

2019 年 4 月，以色列的科学家们应用 3D 打印技术，利用人自身的组织，打印出了世界上第一个完整的心脏。虽然这个心脏只有樱桃大小，但具备心脏所有的结构，包括心房、心室以及血管等，并且因为取材于患者本身，不会出现移植排斥反应，为心脏移植提供了一个新的研究方向。科学家们下一步的研究计划就是让 3D 打印出来的心脏具备真正的泵血功能。而在应用 3D 打印心脏之前，3D 打印的脊柱、下颌骨等器官已经进入临床。这是人工智能与医学的一次完美的结合，为人类解决器官移植问题带来了新的希望。

（二）医学影像：发现不一样的"美"

传统上，医生需要通过病人的临床病症并结合生理、影像等一系列检验结果数据对病情做出判断，而这一切都是可标准化的数据，可以交给人工智能进行处理。人工智能可以综合临床特点与生理、影像指标，快速调出可能对应的疾病，辅助医生进行判断。

随着生活质量的不断提升，人们也越来越注重健康，如何快速无误地检查身体也成了人们的关注点，这也加快了海量影像数据的产生与发展，到 2020 年我国影像市场的规模估计将达到 7000 亿人民币，但与此矛盾的是，如今医院缺乏足够的能准确并且快速地读取图片信息的专业医护人员，因此对于快速处理影像数据能力的需求也十分巨大。目前一款名为“DE”的记忆超声影像诊断系统被应用于甲状腺病变良恶性的诊断，“DE”系统里存储了 14 000 多个甲状腺疾病患者的病理图像，经过记忆、分析，总结出了一份“电子版指南”，可以迅速判断出哪些图像的特点显示是甲状腺病变良性、哪些是恶性，诊断准确率在 80% 左右，比医生的平均准确率高 20%。

胶囊内镜，全称“智能胶囊消化道内镜系统”，是一种价格昂贵但是无痛苦的形似胶囊的内窥镜，用来检查人体食管和胃肠道的情况。胶囊内镜的原理是把摄像机缩小，植入医用胶囊，进入并探索人体的内部，对病人消化系统进行诊断。外貌上它与普通胶囊药物没有很大差别，但作用却非常神奇，它是一台微型摄像机，用于探查人体食管和胃肠道有无病变。患者就像平常吃药一样吞服，胶囊随胃肠道蠕动沿消化道方向“滑行”，一边拍摄图像一边再把图像传至患者系于腰间的数据传输装置。几小时后，医生把胶囊拍摄的图像下载于电脑，胶囊会在 24 小时内自动排出体外，全程无侵入性操作，且使用胶囊内窥镜，患者可保持正常活动和生活。

（三）药物研发：我是“药神”

人工智能应用于药物研发，可以极大地缩短研发时间，减少投入成本，帮助药物研发取得突破。例如，开发虚拟筛选技术进行药物挖掘、临床试验智能匹配，通过人工智能可以帮助发现适合目标人群的药物，避免医药制造商开发可能失败的药物，针对以癌症、神经退行性疾病为代表的疑难杂症，以及市场难以覆盖成本的罕见疾病都有广泛前景。人工智能在新药研发上的应用主要分为两个阶段：药物研发阶段和临床试验阶段。

药物靶点是药物与机体生物大分子的结合部位，涉及受体、酶、离子通道、转运体等。新型药物的设计和筛选都是通过已知的靶点来完成的，因此对药物靶点的筛选成为了药物研发过程中非常重要的一个过程。药物靶点的筛选，即药物靶点的发现，是指发现能减慢或逆转人类疾病的生物途径和蛋白，这是目前新药研发的核心瓶颈。传统常用的寻找靶点的方式是通过交叉研究和匹配市面上已曝光的药物和人体上的 1 万多个靶点，以发现新的有效结合点，以往这项工作由人工试验完成，现在通过人工智能，将给试验的速度带来指数级的提升。人工智能可以代替药物研发工作者来关注所有的新信息，并从中寻找到可用的信息，进行生物化学预测。

药物挖掘，又名先导化合物筛选，是指将许许多多的小分子化合物进行组合实验，以发现具有某种生物活性和某种化学结构的化合物，用于进一步的结构改造和结构修饰。药物挖掘与筛选是生化水平和细胞水平的筛选，一般有高通量筛选、虚拟药物筛选两种方式。

高通量筛选最早是伴随组合化学产生的，短时间就可以完成大量候选物筛选，目前技术成熟，可用于对组合化学库的化合物筛选，同时也用于对目前拥有的化合物的筛选。此项技术因结合了药学、医学、分子生物学、计算机和自动化等多学科知识，已成为当前药物研发的主要方式。完整的高通量筛选体系拥有高度整合性和自动化特征，被人们形象地称为药物筛选机器人系统。随着人工智能技术的发展，有望通过开发虚拟筛选技术取代高通量筛选、利用图像识别技术优化高通量筛选两种方法来提高药物挖掘的效率。

虚拟药物筛选可以有效避免实体药物筛选需投入大额资金的问题。而实体药物筛选需建立规模巨大的化合物库，提取、培养实验需要的靶酶、靶细胞，也需必要的设备支持。虚拟药物筛选通过在计算机上模拟药物筛选的流程，预测化合物可能的活性，对可能性大的化合物实施有针对的实体筛选，大大地降低了开发的成本。纵然虚拟筛选准确性还有待提高，但其快速价低的特点，使其成为发展最为快速的药物筛选技术之一。

患者招募：在临床试验阶段，因为在原定时间内很难发现足够数量的患者，大多数试验不得不大幅延长其时间周期。根据拜耳的数据统计，90% 的临床试验不能按时招到合格的患者。人工智能技术能对病人病历资料分析，对疾病数据进行深度研究，使制药企业可以更精准地发现目标病人，提高效率和质量。2016 年，百健（Biogen）公司进行了一项研究，使用 Fitbit 追踪多发性硬化症患者的活动，结果，24 小时内便成功招募了 248 名患者，其中 77% 的人完成了后续的研究。

药物晶型不仅决定了药物的临床效果，而且还有非常大的专利价值，药物晶型专利可以延长药物专利 2 到 6 年，把一个分子药物的所有可能晶型全部预测，防止遗漏，更高效地筛选出匹配的药物晶型，降低成本。

IBM 的 Watson 机器人可以通过快速分析大量的临床和科研数据来寻找潜在药物。IBM Watson 作为药物研发领域的领头羊，伴随人工智能技术的逐步成熟，于 2016 年开始伸展手脚，以肿瘤疾病为重心，在慢性病管理、精准医疗、体外监测等九大医疗领域中实现突破，逐步实现人工智能作为一种新型工具的价值。

（四）助你一臂之力：康复机器人

现今世界，医疗资源短缺是一种全球性的普遍现象。据世界卫生组织估计，全球缺少近 400 多万名医护人员，而我们很难培养足够多的医生去治疗病人。尽管现在科技发达，人工智能在医疗领域的应用也帮助人类解决了一部分难题，但是，患者通过人工智能医疗系统就医时，因为缺少医学相关的专业知识，就诊时可能会出现“病急乱投医”的情况，给自己或者是医生都带来了很大麻烦。此外，有一些相对落后的地方或是级别低一些的医院，那里的医生可能每天都要面对大量患者和许多相同的问题，反复解释，不仅消耗时间体力，而且效率低下。同时，这些医生了解的专业知识可能并不是很全面，很难对非自己专业之外的病症做出准确的判断。

为了解决这一难题，人们研发出了远程医疗机器人智能导诊系统，可以帮助患者快速判断疾病类别，同时帮助他们找到相应科室以及医生进行就医。这种远程医疗机器人的智能导诊系统可以通过电子病历获得患者的基本信息，包括性别、年龄、婚否、电话、病史等；通过点击触屏或者语音的人工交互获取患者的主诉症状，再利用贝叶斯分类器进行自动诊断，确定疾病类型。患者可以根据机器人的推荐直接就诊，或者通过语音交互获取疾病的治疗方案，也可以通过远程手段了解自己心仪的大医院的科室的详细信息，包括科室的专家医生数量以及他们的信息，然后通过这种远程手段联系大型医院的专家，进行挂号或者就诊。患者甚至无须亲自到医院咨询，通过远程医疗机器人即可完成导诊过程，并进行咨询，十分便捷。①

另一方面，随着当今社会失能老人和残疾人数量的不断上升，无论是医院、社区还是家庭康复训练治疗的负担都不断加大，传统方式的康复训练的效率和质量已经不能满足我国日益增长的治疗需求。于是，康复机器人逐渐走进了人们的视野。

康复机器人的发明弥补了传统康复治疗方式上的不足。它融合了人工智能、机器人学、机械、生物力学、信息科学及康复医学等学科知识，将智能仿生技术用于辅助患者完成康复性的肢体训练动作，以达到治疗目的。康复机器人技术的主要发展内容涵盖了以下三点：（1）研究和开发方便医务人员及患者使用的康复器械及以此为基础的技术；（2）改善并促进临床康复治疗效果；（3）便捷患者的日常活动。

当前，康复机器人的研究和应用主要集中在脑卒中、脊髓损伤等因神经损伤而引发的肢体障碍的辅助治疗方面。根据肢体训练部位不同，康复机器人可被分为多体位全身式康复机器人、上肢康复机器人及下肢康复机器人 3 种类型。康复机器人主要通过被动或者半被动方式帮助患者进行训练。康复训练主要通过增强肌肉力量达到康复治疗目的，训练方式分为被动训练、助力训练、主动训练和抗阻训练 4 种形式。康复机器人内部拥有一套完整的辅助训练与控制系统，通过运算并模拟正常人步伐规律及具体数据，实时选择适应患者的康复训练方式，再由外骨骼系统对患者肢体肌肉进行辅助的被动性锻炼，逐渐恢复大脑运动中枢受损的神经，进而帮助患者恢复肢体运动机能。②

人工智能在医疗领域的应用，有效地减轻了医护人员的压力并缓解了医疗资源的不足，包括填补医疗人员的空缺，减少诊断或是治疗失误、提高临床护理质量等作用。目前，人工智能在我国临床医疗诊断、治疗、医学影像以及专家系统等领域广泛应用。

（五）基因工具：预测“生老病死”

多数疾病是可以预防的，但大多数疾病在发病前无征象，到病情严重的时候才被发现。医生虽然可以借助传统的检验检查等手段初步判断疾病，但人体的特殊性、疾病的疑难复杂性会影响判断的可靠程度。人工智能技术、基因测序、医疗检测数

① 王春晖．从弱人工智能到超人工智能 AI 的道路有多长［J］．通信世界，2018，19（18）：9.
② 陈梅，吕晓娟，张麟，等．人工智能助力医疗的机遇与挑战［J］．中国数字医学，2018，13（1）：16–18.

据的结合可以实现疾病的预测和干预，包括对个人健康状况的预警，以及针对不同患者的个性化的医疗干预措施。

目前，人工智能可以在人体血糖及血压管理、服药提示、健康要素监测等方面提供精确的指导，为患者提供高质量、智能化、日常化的医疗护理和健康指导，为人群提供全方位、全周期的健康服务。智能可穿戴设备和家庭智能健康检测监测设备可以实时、动态监测个人健康体征数据，利用人工智能技术对个体数据进行综合分析，可以对个人健康进行精准把握。对于提高患者的依从性、提高慢性疾病管理效率、节约医疗成本具有重要的意义。

致力于疾病风险预测的公司主要有两类：一类掌握基因测序核心技术，研发基因测序仪器；另一类利用基因测序仪，面向 B 端和 C 端提供测序服务。主要业务模式有以下几种：第一种是研发基因测序仪的上游企业和中游企业进行合作，共同完成设备设计、开发工作，使设备能够实现肿瘤基因、遗传基因、传染病等方面的检测功能，构造生态圈；第二种是利用基因测序仪提供服务的中游企业开发测序相关应用，面向 B 端和 C 端提供测序服务，B 端业务主要针对癌症、白血病等重大疾病，面向医院提供产品或服务或进行合作，C 端业务主要以疾病风险预测为重点，面向公众开放基因测序服务。

（六）养老界之星：护理机器人

据不完全统计，全球 60 岁以上老年人口，将以每年 6% 的速度增长。根据对全球老龄化人口的调查分析，2030 年 60 岁以上的老年人口，不但是以 6% 的速度增长，而且很有可能超过 0~9 岁儿童总人口数。到 2050 年，老年人口总数将超过 10~20 岁青年人口总数。

按联合国公布的老龄化标准，60 岁及以上的老年人超过人口总数的 7% 即属于老龄化社会。2017 年 6 月举行的“2017 中国国际老龄产业高峰论坛”上，时任民政部副部长高晓兵提到，2016 年，我国 60 周岁及以上人口有 2.3 亿人，占人口总数的 16.7%；65 周岁及以上人口 1.5 亿人，占人口总数的 10.8%。从 2012 年到 2016 年，老年人口由 1.94 亿人增长到了 2.3 亿人，老年人所占总人口的比重也从 14.3% 增长到 16.7%，增速惊人，这也说明我国老龄化形势已经十分严峻。

可是，我国老龄化的现状与经济社会发展情况并不相匹配。据权威机构报告，重失能患者已达 940 万人，部分失能患者 1894 万人，长期卧床且丧失生活自理能力的约 2700 万人，82 万老年痴呆患者中约有 24 万人长期卧床。2014 年国家统计局公布，我国各型养老服务机构共 3.4 万个、床位数 551.4 万张，远远供不应求。惊心动魄的数字后面是多数失能老人的护理问题，老年人医疗护理成为了社会关注的核心。

因此，采取一种新型手段来解决人口老龄化所带来的一系列问题，而且提升老年人的生活品质，是我国乃至世界各国亟待解决的一个社会问题。二十大报告提出“实施积极应对人口老龄化国家战略，发展养老事业和养老产业”，在这一战略大背景下，我国应依托人工智能技术，大力发展护理机器人，争取让具有护理功能的机器人来照顾老年人的晚年生活。接下来，我们就简单从以下几个国家为大家介绍护理机器人的应用。

1. 日本

日本的国土面积本就不大，人口也少，因此能够照顾老人的护理人员更是十分紧张。而日本政府早就将目标锁定在护理机器人的开发、宣传、推广上，希望由机器人帮助看管老人的生活起居，帮助政府分担养老压力。日本人形机器人技术如此发达，从某种程度上来讲可能也是受到了一些老龄化给予的刺激。

日本松下公司的 Resyone 看护机器人就像一个医疗版的变形金刚，能够从一张床变成一个电动轮椅，而且独自承担许多护理工作。

2. 德国

德国老年人数目庞大，据德国联邦统计局预计，2020 年，约有 320 万左右的德国老年人需要护理。目前，德国政府也开始应用智能护理机器人来缓解人口老龄化带来的压力。

德国莱尔克斯机器人研究院给本国闻名的奥古斯汀养老院提供了一种护理机器人，这种机器人可以帮助老人拿东西、记录老人用药情况、监测老年人的身体状况、带老人上卫生间、抱起老人从床上移入座位。如果有想要自己进食的老人，不想麻烦其他人，护理机器人可以用小勺把食物喂入他们的嘴中，之后帮助老人整理餐盘，倒掉垃圾。

3. 美国

美国一家公司特地研发了为失能患者及手术后不能自由活动的患者服务的伊利诺机器人，使用了智能化体感交互、远程通信、护理机检测、人体烘干、微电脑控制等多项技术。据悉，该机器人能够解决失能患者大小便的排泄问题，因为它不光可以自动冲走分泌物、用于净温水洗肛门、尿道口及周边部位，还能用暖风烘干私处，自动记录患者全日的排泄次数，帮助医护人员和病人家属监控使用者身体状况，即时收集使用者的各项数据。

美国比较有代表性的机器人还有 HelpMate 和 RoNA（Robotic Nursing Assistant），前者可以帮助老人在复杂环境中自主走动，比如开门、搭乘电梯；后者是一种人形机器人，其亮点是可以拖动或挪动老人。同类的转运设备可以将失能、半失能的老年人或患者从床上移动到担架车上，轮椅式担架车还能将担架车折叠成轮椅。

进入 21 世纪后，护理机器人的应用领域不断扩展，从之前的辅助老人日常生活逐渐扩展到健康管理、社会关怀等方面，比如美国卡内基梅隆大学研发的 Pearl 机器人能够提醒老人服药、监测老人的健康状况，Huggable 机器人可以向老人索要拥抱等。目前，能够将患者或者老年人从床上移动到担架车上的移乘设备已经发展得较为成熟，如意大利研发的患者转运设备 MOBILIZE R 3，瑞典研发的滑行气垫，美国研发的“Power Nurse”移乘设备，国内宁波启发医疗科技有限公司研发的 SE 系列医用电动转移车，大连龙威医疗设备有限公司研发的 LW–TB–1 移乘设备等。

列举以上各个国家先进的护理机器人，想要说明的就是，在科技更加发达的未来，人工智能机器人完全能够满足人类在养老方面的物质追求，保证晚年的生活质量。

四、展望未来：人工智能医疗技术的未来影响及挑战

人工智能对医疗行业的影响是颠覆性的，它不仅是一种技术创新，更是带动医疗生产力的革命，必会带来巨大的影响，市场空间无限。外媒 Science Guide 就人工智能在医疗领域的发展趋势做了调研，结果显示人工智能在疾病评估、康复治疗、健康等领域将前景大好。现阶段人工智能是帮助医生而非取代医生。随着科技的不断进展，医生的视觉、触觉等感官已经得到了极大程度的强化与延伸。比如内视镜技术（包括胃肠镜、腹腔镜、神经内镜等）的发展让医生看到用肉眼无法看到或无法看清的微小区域，而机器人技术让手术操作更加稳定与精准。人工智能的进步，则将给医生的大脑，加上一颗新的引擎，未来更加值得期待。[①]

（一）趋势：人工智能医疗的新兴领域

1. 新药评审

创新药的技术评审是一项高智力的活动，需要评审者具有丰富的经验和能力。目前，世界最知名的药品审评机构——美国食品药品管理局（Food and Drug Administration，FDA）拥有近 5000 人的高学历评审员队伍，我国的药品评审员的人数近年来在国家政策的大力支持下，也从 100 余人剧烈增长到近 800 人。人员的增加，不但带来人力成本的支出，还会带来巨大的管理成本。药品评审是典型的知识密集型工作，若能有效使用 AI 技术，合理学习、传承评审经验，将提高审评质量，减少人员，降低财政支出。在提取信息时，让计算机自动研读 eCTD（electronic Common Technical Document）申报材料中的主要信息，后自主生成评审材料基础版，则能节约审评专家许多的时间，大大提升审评效率，使得审评专家集中精力进行技术研判，得出合理合规的审评结论。在技术审评阶段，在审评色谱图时利用相关图像识别技术，将审评者从烦琐的图谱中解放，有效地筛分优劣结果，大大提高工作效率和准确度。在评审的相关领域引入人工智能，合法合规完成初级校核，让审评专家专注于相关关键技术的掌控，打造一个高素质的审评专家队伍。在遴选阶段，运用同样的功能，筛查该领域的核心成员，邀请他参与对应种类的会议，并依据他们的相关信息，让专家合理回避，无须参与相关的会议，大幅度提高相关会议的效果。

2. 个性化医疗

个性化医疗是以个人基因组信息为基础，结合蛋白质组、代谢组等相关内环境

① 胡建平. 医疗健康人工智能发展框架与趋势分析［J］. 中国卫生信息管理杂志，2018，15（5）：488–489.

信息，为患者量身设计出最佳治疗方案，以达到治疗效果最大化和副作用最小化的一种定制医疗模式。传统医疗是病人的临床症状和体征，结合性别、年龄、个人史、家族史、实验室和影像学等检查数据，判断病人所患疾病，选择使用的药物，根据病人的身高、体重等因素选择剂量、剂型，这是一个被动的过程，缺乏个性化，无论是治疗过程还是治疗效果均难以令人满意。而个性化医疗则能达到更好的治疗效果，获得更好的就诊体验。长期来看，个性化医疗通过更精准的判断，预测疾病的潜在风险，能提供更有效、更有针对性的预防措施，更好地预防某种疾病的发生，比“治有病”更节约医疗成本。

3. 精准医疗

精准医疗是一种将个人基因、环境与生活习性差异参考其中的疾病预防与处理的新兴疗法。其本质是通过基因组、蛋白质组等技术和医学先进技术，对于大样本人群与特定疾病类型进行生物标记物的分析与鉴定、检验与使用，从而精确地寻找到疾病的病因和治疗的靶点，并对一种疾病不同状态和过程进行精确分类，最终实现对于疾病和特定患者进行个性化精准治疗的目的，提高疾病诊治与预防的效益。与传统医疗相比，精准医疗具有更好的准确性和便捷性。例如，针对肿瘤疾病可以通过基因测序找出癌变基因，更有针对性地选择药物，提高诊治效果。精准医疗是在对人、病、药深度认识的基础上，形成的高水平诊疗技术。

（二）影响：人工智能会取代医护人员吗？

鉴于我们目前还没有发明出能够自由思考并做出决定的机器人，所以目前人工智能的发展水平依旧有着停滞。因为人工智能发展过程中的不可预测性，人类无法预测人工智能会做出何种决策。这既是一种优势，同时也会带来风险，因为系统可能会做出不符合设计者初衷的决策。

人工智能没有办法完全取代人脑，因为人工智能的思想是人类赋予的计算机思想，并非人类思想，因此人工智能存在一些无法解读的事物，如人的情感、人的道德。人类是情感动物，尤其是老年人，对情感异常敏感，比起丰富的物质生活，他们更需要的是与亲人和朋友直接的沟通和交流，这种最直接的、感性的交流方式才是最高效的。目前技术条件下的人工智能更多是从物质需求方面去满足老人的生活，提供生活上的便利，却无法拥有人类的情感，无法真正去与老年人进行情感的交流，因此无法弥补老年人因子女不在身边而产生的内心的孤独感。未来人工智能能否进一步发展，进化到同人类进行情感互动，这个我们无法获知，但是即使身边有聪明能干的机器人听候指令，老人们也更想看到儿女们那一张张鲜活的脸庞吧。

人工智能之所以能够代替人的部分工作，是因为它具备强大的计算、分析、执行能力，这是很多人类不具备的能力。同样，人类所具备的强烈的主观意识以及自主思考的能力目前也不会发生在人工智能身上，因此人工智能是不可能完全替代人脑的，只能够在一些偏简单机械化的领域供人们使用。

在医疗领域，人工智能的出现，是否会取代医生或者护士？虽然人工智能在医疗领域有着上述诸多美好的应用前景，但就目前人工智能在医疗领域的应用来说，也不能说是十全十美。笔者认为，除了上述的原因之外，目前人工智能医疗系统存在的一个问题就是大众隐私问题。当前人工智能的发展主要依靠“大数据挖掘+深度学习”的模式，人工智能系统通过获得大量、多种数据来进行学习算法练习。在这个过程中，个人的很多私人信息，如健康信息、地理信息、性格偏好甚至是穿衣习惯等，都将不可避免地被实时采集和保存。通过收集、挖掘和分析大量碎片化的个人数据，数据采集者可以还原甚至生成一个人的“生活肖像图”，并从中提取出对自己有利用价值的信息。这样，用户就在不知不觉中失去了自身隐私，一些有心之人利用智能算法等方法甚至还可以随时窥探和调取用户的隐私信息。此外，有数据表明，现在的商业发展高度依赖对消费者数据的分析。因此消费者多多少少会面临着两难的困境：如果不提供自己的私人信息，则无法享受人工智能系统的个性化服务；如果提供了私人信息，那么这些信息有可能被用于牟利。而对人工智能开发者而言，为了获取商业利润，他们也会以各种方法诱导消费者提供个人隐私，甚至非法收集消费者隐私信息。因此，我们也不能一味地相信人工智能是十全十美的，在将自身健康交托之前，一定要确保自身隐私的安全。

综上，人工智能已经成为了我们日常生活中不可或缺的一部分，未来也会有极大的发展前景。但是，人工智能的位置只能仅次于人类，在某些领域只可能部分超越人类，而不可能完全替代人类。

（三）直面挑战：推动智能医疗健康发展

首先，人工智能医疗市场越来越成熟，主要基于三个方面：第一，人工智能医疗的使用基础和环境。中国人口总数多，医疗有效资源分布不平衡，人工智能医疗的实际使用是必然趋势。第二，人工智能在各领域的技术积累达到了一个爆破点。从该层面分析，它可以为医疗人工智能的有效使用起到强大的推动力量。第三，国家政策支持。2013 年到 2017 年期间，国务院、发改委、FDA 不断发文，都提到了医疗影像走向智能化、云化的趋势，为推动智能医疗领域发展保驾护航，也标志着我国人工智能医疗时代的到来。

其次，人工智能医疗技术大发展应用将面临四个方面的挑战：一是基于各种设备的集成。现在医院有很多的设备是分割的，要重新把它们更好地合成。二是怎样让所有医疗大数据在每个医院都很好地使用。三是人工智能遇到数学的困难，需要数学家们协力对数据进行分析，工作人员之间要加强深广度认知，突破相关难题。四是要推动医疗人工智能在健康领域更好地应用。而且，推动人工智能在健康医疗领域的发展，更要结合本国的主要问题，比如老年人口基数大、传染病、慢性疾病、先天残缺等问题，需要攻破多个相关技术难关，提高智能医疗的供给能力，同时强化与健康产业链的共同发展和培养。医疗卫生服务质量、水平的提升，依托人工智能快速的进步，尤其在智能诊断、治疗、健康管理方面着重发展。在临床用得好的各种产品，尤其是机器人和精准化治疗相关方面，可以建立示范项目，保证其得到更好的发展。

再次，为更好地促进和规范医疗人工智能发展，理论方法研究、数据中心建设、系统规范化建设、数据资源治理、标准化管理、应用评估体系等基础性工作亟须加快推进。应通过专家库、学组、联盟、基地等多种形式，加快开展医疗健康人工智能发展与应用的政策规划和相关标准体系研究。应深入推进互通共享工作，指导区域、应用信息化建设，不断丰富应用。应加快数据治理工作，建设数据资源目录，进行数据全生命周期管理，提升数据质量，形成共享开放机制，发挥数据价值。

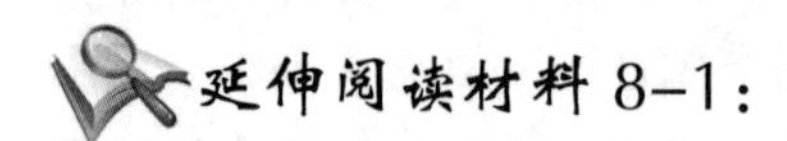

人工智能早期肺癌检测

众所周知，肺癌是常见的恶性肿瘤之一，死亡率高。胸部筛查可以识别肺癌并且降低其死亡率。但胸部筛查本身存在阴性、假阳性及适用性等问题，影响了肺癌的早期检测和后续治疗。2019 年 5 月，著名医学期刊《自然医学》报告了一个人工智能肺癌检测系统，谷歌人工智能部门的 Daniel Tse 与斯坦福大学、纽约大学等机构的研究人员合作，开发了一个深度学习模型，该深度学习技术检测肺癌的准确率可以到达甚至超过放射专家。他们在 42 290 个 CT 扫描图像上对模型进行训练，使其能够在没有人为参与的情况下，预测肺结节的恶性程度。他们发现，人工智能系统能够在 6716 例测试病例中检测出微小的恶性肺结节，准确率达 94%。研究人员认为，该深度学习系统提供一个图像自动检测机制，可以提高早期肺癌发现率，以让患者可以得到早期治疗的机会。系统也降低了正 / 负错误率，这样不仅可以避免不必要的后续检测流程，也减少了患者被耽误治疗的可能性，提高患者生存率。

（资料来源：谷歌再推人工智能早期肺癌检测系统，准确率 94%。出处：https://news.sina.com.cn/o/2019-05-21/doc-ihvhiqay0172490.shtml。）

第九章　人工智能技术应用之七——教育

“教育不是灌输，而是点燃火焰。”

——苏格拉底

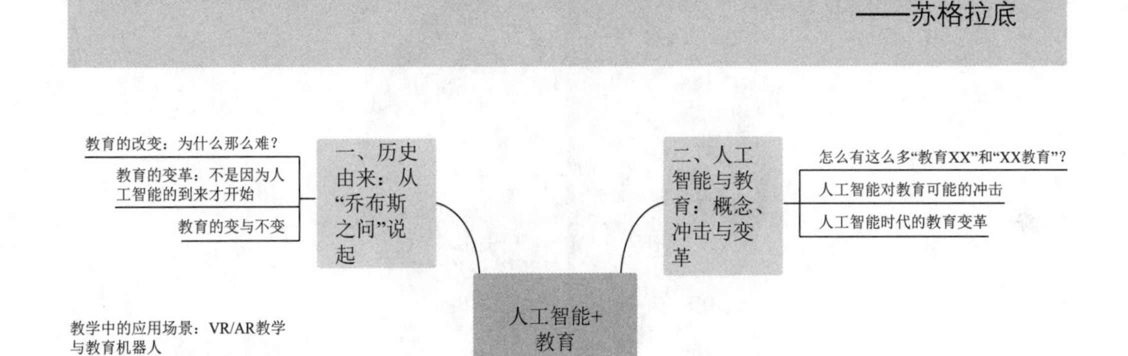

本章知识思维导图

在经历多次的起伏之后，伴随互联网、大数据和云计算等基础技术的不断成熟和组合应用，特别是以深度学习为代表的机器学习领域的突破性进展，新一代人工智能“横空出世”，与之前人工智能还只是一些特定领域的“阳春白雪”不同的是，本轮人工智能的发展已给金融、交通、物流、医疗、制造等众多领域带来了“走进寻常百姓家”的落地应用。那么，教育领域呢？或者说，同学们、老师们，你们做好迎接人工智能可能给教育带来的机遇或挑战的准备了么？

本章将就人工智能发展给教育带来的影响、教育人工智能的应用场景、人工智能背景下的教育未来发展，特别是如何在人工智能时代做好“抓机遇、迎挑战”方面的准备等话题进行探讨交流。

一、历史由来：从“乔布斯之问”说起

《史蒂夫·乔布斯传》[①]中描述了苹果公司的联合创始人史蒂夫·乔布斯在与比尔·盖茨会面中讨论关于教育的问题和对未来学校的设想时，“他们一致认为，迄今为止，计算机对学校的影响小得令人吃惊——比对诸如媒体、医药和法律等其他社会领域的影响小得多”。国内学者在解读这两位商界知名人物的共识时，进一步将其延伸为：“为什么IT改变了几乎所有领域，却唯独对教育的影响小得令人吃惊？”[②]这一发问也就成为了国内教育领域在讨论信息技术如何推动教育变革时津津乐道的“乔布斯之问”。“乔布斯之问”的核心在于教育信息化的实际效果与人们的期望值之间存在巨大落差，那为什么会有这么大的落差呢？

图9-1　乔布斯与盖茨

（一）教育的改变：为什么那么难？

要回答“乔布斯之问”，可能还要从教育的特殊性以及技术与教育的关系说起。

1. 教育是关于“如何成人、如何成才”的特殊领域

教育是有别于其他“以物为中心”领域的“以人为中心”的特殊领域。教育既关注知识传递这样的物理反应，也关注技能训练、能力培养、精神气质养成等化学反应的发生，还要关注每一个独特个体身心全面发展的生物反应的发生。

教育行业与制造业、通信业、交通业的不同体现在：制造业等行业的工作对象本身就是技术的产物，甚至就是技术本身，作为技术的指向对象，它们都是被动的，可以被改造、被改变；而人具有主观能动性，人只能自我改变、自我改造，而不能被技术改变、被技术改造；人的学习本质上只能是自我练习、自我学习、自我成长，不仅技术不能取代人的自我学习和成长，而且其他人也不能代替自我的学习和成长，

① ［美］沃尔特·艾萨克森．史蒂夫·乔布斯传（修订版）［M］．管延圻，译．北京：中信出版社，2014：490.

② 李芒，孔维宏，李子运．问“乔布斯之问”：以什么衡量教育信息化作用［J］．现代远程教育研究，2017（3）：3-10.

"人，只能自己改变自身，并以自身的改变来唤醒他人"[①]。

2. 信息技术在改变和推动教育发展，但技术能主宰教育的未来么？

信息技术对中国教育的改变和推动是实实在在的，看一组数据[②]：2012 年以来，我国中小学互联网接入率从 25% 提升到 90%，多媒体教室比例从不到 40% 提升到 83%。"优质资源班班通"普及深化，超过 1400 万人次的教师参与"一师一优课，一课一名师"活动，形成了 1300 万堂优课资源。利用信息技术还解决了 400 多万边远贫困地区教学点学生因师资短缺而开课不足的问题。"网络学习空间人人通"实现跨越式发展，开通数量从 60 万个激增到 6300 万个，应用范围从职业教育扩展到各级各类教育。

在技术和教育的关系上，人们的看法并不统一，譬如：有人认为技术是教育的手段和工具，最终是为教育服务的；有人认为，技术是导致教育变革的革命性因素，技术的进步将对教育产生颠覆性影响；还有人认为"技术既是教育教学的手段和工具，也是导致教育教学发生颠覆性改变的革命性因素"[③]；但也有研究表明，"在不同的历史时期，自 1928 年开始，一直到现在，均有研究发现：不同的技术手段在对教育与学习结果的影响上不存在显著差异"[④]。

互联网技术的应用已经给教育带来了深刻影响，不少人认为互联网将会给教育带来"颠覆性影响"，而在新东方联合创始人俞敏洪[⑤]看来，互联网更新了教学手段，提高了学生的信息获取效率，对教育的推动是毫无疑问的，但"互联网颠覆不了教育的本质，虽然互联网想要颠覆教育，尤其是全面颠覆教育，但可以说是痴人说梦"。

"只有技术是不够的。我们笃信，是科技与人文的联姻才能让我们的心灵歌唱。"[⑥]确实，"从目前来看，还没有哪所学校仅凭信息技术就可以实现学校的'脱胎换骨'或跨越发展"[⑦]。但如果我们坚信"质变来自于量变的积累"，那么集各种信息技术之大成的人工智能是否将会给教育带来质的变化呢？也许不久的将来就会有答案。

（二）教育的变革：不是因为人工智能的到来才开始

"教育是一门时代学"[⑧]，时代在变，教育必须或不得不变。推动教育变革的力量是多方面的，技术的进步在促进教育变革方面扮演了重要角色。文字的发明和使用

---

① 陈晓珊 . 人工智能时代重新反思教育的本质［J］. 现代教育技术，2018（01）：31-37.

② 杜占元 . 人工智能与未来教育变革［J］. 重庆与世界，2018（12）：10-12.

③ 王竹立 . 碎片与重构 2：面向智能时代的学习［M］. 北京：电子工业出版社，2018：125.

④ 杨浩，郑旭东，朱莎 . 技术扩散视角下信息技术与学校教育融合的若干思考［J］. 中国电化教育，2015（4）：1-6.

⑤ 俞敏洪 . 互联网颠覆不了教育［DB/OL］.［2017-03-8］. http://edu.qq.com/a/20151128/035949.htm，2015.

⑥［美］沃尔特·艾萨克森 . 史蒂夫·乔布斯传（修订版）［M］. 管延圻，译 . 北京：中信出版社，2014：468.

⑦ 李芒，孔维宏，李子运 . 问"乔布斯之问"：以什么衡量教育信息化作用［J］. 现代远程教育研究，2017（3）：3-10.

⑧ 曹培杰 . 智慧教育：人工智能时代的教育变革［J］. 教育研究，2018（8）：121-128.

促使学校这样一种有计划、有组织的教育形式诞生，而造纸术和印刷术的发明使得书籍成为学习和传播知识的有力武器，工业革命使得大规模标准化教育成为现实，使得更多的人获得了受教育的机会，但也逐渐脱离了传统的个性化教育，这些变化都堪称是已经发生过的教育领域革命性的变化；而当下，信息技术的大发展同样给教育带来了深远的影响，教育的变革可谓从未止步。有学者对技术推动教育变革的历程进行了简单梳理，见表 9–1①。

表 9–1　技术进步与教育变革的关系

技术	时代	人才需求	教育教学体系
种植技术	农业时代	个体劳动者	私塾、书院
蒸汽机	工业时代	流水线上的工人、各行各业的专业人士	现代学校制度
计算机、网络	信息时代	信息的生产、加工、传播、使用者	个性化在线学习环境
大数据、人工智能	智能时代	创新型人才	创造性的学习环境

作为被视为与蒸汽机、电力、计算机、互联网等革命性发明同一“量级”的通用技术的人工智能将会给教育带来哪些改变呢？

事实上，人工智能和教育早已结缘。兴起于 20 世纪 50 年代末期的计算机辅助教育（Computer Based Education，CBE）和始于 20 世纪 70 年代的智能教学系统（Intelligent Tutoring System，ITS）都可被视为早期人工智能在教育领域的具体应用，对教学、科研和管理等都带来了积极影响。尽管“目前，人工智能对教育的深刻影响还没有完全凸显出来，甚至还没有被完全认识到”②，但教育机器人、智能教室、VR/AR 和自适应学习系统等技术和产品的应用已让人们感受到了人工智能在促进教育变革方面的潜力。作为一种可能会对社会产生全方位影响的通用技术，在“已有的通用技术（蒸汽机、电力、计算机通信等）已为教育提供物质与能量、媒体与学习环境（如书籍、幻灯片、计算机、互联网）”③的基础上，人工智能这一新的通用技术有望给教育领域带来“真正意义上的革命”。

（三）教育的变与不变

人工智能来了，变化已然发生，改变也将继续。

1. 哪些变化我们必须适应？④

变化之一，学习的空间扩大了，时间自由了。学习空间已经不限于学校，而是

① 王竹立. 技术是如何改变教育的？——兼论人工智能对教育的影响［J］. 电化教育研究，2018（04）：5–11.

② 杜占元. 人工智能与未来教育变革［J］. 重庆与世界，2018（12）：10–12.

③ 张志祯，张玲玲，李芒. 人工智能教育应用的应然分析：教学自动化的必然与可能［J］. 中国远程教育，2019（1）：25–35.

④ 顾明远. 未来教育的变与不变［N］. 中国教育报，2016–08–11（003）.

处处可以学习，可以在物理空间学习，也可以在虚拟世界学习；学习可以发生在统一的授课时间，也可以发生在你认为方便的任何时候。

变化之二，教育培养的目标更强调“活的”能力获得而不是“死的”知识的储存。只有培养出机器不能替代的创造力、复杂沟通能力、人际能力、领导力等，才能适应人工智能时代的要求。

变化之三，课程内容更为综合和动态化。传统的分科课程，不利于培养学生综合思维能力，未来课程将更重视学科内容的整合；知识的“半衰期”越来越短，课程内容必须快速更新。

变化之四，学习形式更为灵活多样。既可以一个人静静地学习，也可以加入“慕课”（MOOC），万人同学，还可以在教育机器人的辅助下智能化学习。

变化之五，学习变得更为个性化，教育更为精准化。人工智能在教学中的应用，可以使教师更好地根据学生的学习兴趣、爱好和基础条件，为每个学生设计个性化的学习方案，促进课程安排和学习方式的多样化，增加学生的学习选择权。

变化之六，师生关系向平等、合作转变。教师不再是知识的唯一载体，更不是知识的权威。教师的角色必须由传统教育的知识传授者转变为教育的设计者、指导者和帮助者，成为与学生共同学习的伙伴。

2. 哪些不变需要我们坚守？

不变之一，人类大脑硬件没有什么变化。《生猛的进化心理学》一书中讲到，今天我们周围所见到的一切——城市、国家、房舍、街道、政府机构、写作、避孕方法、电视、电话和电脑——几乎都是在最近的一万年中才出现的。但对人类的身体而言，适应的却是远古环境，也就是说我们拥有的还是一个石器时代的身体，包括大脑。相对于变化太快的外部环境，人类进化的速度几乎可以忽略不计。

不变之二，人类的认知学习方式没什么变化。既然作为学习认知的硬件——大脑，自人类文明以来就没有什么变化，在人类没有大的技术突破之前，人类的认知学习方式也不会有什么变化。《翻转课堂的可汗学院》一书探讨了“为什么正确的教育规律不能被运用”这一问题，给出的解决方案就是教育要符合人的学习规律，具体做法就是根据每个人的学习状况自主设计学习的进程。

不变之三，教育的本质不变。不管技术手段如何变化，“教育传承文化、创新知识和培养人才的本质不会变，立德树人的根本目的不会变”，“教育永远要把培养学生的思想信念、道德情操放在第一位，培养德才兼备的未来公民”[①]。

① 顾明远．未来教育的变与不变［N］．中国教育报，2016-08-11（003）．

二、人工智能与教育：概念、冲击与变革

（一）怎么有这么多“教育XX”和“XX教育”？

1. 教育信息化

教育信息化是指在教育领域（教育管理、教育教学和教育科研）全面深入地运用现代信息技术来促进教育改革与发展的过程。2018年4月13日教育部正式发布的《教育信息化2.0行动计划》[①]中明确指出：要以人工智能、大数据、物联网等新兴技术为基础，依托各类智能设备及网络，积极开展智慧教育创新研究和示范，推动新技术支持下教育的模式变革和生态重构；要大力推进智能教育，开展以学习者为中心的智能化教学支持环境建设，推动人工智能在教学、管理等方面的全流程应用，利用智能技术加快推动人才培养模式、教学方法改革，探索泛在、灵活、智能的教育教学新环境建设与应用模式。

2. 互联网+教育

“互联网+教育”是指利用网络技术、多媒体技术、交互技术等互联网技术手段实施的新型教育形式。通过互联网技术与教育的深度融合，可以推动教育系统的变革，使教育体系更具灵活性和有效性。[②]“互联网+教育”并不是简单地把传统的学校课堂放到网上，而是用互联网的思维，互联网连通的功能、生成的功能、汇聚的功能，包括过程大数据的应用来改变长期以来只有学校一种形态的教育组织体系、只有教师简单地在课堂提供教育服务的供给方式。目前比较典型的“互联网+教育”有：大规模开放在线课程MOOC（Massive Open Online Courses）、小规模限制性在线课程SPOC（Small Private Online Course）、网络直播课程等，以及线上线下混合式课程。

图9-2　MOOC（大规模开放在线课程）

3. 智慧教育

对智慧教育的理解有两种主要观点。[③]

一是将其视为是对知识教育观的批判和超越。英国哲学家怀特海指出，在古代

① 教育部关于印发《教育信息化2.0行动计划》的通知［EB/OL］. www.ict.edu.cn/p/liaoning/tzgg/n2018050811145.html.2018-04-13.

② 史枫．“互联网+教育”助力打造学习型社会［N］. 中国教育报，2018-03-12（002）.

③ 曹培杰．智慧教育：人工智能时代的教育变革［J］. 教育研究，2018（8）：121-128.

学校里，哲学家们渴望传授的是智慧，而在现代学校，我们的目标却是教授各种科目的书本知识，这显然背离了教育启迪智慧的正确方向；教育应该是使人具有活跃的智慧；教育要激发学生的求知欲，提升其判断力，锻造其对复杂环境的掌控能力，使学生能够运用理论知识对丰富多彩的生活和工作场景做出合理的预见。只有把“人”置于教育的最高关注点，发掘人的潜能，唤醒人的价值，启发人的智慧，才能从容应对人工智能时代带来的挑战。

另一种观点则是将智慧教育视为教育信息化发展的新阶段，是依托物联网、云计算、无线通信等新一代信息技术的教育信息生态系统，更是信息化元素充分融入教育后发生的“化学反应”。祝智庭教授认为，智慧教育是通过利用智能化技术构建智能化环境，让师生施展灵巧的教与学方法，由不能变为可能，由小能变为大能，从而培养具有良好价值取向、较高思维品质和较强行为能力的人才。黄荣怀教授认为，智慧教育是利用现代科学技术为学生、教师等提供一系列差异化的支持和按需服务，全面采集并利用参与者群体的状态数据和教育教学过程数据来促进公平、持续改进绩效并孕育卓越的教育。

4. 智能教育

智能教育是一个与智慧教育联系密切的概念。智能教育既继承了智慧教育的核心观点、方法与实践，又体现了人工智能时代教育发展的新特征、新要求。国家《新一代人工智能发展规划》[①] 中提出，要围绕教育等迫切民生需求，加快人工智能创新应用。

相关学者基于人工智能技术的发展现状，结合人工智能技术在实际教育场景中的应用深度，将当前已出现的智能教育应用划分为浅层、中层和较深层三个层次。[②]

（1）浅层应用：计算智能 + 教育。浅层应用是指人工智能技术与教育应用场景只做了浅层的结合，在实践应用过程中主要体现了“计算智能”的特点，即应用人工智能算法与思想，突出技术的快速计算与持久存储能力。以 MOOC 学习场景为例，如果产品系统采用“基于 KNN 的协同过滤算法”（这是一种典型的机器学习算法，其核心思想是根据用户的相似偏好和物体的相似特性来推荐相关的产品）作为学习资源的推荐引擎，体现了计算智能的特性，那么便可以说该产品系统已经达到智能教育应用的浅层水平。

（2）中层应用：感知智能 + 教育。中层应用是指人工智能技术与教育应用场景做了中等程度的结合，在实践应用过程中主要体现了“感知智能”的特点，即具备处理听觉、视觉、触觉等环境感知的能力，为人工智能更深层次的应用奠定基础。中层应用通常会集成各类感知智能技术模块（亦称为“核心引擎”），如语音合成、

① 国务院关于印发新一代人工智能发展规划的通知［EB/OL］. https://baike.sogou.com/v16734805.htm?fromTitle= 国务院关于印发新一代人工智能发展规划的通知 .

② 王亚飞，刘邦奇 . 智能教育应用研究概述［J］. 现代教育技术，2018（01）：5-11.

语音识别、图像识别、人脸识别等。以英语口语测试场景为例，如果产品系统将英语口语评分规则与通用的发音检测、语音识别、文字转写等技术相结合，封装开发“英语口语评测引擎”，体现出感知智能的特性，那么便可以说该产品系统已经达到智能教育应用的中层水平。

（3）较深层应用：特定领域认知智能 + 教育。较深层应用是指人工智能技术与教育应用场景已经做了较深层次的融合，在实践应用过程中主要体现了“特定领域认知智能”的特点，即在特定场景或领域中具备一定程度的认知推理能力。以作业场景为例，如果产品系统一方面通过向学科专家、教学专家、命题专家等学习经验，分别形成面向学科教学与测试的“知识图谱”（Knowledge Graph），实现了对学科的准确认知；另一方面通过采集学生在听课、作业、预习与复习场景中的行为数据，对用户个体与群体画像，实现了对用户的准确刻画，最终综合知识图谱和用户画像，形成了“个性化推题引擎”，体现了特定领域认知智能的特性，那么便可以说该产品系统已达到智能教育应用的较深层水平。

（二）人工智能对教育可能的冲击

1. 知识还有力量么？

17 世纪英国著名思想家弗兰西斯·培根认为“掌握知识是认识自然和征服自然的根本性力量”，“知识就是力量”成为人们学习成长的“精神明灯”。这一观点之所以深入人心有一个基本的时代背景：知识是非常稀缺的、知识传播方式是极为有限的。但今天“人类社会所积累的各种知识无论是数量还是质量与三百多年前相比均不可同日而语”，知识的增长堪称指数级，人类已进入了“知识爆炸”和“信息超载”的时代；通信技术和互联网技术的发展使得知识传播方式和速度发生了飞跃；知识的半衰期在不断缩短，有研究显示①，18—19 世纪的知识的半衰期为 80—90 年，进入 20 世纪 90 年代，知识的半衰期已快速缩短为 3 年，而进入 21 世纪，人们已无法给出具体的时间。随着互联网技术的深入渗透，知识的创造与更新速度只会越来越快。“如果你要等新知识被权威学者编成教科书后才去学习，很多知识可能早已过时了。”②

当然，知识仍然是进步的阶梯，没有一定的知识作为储备，新的知识和创造力的培养就是“无源之水”，因而“知识依然有力量”。“但单纯依靠知识包打天下的时代已经一去不复返了，尤其是学生依靠在学校所学到的知识去解决未来出现问题的可能性已经变得越来越小。”学会学习、终身学习、不断更新自己的“知识图谱”将是人工智能时代的不二选择。

---

① 张治，李永智，游明．“互联网 +”时代的教育治理［M］. 上海：华东师范大学出版社，2018：64.

② 王竹立．碎片与重构 2：面向智能时代的学习［M］. 北京：电子工业出版社，2018：67.

图 9-3 知识就是力量

2. 学校会消失么?

将“接受教育”与“到学校学习知识”画上等号是大多数人的固有观念，但互联网和人工智能在教育领域的深入应用将使这一观念发生巨大变化。“各种在线的、没有围墙的学校正向学子们敞开大门”；各级各类学校“知识传播主战场”的地位正在削弱，随时、随地、随需、随变的知识传播方式正在形成。那么，学校会消失么?

我们认为，未来的学校一定会发生巨大的变化，但学校不会消失。在中国教育学会名誉会长顾明远先生看来：学校是个人走出家庭、走向社会的第一个公共场所，是人生社会化的第一步。联合国教科文组织在《反思教育：向“全球共同利益”理念的转变》报告中指出，教育不只是个人发展的条件，还是人类集体发展的事业。个人的发展不是孤立的，而是在人类社会共同发展进程中发展的。因此，人工智能时代使个性化学习成为可能，但那也并不排斥集体学习，学校则是学生集体学习、共享学习成果的最好场所。①

有学者②基于技术推动社会变迁的脉络，勾勒了教育与学校形态变化的历史与未来趋势。(见图 9-4)

3. 教师会失业么?

既然知识的“决定性地位”在下降，知识的传播方式更为多样，那么曾经作为“知识权威”的教师怎么办? 挑战至少来自三个层面。

一是在知识传授层面，教师面临 MOOC 等网络教育的挑战。在知识更新相对较慢的基础知识传授上，比如数学、物理、化学、生物等，名校名师的 MOOC 给这些科目的教师带来了极大的冲击。

---

① 顾明远. 未来教育的变与不变［N］. 中国教育报，2016-08-11（003）.

② 曹晓明. “智能+”校园：教育信息化2.0视域下的学校发展新样态［J］. 远程教育杂志，2018（04）：57-68.

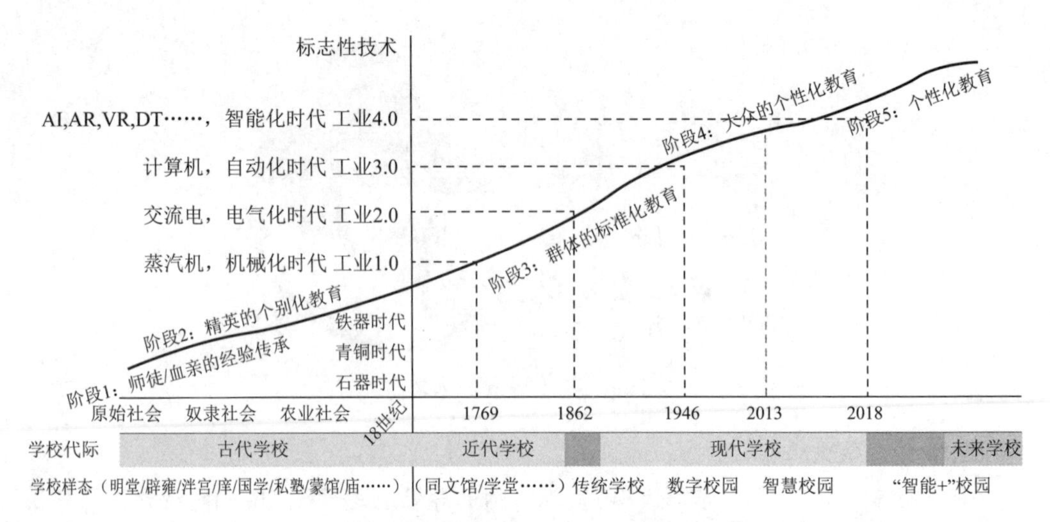

图 9-4 学校发展的"技术 – 社会"脉络[①]

二是在知识学习层面，自适应学习系统等人工智能应用将弱化传统意义上的教师职能。在自适应学习模式下，学生可以结合自身的实际情况，随时随地进入相应的学习环境之中展开学习。相应的学习方案也可进行"自动适应"，自适应学习系统可以针对不同学生的水平差异，推送最适合他们的题目和学习视频等内容。伴随自适应学习系统的应用，教师的指导作用将会下降。

三是在师生关系层面，教师的"权威"面临挑战。在很多前沿知识面前，教师几乎和学生站在同一起跑线上，如何成为学生知识学习的引领者，变得越来越困难；而在对数字化、信息化工具的掌握上，"这些年轻人是历史上第一代比年长者（老师和父母）更了解当前社会变革中最强大工具（数字信息和通信技术）的人，在他们面前，老师和父母往往成了学生"[②]。

面对挑战，可以肯定的是，教师岗位的工作方式将会发生变化，部分教学活动任务会由人工智能来完成，并且随着人工智能技术的进一步发展，教师工作任务被未来可能出现的高度集成的、个性化的教育机器人取代的程度会变得更大。即使如此，大多数专家和机构仍认为，教师职业并不会被替代，"未来的教育，教师依然在场"。

国外有关机构分析了未来360多种职业被人工智能所替代的可能，其中教师被替代的可能性仅为0.4%[③]，可能的原因在于[④]：教育既是知识的传递，更是对人精神世界

① 资料来源：曹晓明."智能+"校园：教育信息化2.0视域下的学校发展新样态［J］.远程教育杂志，2018（04）：57–68.

②〔美〕伯尼·特里林，查尔斯·菲德尔.21世纪技能——为我们所生存的时代而学习［M］.洪友，译.天津：天津社会科学院出版社，2011：26–27.

③ 杜占元.人工智能与未来教育变革［J］.重庆与世界，2018（6）：10–12.

④ 陈晓珊.人工智能时代重新反思教育的本质［J］.现代教育技术，2018（01）：31–37.

的塑造。技术可以操作知识、传递知识，但是技术不能操作价值观、不能通达人性。人性中最核心的内容——判断力、创造力、自由精神、独立人格、良知良行等还要靠教师的言传身教。技术擅长程序化的、预设性强的、一成不变的事务，但教育的场景具有不可重复性和高度的情境性，教育过程中每一个事件的发生和每一次思想的碰撞都是独特的、与此情此景密切相关的、不可提前预设的，这些场景的处理离不开教师的经验和智慧。

4. 学生的思维和能力会退化么？

技术对提高学习效率的作用似乎是无可置疑的，但技术工具的过度应用有可能产生“本末倒置”的结果。

2015 年，国际经济合作与发展组织针对国际学生评估项目进行了关于电脑使用对学生成绩影响的研究，结果显示[①]：学生使用计算机的频率越高，阅读能力和数字理解力则越低。也有学者研究发现：互联网链接妨碍了学生学习。可能原因在于，多媒体所要求的精力分散加剧了认知疲劳，从而削弱了学习能力，降低了理解程度，当我们给大脑供应思考原料的时候，并非越多越好。一些研究通过课堂教学实践，也证明了在教学中使用多媒体会影响学生的学习、分散学生的注意力。

尼古拉斯・卡尔考察了自动化对于工作活动性质和工作者技能的影响，发现省力的设备不仅代替了部分工作，还改变了任务的性质：对于飞机、轮船等驾驶操作工作，自动化技术把人类从直接操作者变为观察者，降低了人类对于突发紧急事件的应对能力；对于医生、会计师等诊断决策工作，决策支持软件的采用降低了人评估复杂案例的能力。总体上，计算机自动化似乎阻碍了人类将任务自动化的心理能力，造成了人类个体技能的退化。[②]

（三）人工智能时代的教育变革

1. 人工智能时代我们应该具备什么样的技能？

杰夫・科尔文将“21 世纪最关键的技能”给了“同理心”[③]，在他看来，所谓同理心就是要能了解别人的想法和感受，并做出恰当反应。同理心是科技进步背景下赋予人价值的所有能力的基础，随着机器逐步取代那些机械的、没有社交成分的工作，其成为人类最有价值的角色中越来越具有高度社会性的成分。

2016 年，美国的一项雇主调查结果显示[④]，雇主们最希望大学毕业生具备的素质是“领导能力”，有超过 80% 的受访者表示，他们在求职者简历中希望能寻找到领

---

① 陈晓珊 . 人工智能时代重新反思教育的本质［J］. 现代教育技术，2018（01）：31–37.

② 张志祯，张玲玲，李芒 . 人工智能教育应用的应然分析：教学自动化的必然与可能［J］. 中国远程教育，2019（1）：25–35.

③〔美〕杰夫・科尔文 . 不会被机器替代的人：智能时代的生存策略［M］. 俞婷，译 . 北京：中信出版集团，2017：87.

④〔美〕约瑟夫・E. 奥恩 . 教育的未来：人工智能时代的教育变革［M］. 李海燕，王秦辉，译 . 北京：机械工业出版社，2019：36.

导能力的证据；其次是“团队合作能力”，这一比例的选填比例也达到了近79%；书面交流和解决问题的能力以70%的比例排在了第三位；而技术技能的认可度甚至排到了职业道德或工作主动性之后而位居所有调查选项的中游位置。请注意，排在前两位的领导力和团队合作能力都是典型的人际技能，也就是现在人们常说的“软技能”，而技术技能和写作能力通常被认为是典型的“硬技能”范畴。即使不考虑人类要与人工智能比个高下或者人机合作的因素，未来人才培养的重点都应该是强化软技能的培养，至少是软技能、硬技能“两手都要硬”。而面对人工智能带来的挑战与机遇，如何发挥人类的优势，加强软技能的培养就显得越发必要了。

将人类繁杂的技能选项简单区分为硬技能和软技能显然并没有统一的标准，但一般将可以通过教育培训就能获得或者可以量化的技能和资历归为硬技能的行列，譬如操作某种设备或掌握某种技术的专业技能、使用某些工具的技能、外语能力、学历文凭等；而将那些通常“可学而不可教”的或难以量化的技能称之为软技能，譬如团队合作、沟通、灵活性、耐心、成就动机等。

显然，在软技能和硬技能的分析框架下，和人工智能相比，人类几乎所有的硬技能都可能被机器超越，高考状元们在与考试机器人的对阵中也占不到上风了，而在可见的将来，软技能将是人类应对机器的挑战和适应人机协同工作的法宝。

2. 人工智能时代的学生和学习

面对“人工智能时代到来的话，你们对年轻人有什么建议”这一问题，广东以色列理工学院院长李剑阁的回答是：“我会对我的学生讲，你选择专业虽然需要慎重，但是你也要时刻准备改变你的专业。”[①]

国际著名的管理咨询公司罗兰·贝格的首席执行官（CEO）常博逸认为，未来的毕业生应该是“游牧者”，他们不再会一辈子被锁定在某一行业或某一岗位，而是会在不同行业和岗位之间自由切换。[②]

麦肯锡的一份报告中认为，未来相当比例的人类活动都可能被人工智能替代，这种替代并不像以往机械臂取代人力那么简单，甚至公司CEO的一些经营管理决策都可能被替代。麦肯锡董事长鲍达民给年轻人的建议是：终身学习。他进一步指出，对教育而言，挑战在于如何让受教育者做好应对准备，适应未来的世界。[③]

在耶鲁大学校长苏必德看来：“要想知道未来高等教育是什么样子，这非常困难”，但能确定的是“我们所提供的教育是为目前并不存在的工作机会和挑战而准备的”，重要的是“我们要塑造那些具有普遍技能的终身学习者”。同时，他也不认为在线教育会取代那种师生在课堂中面对面共同学习的感受。[④]

面对人工智能可能给职业教育带来的影响，深圳职业技术学院党委书记陈秋明认为：

①②③④ 人工智能简明知识读本编写组. 人工智能简明知识读本［M］. 北京：新华出版社，2017：92.

"高职院校毕业生不仅要掌握一门高技术技能，其职业生涯拓展能力也会越来越重要。"①

创新工场人工智能工程院院长李开复总结了以下人工智能时代最核心、最有效的学习方法②：主动挑战极限；从实践中学习；通过启发式教育来培养学生的创造力和独立解决问题的能力；充分利用在线学习的优势实现教育资源的共享；主动向机器学习；既学习人—人协作，又学习人—机协作；学习要追随兴趣，追随兴趣，更有可能找到一个不易被机器替代掉的工作。

三、关注当下：人工智能在教育中的应用场景

人工智能（AI）本身就是一个模拟人类能力和智慧行为的跨领域学科，而教育人工智能（EAI）则是人工智能与教育科学相结合而形成的一个新领域。教育人工智能通过人工智能技术的应用来更深入、更微观地透视和理解学习是如何发生的，是如何受到外界因素影响的，进而为学习者高效学习创造条件。

有学者根据调研分析以及相关学者的研究，构建了教育人工智能的技术框架，主要包括教育数据层、算法层、感知层、认知层和教育应用层（见图 9-5）③。

其中，教育应用层是各类人工智能技术在教育领域应用的集中体现。目前的人工智能教育应用主要包括智能导学、自动化测评、拍照搜题、教育机器人、智能批改、个性化学习、分层排课、学情监测等方面，服务的对象包括学生、教师和管理者。

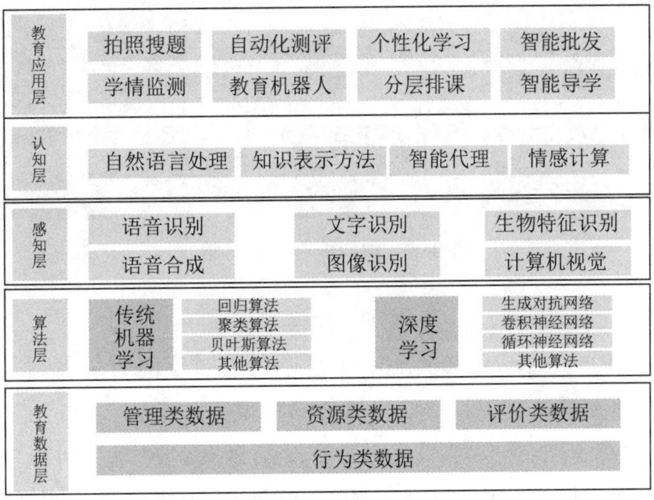

教育应用层	拍照搜题、自动化测评、个性化学习、智能批发、学情监测、教育机器人、分层排课、智能导学
认知层	自然语言处理、知识表示方法、智能代理、情感计算
感知层	语音识别、语音合成、文字识别、图像识别、生物特征识别、计算机视觉
算法层	传统机器学习（回归算法、聚类算法、贝叶斯算法、其他算法）；深度学习（生成对抗网络、卷积神经网络、循环神经网络、其他算法）
教育数据层	管理类数据、资源类数据、评价类数据、行为类数据

图 9-5 教育人工智能的技术框架④

① 陈秋明．人工智能背景下如何建设世界一流职业院校［J］．高等工程教育研究，2018（6）：110–116.

② 李开复，王咏刚．人工智能［M］．北京：文化发展出版社，2017：282–283.

③ 杨现民，张昊，郭利明，林秀清，李新．教育人工智能的发展难题与突破路径［J］．现代远程教育研究，2018（3）：30–38.

④ 资料来源：杨现民，张昊，郭利明，林秀清，李新．教育人工智能的发展难题与突破路径［J］．现代远程教育研究，2018（3）:30–38.

（一）教学中的应用场景：VR/AR 教学与教育机器人

1. VR/AR 教学

（1）VR 教学

虚拟现实（VR，Virtual Reality）是一种能够创建和体验虚拟世界的计算机仿真技术，它可以利用计算机生成一种交互式的三维动态视景，其实体行为的仿真系统能够使用户沉浸到该环境中，实现仿真学习。VR 技术与教学课堂结合后，特别适合对复杂、抽象的知识难点进行解答。比如：太空、天体运动、人体结构、立体图形等，运用了 VR 技术以后，这些抽象性的知识点，就可以通过在虚拟世界中建模的方式，构造出实例，从而让学生很直观地去学习和了解这些抽象性的知识。

国内的飞蝶 VR 教育公司设计的“BIES 沉浸式智慧教育云平台”①，打造出“教—学—练—考—评”的 VR 场景化教学新模式，可以实现 VR 场景化体验式学习、实训、考核和评价的闭环。

图 9-6 虚拟探究学习环境 ②

（2）AR 教学

增强现实（AR，Augmented Reality）是一种通过实时计算摄影机影像的位置及角度并配以相应图像从而实现将真实世界与虚拟世界“无缝”对接的技术。

AR 技术与教学相结合，特别适合于实验类课程的教学，可以实现虚拟世界与真实世界同步，实现用户与虚拟环境间的自然交互，虚拟的物与物之间的自由交互，如倒水、加热、燃烧、取药等，让用户在真实世界感受与操作虚拟世界的模拟事物，互动性强，可以培养学生的观察能力、探究能力、逻辑思维能力，激发学生学习兴趣。学生还可以自主地进行实验方案设计，动手操作整个实验过程。AR 教学可培养

---

① 西安飞蝶虚拟现实科技有限公司［EB/OL］. www.3dbutfly.com/.

② 资料来源：余胜泉主编.“人工智能 + 教育”蓝皮书（2018）［EB/OL］. https://aic-fe.bnu.edu.cn/docs/20181110161918455584.pdf.

学生自主创新能力及学习能力。

云幻教育科技公司的云幻科教 AR[①] 可以实现对刻度比较小的仪器、难观察的现象使用放大化、出屏化展示，还可以加快实验反应速率，及时展示真实实验现象。

图 9–7 增强现实技术

2. 教育机器人

广义而言，教育机器人就是一种用于辅助教师开展教学和辅助学生进行学习的人工智能型助手。

国际上，由 IBM 开发的机器人助教 Jill Watson 曾被用于在美国佐治亚理工学院开设的“基于知识的人工智能”在线课程中回答学生问题，绝大部分学生居然没有意识到幕后回答者是智能机器人，因此 Watson 也被视为“能够代表人工智能在教育中最高应用水平”的教育机器人。Watson 的工作逻辑是：首先分析、分解问题以便得到理解，之后从无数的答案来源中搜索候选答案集并形成假设，然后从不计其数的证据来源中探寻候选答案的证据并进行评分，最后推断出最可信的答案。可以看出，Watson 已初步具备类人的假设和推理的思考方式。[②]

在国内，由北京师范大学未来教育高精尖创新中心推出的教育机器人“智慧学伴”自 2016 年起通过追踪北京市 130 万中小学生学习过程数据，为其构建自我诊断的“体检中心”。实现了以下三个方面的功能。[③]

（1）对学习过程的持续追踪。在“智慧学伴”平台上，学生的学习历程均被记录存档。学生的单元微测实行“闯关”模式的运行机制，一旦学生在某个核心概念的某个能力层级不过关，系统将在后续的学习过程中着重推荐该层级的微测试题。当学生突破该层级后，向该生推荐同级测试题的几率将相应降低。

① 云幻科教［EB/OL］. http://www.magicloudedu.com.

② 祝智庭，彭红超，雷云鹤 . 智能教育：智慧教育的实践路径［J］. 开放教育研究，2018（4）：13–24.

③ 綦春霞，何声清 . 基于“智慧学伴”的数学学科能力诊断及提升研究［J］. 中国电化教育，2019(1)：42–47.

（2）对学习问题的即时反馈。在“智慧学伴”平台上，学生的作答反馈是即时性的。学生在客户端或网页完成习题练习后，平台会即时为其推送作答反馈。从反馈内容上看，主要涉及学生的测验成绩、能力表现、知识漏洞等信息。相对于教师批改等传统反馈形式，“智慧学伴”平台对学生测验的即时反馈有效减轻了教师的批改负担，也突破了上述传统方式的延时性等局限。

（3）实现学习资源的精准推荐。“智慧学伴”平台在其诊断系统匹配了一套资源推荐系统，该系统的目的在于为学生的学习提供适切、精准的学习资源，以实现学生某一学科能力诊断之后有机会针对自己的薄弱环节进行及时高效的提升。与传统的课堂干预不同，“智慧学伴”平台的学习资源推荐系统是以科学算法为依托的，这有效克服了日常课堂教学中盲目指导的弊端。

佐治亚理工大学AI助教Jill Watson

- Ashok Goel 教授有一门名为“基于知识的人工智能（KBAI）”的课程，该课程论坛每学期都会收到来自大约 300 名学生的 10 000 余条提问信息。这个答疑工作量对于 Goel 和他的 8 名助教来说无疑非常大。
- KBAI 课程引入了第九名特殊的助教——Jill Watson，课程团队采用 IBM Watson 平台的部分技术，并以 2014 年秋季以来该课程论坛上的 40 000 余条答疑数据为基础，训练 Jill Watson 学习如何解答学生提出的问题。
- 机器人在回答问题时非常强大，能够在课程论坛上回答大多数的常见问题，答疑准确率达到 97%，而很多学生们甚至根本没有注意到，课程的助教是人工智能。

图 9-8　AI 助教 Watson[①]

（二）学习中的应用场景：智能导学、自适应学习与拍照搜题

1. 智能导学

智能导师系统（Intelligent Tutoring System，ITS）由早期的计算机辅助教学发展而来，它可以模拟人类教师实现一对一的智能化教学，是人工智能技术在教育领域中的典型应用。

典型的智能导师系统主要由领域模型、教学模型和学习者模型三部分组成[②]，即经典的“三角模型”。其中，领域模型是智能化实现的基础，教学模型则是领域模型和学习者模型之间的桥梁，其实质是做出适应性决策和提供个性化学习服务。教学

① 资料来源：余胜泉主编.“人工智能+教育”蓝皮书（2018）[EB/OL]. https://aic-fe.bnu.edu.cn/docs/20181110161918415584.pdf.

② 梁迎丽，刘陈. 人工智能教育应用的现状分析、典型特征与发展趋势［J］. 中国电化教育，2018(3)：24–30.

模型根据领域知识及其推理，依据学习者模型反映的学习者当前的知识技能水平和情感状态，做出适应性决策，向学习者提供个性化推荐服务。

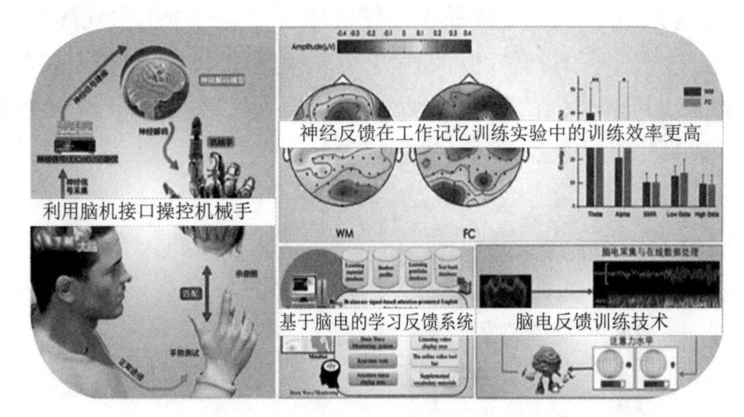

图 9–9 基于脑科学的智能辅助学习[①]

2. 个性化学习与自适应学习

传统的教育模式下教师与学生是一对多的关系，教师有限的精力使得教学只能针对平均水平推进，对于中等水平以上或以下的学生来说，这样的教学都欠缺了一些针对性。因此，借助人工智能等智能化技术开展个性化教育将是技术与教育融合的高级阶段，也是未来教育发展的重要趋势之一。

目前，基于个性化学习的智能化技术应用的重点是如何有效、精准地把握学习者的心智特征，并以此为基础，推送符合不同学习者个性需求的学习内容并有效反馈，以实现自我导向式的有意义学习，这样的智能学习系统也被称为自适应学习系统（Adaptive Learning System）。目前，国际上主要的自适应学习平台有 Knewton、Smart Sparrow、Dream Box Learning 等。[②] 以自适应平台 Knewton 为例，其采用适配学习技术，通过数据收集、推断及建议三部曲来提供个性化的教学。其中数据收集阶段会建立学习内容中不同概念的关联，然后将类别、学习目标与学生互动集成起来，再由模型计算引擎对数据进行处理供后续阶段使用。推断阶段会通过心理测试引擎、策略引擎及反馈引擎对收集到的数据进行分析，分析的结果将提供给建议阶段进行个性化学习推荐使用。建议阶段则通过建议引擎、预测性分析引擎为教师与学生提供学习建议并提供统一汇总的学习记录。

101 远程教育网开发的智能自适应学习平台应用人工智能技术获取的学习者的数据分析反馈给已有的知识图谱，精确地为学习者提供个性化难度和个性化节奏的课

---

① 资料来源：余胜泉主编．“人工智能 + 教育”蓝皮书（2018）［EB/OL］. https://aic-fe.bnu.edu.cn/docs/20181110161918415584.pdf.

② 梁迎丽，刘陈. 人工智能教育应用的现状分析、典型特征与发展趋势［J］. 中国电化教育，2018(3)：24–30.

程、习题等，从而提高学习者的学习效率和学习效果，满足学生的个性化发展需求。[①]

3. 拍照搜题

借助图像识别技术和搜索引擎技术的结合以及建立一个海量题库，“只要用手机拍下题目、点击搜索，答案和解题思路就会立刻呈现”，这正是拍照搜题类应用可以实现的魔幻功能。目前国内的“作业帮”“小猿搜题”“学霸君”等开发的拍照搜题类产品在中小学课外辅导中都得到了实际应用。

图 9–10　拍照搜题

（三）教学评价中的应用场景：学习分析与自动化测评

1. 学习分析

学习分析是通过分析收集到的学习者产生的相关数据，来评估学习者的学业成就、预测其学习表现以及发现、矫正存在问题的过程。通过学习分析，有助于探究学习者的学习过程和学习情境，发现每个学习者个体的学习特点与规律，动态评价学习者的学习表现，以促进学习者更加有效地学习。智能化的学习分析技术正推动、支撑个性化学习的实现，成为自适应和个性化学习的关键。学习分析可以实现的功能包括[②]：

（1）对学习者情况进行评估。目前，对学习者情况的评估主要通过以下四个方面来实现：一是基于眼动行为的探测，判断学习者的学习注意力；二是基于脸部行为的探测，识别学习者的学习表情；三是基于心理行为的探测，分析学习者的学习情绪；四是基于脑部行为的探测，推理学习者的学习心智。

（2）学习结果的动态预测。学习结果的动态预测主要是通过智能学习系统，对学习者的学习状态、注意力状态、心理状态和学习绩效等数据进行综合分析，实时监测与评估学习者的学习情况，预测学习结果，并做可视化的输出。

（3）学习效果诊断与干预。学习效果诊断是通过学习分析技术对学习者的学习

---

① 101 教育［EB/OL］. www.chinaedu.com/article/1075365.html.

② 鲍日勤 . 人工智能时代的教与学变迁与开放大学 2.0 新探［J］. 现代远程教育研究，2018（3）：25–33.

绩效进行评价，得到可视化的报告。它有助于学习者有效利用数据分析，构建一个适合自我需要的主动学习过程；教师则可以对学习者进行有针对性的在线干预。例如，美国普渡大学的研究者就利用 Blackboard 和 Signals 系统，成功地对学生学习进行跟踪，对存在潜在危险的学生发出警告并实施干预。

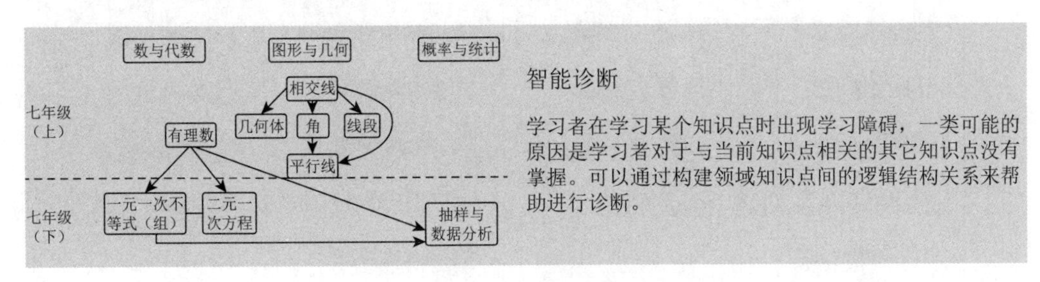

图 9–11　智能诊断

（4）教师教学过程的优化。利用智能化学习分析技术及其相关分析工具，教师可获得有关学习者的动态学习状况、注意力情况以及心理状况等可视化信息，这些信息可以为教师改进教学提供真实依据，从而优化教学设计与实施，对学习者的学习提供有效干预。例如，当教师从智能教学系统推送的可视化报告中，发现有一定数量的学习者在同一个知识点都出现了学习困难，那么，教师可以判断是该知识点的教学材料或课程设计存在缺陷，于是就需要及时修正、改进原来的教学设计，并重新录制该知识点的教学视频等。

2. 自动化测评

传统的测评需要占用大量人力、物力资源，且费时费力，而借助人工智能技术的应用，越来越多的测评工作可以交给自动测评系统来完成。目前的智能测评系统主要应用于英语等学科的测评，不仅能自动生成评分，还能提供针对性的反馈诊断报告，指导学生如何修改，一定程度上解决了教师因作文批改数量大而导致的批改不精细、反馈不具体等问题。

科大讯飞基于“纸笔考试主观题智能阅卷技术”开发的大学英语纸笔考试智能阅卷与分析系统，可以面向大学英语学科低利害测验、模拟测试等测评需求，实现纸笔考试答卷智能识别与评测。

（四）学校管理中的应用场景：分层排课与学情监测

1. 分层排课

要实现个性化教育和“因材施教”，首先要解决的就是学习课程的个性化安排。借助学习分析技术和人工智能算法已可以对不同学生进行智能分层排课，实现“一人一课表”。

101 远程教育网应用人工智能和云计算技术，实现海量的高并发逻辑算法，融合多所学校排课实践经验，开发出的 101 智能排课管理系统，可以帮助学校高效整合学生选课选考、教师教学、教室安排、课程方案等资源，已经可以实现针对中小学走班排课的一人一课表的功能。智能排课管理系统流程如下：

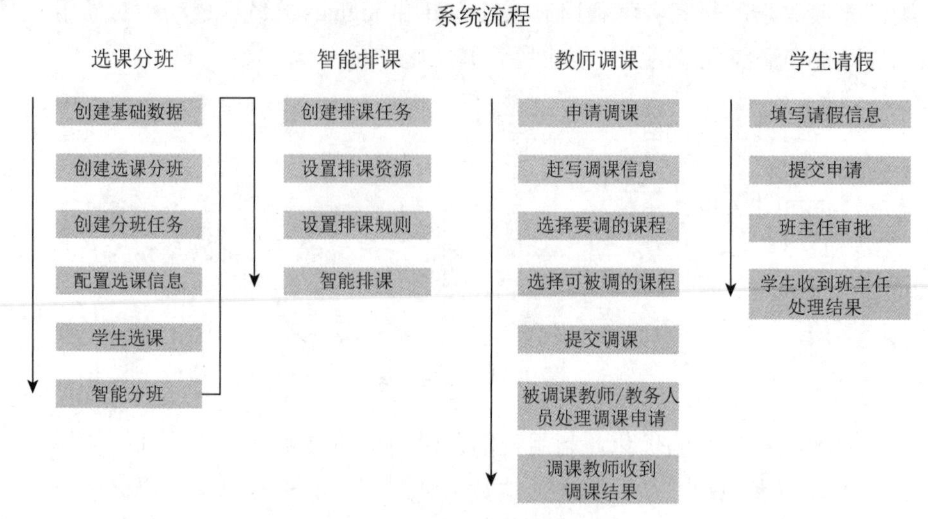

图 9–12　智能排课管理系统[①]

2. 学情监测

借助情感计算等人工智能技术，可以实现对学习者个体学习情况的监测和预警，有助于教师对学生学习状况进行及时有效的干预；而借助大数据技术的应用，可以实现对班级、年级、学校的学生学习情况和教师的教学情况进行监测，有助于实施精准化教学优化和管理干预。

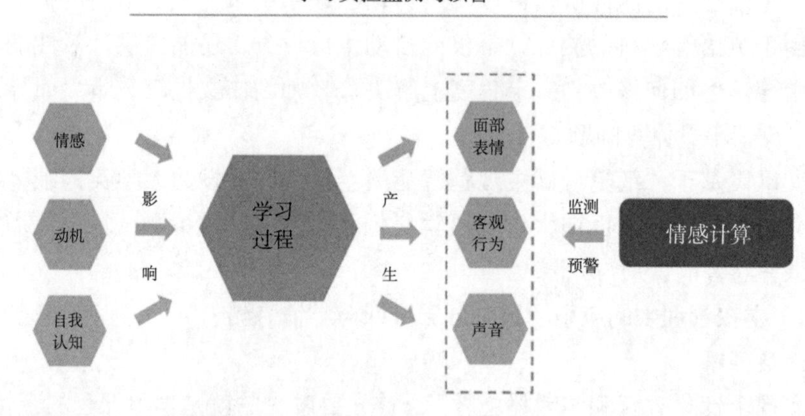

图 9–13　学习负担监测与预警[②]

① 资料来源：余胜泉主编.“人工智能+教育”蓝皮书（2018）[EB/OL]. https://aic-fe.bnu.edu.cn/docs/20181110161918415584.pdf.

② 资料来源：同上。

学习负担监测与预警

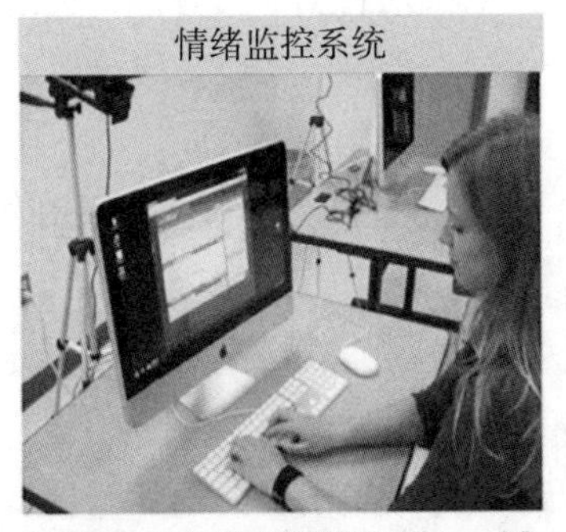

采用了 Kinect 深度相机（检测姿势和手势）、一个集成的网络摄像头（观测面部表情）以及皮肤电传导手镯（检测皮肤电传导活动），对学习者的学习行为、面部表情等数据进行采集

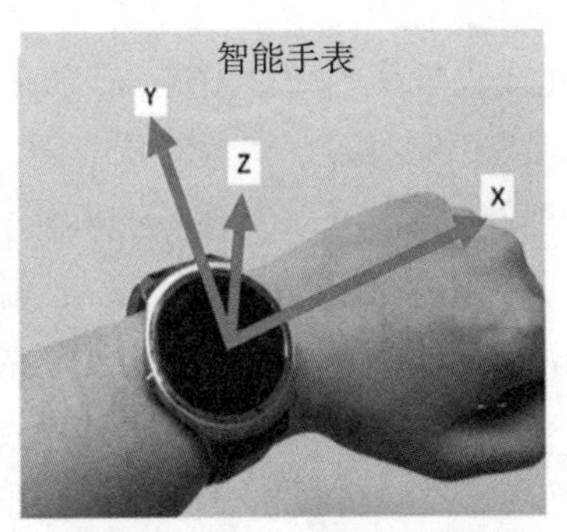

在课堂上收集基于智能可穿戴设备中的三轴加速度传感器数据、角速度传感器以及磁传感器数据，从而进行学习行为识别

图 9–14　学习负担监测与预警①

（五）学习环境的智能化改变：智慧校园和智慧课堂

1. 智慧校园

智慧校园可以界定为是以物联网、云计算、大数据、人工智能等新技术应用为载体，实现环境全面感知、智慧型、数据化、网络化、协作型一体化的教学、科研、管理和生活服务，并能对教育教学、教育管理进行洞察和预测的智慧学习环境。

科大讯飞提供的畅言智慧校园建设方案的思路是：通过构建校园级应用集成整合平台，实现校园教、考、评、学、管业务的无缝连接与数据贯通，打造智慧课堂、智能考试、智慧学习、智慧管理和智慧环境五大核心业务，实现校园数字资产的常态化积累与传播共享。该方案依托人工智能技术，为师生提供一个全面的智能感知环境和综合信息服务平台，实现人与人互动、人与物互动、物与物互动；同时，基于伴随式数据采集与动态大数据分析，结合过程性评价，帮助师生实现因材施教，帮助管理者全面督导和辅助决策。

以浙江大学为例，在迈过了多媒体教学发展阶段、数字校园建设阶段后，浙大现已进入智慧校园建设阶段。其智慧校园的核心特征是学校与外部世界间的交流和感知、师生不同角色的个性化服务、校内各应用和服务领域的互联和协作。其智慧校园建设内容包括：智慧环境、智慧资源、智慧管理、智慧服务建设等。②

2. 智慧课堂

智慧课堂是指以“互联网 +”的思维方式和大数据、云计算等新一代信息技术打造的智能、高效的课堂。其实质，是基于动态学习数据分析和“云、网、端”的

① 资料来源：余胜泉主编.“人工智能+教育”蓝皮书（2018）[EB/OL]. https://aic-fe.bnu.edu.cn/docs/20181110161918415584.pdf.

② 信息来自浙江大学信息技术中心主任陈文智在“2017 高等教育信息化创新论坛”的演讲。

运用，实现教学决策数据化、评价反馈即时化、交流互动立体化、资源推送智能化，创设有利于协作交流和意义建构的学习环境，通过智慧的教与学，促进全体学生实现符合个性化成长规律的智慧发展。

以科大讯飞开发的畅言智慧课堂为例，其特色功能包括：

● 一键开放投屏：可以实现一键操作、简单快捷，支持任意应用的投屏与讲解，实现更多优质资源进课堂。

● 无网环境授课：可实现跨平台、不依赖互联网，满足高并发、稳定的师生互动授课。

● 海量优质资源：可提供全学科、同步到书到课优质资源与海量题库，支持校本资源、第三方资源引入，助力教师轻松备课、高效上课。

● 标准语言环境：通过电子课本提供标准朗读带读功能，以及支持中文、英文的语音评测，帮助学校构建标准语言教学环境。

● 实用教学工具：支持 PPT、WORD 的原生态播放，提供白板、实物展台、课堂互动、微课录制等工具，满足全学段、全学科、多课型的常态授课。

● 多彩互动课堂：支持抢答、随机、分组等多种做题方式，提供投票、分享屏幕、拍照对比讲解等互动功能，助力教师打造多彩互动课堂。

● 全程动态评价：从日常作业、随堂检测到周考、月考、大考提供全过程学习精准诊断与评价，推进智慧的教与学，实现个性化学习。

● 立体互动交流：创设有利于协作交流的学习环境，满足课堂的延伸，促进师生、生生间的互动交流，培养学生的自主学习习惯，提升自主学习能力。

● 绿色学习环境：提供学生定制终端，预置优质学习资源与应用，支持设备全方位安全管控，构建绿色学习环境，让教师家长更加放心。

四、展望未来：孔子的教育理想能实现吗？

（一）因材施教和个性化教育时代的到来

孔子因材施教的理想和实践一直为后人津津乐道，现代学校教育的诞生让更多的学子得以接受教育，但为了提高人才输出的效率，学生需要到固定的场所（校园），加入一个年龄和知识程度相仿的班级或课堂，学习同一门课程，接受同一位教师按统一的标准和进度开展的班级制的教学活动，那么问题来了，即使是同一个班级的同学，他们的个性各异，学习动机、兴趣、能力特点特别是对学习内容的接受程度是不同的。结果可想而知：总有一部分同学处于要么“吃不饱”、要么“跟不上”的状态，整体的人才培养质量特别是部分个体的成长必然受到影响。那么为什么现代学校教育做不到因材施教和个性化教育呢？答案似乎很简单：成本太高了！但随着教育信息技术的不断成熟，特别是未来教育人工智能技术的应用又将使因材施教成为可能。

微软亚洲研究院院长洪小文表示[①]:“教育是AI技术应用的一大领域，技术到底如何帮助教育，是我们一直在思考的。AI技术不是要取代教师，而是要帮助教师实现更加个性化、定制化的教学，减小因材施教的成本。”

未来的技术的发展一定可以做到为每个学生进行学习画像。通过画像，可以知道学生现在最大的困难和优势是什么，他应该向什么方向发展，这会使得学生的才华得以发展，不足及时改善，从而为学生制定个性化的教育方案，而且这个教育方案还能够随着大数据的进一步充实而不断得到修正。[②]

学生学习过程中的海量语音、文本、图片、日志等数据经情感计算、模式识别、深度学习等人工智能挖掘和推理表征后，就可以完成对学习者画像的精准描绘，通过与各类学习资源的匹配，可自动生成个性化学习资源推送给学习者。如图 9-15 所示[③]。

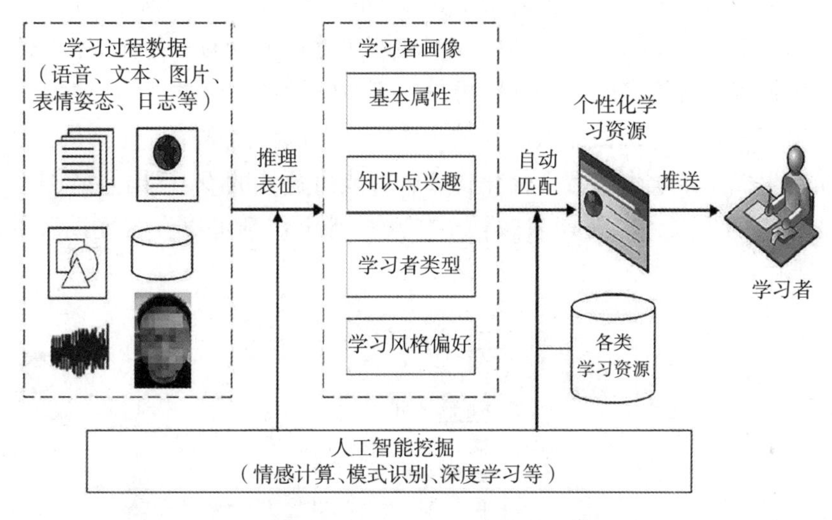

图 9-15 个性化教学资源推送[④]

（二）未来的教育可能是这样的

1. 未来的教学场景

（1）人机协同教学

之前提到的 Watson 教育机器人已可以承担部分教学辅助工作，其他的一些人工智能应用也有着人类难以比拟的优势，因此未来的教育教学工作将由人类教师与机

① 樊畅.人工智能技术赋能个性化学习［N］.中国教育报，2018-02-26.

② 潘云鹤.人工智能 2.0 与教育的发展［J］.中国远程教育，2018（5）：5-9.

③ 戴永辉，徐波，陈海建.人工智能对混合式教学的促进及生态链构建［J］.现代远程教育研究，2018（2）：24-30.

④ 资料来源：戴永辉，徐波，陈海建.人工智能对混合式教学的促进及生态链构建［J］.现代远程教育研究，2018（2）：24-30.

器教师发挥各自优势，分工合作来完成，“人机双师”的协同将是教育教学的新形态。有学者对未来人机协同中教师与机器的分工做了以下概括。①

第一，教学设计是一种创造性工作，涉及创造意识、创造思维、创造行为，应该由教师来完成；而在学习过程中，机器可以给学生提供个性化的精准导学服务。第二，学生在学习中会遇到挫折和挑战，会产生消极情绪，那么维持学生积极乐观的态度、战胜挑战的勇气这类情感类工作应由教师完成；但是机器在对学生消极情绪的跟踪识别上具备优势。第三，教学和学习所需的智慧资源（含智能学具、测量工具设计）的研发也属于创造性工作，应由教师负责；而对资源的适性推荐以及依据测量规则自动组题、批阅等，可交付机器负责。第四，学生思维能力、想象力、创造力、创业精神、情感品性等“软技能”的培养更多需要教师的点拨启发、情感交流和人文关怀；人工智能更多扮演支撑辅助的角色。

在人机协同场景下，人工智能助手在教师的日常教学、教学研究和教师的专业发展等活动中都可以提供有力支持，在将教师从重复烦琐的事务性工作中解放出来的同时，教师将会有更多的实践和精力投入到教学设计、对学生的个性化关注和处理教学中出现的问题等机器无法胜任的工作中去。以日常教学工作为例，从教学设计的自动化生成、给学生布置个性化作业、智能出题与批阅，到学生个性化评价报告和教研报告的生成，以及期末教学工作总结等工作都可以在智能助理的协助下完成。

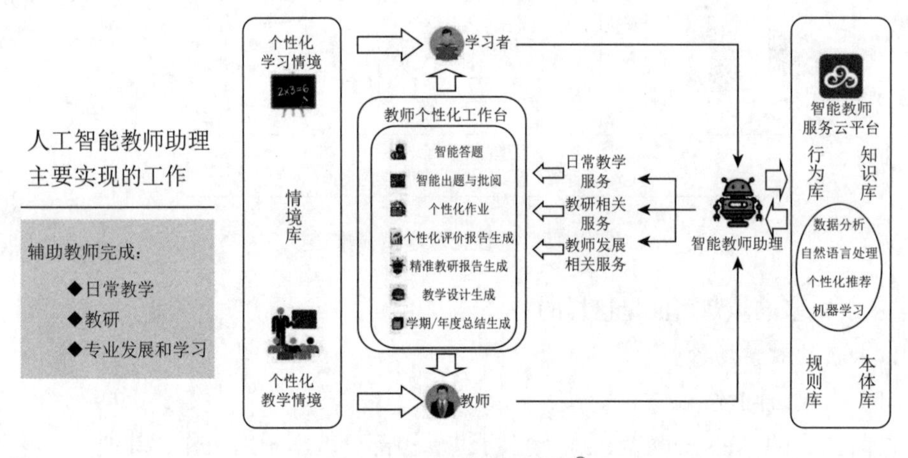

图 9-16　智能教师助理②

① 祝智庭，彭红超，雷云鹤. 智能教育：智慧教育的实践路径［J］. 开放教育研究，2018（4）：13-24.

② 资料来源：余胜泉主编.“人工智能+教育”蓝皮书（2018）［EB/OL］. https://aic-fe.bnu.edu.cn/docs/20181110161918415584.pdf.

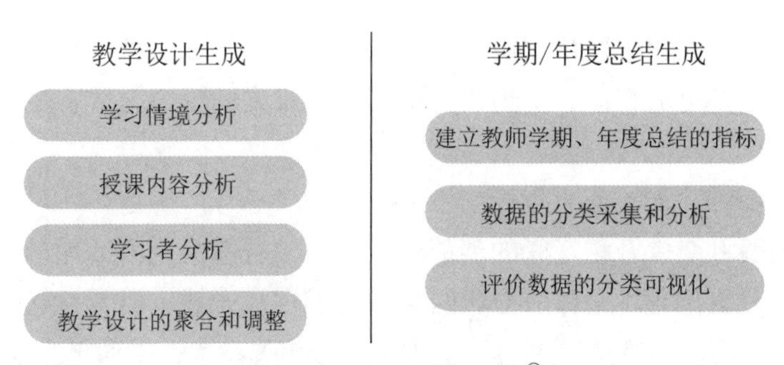

图 9–17 教研报告生成 [①]

（2）个性化“精准教学”的实现

实施精准教学是因材施教的前提和基础。所谓精准教学是指教师能按照知识的要求展开教学，体现其“精”；教师能有针对性地培养学生学以致用的知识，体现其“准”。但在大数据与人工智能技术普及应用之前，教学测量、记录多以笔和纸为工作媒介，效率低下，导致数据规模和质量有限，且无法做到对每个班级、每个同学实时的“数据全覆盖”，教学很难做到既精又准。

在人脸识别、情感计算、多模态融合、大数据分析等 AI 新技术助力之下，各类传感器和媒体终端将进入教室，传统课堂将逐步演进为人工智能教室（AI Class）和智慧课堂，并以 AI Class 来支持精准教学由低阶向高阶不断演进，如图 9–18 所示[②]。

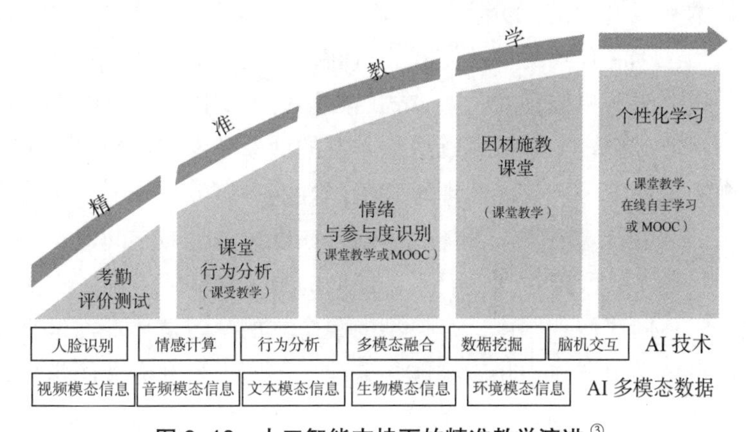

图 9–18 人工智能支持下的精准教学演进 [③]

2. 未来的学习场景

伴随互联网、物联网、人工智能等技术的深入应用，未来的学习空间将是现实

① 资料来源：余胜泉主编.“人工智能+教育”蓝皮书（2018）[EB/OL]. https://aic-fe.bnu.edu.cn/docs/20181110161918415584.pdf.

② 曹晓明.“智能+”校园：教育信息化2.0视域下的学校发展新样态［J］. 远程教育杂志，2018(04)：57–68.

③ 资料来源：曹晓明.“智能+”校园：教育信息化2.0视域下的学校发展新样态［J］. 远程教育杂志，2018（04）:57–68.

与虚拟的结合；未来的学习伙伴除了老师、同学，一定会有智能机器人的身影；未来的学习环境将是更为智能、更为友好的环境；未来的学习方式将更为人性化和个性化。

（1）万物互联、全面感知的智慧校园

未来的校园将变成万物互联的智能空间，人工智能会把冷冰冰的机器设备变成充满温情的“私人助理”。利用物联网技术对温度、光线、声音、气味等参数进行监测，自动调节窗户、灯具、空调、新风系统等相关设备，主动响应校园安全预警，保障学校各系统绿色高效运行，为学生创设安全舒适的学习环境。[①]

（2）因需而变、创新多样的学习空间布局

未来的学习空间将从以满足工业化时代统一集体授课为目的的单一布局转变为适应人性化、个性化和多样化学习需求的创新多样的空间布局，把千篇一律的教室变成灵活创新的学习空间，把单调乏味的建筑打造成智慧的育人环境。未来的教室也将一改传统工厂车间式的教室设计，将更多配备可移动、易于变换的桌椅设施，支持开展多样化的教学活动。学校的公共空间也将按照多功能、可重组的设计思维，实现学习区、活动区、休息区等空间资源的相互转化，给学生提供更多的活动交往空间，促进学生的“软技能”的提升和社会性发展。

（3）混合式学习的学习场景

以信息技术在教育中的充分应用为支撑，未来混合式的学习场景将成为常态。混合式学习包括：①混合式的学习方式。目前，无论是学校教育、企业培训还是个体自主学习，线上线下相融合的学习方式已逐渐为人们所接受，线上学习可提供丰富的优质学习资源，而线下学习可以组织丰富的活动和参与体验，两种学习方式的结合可以实现知识性学习、技能性训练和情感性能力培养的统一，必将成为未来学习的主要方式。②混合式的学习群体。目前，在虚拟的学习空间里，一门受欢迎的MOOC，其学习者人数可以达到上万人，他们的身份和职业各异、年龄差别可以很大、可以来自于不同区域和国度，是典型的混合式的学习群体。而未来，即使在实体的学习空间里，学习群体也将越来越多元化，不同学科和专业的学生，不同年级和班级（如果还有的话）的学生，基于对同一门课程的学习需要而走到一起，他们的学习进度和安排也可以是不同的。③混合式的学习资源。未来的学习资源将更为丰富和多元化，可以包括精心开发的在线课程、生动趣味的讲师面授、同事和同学的经验分享、全面的资料积累等，混合式的学习资源将尽可能多地被整合到一个平台上，建立“一站式”的学习，形成强大的知识管理中心，实现隐性知识显性化、显性知识体系化、体系知识数字化、数字知识内在化。

（4）个性化定制的自适应学习场景

---

① 曹培杰．智慧教育：人工智能时代的教育变革［J］．教育研究，2018（8）：121–128.

未来的学习者将能够在任何时间、任何地点、以任何方式、与任何人一起开展个性化的自适应学习。借助互联网和人工智能，通过数据获取与分析精确了解每个个体的学习需求，在不需要大规模人力投入的情况下实现对每个个体的及时反馈，为学习者推荐和选择适宜的学习资源、学习服务和学习伙伴。

（5）以“软技能”“硬技能”并重培养为目标的深度学习场景

未来，人类个体要想更好应对人工智能的挑战，就要摆脱强调记忆和练习的传统学习方式，加强“软技能”“硬技能”并重培养。未来的学习绝不能停留于知识的表面理解和重复记忆，而要在已有知识的基础上，将所学新知与原有知识建立联系，获取对知识的深层次理解，建立一套自己的思维框架，并有效迁移到其他的问题情境中，即开展深度学习。深度学习场景至少包括以下几点①：一是要用所学知识解决实际问题，以项目驱动或任务引领的方式组织学习；二是用不同视角透视学习，提供社会化软件及其他认知工具来支持学习，允许共同体成员拥有不同的角色和身份，鼓励提出不同观点，在人际、人机对话和互动中建构知识；三是要提供成果展示及表达的机会，促使思维清晰化，鼓励总结和反思，实现对知识的深度理解；四是要鼓励跨学科学习，强调通过不同学科的交叉融合，将不同学科围绕同一个主题联系起来，将原有的学科林立变成主题式的课程整合，让学生有机会运用多个学科的知识来解决问题，在动手实践中形成自己的知识体系，从而实现知识的活化以及向现实生活的有效迁移。

3. 未来的学生评价

对学生进行科学、公正、全面、及时的评价是人才培养工作的重要方面，也是难点领域。在班额和师生比不合理的条件制约下，教师既没有足够的时间和精力记录学生学习和成长过程，也没有全面客观的数据来支撑对每一个学生做出更精确的评价，所以一直以来对学生的评价多采用知识性的考试、标准化的技能鉴定和主观性很强的综合测评。②

未来，借助大数据和人工智能技术，将有望实现对学生在学习开始前的诊断性评价，学习过程中动态及时的评价，以及某一阶段学习结束后的多维度综合评价。譬如：

（1）在学习开始前，利用学习分析技术可以搜集学习者之前从小学至大学的全过程学习数据，可以运用多类分析方法和数据模型解释与预测学习者的学习表现，从而准确把握教学目标，制定更科学的个性化学习方案。

（2）在学习过程中，使用穿戴手表、语音识别和眼球追踪等数据捕获设备，可以捕捉学生生理和行为数据，获取学生的情感状态和学习注意力数据，通过对生理

---

① 曹培杰. 智慧教育：人工智能时代的教育变革［J］. 教育研究，2018（8）：121-128.

② 刘德建，杜静，姜男，黄荣怀. 人工智能融入学校教育的发展趋势［J］. 开放教育研究，2018（4）：33-41.

和行为数据的深层次挖掘，可以及时掌握学生的学习状态，及时干预和调整相应的学习策略和学习方案。

（3）在阶段性的学习结束时，基于计算机技术的交互测评环境可以对学生认识问题、解决问题的综合能力进行测评，可以基于大量的过程数据的整合分析，对学生的认知情况、心理状况、身体素质等做出定量定性相结合的、科学全面的评价，生成针对每一个学习者的个性化评价报告，甚至可以据此给出每个学习者未来学习成长和发展规划的建议报告。

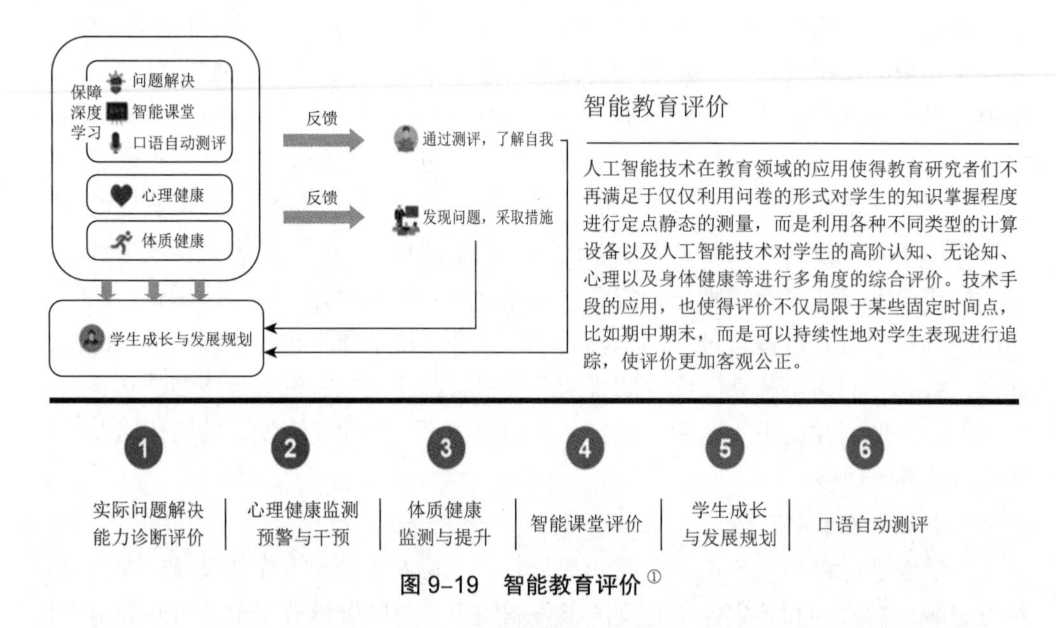

图 9–19　智能教育评价 ①

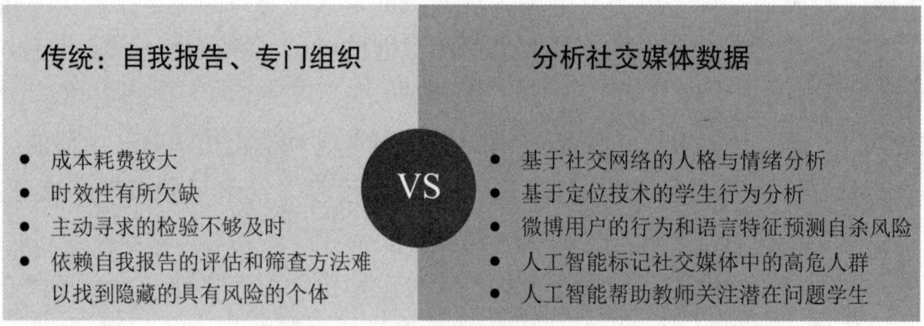

传统：自我报告、专门组织	VS	分析社交媒体数据
• 成本耗费较大 • 时效性有所欠缺 • 主动寻求的检验不够及时 • 依赖自我报告的评估和筛查方法难以找到隐藏的具有风险的个体		• 基于社交网络的人格与情绪分析 • 基于定位技术的学生行为分析 • 微博用户的行为和语言特征预测自杀风险 • 人工智能标记社交媒体中的高危人群 • 人工智能帮助教师关注潜在问题学生

图 9–20　心理健康监测预警与干预 ②

① 资料来源：余胜泉主编．“人工智能+教育”蓝皮书（2018）［EB/OL］. https://aic-fe.bnu.edu.cn/docs/20181110161918415584.pdf.

② 资料来源：同上。

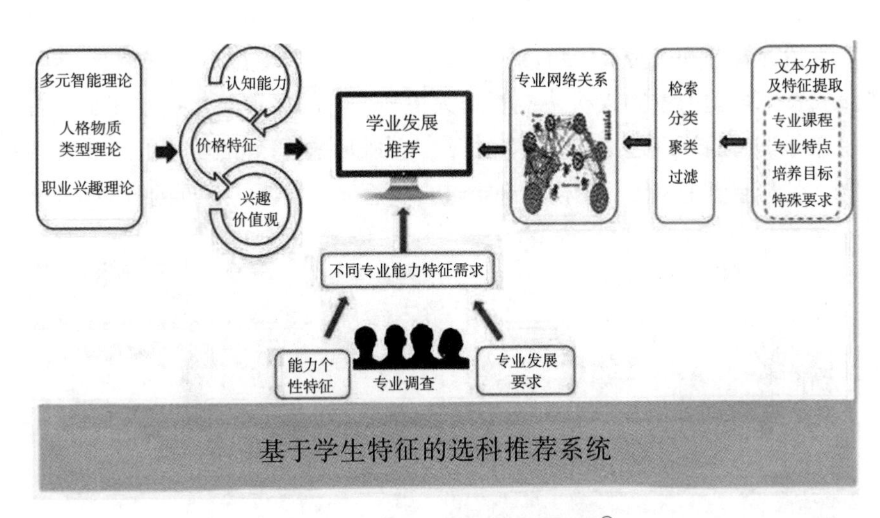

图 9-21 学生成长与发展规划[①]

4. 未来的学校管理

传统的学校管理通常是以政府主管部门的宏观管理和校方管理层的微观管理为主导的单向度管理，来自教师、学生、企业、社会的参与度是比较低的，管理的科学化、民主化、透明度、精细化程度受到了一定程度的制约。

而以互联网、大数据为代表的新一代信息技术，特别是人工智能技术的不断成熟的应用将给学校管理带来深刻影响，有望推动学校管理发生以下变化：

（1）从目前的单向管理为主向多元协同治理转变[②]。教育始终是社会各界高度关注的领域，各利益相关者对教育质量改善的要求越来越高，而在互联网、大数据和人工智能时代，学校的内部管理将会越来越透明，这都要求学校管理的主体必须走向多元化，逐步实现从单向度的管理走向政府、学校、教师、学生、用人需求方和其他社会力量共同参与的多元协同治理。

（2）从被动响应向主动服务转变。在数据和信息不充分的情况下，管理通常是被动的响应和事后控制，但在信息化和智能化程度不断提升的背景下，学校管理将逐渐走向主动响应和服务，实现事前干预和控制。

（3）从定性管理为主向定量管理为主转变。在大数据和人工智能算法的助力下，学校管理的定量化程度将会大幅提升，实现管理有度，决策有据。

（4）从粗放式共性管理向精准化个性管理转变。以学习者为中心、因材施教是学校管理的理想境界，但受制于班级规模、师资力量、管理成本等诸多限制，粗放式的、标准化的、共性的管理“一刀切”现象是普遍存在的。人工智能时代的来临，学校管理有望走向精准化的个性管理，既包括对学生的精准管理与服务，也包括对

① 资料来源：余胜泉主编.“人工智能+教育”蓝皮书（2018）[EB/OL]. https://aic-fe.bnu.edu.cn/docs/20181110161918415584.pdf.

② 张治，李永智，游明.“互联网+”时代的教育治理［M］. 上海：华东师范大学出版社，2018：51-57.

教职员工的精准管理和服务。

（5）从人工管理为主向人机协同管理为主转变。随着信息化技术在学校管理中的应用，大部分学校的管理已迈过了单纯依靠人力和手工管理的阶段，逐步实现了管理的信息化。在人工智能时代，学校管理将进一步迈向人机协同管理的智能化时代。

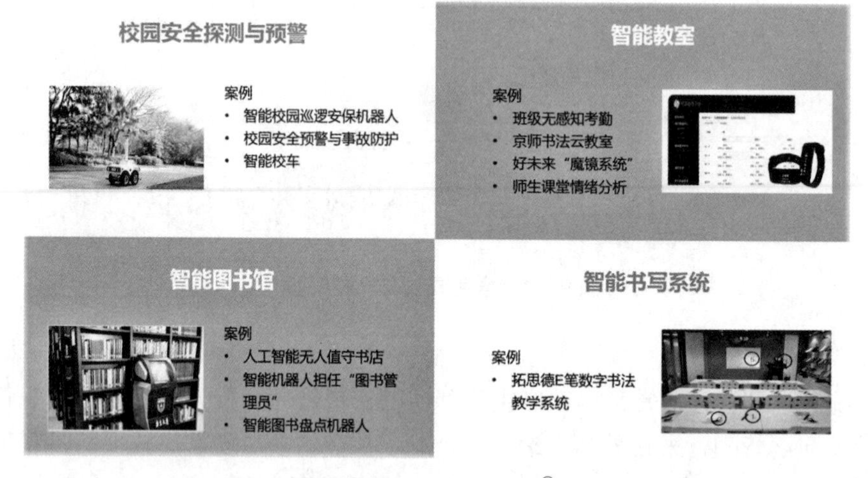

图 9-22　智能化校园[①]

（三）人工智能让教育回归本质：实现人的全面发展

人工智能对未来教育的影响将是全面而深刻的，除了技术层面的促进作用之外，人工智能也促使人类进一步思考教育的价值和本质。在人工智能助力之下，教育将更凸显其在培养人格方面的价值；同时，人工智能在解放教师、释放学习者潜能的过程中，也将助力教育回归本质：实现人类个体的全面发展。

习近平总书记在 2018 年全国教育大会上提出"要构建德智体美劳全面发展的教育体系"，强调"在增强综合素质上下功夫"，再度明确了"全面发展"是在综合素质上的全面，而不是文化知识结构上狭义的全面发展。《教育信息化 2.0 行动计划》也提出"坚持育人为本，面向新时代和信息社会人才培养需要，以信息化引领构建以学习者为中心的全新教育生态，实现公平而有质量的教育，促进人的全面发展"[②]。

2022 年，党的二十大报告强调深入实施科教兴国战略、人才强国战略、创新驱动发展战略。要办好人民满意的教育，培养德智体美劳全面发展的社会主义建设者和接班人；统筹职业教育、高等教育、继续教育协同创新；推进教育数字化，建设

① 资料来源：余胜泉主编．"人工智能+教育"蓝皮书（2018）[EB/OL]. https://aic-fe.bnu.edu.cn/docs/20181110161918415584.pdf.

② 章晶晶，王钰彪．作为构建新时代"全面培养的教育体系"必由之路的教育信息化[J]．中国电化教育，2019（1）：6-11.

全民终身学习的学习型社会、学习型大国；完善人才战略布局，建设规模宏大、结构合理、素质优良的人才队伍。

1996年联合国教科文组织提出的21世纪教育的四大支柱——学会认知、学会做事、学会共处和学会做人，涵盖了教育促进人的全面发展的基本内涵，如今已过去20余年，有学者进一步认为，应该赋予传统的四大支柱新的内涵和意义，使其成为人工智能时代的教育四大支柱。①

（1）学会做人。在人的一生中，不仅要学会作为人的生存和发展的能力，在当代更要重视人工智能无法替代的只有人类才具有的能力的培养。要培养正确的价值观，做到自尊、自信、自立、自强，充分发挥潜能，发展个性和特长，培养创新精神，提高综合素养。

（2）学会共处。人的成长是在社会环境中与大家一起学习和生活的，要学会与他人合作和共处的能力。要从身边的人开始，对亲人、同学、老师、邻居要有爱心、同理心，尊敬他人，热心助人；还要学会与大自然和谐共处，树立绿色生态科学发展理念；更要重视学会与人工智能和其他新兴技术协调共处。未来社会的发展将是人类和机器发挥各自的长处，机器更擅长做人类做不到的事情，人类应该做机器无法做的事情，相互补短，共同发展。

（3）学会做事。不仅要关注知识的学习，还要重视社会实践，学会在不同环境中做事的能力。不仅要学会通过自身实践解决实际问题的能力，还要善于协调人际关系，团队合作，提高组织领导力，敢于担当。特别要强调的是，在信息化时代，为了个人的全面发展，需要学习掌握并能娴熟地运用信息技术高效率地做事，要学会充分利用计算机、云计算、移动终端和APP软件，特别是利用人工智能技术帮助你的学习和生活。

（4）学会求知。最重要的学习是学会如何学习。人生道路漫长，从学校学到的只是人生路上的一小部分，在未来还会遇到更多未知的东西，需要掌握越来越多的现在还没有发明出来的新兴技术，这就需要一个人终身学习。要从小就养成良好的学习习惯，热爱学习，主动学习，善于学习，高效学习，与人工智能共同学习。

阅读至此，相信你已经对人工智能时代的教育有了一个初步的认识和判断，对本章开篇提出的“乔布斯之问”也有自己的答案了。我们相信，以互联网和人工智能等为代表的新一代信息技术必将深刻地改变未来的教育，孔子因材施教的教育理想将在一定程度和更大范围内成为现实。让我们从认识人工智能对教育的影响开始，主动改变和适应，做好迎接人工智能教育时代到来的准备吧。

① 黎加厚．人工智能时代的教育四大支柱——写给下一代的信［J］．人民教育，2018（1）：25-28.

第十章 人工智能技术应用之八——娱乐生活

"你只是一台机器，一个生活的仿制品。机器人能写交响乐吗？机器人能将一块画布变成一幅美丽的杰作吗？"

——斯普纳侦探（Detective Spooner，电影"I，Robot"里的角色）

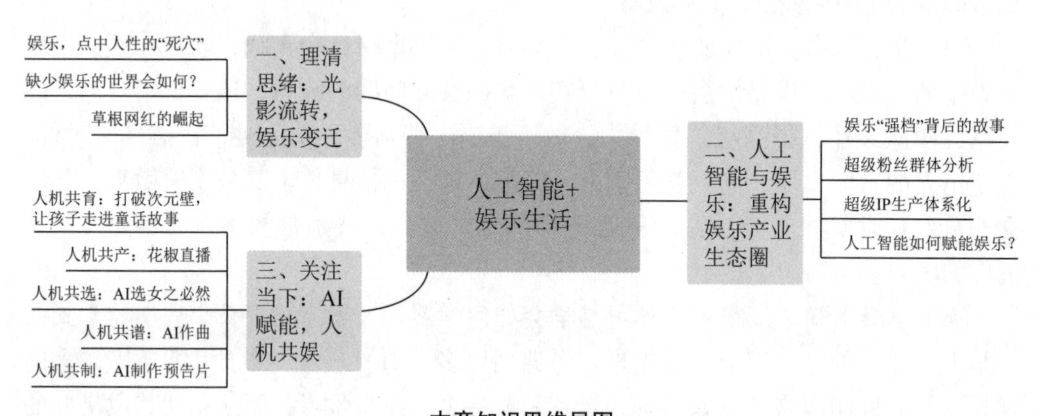

本章知识思维导图

在过去十多年里，互联网得到了爆发式的增长，没有它的生活是很难想象的。随着计算机性能的不断强大，近几年人工智能的发展及应用也异常活跃。互联网已使用户生成的内容变成了信息和娱乐的一个重要来源，像微信、微博和视频网站等信息发布和共享平台现在几乎已经无处不在，而且它们也成为了社会互动和娱乐的个性化渠道，可以让智能手机用户与同伴保持"接触"、分享娱乐和信息源。人工智能还能将语音助理、视觉识别、智能推荐等多种技术应用于文化娱乐方面，在该领域人工智能将会为人类带来不可限量的幸福感。

一、理清思绪：光影流转，娱乐变迁

（一）娱乐，点中人性的“死穴”

1. 娱乐是人的天生本能

娱乐是人追求快乐、缓解压力的一种天性。娱乐是人类天生的本能，任何节目都有动力去娱乐化。“娱乐”从来不是坏事情，“只有娱乐”才是坏事情。

通常人的一生大约有 30% 的时间用于睡觉，12% 的时间用于吃饭，30% 的时间则花在工作上，而剩下 28% 的时间可以自由支配。这部分时间对于一个人来说意味着什么呢？这些时间可以用于娱乐活动、兴趣培养、旅行、社团活动等多个方面，这些时间才是真正属于我们自己的时间，我们可以充分利用这些时间进行各种娱乐活动，放飞自我，当然也可以利用这部分时间进行自我提升。

但现实中，通常我们真正的休闲娱乐时间会越来越少，主要原因是随着新技术的不断进步，社会分工越来越精细化，工作压力也越来越大，这需要我们在下班之后还要不断地去“充电”，去学习、自我提升以及进行更加专业的技术技能培训和学习，才能适应技术不断革新所带来的工作需求。想要在职业市场优胜劣汰的机制下生存，就需要在下班之余进行新知识、新技能的再学习，如此就使得自己真正的娱乐时间变得越来越少。不难想象，娱乐活动时间的压缩使得我们一直过着单调、周而复始的生活，人变得索然无味，个性单一、封闭，这样必然不利于个人的全面发展。因此，在工作之余一定要对时间进行合理地规划，让娱乐活动成为我们生活中不可或缺的一部分，这样我们才能够更加快乐地去工作、去生活。

2. 古人的娱乐方式

现在，随着科技的快速发展，人们的娱乐方式也越来越多样化，如通过手机、旅游等方式进行各种娱乐活动，从而达到缓解都市人群的压力、打发空闲时间的目的。那么在古代没有网络，没有飞机，也没有手机，古人会不会比较无聊呢？如果这么认为的话，那你就错了！

古人的娱乐方式虽然没有现在那么多样化，但也算得上丰富多彩，而且还富有诗情画意，下面一起来看看都有哪些娱乐方式吧！

（1）投壶

春秋战国时期，诸侯宴请宾客时的礼仪之一就是请客人射箭，客人不得推辞，如果成年男子受邀却不会射箭就会被视为耻辱。后来，有的客人确实不会射箭，就用箭投酒壶代替。久而久之，投壶就代替了射箭，成为宴饮时的一种游戏，在战国时期得到一定的发展，到了唐朝则被发扬光大。

（2）蹴鞠

运动也是古代人一种消磨时间的方式，最出名的运动莫过于蹴鞠了（如图 10-1

所示）。蹴鞠就是中国古代的足球，在汉唐两代，蹴鞠发展最为昌盛，不仅是男子，女子也可以加入蹴鞠运动中来。民间、宫廷都十分喜爱这项运动，既可强身健体又能消磨时间，何乐而不为？

图 10–1　蹴鞠

（3）听曲

中国古代戏曲历史悠久，源远流长，早在先秦时期戏曲便已萌芽。随后的戏曲文化更是百家齐放，昆曲、越剧、京剧、黄梅戏等各种剧种应有尽有。完善的戏曲文化丰富了古代人民的空闲时间，古代戏楼颇多，空闲时约上三两友人，点上几盘点心，看戏谈谈人生理想，真是好生惬意呢！但是看戏需要拥有一定的消费能力，如果是一个平常老百姓，那看戏这种娱乐方式在他们的生活中则少之又少。

（4）对酒吟诗

古代文人的娱乐方式就更加诗情画意了，很多文人会约上几个朋友，一起去游山玩水，然后根据所看到的景象抒发情感。尤其是在唐宋期间，唐诗宋词十分流行，李白、杜甫、陆游等好多高产量的诗人词人们都凭借着自身的经历，作出了流传千古的佳作。李白的一首《望庐山瀑布》便是游玩时期的佳作，“飞流直下三千尺，疑是银河落九天”，短短一句，便让我们身临其境，感叹瀑布之壮观。若不是他们写下当时的心境，我们现在又怎么能从他们的诗词中看到当时的盛景呢？

（5）下棋

说到娱乐，中国麻将是必不可少的娱乐方式之一，它还被列为了世界智力运动项目。麻将历史悠久，起源可以追溯到三四千年前。麻将最初在宫廷内比较流行，随着时间的演变，渐渐地流传到了民间。除了麻将，中国人的娱乐方式还有很多，如打牌九、下象棋、下围棋等棋牌游戏。棋牌游戏除了可以打发空闲时间，还可以感受到博弈的乐趣，更能锻炼智力与才智，我们在很多宫廷剧中都可以看到，无论是皇帝妃嫔、还是达官贵族都在玩棋牌游戏，这可是一个很适合又很健康的娱乐方式！

上述只是列举了古人一些具有代表性的娱乐活动，除此之外还有很多，如斗鸡、马球（玩者需乘于马上，属于达官贵人的娱乐活动）、捶丸（古代的高尔夫，盛行于元代）等游戏，在此就不再一一赘述。总之，古人的娱乐生活也是多姿多彩的，但这些娱乐大多存在于一些达官贵人的日常生活中，大多数贫苦百姓的生活还是比较艰辛的。

3. 童年的回忆

还没看得清春天的模样，夏天就来了，还没咂摸出童年的味道，就长大了。小时候，我们没有手机和电脑，但我们有玩不完的游戏。这些童年的游戏，你还会玩吗？

（1）顶拐

把一条腿抬起来，放到另一条大腿上，用手抱着抬起的脚，单腿在地上蹦。玩的时候大家都用抬起的那条腿的膝盖来撞击别人，可以进行单挑独斗，也可以进行集体项目，以脚落地为输。

（2）跳皮筋

女孩子玩得比较多，还带着童谣，这种游戏的运动量较大，跳、蹦的动作很多，双臂也要顺势摆动，还要保持身体平衡。

（3）打弹珠

在地上挖个小洞，然后从起点将玻璃球滚向指定洞内，滚进洞内者可用玻璃球击打其他玩家的玻璃球，打到即算赢。高手玩家的准头很好，能手拿玻璃球几米之外击中另一只玻璃球，甚至可以十米外一球进洞。

（4）跳房子

地上画着很多方格，有 12 格、6 格等，然后找块小石头，算是跳房子的用具。将小石头扔在“房子”里，单脚站立，站进房子，单脚将小石头按顺序踢进指定格子。

除了上述游戏外，还有诸如挑冰糕棍儿、抓石子、丢沙包等许许多多陪伴着我们长大的游戏。那些年，我们乐此不疲的小游戏，你还记得多少？

那时的玩具很少，很多好玩的玩具都要自己动手去做。比如用纸板制作风筝、用竹子做水枪、用木头和皮筋做弹弓、用破布头做娃娃什么的，中间遇到过无数的困难：没工具、没经验，没技术，失败了一次又一次，但从没想过放弃。当成功的那一刻，感觉自己就是光芒万丈的神，充满了成就感，那种幸福和满足是任何东西都比不上的！

这大概是我们一生中最快乐的时光吧，那些无忧无虑的日子，恍如昨日，记忆犹新。没有手机，没有电脑，没有网络，没有高档玩具，我们却依旧玩得很开心。

4. 当今娱乐休闲方式

随着生活水平的不断提高，人们在紧张的工作之余也会不断地追求精神上的享受。休闲娱乐不但可以缓解工作上的压力，也可以使人们在精神层面上获得更多的满足。在科学技术越来越发达的今天，人们的休闲娱乐方式也更加地丰富多彩，下面对较为流行的几种休闲娱乐方式进行简单的介绍。

（1）电影

电影也称映画，是由活动照相术和幻灯放映术结合发展起来的一种连续的影像画面，是一门视觉和听觉的现代艺术，发源于法国。随着社会的不断发展，电影已成为我们生活中不可或缺的一部分，是人们最重要的休闲娱乐方式之一。

电影的类型多种多样，依托于发达的信息技术，现在的电影画面效果更加精良，特效更加逼真、震撼，几乎每一部电影都可为我们的视觉、听觉及精神带来一种极大的享受，相信随着互联网更深层次的发展，电影行业也会变得更加美好。

（2）旅游

在工作或生活压力越来越大的今天，随着飞机、高铁等交通工具越来越便捷，旅游成了多数人的最爱，这主要是因为旅游能为人们带来太多的好处。

首先，旅游能开阔我们的眼界，增长我们的见识。行万里路，领略人文地理的万种风情，岂不是学习知识的好途径。其次，旅游可以陶冶情操，放松心情。当我们亲身体验了美好的大好河山和鸟语花香，我们的心情会更加的欢快、雀跃、心旷神怡，从而可以更好地体验到不同的人文风俗和生活习惯。最后，大自然能给人们带来丰富的视觉盛宴，通常人们都会选择去风景优美的地方拍拍照，体验一下不同的感受。

（3）电子游戏

早期电脑刚刚出现还未普及的时候，电子游戏就已出现，那时的游戏通常存于游戏主机，例如曾经的《超级马里奥》《魂斗罗》《冒险岛》等如今已变成了美好的回忆。2000 年以后，随着个人电脑的慢慢普及，PC 端的电子游戏迅速发展起来，比较经典的有《命令与征服：红色警戒》、《星际》系列、《反恐精英》、《英雄联盟》和《王者荣耀》，以及男女老少皆宜的 QQ 游戏、植物大战僵尸等。

如今，随着智能手机的发展与性能的不断提升，游戏的发展在生活中已无处不在，成为人们茶余饭后的一种主要娱乐方式之一。如网吧的 PC、家庭中的家用电脑、背包里的平板电脑、手上的智能手机及商场中游戏厅等到处都充满了各式各样的游戏，以及新兴起的 VR 游戏等。VR 游戏的特点是给人一种沉浸式的体验，其优点是具有 360 度的全景画面，玩家犹如身临其境，可通过声音、触觉等感官全面感受氛围，空间感、距离感更有层次，通过对画面的强力渲染给人带来强烈的震撼感。

图 10–2 VR 游戏

相信随着人工智能的不断发展及 5G 网络的部署，电子游戏必将为我们带来更加美好的体验。

（4）跳舞

跳舞是一种集运动和娱乐于一身的活动，它不仅能增进友谊，增加交流，还能促进身心健康。在跳舞时，悠扬的舞曲伴你翩翩起舞，乐曲的节奏使你充满活力。运动糅于音乐之中，音乐调配着运动。优美的轻音乐使人感到心旷神怡、悠然自得，不但使你的精神愉快，还可以增加食欲，恢复体力，消除疲劳，有助睡眠。

（5）钓鱼

现在的人们生活节奏快、工作压力大，身体常常处于亚健康的状态。钓鱼是一项户外有氧运动，可以很好地调节身体状况，一些患有神经衰弱、失眠甚至高血压的患者，在爱上钓鱼后，症状会得到显著的缓解，身体素质有明显提升，经常垂钓的人群以中老年人居多，身体素质比同年龄人好很多。很多垂钓爱好者通常都是坐着或站着一整天不动，这对身体素质的要求非常高，只有具备了良好的身体素质，才能确保钓鱼时抛竿扬竿，同鱼斗志斗勇。

古人云："静以修身，俭以养德。"钓鱼可以说是一项将动与静完美结合的休闲运动，静若处子，动若脱兔，钓鱼时心神放松。在古代，有很多诗人和文学家也有垂钓的习惯，垂钓会让他们的思路豁然开朗。对普通人来说，生活中也难免有一些困扰和烦恼，钓鱼可以让你将它们暂时抛开，甚至在垂钓的过程中想通，达到修身养性的作用。

（二）缺少娱乐的世界会如何？

娱乐是一种会产生喜悦情绪和愉快经验的活动，而喜悦和愉快会增强我们的体力，娱乐也鼓舞我们生存的欲望，同时娱乐也提升了创造力，因为生命变得更有意义了。除非你能从工作中不断地获取成就感、满足感，精神需求已超越物质和社会需求，否则一定要有娱乐生活。

然而，现实生活中大多数人在连续工作或学习时，都会感到疲惫，有时也会很失落，如果一个人长期靠毅力逼迫自己学习，会给自己带来很大压力，会不开心，且没有多种渠道可以舒解，这样一来，心态、心情就都不好了，也会影响学习效果，反而事倍功半了。如果长时间没有娱乐的话，能量就会枯竭，因此必须寻求其他的动力来持续提供能量补给。必要的娱乐生活可以缓解工作或学习中的疲劳、焦虑，能让我们再次去面对枯燥。

无论是从心理学角度还是从大脑的组织结构运行机制的角度来讲，开心快乐，保持自然平和的心态，都有助于我们学习、思考并做出正确的决定。

（三）草根网红的崛起

“网红”这个词，在开始的时候多少有些戏谑的味道，属于社交领域一类的词汇，最早开始流行于欧美，最早开始产业化的也是欧美。我国的网红大都是崛起于草根群体，“网红”听起来就是有些接地气的味道。

网红在我国的出现最早可以追溯到BBS聊天时代，那个时候，都是在天涯论坛、新浪BBS、猫扑等平台上互动发言。后来网络文学开始崛起，各种网络小说漫步于网络世界，成就了以宁财神等为代表的第一代网红，而且有些作品被拍成电影，走向了内容创作的商业化道路。2003年，博客开始流行，以木子美为代表的第二代网红开始崭露头角，包括芙蓉姐姐等在推手团队如“水军”等的推波助澜下红极一时，开启了粉丝营销的大门。

2009年，移动互联网再次催化了网红的发展。像王兴在美团上市的发言一样：感谢乔布斯带来了苹果手机，才有了后面移动互联网的发展。这个时候，开始有了微博、微信等平台，开始有不少的段子手、电商模特出现在我们的眼前，从前博客时代的“大V”们也受益于微博和微信的崛起，在新的平台上持续积累粉丝和流量。随着4G的普及，网红开始进入音频、视频为王的时代。比如，最开始的斗鱼直播、YY，以及近两年不断走红的喜马拉雅，最受年轻群体欢迎的游戏直播平台也捧红了一批游戏主播。

到了2016年，我国的网红产业也开始走向产业化的道路，因此2016年也被成为我国的“网红元年”“网红经济年”。如papi酱得到了前所未有的关注，身后的流量和商业机会让人们大吃一惊，以至于淘宝也开通了视频直播。网红的批量产生主要得益于各大平台的推广，像抖音短视频、抖音火山版等，微博在这期间曾经冷落过一段时间，好在年轻群体的加入，又重新开始活跃。网红的背后就是粉丝经济，通常的变现方式是广告代言和宣传，在自己的社交网络上进行软文植入。此外，还会有电商（所谓粉丝迁移）、直播打赏、付费会员等方式。

二、人工智能与娱乐：重构娱乐产业生态圈

近20年，随着互联网和移动互联网的快速发展，信息的传递形式已经从单一的文字、图片转向了视频和直播，随着5G的到来，传输的容量、表现力和互动性都极大提升，这些技术的提升都为AI技术的应用落地提供了肥沃的土壤。

（一）娱乐“强档”背后的故事

《中国有嘻哈》和《中国新歌声》是2018年非常火爆的节目，主办方通过AI大数据分析节目背后的观众，了解他们关注什么以及他们的喜好。

通过分析发现，观看这两档节目的观众的汽车喜好、购物兴趣、3C产品爱好和运动喜好截然不同，这些都是大数据分析得出的结论，是不是很神奇？

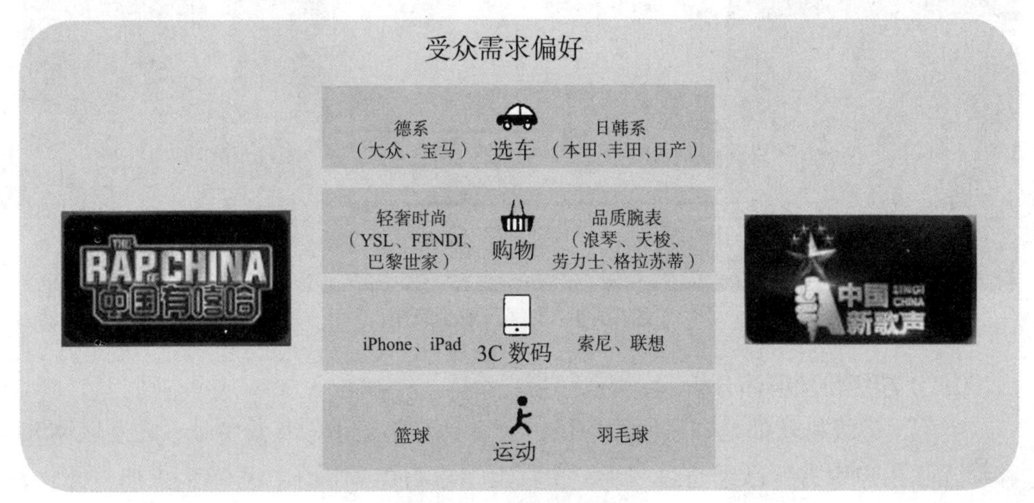

图10–3 受众需求偏好

大数据、云计算和物联网等技术的快速发展，为人工智能的发展打下良好基础，同时由于文娱产业的特殊性，人工智能在文娱产业大行其道，主要呈现以下特点：（1）无时不娱乐、无处不娱乐。随着移动互联网和4G的普及，手机应用，类似于今日头条、抖音短视频、短视频社区、手游和微信公众号等的普及，填充了用户的碎片化时间，同时也催生了很多不同的业态。（2）多行业井喷式的发展。以视频为例，传统的各种视频处理工具开始逐渐萎缩，电视直播还在成熟的饱和市场，同时网络直播以每年4%的速度增长，短视频则以每年14%的速度增长。此外，VR视频和AR增强现实处于增长的萌芽期。（3）多维度的用户娱乐体验。看视频过程中的弹幕、直播打赏等多种不同的互动方式，给用户带来不同维度的体验，同时互动过程中的AI大数据分析也为商家提供了更多参考信息。

随着AI的发展，大家可以看到文娱产业生态圈发生了翻天覆地的变化，现在整个产业生态圈，主要分成三个部分：超级IP、超级粉丝和传播途径。

文娱产业的关键就是如何根据超级粉丝的特点，打造符合用户需求的超级IP经济，通过文娱产业生态圈，有效把信息、商品和服务传递给消费者。

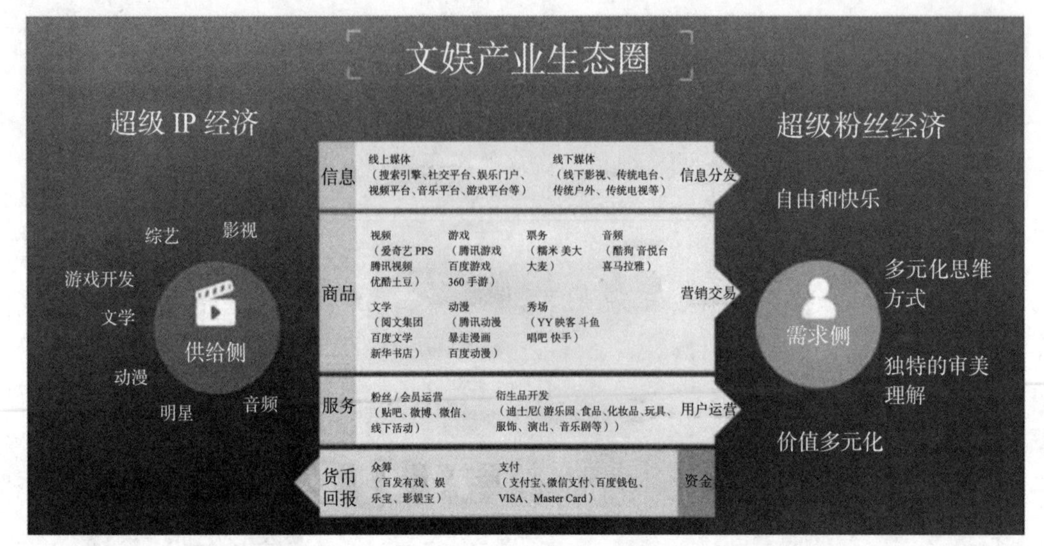

图 10–4　文娱产业生态圈

（二）超级粉丝群体分析

当下，超级粉丝都是互联网原住民，大多具有年纪小的年龄特征，在互联网和移动互联用户中占比已经超过一半，个性上追求自由和快乐，思维上更加多元化，审美理解更加独特，价值认同更加多元化。通过大数据分析发现，他们主要关注四类应用：社交、图像、娱乐、学习。

（1）追求自由和快乐。年轻人生活在改革开放和经济高速增长的时代，大部分人生下来衣食无忧，对于自由和快乐的追求成为其重要特点。

（2）多元化的思维方式。他们善于通过互联网来使用多元化的思维方式和脑洞化的表达方式，可以在任何时候跟任何人交流。

（3）独特的审美理解。他们对于审美有自己独特的理解，因此现有互联网产品需要充分考虑年轻一代的需求，否则会失去这些用户。

（4）价值多元化。可玩性在其价值体系中占有重要的地位，他们认为有价值的东西需要具有一定的娱乐性，会“玩”也是有本事，有本事必须会“玩”。而且超级粉丝基本上都是独生子女，是小家庭结构中的焦点，渴望被关注，追求关注度。

（三）超级 IP 生产体系化

IP（Intellectual Property）字面译为“知识产权”，现在特指具有长期生命力和商业价值的跨媒介内容运营。超级 IP 是指一个具有可开发价值的 IP，至少包含呈现形式、故事、世界观和价值观四个层级，这些我们称之为 IP 引擎，前期开发的层级深度决定了作品的价值，也决定了作品是否能成为真正的超级 IP。

1. 呈现形式

呈现形式是 IP 的最表层，是观众最直观感受的层面。比如复古风、中国风等，流行元素表现为武侠、功夫、清宫、唐服等，再比如国外的朋克、星际、科幻等流行风格。但是国内大部分作品停留在该层，跟风居多，只关注短暂的流行风，导致先天不良，大批中国风作品在跟风中销声匿迹。而反观日本的超级 IP，比如哆啦 A 梦、海贼王这些享誉世界的动漫主角形象，外形不是日本人风格，但角色本身承载的价值观与精神内核非常符合日本文化。

2. 故事

一个好的故事、好的剧本能够让人记忆深刻，其重要性不言自明，好故事难以驾驭但也有章可循。好莱坞把人类历史上的经典故事归结为“十大故事引擎”，基本涵盖了所有不同种类的故事。

（1）《琅琊榜》初看是一个关于复仇的故事，其实相当符合“超级英雄”的故事引擎。故事的内核其实是梅长苏凭借超越常人的智力和情商，通过发挥不同于大众的超常价值，完成人生使命的故事。

（2）《花千骨》表象是穿越六界的魔幻古装爱情故事，其内核是“灵魂伴侣”故事引擎，即若缺少对方，主角在故事中无法实现自身价值。然而，故事引擎也只是推动 IP 的一种工具，只关注故事的讲法，也相当具有局限性。故事是人物在特定情景下的经历和选择，本身会受文化环境、时代背景以及媒介性质所限，难以跨越时间和空间。

（3）20 世纪 90 年代起，日本动漫作品开始在国内获得巨大成功，逐渐占据国内动漫市场 70% 至 80% 的份额，主要是因为日本和中国文化同源，以及日本作品讲故事的能力更好。但是对比日本动漫和美国的漫威系列动画，就能看出日本动漫作品的局限性，日本动漫局限于亚洲，而漫威系列却风靡全球，主要原因也是文化与价值观的表达局限在日本。

3. 世界观

超级 IP 的构成要素，指人们对世间美好事物的追求，比如，爱情、亲情、正义、尊严。这一层是 IP 深层内核。

这些构成要素不是局限于部分人的世界观，而是跨越文化、地域、时代的。美国好莱坞的作品能够很好地把握这些要素，所以能在全世界得到认可，抓住了人所共有的人性，而人性跟地点、时间都没有太多关系，因此把握好了这些共性就能保证作品能覆盖最大面积的观众。

（1）《蝙蝠侠》：布鲁斯·韦恩（Bruce Wayne）体现的是民间正义。

（2）《超能陆战队》：小宏（Hiro）和反派博士体现的是亲情。

（3）《神雕侠侣》《天龙八部》：中国有一些作品能够名扬海外，也是通过对这些构成要素的把握，主要以主人公的爱情为主要元素。

4. 价值观

真正的 IP 有自己的价值观和哲学，其他核心的要素如风格选择、人物设定、故事发展等都是可被替换的因素，其不仅仅停留在故事层面的快感，或者短平快消费后的短暂狂热，而是深入骨髓的价值观的认可。

超级英雄故事中，每个英雄都代表着一种不同的价值观。比如好莱坞大片《钢铁侠》，主人公钢铁侠从个人享乐至上主义者慢慢转变成承担责任的人，蝙蝠侠从暴力与混乱中诞生出了民间正义等。多样的价值观针对不同类型的人群，可以使得不同观众产生根深蒂固的认同感，不仅具有传播广度，更具有传播深度。这些人类普遍认可的价值观和哲学，可以跨越文化、政治、人种、时空，跨越一切媒介形式。由此，超级 IP 通过价值观的沉淀对全球观众产生了审美影响和文化层面的持久影响。

如何去运行这样的超级 IP 呢？我们可以将超级 IP 的单点作战，转变为一体化的解决方案，从网络文学、实体出版、游戏改编到动漫影视等，倡导产业链上下游进行持续的深入合作。比如说曾经火爆的电视剧《楚乔传》，最初是网络文学，然后被拍成电视剧，进一步发展成手游。这便是一个有潜力的 IP 从动漫、电视剧或网络文学开始，慢慢打造成一个切入到各个领域的超级 IP 的例子。

（四）人工智能如何赋能娱乐？

人工智能可以实现对受众多维度的、精确的洞察与分析，包括对视频、图片、语音各方面的认识，而且人工智能已经可以为产业链上供给侧各环节赋能，在趋势发现和追踪、内容制作、宣传发行和货币化上帮助整个产业链实现智能化。

1. 内容制作

电视剧和综艺节目通过深度学习用户的关注点等信息，从而可以预测票房，预测收视率和关注度，为投资决策提供数据支撑，并且可以通过大数据分析，进行节目的男主角或者女主角的选择，还可以根据用户特点采用自动化系统进行智能化剪辑和制作，从而能够做到千人千面的个性化制作。

2. 用户精准画像

用户精准画像，是指通过搜集用户的搜索行为、观看行为、浏览行为和购买行为，从而获取用户的行为数据，再通过行为数据为用户进行精准画像，从而做到千人千面和一搜百现。

AI 技术通过用户的精准画像从而了解、洞悉用户的意图，这样在用户使用搜索引擎、观看视频和购物过程中就可以直接推送符合用户意图的信息、广告和物品。

通过 AI 的深度学习、意图预测等技术，人工智能可以帮助商家了解用户需求，更懂娱乐，为用户提供更多个性化的服务。

三、关注当下：AI 赋能，人机共娱

（一）人机共育：打破次元壁，让孩子走进童话故事

让我们来尝试想象如下场景：

1）当家长读《野兽国》（*Where the Wild Things Are*）时，会随时出现一个书中描绘的全息影像。

2）家长在为女儿朗读英文绘本《好饿的毛毛虫》（*The Very Hungry Caterpillar*），当读到毛毛虫吃掉一个苹果的时候，传来了明显的咀嚼声。

是不是很神奇？这些全息影像和声音是由一个叫做“Novel Effect”的应用程序产生的，它根据使用者正在朗读的故事文本，使用语音识别技术识别朗读的内容，根据文本内容播放声音效果、全息影像和音乐，让家里及课堂的朗读体验对于孩子来说变得更有吸引力。

Novel Effect 通过应用语音识别技术为构建现实世界和虚拟故事世界桥梁所做的一切努力，现在就变得很有意义了——在日常生活中，语音识别已经融合到生活的很多方面，从小米的 AI 音箱到智能导航中的导航软件。Novel Effect 的首席执行官和联合创始人之一的马特·哈默斯莱说：“通过使用该应用，你能参与和互动。但不是纯粹地通过阅读文本实现，而是通过声音、影像的方式促进面对面的沟通。”

（二）人机共产：花椒直播

花椒直播，是目前最大的具有强属性的移动社交直播平台，聚焦“90 后”“95 后”生活，用户可以通过该平台进行互动和分享，目前已有数百位明星入驻，用户可以通过直播了解明星鲜活、接地气的一面。

花椒推出上百档自制直播节目，涵盖文化、娱乐、体育、旅游、音乐、健身、综艺节目、情景剧等多个领域。不论是脱口秀、歌唱乐队表演，还是名人主持，都能在花椒见到。

2016 年 6 月 2 日，花椒 VR 专区上线，成为全球首个 VR 直播平台，开启了移动直播 VR 时代；并独创萌颜和变脸功能，丰富了用户的交互体验。

2016 年 6 月 15 日，花椒发布“融”平台，打破媒体与媒体间的界限，为企业用户打造更多优质的内容。

1. 基于 AR 技术的特色应用

（1）VR 直播：花椒 VR 直播采用双目摄像头，并通过手机陀螺仪数据以及技术优化处理，让用户带上 VR 眼镜后可以看到更加真实的 3D 场景；同时采用渲染层畸变算法处理，以减少观看的眩晕感，从而达到更好的沉浸体验。花椒还对网络传输过程和客户端进行了编解码优化，主播在 WiFi 环境，甚至是 4G 网络下均可实现 VR 直播。

（2）脸萌技术：通过人脸识别技术，将皇冠、兔耳朵、帽子、猫咪等多种表情直接戴在头上或出现在用户面部，可以直接体现用户的个性与心情，让直播更有趣。

（3）变脸：为了让细节呈现更完美，花椒采用高于行业平均水平的特征点定位，针对眼睛、眉毛、嘴角等关键位置共 95 个特征点进行精准检测。同时专门进行产品优化，使面具能够在 10 毫秒内迅速追踪到人脸，即使用户不断移动或者做鬼脸，面具也会进行稳定精准的定位并随之变化。

（4）美颜：花椒直播会自动对用户的面部进行美白、化妆等，让用户可以在直播的时候向粉丝们展现自己最好的一面。

（5）回放：花椒直播支持任何一个直播视频的回放，这是基于花椒产生的内容丰富且精彩，即使网友们错过直播，也可以后续再观看。

（6）省流量：直播的时候后台进行视频压缩，粉丝看到的直播视频都是经过处理的，可节省播主、观看用户的流量。

（7）云存储：直播时，视频同时上传至云端，不占用手机内存。

2. AI 技术应用的生成和分发领域

（1）内容生产：使产品更好玩，更酷，更实用。秀场直播的关键核心是互动，所以花椒的 AI 应用重点是如何让内容更好看，互动更酷、更有趣好玩，通过人脸和人体关键点检测、手势识别、背景分割等 AI 技术让直播更有趣，互动更充分。

（2）内容分发：更懂用户，更方便可靠。当海量的直播内容出现在平台上，如何有效推荐用户感兴趣的内容成为系统具备黏性的重要环节。其中涉及的 AI 推荐算法，包括用户行为分析、各种推荐算法、深度学习算法和概率图模型，通过对主播和小视频里的有效特征学习，以及用户长期的兴趣挖掘（用户的社会媒体信息、观看送礼的历史数据），形成离线的推荐引擎，再结合用户的实时行为数据，进行实时的个性化推荐。

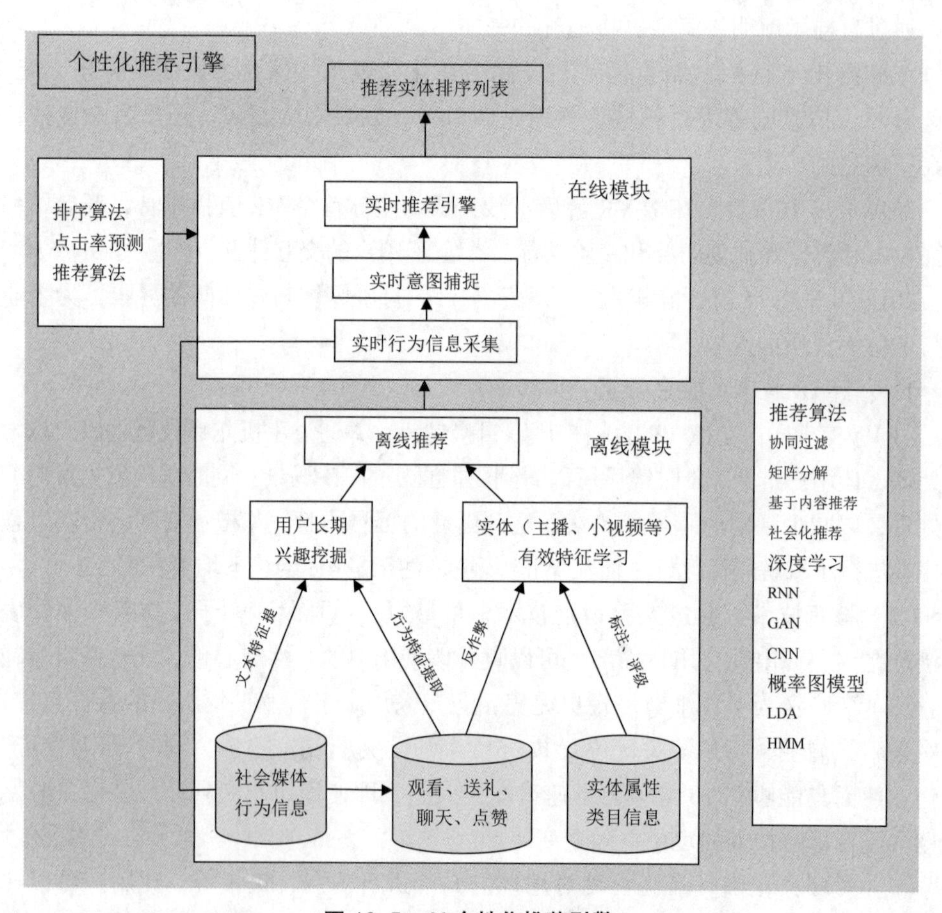

图 10-5　AI 个性化推荐引擎

（三）人机共选：AI 选人之必然

《中国新说唱》是 2018 年下半年最受欢迎的网络综艺节目，而对于播出中期加入节目的“非说唱”女性明星制作人，在市场上就引起了大量的关注和讨论。很多乐评人认为该女星此前的形象和作品都与说唱元素大相径庭，这时强行加入有些“尴尬”，事实证明该女星并非不适合节目，相反还给《中国新说唱》带来了新的流量巅峰。看似成功的偶然似乎是意外，实际上确定该女星为明星制作人，并不是《中国新说唱》团队内部决定或某一个高层拍脑门的决定，而是主办方爱奇艺早已通过大数据分析和智能匹配技术分析了该女星和《中国新说唱》高度契合的必然性。

在为《中国新说唱》选择明星制作人时，智能匹配技术选择了三方面的数据。

1. 粉丝群体分析

通过分析该女星粉丝群体与《中国新说唱》栏目受众的匹配程度，经过对该女星粉丝兴趣爱好的推演，主办方发现虽然该女星本人的音乐风格偏流行，但她粉丝的属性却和《中国新说唱》高度契合。

2. 搭档契合度分析

通过分析该女星与其搭档的契合程度，通过知名度、专业程度、音乐类型、口碑等多个维度数据指标，最终 AI 匹配算法算出相应的匹配度，显示该女星与其搭档的匹配度高达 90%。在节目中也能看到他们的配合高度默契。

3. 话题热度分析

话题热度分析主要是对艺人的热度、话题度进行标签分类，从而找到艺人属性的精准定位，主办方最终圈定了该女星。

同时该女星作为 AI 选中的制作人在节目中的表现，以及引发的流量聚集和话题热度，也印证了爱奇艺 AI 智能匹配技术的强大。当很多娱乐产业都在把 AI 作为宣传噱头时，爱奇艺已经捷足先登，让 AI 技术在娱乐产业中落地并从中受益。

（四）人机共谱：AI 作曲

AlphaGO“阿尔法狗”在围棋上战胜世界冠军，成为人工智能的一个里程碑，人工智能在某些强人工智能领域远远超出人类的能力，音乐一直以来被视为一种高级的情感艺术，通常被视作一种独特的人类品质。然而现在，在人类引以为傲的创意领域，AI 已经开始有所动作——音乐创作。

1. 作曲 AI 的诞生

美国网红兼流行歌手泰琳·萨顿（Taryn Southern）近日发表了一张名为“I AM AI”的新专辑，成为人类历史上第一支正式发行的 AI 歌曲。主打单曲 *Break Free* 虽然达不到格莱美的标准，但是完全听不出是由应用程序编曲，和音乐人的作品没有太大差别，颠覆了普通人认为 AI 制作出来的歌曲会比较机械、情感空白的认识。

实际上，人工智能巨头公司都在深入研究 AI 音乐，一些 AI 音乐作品已经达到

“大师级”，甚至到了“以假乱真”的地步。2017年2月，第一部由算法创作的音乐剧 *Beyond the Fence* 在伦敦上演，获得较高评价；2017年6月，谷歌研发的机器学习项目 Magenta 通过神经学习网络创作出了一首时长90秒的钢琴曲；2017年9月，索尼计算机科学实验室人工智能程序创作了一首披头士音乐风格的歌曲 *Daddys Car*，广受好评；同月，百度公司人工智能可以在分析画作之后，作出与之风格相对应的曲子。

人工智能在作曲领域取得了许多令人欣喜的成就，已经成为能与人类协同创作复杂艺术作品的得力助手。

2. 通过音乐“图灵测试”——Aiva

Aiva Technologies 就是 AI 音乐创作领域典型的创业公司。他们创造了一个 AI 作曲家，并称之为“Aiva”（Artificial Intelligence Virtual Artist），并教它如何创作古典音乐，Aiva 创作的交响曲演奏起来恢弘澎湃，并且很多音乐作品已经用作电影、广告，甚至是游戏的配乐。

我们不得不思考一个问题：Aiva 能通过音乐“图灵测试”么？Aiva 的科研团队在音乐“图灵测试”，找来了许多音乐人试听 Aiva 的音乐，但是没有一位能听出这是由 AI 创作的，因此根据“图灵测试”的定义，我们认为 Aiva 在作曲方面已经具备创作智能了。

图 10-6　作曲进行“图灵测试”

3. Aiva 技术原理

Aiva 的科研团队利用深度学习（Deep Learning）及强化学习（Reinforcement Learning）让 Aiva 学习了著名音乐家诸如贝多芬、莫扎特、肖邦等人的大量作品，通过多重“神经网络”中海量数据的信息处理，让 AI 理解数据并建立高级抽象模型，因此 Aiva 了解古典音乐创作以及乐理知识后，便能开始自己创作。

AI 音乐的出现多多少少会遭遇非议，其实每一样新事物的诞生都是如此，总有人忧虑甚至焦虑关于音乐创作的未来。事实上，也没有必要过分担忧。Aiva 的作品在编排和音乐制作方面仍需要人力投入。事实上，Aiva 的创造者设想了一个未来，人与机器将合作以实现他们的创造潜力，而不是相互取代。AI 作曲在另外一些方面可能有着更好的表现。在未来，AI 完全可能成为人类创作音乐的得力助手，在适当的时候为人类提供灵感与作品的框架。

在 AI 作为工具逐渐普及、进入各行各业的今天，娱乐产业的参与者也纷纷对自身进行了技术改造。除了爱奇艺之外，海外的 Netflix、迪士尼等公司也在把 AI 技术系统整合到内容制作和发行之中。基于这些成功案例，那些不接受新技术和新理念的玩家，恐怕会慢慢被淘汰，将难以在市场中生存。利用全新的思维方式、全新的 AI 技术和工具面对全新的竞争业态，也是一种必然。

（五）人机共制：AI 制作预告片

近日，IBM 的人工智能系统 Watson 与人类合作，共同制作科幻电影 *Morgan* 预告片。

首先 IBM 的工程师们给 Watson 看了 100 部恐怖电影预告片，Watson 自动对这些预告片进行了画面、声音、创作构成的分析，并标记上对应的情感，它甚至还分析了电影中人物的语调和背景音乐，以判断声音与情感的对应关系，接下来工作人员将完整的 *Morgan* 电影导入，Watson 能够根据学习结果快速从电影中挑出几个场景组成一支预告片。不过目前 Watson 仍需要工作人员协助其剪辑最终的成片，但在 Watson 的帮助下，制作预告片的时间由通常的 10 天到 1 个月，缩减到了短短的 24 小时。

图 10–7 *Morgan* 预告片

技术可以改变生活，同样也能改变娱乐。当人工智能介入日常生活，特别是娱乐的时候，呈现在我们面前的将是一个又一个无法拒绝的崭新现实，被赋予了人工智能技术的娱乐将会更懂我们，更具有趣味性及人性化。

第十一章　人工智能技术应用之九——家居

"机器人将收割、做饭、为我们准备食物。他们将在我们的工厂工作、开我们的车、帮我们遛狗。不管你是否喜欢，工作的时代将结束。"

——格雷·史葛（Gray Scott，硅谷企业家、投资人）

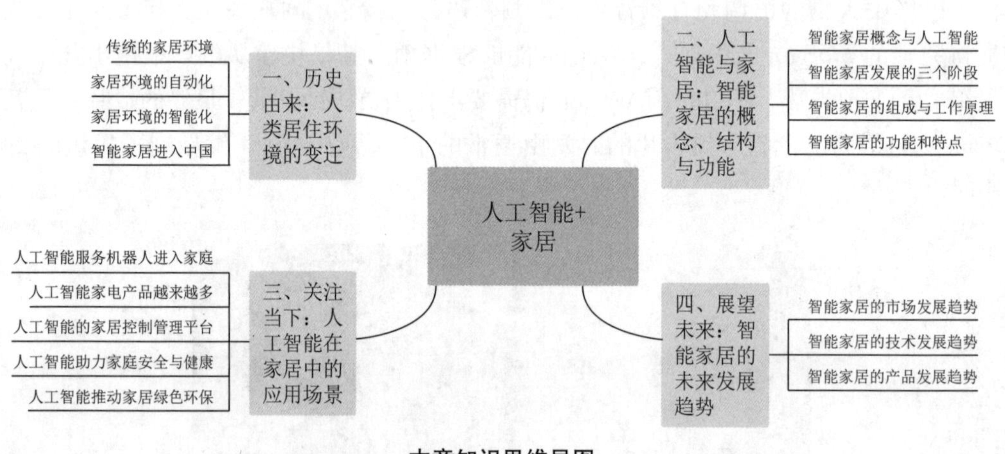

本章知识思维导图

家庭是社会的细胞，家居或者说家庭生活环境是人类社会的一个重要组成部分。自古以来，除了群居的原始社会，文明时代的人们都是在家庭中生活。时至今日，我们的家庭生活及环境已经开始走向智能化的时代，智能家居的概念和相关技术日渐成熟。尤其是随着5G时代的到来，计算机性能的不断提高，物联网和人工智能的迅猛发展和广泛应用，智能家居、智慧家庭将是今后家庭生活环境（家居）的必然选择。二十大报告提出要"增进民生福祉，提高人民生活品质"，相信人工智能在人们家居生活中广泛应用之后，将会大大提高我国人民的生活品质。

智慧家庭将是未来智慧社区、智慧城市的基本单元和核心。这里，我们首先从人类家居环境的变迁谈起，引出智能家居的概念和发展历史；接着展示当前智能家居的典型结构与功能特点；然后，讨论人工智能在智能家居中的应用，例举一些典型应用案例；最后，谈谈智能家居未来的发展趋势和智慧家庭的景象；希望给大家一个关于人类家居环境变迁和人工智能应用中比较完整和比较系统的认识。

一、历史由来：人类居住环境的变迁

家居或者说家庭生活环境，应该说是一个历史发展的概念。在不同的社会历史时期，由于生产力水平和物质生活条件的不同而呈现出不同的特点。同时，它还与人们所处的地理位置、国家政府体制、自然环境、文化背景和当时的科学技术水平息息相关。

（一）传统的家居环境

远古和原始社会的人类无所谓家庭，或者说没有家庭环境和家居的概念。那时候的生产力水平极为低下，物质生活条件非常贫乏，食物主要来源于自然狩猎，人们以群居方式生活。原始社会后期人类在学会使用各种工具的基础上，生产力水平有所提高，才慢慢进入农耕社会，俗称"刀耕火种"时代。也许是发展生产的需要和文明的引入，开始有了家庭和城镇的概念。

到了奴隶社会，人们已经有了家庭。但是，奴隶社会的生产力水平还是相当低下，社会生产以农耕为主，刚出现手工业。人被划分成不同的等级。在中国古代，天子拥有天下，然后分封诸侯。在诸侯国里，从宰相、大夫、士兵到平民都有家庭。但最低等级的奴隶只能做佣人和苦力，是没有独立的家庭的。在漫长的封建社会中，生产力水平渐渐提高，物质财富和精神财富相对丰富，人们的家庭生活环境也有了极大的改善。

在这一段相当长的历史时期内，人们的传统家居环境模式相对比较稳定，主要特点表现为：第一，人口比较少，土地资源丰富，人均居住面积大。一般家庭不是拥有一大片的庄园，也至少拥有几亩土地和一大栋房屋。城镇人口相对集中，没有大院子的也会有独立的房屋和宅基地。总之，不像今天的城镇，人口聚集，大多数人只能住在单元式的房子里。第二，家居环境以自然为主，因为工业不发达，工业和环境的污染也相对比较小。可以说，大部分地方是山清水秀的。没有今天的汽车尾气、各种工业和化学污染。第三，家居用品和家用设备等以手工制品和木制品等自然材料为主。没有今天的自来水、天然气、电视机、电冰箱和洗衣机等现代的生活用品。第四，人与人之间的交流方式主要是面对面的交谈，比较直接。不像今天可以通过电话、微信等进行语音或视频沟通。

现在我们外出旅游时，一般都会看到一些作为传统文化保留下来的国内外不同历史时期的城镇、村庄和住宅旧址等。这些都是人们传统居住环境的真实写照。

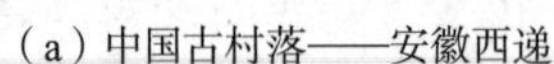

（a）中国古村落——安徽西递　　（b）传统民居——云南丽江

图 11-1　传统居住环境案例

（二）家居环境的自动化

随着社会生产力水平的提高、社会的进步，人类进入了资本主义时代。经过两次起源于西方的资产阶级工业革命，尤其是近代科学技术的快速发展，人们开始使用先进的蒸汽机和电动机，以蒸汽和电力为动力后，资产阶级大工业生产开始形成，社会发展突飞猛进。人们很早就希望设计出自动装置或自动机器以减少人类自身的体力和脑力劳动强度。但是，作为真正的意义上的自动化技术主要还是在 18 世纪末至 20 世纪 30 年代出现和形成的。

1788 年英国机械师瓦特发明了离心式调速器，并用它组成蒸汽机转速的闭环自动控制系统，对第一次工业革命及后来的控制理论发展有着重要的影响。1933 年英国数学家 C. 巴贝奇在设计分析机时，首先提出了程序控制原理。1939 年世界上第一批系统与控制的专业研究机构成立。

到了 20 世纪 40 年代以后，第二次世界大战时期才形成经典的控制理论。经典控制理论极大地满足了第二次世界大战中军事和战后工业发展的需要。1946 年，美国福特公司的机械工程师 D.S. 哈德最先提出“自动化”一词。1960 年在第一届全美联合自动控制会议上首次提出了“经典控制理论”的名称。实际上，从 1945 年美国数学家维纳（N.Weiner）把反馈概念推广到所有控制系统以后，经典控制理论才有了许多新的发展。

20 世纪 60 年代，出现了现代控制理论，随着机械电子、计算机技术的发展，自动控制和信息处理相结合，传统的自动控制发展进入综合自动化阶段，强调的是生产过程的最优化。

20 世纪 70 年代，智能控制的概念渐渐出现，综合利用计算机、通信、系统工程和人工智能等新技术成果的高级自动化系统主要是针对大系统和复杂系统的控制，如办公自动化、柔性制造、专家系统、智能机器人、决策支持和计算机集成制造等。

显然，自动化技术也是不断发展和变化的。它起源于西方的工业大发展，广泛应用于社会的各个领域。自然，人们生活中所处时间最长、也是最重要的家居环境也离不开它。大到汽车、拖拉机、抽水机、收割机、电动风车等农用设备，小到电灯、电话、收音机、电视机、缝纫机、自行车和手机等家用电器和通信产品的使用，人们的家居环境渐渐走向自动化阶段。

改革开放前，国内的家庭环境自动化进程至少要晚于西方二三十年。改革开放后，中国城镇、社区使用的自动化设备和装置越来越多。农村相对缓慢，不过最近一二十年中国农村的自动化进程也在跟上步伐。进入21世纪后，中国城市和农村环境，包括家庭环境、社区环境的自动化、智能化发展较快，逐渐赶上，甚至局部还超过了西方发达国家。

家居环境自动化阶段的主要特点表现为：第一，虽然率先从发达国家开始，但是从历史角度、从宏观整体上看，家庭环境的自动化是与人类的科学技术发展同步的；第二，家居环境的自动化虽然越来越先进，但主要表现为单品的自动化及其广泛应用，这也是早期智能家居的一个突出特点。

从20世纪中国年轻人结婚的“三大件”中可以见证中国家居环境的变迁。70年代“三转一响”是自行车、手表、缝纫机加收音机；80年代的“新三件”是电视机、洗衣机和电冰箱；90年代是空调、摩托车和电脑（或者彩电、音响和录像机），还有手机；进入21世纪，变成房子、车子和票子（钞票）了。如图11–2所示。

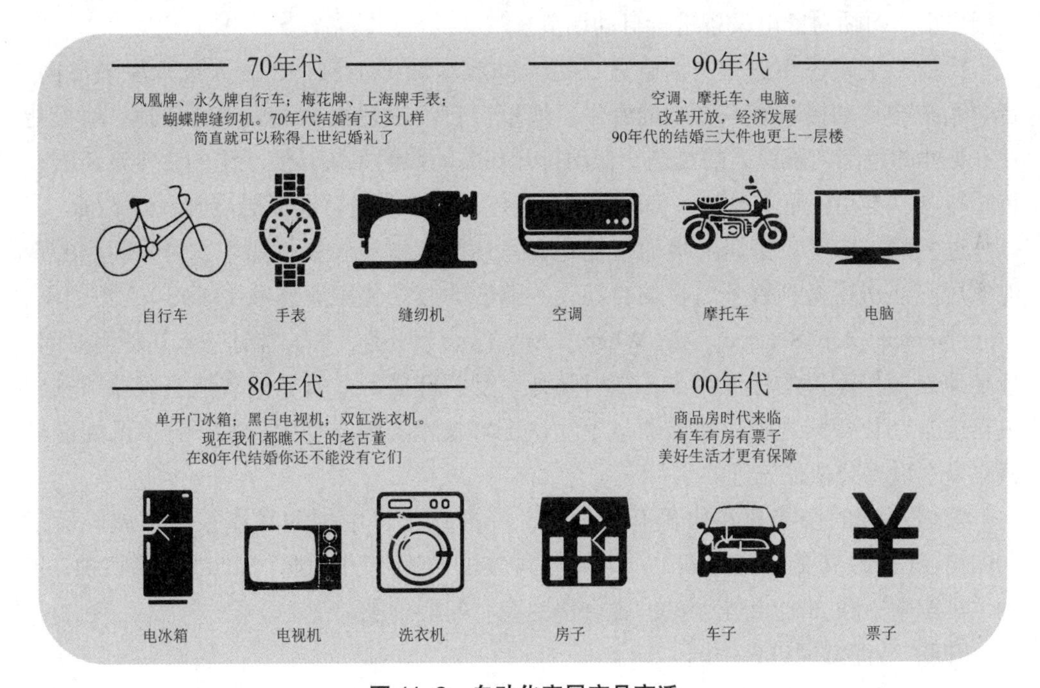

图11–2 自动化家居产品变迁

（三）家居环境的智能化

20 世纪 80 年代，计算机和信息技术广泛应用，人类开始了信息化的时代，有学者称为“第三次工业革命”。家居环境也开始走上了智能化时代。

1984 年美国联合科技公司（United Technologies Building System）将建筑设备信息化、整合化概念应用于美国康涅狄格州（Connecticut）哈特佛市（Hartford）的一栋旧的金融大厦（City Place Building）改造，从此揭开了全世界智能家居的序幕。这栋建筑也被称为世界上第一座“智能型建筑”。之后，智能家居在美国、德国、新加坡、日本、韩国等发达国家和地区开始广泛应用，包括加拿大、欧洲、澳大利亚和东南亚等地都提出了各种智能家居方案。如 1998 年 5 月在新加坡举办的“98 亚洲家庭电器与电子消费品国际展览会”上，新加坡推出的智能家居系统，功能包括“三表”抄送、安防报警、可视对讲、监控中心、家电控制、有线电视接入、电话接入、住户信息留言等。

1990 年至 1997 年世界首富、微软总裁比尔 · 盖茨花了 7 年时间、耗资 9700 万美元，在华盛顿湖边打造了一座高科技的顶级智能豪宅——“未来屋”。未来屋占地超过 6000 平方米，包括 6 个睡房，24 个浴室，6 个厨房，还有办公室、体育馆、图书馆和会议中心等。此豪宅依山面湖，自然生态与顶尖科技相结合。豪宅配有多个高性能的 Windows NT 服务器，通过电脑可以对屋内各种家居设施进行控制，还可根据用户个人习惯对家电设备进行自动调节。

比如，主人还在途中，浴缸就已经自动放水调好水温了；客人进入屋内房间，音响系统会自动播放客人喜欢的音乐，墙壁会自动投射出客人喜欢的名画；地板能在 6 英寸的范围内跟踪人的足迹，自动打开和关闭照明系统；院子里的百年老树配有传感器可以自动浇灌。比尔 · 盖茨的“未来屋”应该说是智能家居最典型的案列。

过去的二十年，家居环境的智能化在发达国家发展较快。如今，澳大利亚的智能家居能让房屋做到百分之百的自动化。韩国的数字化家庭体系（HDS），提倡 4A（Any Device，Any Service，Any Where，Any Time）服务，即它能让主人在任何时间、任何地点操作家里的任何用具，随时随地享受智能服务。日本的智能家居除了家用电器能自动化联网之外，还能通过生物认证等技术实现自动门识别，日本的智能马桶也是全世界公认最先进的。

家居环境的智能化在中国开始较晚。一般认为，中国的智能家居发展经历了 1994 年到 1999 年的“萌芽期”、2000 年到 2005 年的“开创期”、2005 年到 2010 年的“徘徊期”和 2011 年至今的“融合演变期”四个阶段。

（四）智能家居进入中国

20 世纪 90 年代中期，中国家居环境的智能化还处于萌芽时期，整个行业处在一个概念熟悉、产品认知的阶段。当时只有深圳有一两家代理销售美国 X–10 智能家居的公司，产品多销售给居住在国内的欧美用户。2000 年我国出台了《智能建筑设计标准》，在网络化热潮和国家示范项目的推动下，掀起了一阵智能家居、智能小区的热潮，成立了不少智能家居的研发生产企业，产品主要集中于可视对讲、电梯、安防以及停车场管理系统等。

由于早期智能家居产品操作较为复杂，不能让消费者获得较好的体验，加上智能家居企业的野蛮成长和恶性竞争，给智能家居行业带来了极大的负面影响。2005年前后，我国智能家居又进入了一个低潮徘徊期。行业洗牌，一部分企业退出市场，一部分企业找准了自己的长期发展方向，如天津瑞朗、青岛爱尔豪斯、海尔、科道等。同时，国外品牌也暗中布局中国市场，如罗格朗、霍尼韦尔、施耐德、Control4等智能家居的品牌。

2010年起，“光纤到户”成为国内宽带接入市场的主流。2013年，国务院正式发布“宽带中国”战略。2012年第二阶段“三网合一”工程全面实施。随着互联网宽带进入中国家庭，我国的家居智能化步伐又进入了一个新的快速发展时期。协议与技术标准主动互通和融合，行业并购现象出现甚至成为主流，智能家居成为各方争夺的目标。2014年以来，各大厂商开始密集布局智能家居。有人称2011年是我国智能家居发展的拐点，2014年是智能家居元年。

2016年，国家“十三五”规划纲要提出加强信息基础设施建设，推进大数据和物联网发展，积极推动智慧城市和智能家居的建设。2022年，党的二十大报告指出，要构建新发展格局，推动高质量发展，建设现代化产业体系，其中包括推动战略性新兴产业融合集群发展，构建新一代信息技术、人工智能、新材料、绿色环保等一批增长引擎。当今，随着大数据、物联网、人工智能等下一代信息技术的迅速发展，海量的智能家居终端快速联网成为可能，我国智能家居市场因此进入了启动期。现在正处于一个临界点，市场消费观念有待形成，市场推广有待普及。我国人口众多，智能家居市场的消费潜力巨大，产业前景光明。

二、人工智能与家居：智能家居的概念、结构与功能

如前所述，智能家居是家居环境自动化发展到一定阶段的产物。家居环境从传统家居、自动化的家居环境向智能化家居的转变主要是计算机技术在其中应用的结果。当然，自动控制、网络通信和IT等技术的应用也包括在内。下面我们先给智能家居下一个比较明确的定义，并介绍智能家居本身发展的三个阶段和联网的两种形式，再重点讨论互联网阶段智能家居的典型组成结构、工作原理和功能特点。

（一）智能家居概念与人工智能

智能家居主要是计算机出现之后，包括单片机、微处理器及软件系统等在内的计算机技术在家居环境中应用的结果。而人工智能又是计算机科学的一个重要分支，可见两者的关系十分密切。

1. 智能家居的基本概念

2002 年 6 月，国内第一本智能家具安装指导书籍——《智能家居》（向忠宏编著，人民邮电出版社），将“智能家居定义为一个过程或者一个系统。即利用先进的计算机技术、网络通信技术和综合布线技术，将与家居生活有关的各种子系统有机地结合在一起，通过统筹管理，让家居生活更加舒适、安全、有效。”“智能家居系统是以住宅为平台，兼备建筑、网络通信、信息家电和设备自动化，集系统、结构、服务、管理为一体的高效、舒适、安全、便利、环保的居住环境。”现在国内的资料大多沿用这一概念。

从字面上理解，家居是家庭居住环境的简称。智能家居，顾名思义是指智能化的家庭居住环境。它是智能技术在家居环境中应用的结果。所谓智能化，我们认为它是指人工模仿人类智能的一种方法。计算机技术的出现是一个最重要的标志，没有它就没有所谓智能化。正如传统功能手机向智能手机的过渡主要也得益于计算机技术的发展，微处理器和操作系统等软件在其中得以应用开始，之后各种最新技术不断加入，智能手机的功能也越来越强。

“智能家居”的英文名称为“Smart Home”，与其相近的概念有智能家庭（Intelligent Home）、数字家园（Digital Family）、电子家庭（Electronic Home，E-home）、网络家居（Network Home）、家庭自动化（Home Automation）、家庭网络（Home Net/Networks for Home）等。智能建筑（Intelligent Building）也与其密切相关。

根据家居环境的历史变迁，我们也可以给智能家居下一个更加简洁的定义：智能家居是应用自动控制、计算机和网络通信等技术组成的网络化、智能化的家居控制系统。它能将家中的安防、影音、照明、办公、窗帘、家电等控制子系统与家庭终端设备、家用电器等通过家庭的内、外部网络连接到一起，使人们的生活更加方便、快捷和舒适。

随着时间的推移，科学技术的本身的发展、新技术的出现和人们生活环境的变化，智能家居的内涵和外延也在不断地发展变化。现在发展较快的 5G 移动通信、物联网、大数据、云计算、人工智能等技术都在同步地向家居环境渗透。智能家居的概念也在渐渐地向智慧家庭转变。尤其是现代计算机技术的高度发展，硬件体积越来越小，软件功能越来越强，机器的智能越来越接近，甚至有可能超越人类的智能。

2. 人工智能和家居的关系

人工智能（Artificial Intelligence，AI）“作为计算机科学的一个分支，主要研究开发用于模拟、延伸和扩展人类智能的理论、方法、技术及应用系统，涉及机器人、语音识别、图像识别、自然语言处理和专家系统等方向”[①]。人工智能最底层的技术基

① 〔美〕史蒂芬·卢奇，丹尼·科佩科．人工智能（第 2 版）［M］．林赐，译．北京：人民邮电出版社，2018.10.

础主要包括数据、芯片和算法三方面。应用技术则主要指语音、图像识别、自然语言处理、视觉分析、专家系统和机器人等方向。应用领域现在主要集中在安防、电商广告、消费电子、汽车、医疗等方面。这些行业或领域几乎都涉及智能家居，也就是说，现在人工智能与我们的家居生活密不可分。

住房是全球最大的财富集中地。据统计，全世界房地产总价值约271万亿美元，相当于美国GDP的12倍。人们每天90%左右的时间都在室内度过，现代社会很多人甚至在家里办公。家居环境的好坏直接关系到人们的工作与生活质量。家居环境的自动化和智能化是科技发展到一定阶段的产物。计算机技术在家居环境中的应用是智能家居概念形成的主要标志，而人工智能正是计算机科学技术发展的一个重要分支。所以，将人工智能技术应用到家居环境中将产生巨大的社会和经济价值。

自从20世纪80年代初，美国的科学家首先提出智能家居的概念以后，随着计算机、通信等新技术和经济的快速发展，智能家居越来越被人们重视。我国智能家居领域经过早期的彷徨后，也终于在2014年进入了黄金发展期。有学者认为2014年是智能家居元年，2017年人工智能与智能家居结合达到了临界点。[①]百度、阿里巴巴、格力、海尔等巨头都将人工智能引入到智能家居产品中，如智能音箱、扫地机器人、小爱同学和智能安防等AI家居产品已经影响到我们生活的方方面面。我国智能家居市场规模在2018年已接近1300亿元。除了人工智能以外，物联网、大数据和云计算等新技术都将与人工智能一起综合应用于人类的家居环境中。

在中国家电及消费电子博览会（Appliance & electronics World Expo，AWE）、智东西、极果网和腾讯联合举办的“GTIC 2017全球（智慧）科技峰会”上，TCL、美的、极米科技、海康威视等企业就“潜行突围的家居新生活”主题，探讨了人工智能与智能家居的关系，认为人工智能在智能家居上有非常多的应用，智能家居要做“细”，要考虑到影响消费者体验的各个细节，让人工智能自然地为人服务[②]。

（二）智能家居发展的三个阶段

从产品发展形态的角度看，智能家居经历了单品智能化、互联网智能化和物联网智能化三个发展阶段；也有称为单品、联网和系统智能化，或者称为单品、互联和人工智能家居三个阶段的。虽然这些阶段的叫法着眼点不同，但实质内容基本一致。我们应该注意的是这三个阶段的划分具有一定的相对性。实际上，它们是连续、渐变的过程，是不能完全分开的。

---

① 荣华英，廉国恩．人工智能发展背景下国际智能家居行业贸易前瞻［J］．对外经贸实务，2017（10）：18–21.

② 于兆涛．开启人工智能和智慧家居的大门——记GTIC 2017全球（智慧）科技峰会［J］．电器，2017（04）：32.

1. 单品智能家居阶段

单品智能家居阶段，是指在这一个阶段智能家居产品主要停留在单件的家具用品或个别子系统在以往自动化的基础上使用计算机、单片机、微处理器和其他编程设备进行控制，因而具有一定的智能控制功能。当然，也包括部分产品之间的联动。比如说，自动洗衣机、智能冰箱、数显自动电饭煲、密码智能卡门锁等，大一点的子系统还有家庭影院、家用安防监控系统等。

这一阶段表现出来的主要特点是：单个智能产品或小系统有一定的智能化功能，但是不能实现全面联网，或者说不能够系统地控制家中的各种智能设备。因此，使用的效率是比较低的。比如说，家用遥控器问题就比较烦琐。电视机、机顶盒、DVD，甚至电风扇等，每样都需要配备一个单独的遥控器。即使是现在，茶几上放满一大堆遥控器的现象在中国很多家庭还普遍存在。

2. 互联网智能家居阶段

互联网智能家居阶段，是指这一阶段伴随着因特网和局域网的出现与发展，蓝牙、WiFi 和 ZigBee 等无线技术的相继应用，单品智能化智能家居环境的升级。人们可以通过一个智能家居中央管理控制系统（如路由器、智能网关或服务器等），把家中能够上网的家用电器、家庭安防监控设备等整合为一个统一的智能家居系统，还可以通过因特网和通信网络与外界联系，在电脑和手机上人们就可以远程操控和管理家中的设备。

这一阶段表现出来的主要特点就是“网络化”。相继出现的电视机顶盒、路由器或者智能网关等作为智能家居的中央控制系统，是互联网智能家居阶段的核心、智能家居的入口，也是各路商家的必争之地。这一阶段的产品已经相当成熟，发达国家比国内要普及应用得早一些，中国家庭这阶段的智能家居产品还没有很好的普及。

3. 物联网智能家居阶段

物联网智能家居阶段，确切地说现在还处在研发阶段。它是指万物互联和人工智能广泛渗透的智能家居阶段。这一阶段不仅停留在通过互联网实现对家居设备的远程和实时监控，而且是各种家居设备也能相互连接，实现人与物、物与物的互联互通，同时机器还能够理解人的意图并主动为人们服务。因此，也有人称之为人工智能家居阶段。现在，一些有实力的国内外知名企业如苹果、谷歌、三星、华为、百度、海尔和小米等互联网和家电巨头都在重金投入、积极研发和推出不同类型的人工智能家居新产品，并形成自己的生态圈，不过现在还是“雷声大雨点小”。物联网是互联网的延伸，是互联网的智能化。随着5G和物联网工程的全面实施，大数据、云计算、人工智能等下一代新技术的应用，下一个万亿级的物联网智能家居市场在等着大家。

此外，现在智能家居联网存在有线和无线两种形式。一般的情况下在同一个智能化家居系统中两种联网形式是并存的。一些子系统是通过 WiFi、蓝牙、ZigBee

等技术无线连接的，另一些子系统则是通过家庭布线（电话线、因特网网线和电力线）有线连接的。不过现在有一种发展趋势就是实现智能家居系统的全屋无线化。

（三）智能家居的组成与工作原理

由于市场标准还不统一，智能家居产品方案复杂而多样。而且，各大厂商的产品体系彼此不兼容，组成部分涵盖范围也不一样。因此，关于智能家居的组成结构至今还没有一个标准答案。下面按照大多数的情况予以介绍。

1. 智能家居的组成

如图 11–3 所示，它是一个功能相对齐全的互联网智能家居阶段的智能家居系统组成拓扑图。它主要由一个中央控制管理系统和数字可视对讲、远程控制、视频监控、家庭影音、室内安防报警、信息咨询、环境控制和智能控制八个子系统组成。其中，每个子系统可以与一类终端设备、智能家电或模块进行有线或无线连接。有些还设有智能信息箱或多媒体控制面板。

按照科普中国网站的说法，智能家居包括家居布线、家庭网络、家居照明控制、家庭安防、家庭影院与多媒体、背景音乐、家庭环境控制和智能家居（中央）控制管理等八大子系统。其中，智能家居（中央）控制管理、家居照明控制、家庭安防系统是智能家居的必备系统，而其他部分为可选系统。在智能家居环境的认定上，只有完整地安装了所有必备系统，并至少选装了一种及以上的可选系统才能称得上是智能家居。

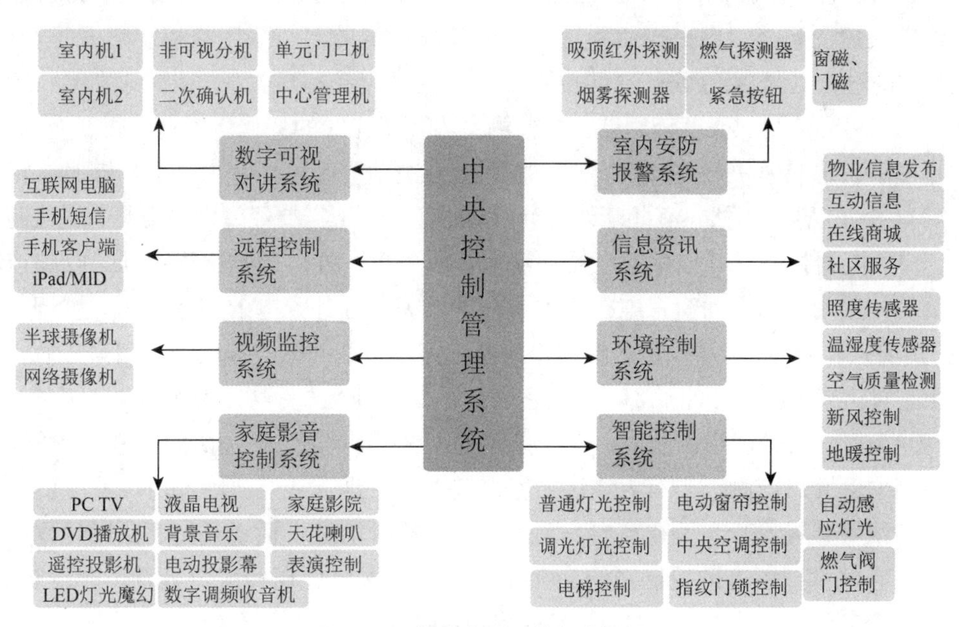

图 11–3　智能家居系统组成框图

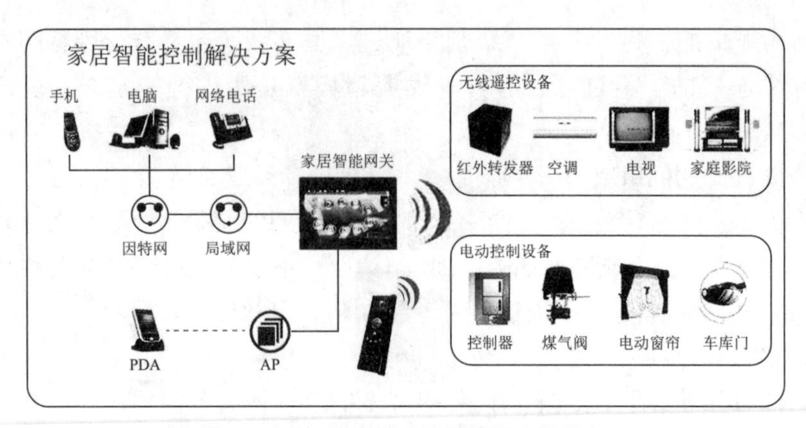

图 11-4　智能家居系统结构图（部分）

2. 智能家居的工作原理

在智能家居系统中，各类传感器负责从周围环境收集数据信息，并转变成相应的信号传送给中央控制管理系统进行分析处理。然后，根据使用者的指令再通知各子系统或控制模块控制执行机构工作。有些传感器则可以直接控制执行机构。中央控制管理系统一般都有人机交互装置。当然，也可以通过智能遥控器、智能面板等人为操作，或用手机、电脑通过互联网、路由器远程监控。

其中，中央控制单元与各模块、子系统和智能设备之间是通过家庭内部网络联系。如前所述，家庭内部网络有有线和无线两种方式。其具体工作过程例举如下：

（1）温、湿度控制。当温、湿度传感器检测到室内的温、湿度变化后，将数据传给中央控制系统，中央控制系统再按照事先设定的温、湿度值控制空调等运行。当温度高时，空调会自动制冷；当温度低时，空调自动制热。

（2）灯光控制。亮度传感器负责检测室内环境光线的变化。当室内亮度充分时，中央控制系统或模块会按预设要求，将部分灯主动关闭；当室内亮度不够时，将部分灯光主动打开。当然，有些暗处还有自动感应灯，不需要经过中央控制系统控制。

（3）电器控制。其他智能电器如窗帘等设备也一样，当数字窗帘开关收到控制命令后，立刻驱动电动窗帘电机接通或断开。关于红外家电的控制，例如空调、电视机、DVD 等需要经过吸顶的红外感应器工作。当红外感应器收到控制信号后，立刻把它转化成对应的红外指令，控制它们打开、关闭或执行其他操作。

（4）安防报警。当设防时，该子系统的人体感应器门磁、烟雾感应器和燃气感应器等均会开启监测。当有人非法入室或起火产生烟雾或燃气泄漏时，系统就会马上触发报警装置。若人不在室内，系统会自动拨打语音电话或通过互联网远程通知主人及有关部门。有的控制系统还会实况录像、保留证据和应急处置。非设防时，传感器感应到有人时，系统则会主动开启预设灯光。

（5）背景音乐控制。当子系统收到控制命令后，子系统会立刻切换到外部的播放源状态，并打开相应的播放音源。当触发各类复杂场景命令时，系统会控制对应的灯光、电器、窗帘、背景音乐按预设要求工作，并达到理想的场景效果，例如“影院”场景。

（四）智能家居的功能和特点

智能家居作为智能化的家居环境，它不仅应该提供传统家居的基本居住功能，还应该提供比以往传统家居和自动化家居更加安全高效、方便快捷和舒适宜居的环境。它应该具有以下多种功能和特点。

1. 智能家居能实现的功能

首先，智能家居必须能保证有关设备始终实时网络在线，并与互联网、通信网等随时相连。这不仅是为了家庭办公的需要，更是为了保证远程控制、视频监控、室内安防报警、信息咨询等子系统正常工作的需要。如一旦出现警情，系统应随时自动发出报警信息，进入应急联动状态。

其次，智能家居系统必须具备远程控制功能。保证人们不在家时能通过办公电脑或手机等设备随时随地查看和操作家中的设备、接受家中的报警信息等。如有客人到访时，主人可以及时看到客人并与之通话或打开家门；又如回家之前就可以控制家中的空调、调整好室温等。

第三，智能家居必须具有家庭信息服务功能。它不仅应该能管理家庭信息，还应能及时与小区物业和社会化服务公司联系，可以通过语音和视频技术及时发送和接收家庭服务和办公信息，如能及时查询送餐、保姆和娱乐等服务信息、及时咨询和选择服务内容。

第四，智能家居必须能对家庭中的家电设备等进行智能操控。如通过温度、光线、动作、声音和图像等各种传感器自动控制家中的空调、灯光、窗帘、音响、电视和门窗等为人们服务，如能通过语音、手势等操作家庭影院、背景音乐等智能家电。

第五，智能家居必须具有一定的自动维护功能。要能直接从制造商的服务网站自动下载、更新驱动和诊断程序，实现智能化的故障自诊断、新功能自扩展。如果出现故障时能报告故障点，通知维修人员及时上门服务。

第六，智能家居应该能进行家中的能源管控，更加节约能源。能源管理是家庭的一项重要任务，系统要能将对家庭各系统的工作状态和资源消耗予以综合考虑，实现最大限度的节约资源，包括“三表抄送”技术等。

2. 智能家居系统的特点

第一，安装调试方便灵活。智能家居系统是一个由各个子系统联网组成的综合系统。因此，它应该可以根据个性化需要，增加或减少不同的子系统。而且，各子系统或有关功能模块要能即插即用和快速部署。

第二，操作管理简便快捷。智能家居控制的各种家庭设备应该可以通过手机、平板电脑、触摸屏等多种人机接口进行操作，能根据需要实时选择操作方式。

第三，场景控制功能丰富。智能家居系统应该可以设置各种控制模式，如离家、回家、宴会、下雨、天晴和节能等模式，这样才能较好地满足人们对高质量生活的需求。

第四，能实现信息资源的共享。智能家居系统应该可以将家里的温度、湿度、干燥度等数据参数通过网络发布或传送给有关环境监测点，或通过手机、电脑等提供给家人。

总之，建立智能家居的目的是为了让我们的生活和工作更加方便、快捷和舒适。因此，上述功能、特点都是智能家居与以往的传统家居比较而言的。

三、关注当下：人工智能在家居中的应用场景

关于人工智能在智能家居中的应用，可以通过两条思路来描述。第一是从人工智能技术本身的应用来描述，第二是从智能家居各项功能产品来进行描述。当然，这两种思路在实际生活中是同时存在的。下面从大家熟悉的智能家居产品切入，讨论人工智能在家居中的应用。

（一）人工智能服务机器人进入家庭

机器人是包括人工智能在内的多种技术综合应用的一个复杂系统。不过，人们往往对机器人的认识比较具体形象，因为大家主要是希望它成为一个有用的工具，或者能够满足情感交流需求。美国、日本和韩国等发达国家和地区以及中国都先后推出了各种各样的家庭服务型机器人。它们的主要功能表现为提供陪护、保洁、聊天、订餐、娱乐等服务。

如美国 Mayfield Robotice 公司 2018 年发布的家居机器人 Kuri，能通过表情、转头、眨眼、声音和主人应答。韩国 LG 公司推出的管家机器人 Hub Robot，具有多种功能并能与房子里的其他 LG 设备连接。

我国百度 2017 年推出的“百度小鱼”智能对话机器人，搭载了百度自己的 DuerOS 人工智能操作系统，可通过自然语言对话播放音乐新闻、搜索图片、叫外卖和闲聊等多种功能，还可以自己不断学习和优化。

图 11–5 所示是一款由日本软银集团和法国 Aldebaran Robotics 联合研发的人形机器人 Pepper。它可以综合分析周围的环境，并积极主动地做出反应，能分析人的表情、声调和情绪字眼与人类进行交流，还能跳舞和开玩笑。

Pepper 将无线通信、APP、云计算和影音、图像识别的人工智能等技术整合在一起，类似于苹果的 Siri、亚马逊的 Alexa 语音助理。Pepper 支持 WiFi 连接云端服务器，为了扩展其应用，该公司还公开发布了 SDK（Software Development Kit）的“软件开发工具包”，即指辅助开发某一类软件的相关文档、范例和工具的集合，客户可以据此对机器人做个性化的设置。

图 11–5 日本人形机器人 Pepper

据报道，在2019年的东京机器人会展上，日本最新推出的一款家庭服务美女机器人——“妻子”，比Pepper技术更先进，外形也更逼真，几乎具有妻子的全部功能。中国科学技术大学参考五位美女的外貌，仿真研发设计了一款美女机器人“佳佳”，也非常逼真。

近年来，家电行业中机器人的应用增速超过30%，各种玩具、学习和家庭服务机器人应有尽有。极米科技创始人兼首席执行官钟波说：“如果人工智能是机器人的灵魂的话，其实智能家居算是机器人的躯壳。”

（二）人工智能家电产品越来越多

目前，智能家居市场的年均复合增长率即将突破45%。其中，家电类智能家居产品所占市场份额最高，智能空调、智能冰箱和智能洗衣机三者市场占比合计超过70%。到2020年，我国智能空调、洗衣机和冰箱市场增幅至少20%以上。其中，以智能空调增长速度最快，预计达到55%。各种智能家电都离不开人工智能的影子，人工智能家电产品将越来越多。

2014年11月，亚马逊推出一款智能音箱Echo。Echo最大的亮点是将人工智能的语音交互技术应用于传统音箱，形成了人工智能音箱。其中使用的“Alexa”语音助手可以像朋友一样与人交流，能提供播放音乐、新闻、网购下单、优步（Uber）叫车等服务。同类产品还有苹果的Siri、谷歌的Google Home等。

家用清洁机器人也可划归为智能家电类，因为它的功能比较单一，主要是帮助家庭做清洁。我国小米公司最新推出的米家扫地机器人能识别房间大小、家具摆放、地面清洁度等环境，自主制定最优清扫路径。它主要应用了激光及视觉融合导航、AI识别房间分区、小爱同学语音控制技术。美国iRobot公司的Roomba清洁机器人畅销全球。德国LIECTROUX（莱尔克斯）A335家用扫地机器人曾荣获“2016年度全球家居产业影响力品牌”大奖。它们都应用了人工智能技术。如图11–6所示：

（a）MI 米家扫地机器人

（b）莱尔克斯 A335

图 11–6　扫地智能机器人

海尔、美的也有许多人工智能家电产品，包括可以识别人的空调、可以识别食物的冰箱、可以识别衣物的洗衣机等。飞利浦中国首发推出的智能空气净化器搭载了阿里云，拥有空气质量数显、粉尘传感器、等离子灭菌、UV 配合光触媒杀菌等功能。在小家电方面，飞利浦智能灯泡 Hue 能让用户在手机或者平板上通过 APP 操控变色，并且，灯光可以跟着节奏或者音乐旋律运动起来；灯泡还支持情景模式，比如你可以让它在下雨时亮起来，或者当你收到邮件时变一个颜色。

此外，现代厨卫产品、家庭影音设备等也是人工智能技术应用较多的地方。

（三）人工智能的家居控制管理平台

智能家居控制平台（Smarthome Control System，SCS）也称智能家居（中央）控制管理系统，由系统软件和硬件组成，内核是处理器。产品形式有智能路由器、智能网关、集中的管理控制平台和家庭信息箱等，它设置有多种控制方式，其中智能手机操控的应用极为广泛，各种功能可以一键搞定。现在，语言交互和视频对话等人工智能技术也应用其中。

智能家居控制平台是智能家居的核心，是实现智能家居控制功能的基础。要实现智能家居的网络化统一协调管理，克服单品化智能家居阶段的缺点，研制出能满足家庭需要的智能家居控制平台是十分必要的。现已由普通个人计算机、电视盒子、路由器等发展到了智能网关阶段。未来的智能网关有可能与机顶盒和智能路由器合为一体，打造一个功能更加强大的智慧家庭中央控制中心。

目前，各大厂商、资本巨头都在积极研发和推出自己的智能家居控制平台。如海尔的智慧家庭操作系统 U-HomeOS 是基于 U+ 云平台、大数据以及 U+ 大脑，以海尔智慧家电 Smart Home、Smart Wash、Smart Refrigerator 为载体，实现网器（各种能上网的设备、器物的总称）与网器、人与网器、网器与外部资源的互联互通、无缝对接。2018 年 10 月海尔还发布了智慧家庭行业首个人工智能解决方案——“海尔 U+ 人工智能智慧家庭”。

顺便说一下，智能家居控制系统离不开家庭网络（Home Networking）。早期家庭网络产品包括电脑、服务器、路由器、ADSL Modem 和存储器等设备，现在渐渐被物联网取代，加上大数据、云计算和 5G 技术的加入，现在的智能家居不仅功能更强，而且结构更加简化了。各种家居设备、器物之间可相互交流信息，智能家居系统的工作效率、兼容性和稳定性都大大提高，同时还可以内部纠错。

（四）人工智能助力家庭安全与健康

家居安防和健康咨询系统是人工智能技术应用的重点领域。首先，得益于视频监控领域的人工智能化提速。视频监控行业过去十几年经历了两次大的产品升级。第一次是“高清化”，将普通 30 万像素的摄像机升级到 100 万像素以上，将模拟信号变成数字信号传输。第二次是“网络化”，将视频信号通过网络直接传送回数据中心，这不仅方便集中管理，也扩大了监控范围。2016 年以后，由于人工智能视频分析技术的突破，视频监控行业开始了第三次“智能化”升级。

此次升级，不仅在前端设备（网络摄像头）添加了人工智能芯片，可以对视频数据进行实时的结构化处理，而且，后端存储设备也添加了 GPU 等人工智能加速芯片和处理软件，强化了对复杂视频的分析计算功能。另外，视频管理分析系统（Network Video Recorder，VMS）也新增了人工智能功能。

这样既能避免把数据量巨大的高清视频直接传回数据中心，有利于优化系统反应能力，也能实现图像识别、特征提取、人体识别、人员检索等功能。

如美国 Vivint 公司推出了包括视频监控、远程访问、电子门锁、恶劣天气预警等在内的全套家庭安全解决方案，并通过将太阳能电池板整合进太阳能家庭管理系统来提升能源使用效率。美国 Canary 公司和 August Home 公司则分别推出了智能安防摄像头和智能安保系列产品。

中国的海康威视现在已成为这方面的全球龙头企业。除了海康威视，大华股份、宇视科技等拥有一体化解决方案的厂商都保持较高市场份额。商汤科技、Face++ 等在人工智能算法上有特色的公司也积极切入 VMS 市场。

此外，利用人工智能传感器技术还能很好地监测家庭成员的身体健康。如各种可穿带设备、智能手表、智能眼镜和心脏监护器等都能对家人的健康、幼儿和宠物等进行实时监测。此类人工智能应用的数量也非常多。如美国 Snoo 公司开发的智能婴儿摇篮通过模拟母体子宫内的低频嗡嗡声哄宝宝入睡；Lully 公司和 Petcube 公司则专门研发用于宠物或婴儿的智能传感监测设备，以方便用户通过智能手机随时查看婴儿和宠物的动态，这两家公司已分别推出了智能睡眠监测仪和智能宠物监测仪等设备。

（五）人工智能推动家居绿色环保

2017 年，我国工信部发布专项计划，支持骨干企业发展智能节能家电市场，提高企业竞争力。2022 年，党的二十大强调加快实施创新驱动发展战略，加强企业主导的产学研深度融合，要强化和发挥企业科技创新的主体地位和引领作用；同时强调加快发展方式绿色转型，发展绿色低碳产业，加快节能降碳先进技术的研发和推广应用，倡导绿色消费，推动形成绿色低碳的生产生活方式。由此，在提倡人与自然和谐发展、推动绿色发展的背景下，家居环保和节能体系的建设将十分重要。

家庭能源管理系统（Home Energy Management System，HEMS）包括家庭住宅使用的太阳能电池、电器设备，节能、节水及高能效的设备，软件与管理方案等诸多方面。具体包括9大方面的产品：

（1）自动照明（Automatic Lighting）产业;（2）高效照明器具（High Efficiency Lighting）产业;（3）电力监测与设备效率（Power Monitoring & Appliance Efficiency）产业;（4）遥控窗户窗帘与智能遮阳（电动窗帘）（Remote-Control Windows & Coverings）产业;（5）太阳能电池板（Solar Panels）;（6）太阳能产品（Solar Products）;（7）水和喷灌管理（Water & Sprinkler Management）与花草自动浇灌（Automatic Watering Circuit）产业;（8）房屋节能改造（Weatherization）设备;（9）风力发电（Wind Power）设备。

显然，这些方面除了通过智能家居控制平台统一协调管理外，还需要单独考量每个小系统的功能，才能达到绿色环保和节能的最佳效果。通过人工智能传感器、人工智能监测和云端数据处理等技术智能调节家中的水、电和煤气等各种资源，并监测和控制室外花园的土壤和供水情况。目前，此类人工智能应用模式已经有众多的国外初创企业参与，国内参与企业逐渐增加。人工智能技术在其中大有可为。

如美国Ecobee和Rachio公司的产品分别可以用来智能监控家居用电和草坪的洒水情况，为家庭减少电能和水资源浪费。我国小米公司推出的智能温湿度计可以通过温度湿度传感器控制空调开关达到节能的目的。还有供电局采用的智能抄表系统则能够减少工作人员对住户的干扰，通过远程抄表技术可以随时监测家中的水、电、燃气的使用和安全状态，紧急情况还可以使用人工智能机器手关掉开关。

四、展望未来：智能家居的未来发展趋势

随着人工智能、物联网、大数据、云计算和5G移动通信等新一代信息技术的发展与应用，以及消费电子概念的盛行，近年来在单品智能家居设备升级和智能家居向智慧家庭转变的同时，在西方国家乃至全球掀起了一股新的智能家居热潮。随着改革开放的深入、经济的高速发展，中国的智能家居行业也在奋起直追。预计在物联网智能家居（或人工智能家居）阶段和智慧家庭历史阶段，中国的智能家居人工智能化步伐将很快赶上和超过西方发达国家。下面，从市场变化、技术应用以及产品形态方面来分析智能家居未来的发展趋势。

（一）智能家居的市场发展趋势

市场的变化趋势一般慢于技术和产品创新，通常技术走在前面，产品紧跟其后，然后才是市场销售。但是，市场和消费者的需求却是技术或产品创新的原动力。

1. 人工智能和智能家居的市场趋势

（1）人工智能方面。据 Sage 预测，到 2030 年人工智能将会为全球 GDP 带来 14% 的额外提升，相当于 15.7 万亿美元的增长。据推算，到 2020 年人工智能的全球市场将达到 6800 亿元人民币，其复合增长率达 26.2%。中国的人工智能市场规模将达到 710 亿元人民币，复合年均增长率为 44.5%，人工智能的市场规模如图 11–7 所示。

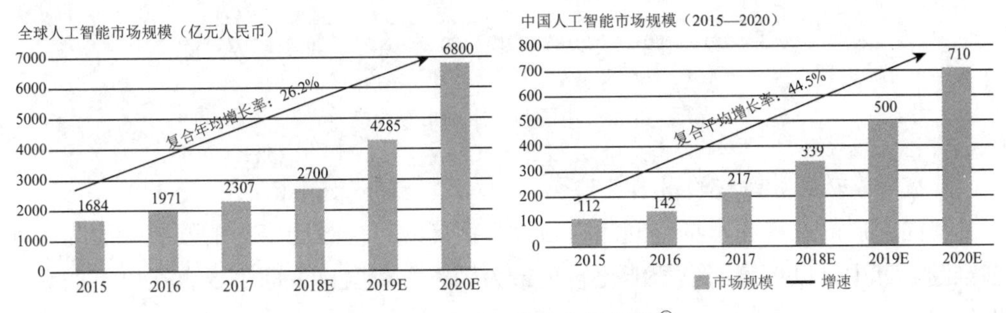

图 11–7 人工智能的市场规模①

耶鲁大学和牛津大学的研究人员对 352 位人工智能专家进行采访后报告预测，到 2060 年前后，有 50% 的概率人工智能将完全超过人类。这份研究报告还预测，在 10 年内人工智能将会在翻译（2024 年）、高中水平写作（2026 年）、卡车驾驶（2027 年）等领域超过人类。可见，人工智能未来的市场前景十分广阔。

（2）智能家居方面。据国际知名的咨询机构 Strategy Analytics 去年发布的《2018 年全球智能家居设备预测》报告显示，2017 年全球消费者购买 6.6 亿台智能家居设备，到 2023 年将增加到 19.4 亿台，将首次超过智能手机的销量 18.6 亿部，市场规模可达到 1550 亿美元。

中投顾问网的数据也显示，2017 年中国智能家居市场规模已增至 866 亿元，2018 年达到约 1285 亿元。2018 年中国智能家居出货量约 1.5 亿台，同比增长 35.9%。家居产品的智能化升级主要围绕 APP 客户端、语音助手和机器学习等方面展开。

据前瞻产业研究院发布的《2019—2024 中国智能家居设备行业市场前瞻与投资策略规划报告》预计 2019 年中国智能家居市场规模将达到 1422 亿元，2019—2023 年均复合增长率约为 38.13%，2023 年将突破 5000 亿元，达到 5176 亿元，未来将是“AI+ 物联网技术双驱动更深层次发展”。中国智能家居市场规模如图 11–8 所示。

① 数据来源：德勤研究。

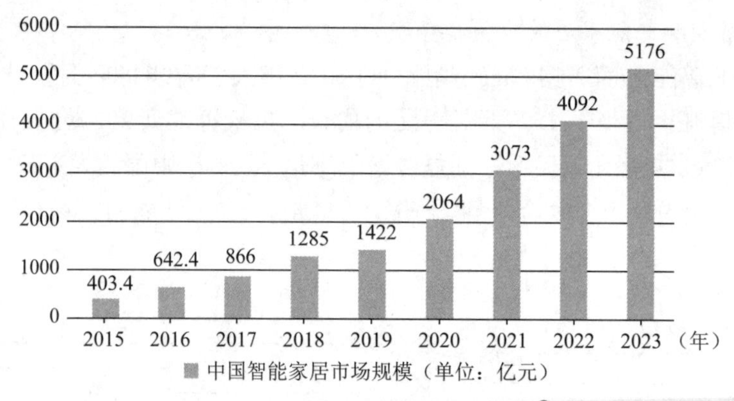

图 11–8　中国智能家居市场规模[①]

2. 智能家居发展面临的困难与对策

智能家居的发展和市场空间还有很大，但同时目前智能家居的发展也面临着许多难题。其中，以传统家电智能化转型最为困难。我国这方面主要存在以下四个方面的问题。

第一，我国互联网起步比欧美等国晚。目前，我国的技术还没达到世界前沿，数据收集和用户反馈有限，缺少基于用户数据的详细分析。

第二，目前智能家居各企业不同品牌的产品不能兼容，缺乏互联互通的标准。不利于方便快捷地使用智能家居产品，用户对智能家居的体验也还不到位。

第三，目前智能家居产品价格较贵，主要还是面向高档住宅区和富裕家庭。很难开展工厂流水线生产，推广运营也需要更多的资金。因此，产品制造成本较高，不利于进入普通家庭。

第四，布线系统复杂，不便于更新改造。以往的家居网络一般以有线连接方式为主，电话线、网线和电力线等并存，一旦安装好了是很难更改的。到了物联网时期，智能家居的每件家电和设备可能都需要联网，而且经常需要移动位置。因此，固定布线不好利用。

除此之外，当前的智能家居还存在着市场碎片化、安全性不足、稳定性差、人性化程度低、操作烦琐、价格不亲民和缺少个性等问题。针对这些问题，相关行业主要应该考虑三个方面的对策。

首先，要系统考虑人们对智能家居的实际需要，尽可能地为人们提供更方便、更快捷和更舒适的生活和工作环境。

其次，要不断地创新理念和引进新技术。

最后，对于新建设的智能建筑乃至智慧小区和智慧城市，做出更加前卫的设计。否则，我们将会非常被动，不仅会造成资源的极大浪费，而且将给人们带来生活、

① 数据来源：前瞻产业研究院。

工作和身心健康等诸多方面的不利影响。

（二）智能家居的技术发展趋势

智能家居系统的未来发展有赖于人工智能、大数据、云计算、物联网、5G通信等新一代信息技术的综合应用，而不仅仅只是依靠人工智能这一项技术。一方面，人工智能技术本身的发展除了有赖于数据、芯片和算法等基础技术的成果，还需要物联网、大数据和云计算等新技术的支撑；另一方面，没有人工智能的高效算法，物联网、大数据和云计算也无法充分发挥作用。此外，它们没有5G通信技术的速度和容量支持，也很难走向实用。各种新技术是一种相辅相成、彼此促进的关系。概括地说，智能家居的未来发展将呈现以下五个方面的主要趋势。

1. 人工智能及其专用芯片将广泛使用

人工智能经历了计算、感知和理解三个智能发展阶段，相应地，智能家居发展也在经历着联网操作、互联互通和人机交互的不同阶段。前两个阶段对应前面说过的单品互联和互联网智能家居阶段，而第三阶段才是真正的人工智能家居时代，也就是未来的智慧家庭，同时也是前面说过的物联网智能家居阶段。那时，人与物之间将实现完全的人机交互，家里的机器设备也都能理解人的想法、并能主动地为人服务。智能家居的最后阶段应该是可以将人的感官、感受和思想直接传递给家居设备，实现家居设备与人脑的直接对话，让机器也能够读懂人的心思，能模拟人的思维、能够主动操控智能家居的各种设备。现在，我们还处于智能家居的初级阶段。

最近几年，人们在感知智能，包括语音识别、人脸识别、视觉分析等技术方面取得了一定成就。人工智能已经可以对人的感知系统进行有效的模拟，机器能够从语音、图像和视频信号里面识别出所需要的物体和信息。这些技术渐渐渗透到了智能家居产品中，现在几乎成为智能家居的标配，如亚马逊的Echo、谷歌的Google Home和微软小冰等都是这方面的代表，其中谷歌的Google Home能对整个家居环境实现语音控制。百度、阿里巴巴、华为、海尔、小米等互联网巨头和家电厂商以及各种创业公司都在将人工智能技术嵌入到智能家居产品之中。

作为基础技术的人工智能芯片搭载了神经网络的算法，现已经从CPU、GPU发展到FPGA、ASIC架构的处理器。CPU和GPU是软件配合硬件工作的通用芯片，对人工智能来说效率比较低、价格比较贵。FPGA和ASIC是硬件配合软件工作的专用芯片，对人工智能来说是一种效率比较高、价格也比较便宜的芯片。由于神经网络深度学习等算法处理的数据量非常大，速度必须非常快。因此，采用专用人工智能芯片是未来的一个发展趋势。现在，智能家居的很多设备都已经植入了人工智能的神经网络芯片。未来，这类专用芯片还将更加广泛地用于智能家居产品之中，同时与传感技术相结合形成多种智能传感器。

人工智能芯片的发展依赖于半导体技术。在这方面，美国、韩国和欧洲等发达国家一直都处于领先地位，如三星、高通、英特尔、英伟达等都是中国的主要芯片供应商。其中，中国每年进口的芯片价值高达2000多亿美元。世界上最大的三家存储芯片巨头三星、海力士和镁光占据了全球市场份额的90%，2018年在中国遭到反垄断司法指控。

国内的芯片研发虽然还处于起步阶段，但是现在已能自主研发7nm的芯片（世界最先进的5nm芯片三星刚刚试制成功）。百度、阿里巴巴、华为是正在崛起的中国芯片三大巨头。2019年初，它们分别推出了“昆仑”“鲲鹏920”等高端芯片。百度研发的“昆仑”人工智能芯片拥有超强的运算能力，成本比国外同级别AI芯片降低近十倍，性能比美国英伟达的芯片高出8倍。阿里巴巴明确表示将在5年内，研发出具有更高性价比的高端芯片，性能将提升10至100倍，使用阿里云可连接100亿台设备。华为最新发布的“鲲鹏920”，是全球已发布芯片中计算密度最大的AI芯片。据说，华为麒麟芯片在芯片评测环节以“五项测试、四项第一”的成绩夺位高通。据中国移动公布的《中国移动2018智能硬件质量报告》披露，通过整机测评和专题测评，在选取的19个品牌、53款手机中，华为智能手机P20 Pro和P20分列3000元第一和第二，得到欧洲各国一线媒体的高度评价。此外，小米、格力都推出了代表各自企业特色的优质高端芯片，部分已经开始量产。

2. 物联网、大数据和云计算让智能家居起飞

“物联网是通过视频识别、红外感应器、全球定位系统、激光扫描器等信息传感设备，按约定的协议把任何物品与互联网连接起来，进行信息交换和通信，以实现智能化识别、定位、跟踪、监控和管理的一种网络。”从架构上看，物联网可以分为感知、网络和应用三个层次。物联网具有全面感知、可靠传输和智能处理三大特征。物联网是互联网的智慧化，它的主要功能是除了实现人与人能通信外，还能实现物与物相连、人与物的相接和通信，使人们在任何时候、任何地点都能进行通信联系。

对于智能家居系统来说，那就是要在任何时间、任何地点都能够监视和控制屋内的环境和设备，并能随时随地获取所需要的信息。智能家居可以说是物联网的一个子系统，它通过各类传感器采集信息，并通过物联网传送，通过云计算和大数据方法对这些信息进行分析和处理，然后控制家电设备，使其按照人的意志执行操作。

大数据技术的意义不在于其数据量本身的“巨大”，而在于对其中有价值信息的提取从而产生的“增值”。高德纳（Gartner）研究机构认为“大数据是需要新处理模式才能具有更强的决策力、洞察力和流程优化能力的海量、高增长率和多样化的信息资产”。物联网智能家居将是大数据应用的一个重要方面。智能家居硬件群中的每一个硬件无时无刻不在收集数据，包括用户的基本信息，包括音频、视频、远程监控和远程对话的庞大数据。这些数据处理和分析都离不开大数据技术。同时，大数据的运用也离不开云计算服务。

这些年，大数据之所以走红，与物联网、云计算、移动通信技术以及各种智能硬件的快速发展密切相关。按照美国国家标准与技术研究院（National Institute of

Standards and Technology，NIST）的定义，“云计算是一种按使用量付费的模式，提供可用的、便捷的、按需的网络访问，进入可配置的计算资源共享池（资源包括网络、服务器、存储、应用软件、服务），这些资源能够被快速提取，只需投入很少的管理工作，或与服务供应商进行很少的交互”。云计算的实质是基于互联网的一种新型的计算机工作模式。它是将以往本地计算机或服务器提供的存储、计算功能和数据信息等资源，通过互联网连接多台服务器的方式提供给用户使用。它具有规模大、廉价、按需服务和通用性好的特点。

云计算可以将智慧家庭中巨大的数据信息集中、自动管理和提供给用户随时随地使用，建立一个未来的“云家庭”。人们可以通过云服务精准、快捷地控制家中的各种设备，并大大降低管理维护费用。同时，云家电产品或设备还可以通过云服务实现人工智能神经网络的深度学习算法，进行自主学习和训练后更好地为人们服务。如通过收集日常生活习惯和家庭环境周围的各种信息，学习训练后为用户推荐最佳的生活方式和提供最佳的服务。

物联网和云计算的有机结合，构成了未来的智能家居系统平台。通过云计算整合的计算、存储资源可以用来共享和处理全球智能家居的业务请求，避免了“信息孤岛”问题。大数据将是未来智能家居系统要处理的信息内容。这方面中国将具有一定的优势，如海康威视、大华股份、科大讯飞、阿里、腾讯、新浪的 AI 应用已经比较领先。

3. 体感交互技术将实现智能家居蜕变

体感交互将会变成未来智能家居中人机对话的主力，成为未来计算机、智能电视、平板电脑和智能手机等设备的标配。所谓体感交互，是指人们可以直接使用肢体动作随心所欲地操控其他设备的技术。如同计算机装上了“眼睛”，能精准有效地去观察世界，并根据人们的动作完成各种命令。体感交互主要有惯性感测、光学感测和联合感测三种类型。

智能家居的操控发展大致经历了鼠标点击、触摸控制和语音控制三个阶段，现在将进入第四个阶段——体感控制阶段。有学者将体感交互技术视为继个人计算机、互联网、云计算、大数据之后信息技术领域的第五项重大技术。它将广泛应用于智能手机、智能交通、智慧社区、智慧城市等各个领域。在智能家居中，它将成为各种家居设备操控的重要方法之一，特别是在智能影音、智能电视和智能游戏中。

例如，我们都看过 3D 电影，将来可以通过体感技术和虚拟现实技术，在家参加世界各地自己喜欢的活动。我们甚至可以将房间内的墙壁安装成虚拟屏以作为体感交互界面，家人可以利用自己的身体动作来随意控制家居设备。图 11–9 所示的 3D 体感试衣镜就是一个有趣的例子。

图 11–9　3D 体感试衣镜

使用者站在 3D 体感试衣镜前，通过手势控制就可以实现与试衣镜的互动。挥挥手，所选择的衣服将神奇自然地穿戴于使用者的身上，还可以很轻易地替换不同的衣服。该设备的原理是通过感应采集试衣者的影像后，在镜子里建立人体 3D 模型，结合体感操作，镜子里面的你可以将各种衣服的 3D 模型穿在身上，实行真人 3D 虚拟试衣体验。这其中就少不了人工智能算法的应用。现在，一些商场已经在使用这类产品，今后价格便宜了将会很快进入家庭，以后在家里找到自己喜欢的衣服款式可以马上自动下单，发送给商家定制后送到家中。

4. 增强现实和虚拟现实技术应用于家庭

增强现实（Augmented Reality，AR），是通过计算机系统提供的信息增加用户对现实世界感知的技术，将虚拟的信息应用到真实世界，并将计算机生成的虚拟物体、场景或系统提示信息叠加到真实场景中，从而实现对现实的增强。它是一种将真实世界信息和虚拟世界信息“无缝”集成的新技术。用户利用头盔显示器，把真实世界与电脑图形多重合成在一起。AR 系统具有真实和虚拟信息集成、在三维空间中增添定位、虚拟物体和实时交互性三大突出特征。

虚拟现实（Vitual Reality，VR）也称为人工环境或灵境技术。它是人们通过计算机对复杂数据进行可视化操作与交互的一种全新方式。它是计算机图形学、多媒体、仿真学、人工智能、计算机网络和传感技术等多种技术相结合的产物。它利用电脑模拟产生一个三维空间的虚拟世界。戴上配置的特殊头盔、手套或手柄后，使用者如同身临其境一样，亲自操作。与以往的人机界面和视窗交互相比，AR/VR 技术在人机交互方面有着质的飞跃。

随着智能硬件、可穿戴设备和智能家居产品的发展，AR/VR 技术的应用领域越来越大。在智能家居中，现已有很多家庭娱乐的 AR/VR 产品。未来每个家庭都能体验到 AR/VR 技术。AR/VR 和人工智能的进一步演化将会使得智能家居更加智慧化。现在，虚拟味觉、虚拟触觉等均已实现，各种 3D 数字模型也不在话下。

例如，进入日本松下公司的“厨房世界”，使用者戴上特殊的头盔和银色的手套就可以去体验“真实”的厨房世界了。顾客可以伸手打开门进去参观，看看厨柜和用具是否满意，可以从碗架上取下盘子，甚至还能打开煤气灶和水龙头做晚餐。有趣的是，当你拿掉头盔，眼前的一切便消失。谷歌眼镜也是AR/VR应用的典型例子。我国深圳华龙迅达信息技术股份有限公司开发的“VRII智能工厂管理平台”已在烟草、汽车、制药、核电等多个领域得到应用和推广。人们待在家里带上眼镜、拿着手柄就能监控远在千里之外的工厂环境和设备，并能及时准确地知道车间设备的故障位置，如同身临其境，触手可及。

5. 无线技术将是未来智能家居的主流

显然，物联网要求物与物、人与物都能互联互通，没有移动通信和无线网络技术支撑是很难想象的。对于物联网时期的智能家居而言，每件家电和家居设备都需要联网，而且还经常移动位置，人们在任何时候、任何地点都要能实时和家人、屋内的各种设备进行通信联系或操控，这就更加离不开无线技术了。

首先，5G网络将为物联网智能家居提供更加优越的移动通信网基础。所谓5G是指第五代移动通信技术。5G网络是第五代移动通信网络，其传输速度要比现在的4G网络快数百倍，可达每秒数10 GB。比如说，一部高清电影1秒钟就能下载完成。5G网络的主要目的是要保证终端用户始终处于联网状态。当然将来它支持的设备远不只智能手机，包括智能家居的各种设备的互联互通它都能支持。世界各国家都正在争先布局和实施5G通信业务，中国的5G技术已走在世界前列。

其次，多种短距离无线通信技术将在未来的智能家居领域实现互联整合，以前行业内无线设备之间联动不佳的现状可能很快结束。无线局域网（WLAN）、蓝牙、WiFi、紫蜂（ZigBee）、红外（IrDA）、射频识别（RFID）、近场通信（NFC）、超宽带（UWB）技术、60 GHz毫米波通信、可见光通信和自组网（Ad-hoc网络）等技术都是物联网应用中常用的短距离无线通信技术，它们将在智能家居产品中联动或协同作战。比如，深圳的欧瑞博（ORVIBO）是国内首家打通Zigbee与WiFi产品联动的智能家居企业。该公司通过支持自主研发及第三方生态设备，已经实现白色家电、电工照明、安防传感、影音娱乐等场景的互联。在交互场景化层面，除成功对接echo音箱之外，已经对接多款语音机器人。未来还将在Z-Wave、Bluetooth等产品上实现互联。欧瑞博自称是全球“智能家居平民化”的倡导者。

（三）智能家居的产品发展趋势

为了避免重复，这里我们再来看几个不同的例子，然后，试着建立一个未来智能家居－智慧家庭的整体景象。

1. 未来人工智能家居产品举例

在2018年中国家电及消费电子博览会（AWE2018）上，海尔卫玺推出了全球首款语音控制的智能马桶盖。公司表示后续产品还会集成声纹识别。通过辨别语音区分用户，根据用户习惯或使用状态设置座圈温度、水温水压和清洗方式等。未来上厕所的同时，人们还可以通过语音控制排风扇、热水器、窗户等设备。未来的智能马桶每天都会实时分析人类尿液和粪便，及时发现身体的问题，针对性地推荐医生，帮助提供在线健康咨询和医疗服务。

谷歌公司 2012 年 4 月就发布了一款增强现实型穿戴式智能眼镜——“谷歌眼镜（Google Project Glass）。现在已经发展到第 4 代了。它的功能和智能手机一样，通过声音、手势就可以上网、拍照、视频通话和处理各种电子文件和电子邮件等。比如，你坐在地铁上正在观看对面座位上的年轻漂亮的女子时，它就会自动地将她的年龄、职业和婚姻状态等基本信息显示在你的眼前。

由于涉及隐私问题，2015 年 1 月 19 日，谷歌停止了谷歌眼镜的“探索者”项目。不过现在，戴上谷歌眼镜，待在家里，你就能足不出户进行环球旅行，看遍全世界。将来它还可以带你到商场里不同的柜台买你需要的东西，并自动付款；开车时还会为你指引道路等。

图 11-10　带上谷歌眼镜去旅游

海尔最新推出的一款智能冰箱，可通过 WiFi 连接家庭网络，内置了 100 余种食材图像，可以远程控制、智能大屏交互，具有影音娱乐、QQ 视频聊天、人机语音交互、智慧食材管理、餐厅菜谱推荐、一键网购食材等功能。冰箱能提醒你，食材适合放的温区，干湿分储，实时推送储鲜信息至移动终端。冰箱还能根据家人的健康体质，提供饮食养生建议和菜谱。

作为中国第一、全球第三的智能音箱品牌，阿里巴巴的“天猫精灵”在语音识别技术和语义理解方面达到国际顶尖水平。它不仅能听会说，还风趣幽默，并能控制各种智能家居设备。阿里巴巴在 2019 年年初推出了一款带屏幕的智能音箱“天猫精灵 CC”后，又开发出了能通过声纹识别的在线支付产品。因为每个人的声音是由特定的生理结构和个性特征决定的，因此每个人的声纹也都是不相同的，我们可以通过人工智能的语音识别技术提取每个人特有的声纹特征作为个人身份信息。

2. 未来智慧家庭情景推测

在2018年10月召开的国际电工委员会（IEC）第82届全会上，海尔主导制定的全球首个AI标准白皮书正式发布。它对人工智能未来的发展趋势有着重要的指导意义。会上，海尔还发布了智慧家庭行业首个人工智能解决方案——“海尔U+人工智能智慧家庭”。第一，它建立了一个智慧家庭分布式交互系统。通过语音助手“小优管家”，用户可以在任何角落与海尔智慧家庭交互。第二，它基于深度学习的智慧家庭解决方案，以U+大脑为核心对数据进行采集和计算。

该方案能对整个智慧家庭进行全局实时分析，自动学习和分析用户使用网器的习惯、推荐系统和为用户提供定制化的智慧服务，成为更懂你、能主动为你服务的管家。该方案在硬件、软件和生态服务上向海尔生态系统合作方开放，有利于形成“食联网”“衣联网”等智慧平台，有利于智慧家庭的拓展和升级，为用户提供更加便捷、舒适、节能、健康的生活方式。

通俗点说，这套系统可以做到至少在日常生活中，你有啥事对着智能手机、智能音箱、服务机器人或房间说一声就行了。比如你说“我要洗澡了”，浴室里的换气扇、灯光等会自动打开，热水甚至要换的衣服都能自动准备好。

那么，作为未来的人工智能智慧家庭究竟是怎样的一幅情景呢？按照上面的产品功能和现有的技术能力，很容易推测出以下这样一种生活情景。

当你还在回家的路上时，轻轻点一下或呼唤一下智能手机，家里的空调就先打开了、电饭煲开始煮饭了、高压锅开始炖排骨了。你还可以查看冰箱里缺少什么菜并下订单。等你回到家，大门自动打开，安防系统进入回家模式。进屋后客厅里的灯光自动打开，根据你的习惯，可能卫生间的洗脸水也为你自动准备好了。当你上厕所时家庭医生通过尿液和大便化验，记录分析你的身体指标。当你从卫生间出来时，你最喜欢的轻音乐已经自动响起，餐厅进入晚餐模式，灯光柔和而温情，米饭、排骨和鸡蛋等都已经煮熟了，最多自己放点调味品就开始用餐了。

如果你想吃外面的美食也不用出门，那就轻轻说一声或做个手势，平时你喜欢吃的红烧鱼或海鲜等美味就会自动显示，你可以在家用带上AR/VR眼镜先看看样子如何，甚至还可以虚拟尝到味道。点点头或吭一声就确定下单了，很快商家就会让快递小哥给你送过来。付钱也不用你操心，服务机器人绝对不会算错。

吃完晚饭坐在沙发上，就自动进入看电视模式了，大屏幕自动打开，灯光转换，想看什么节目说一声就会自动调好台。想喝水了，说一声，服务机器人就会按照你习惯的温度调好后端过来。当然，你也可以带上虚拟现实头盔和手套去黄山旅游或当一回西部牛仔。电视看累了，想起来买件衣服，那就在3D虚拟试衣镜前站一站，各种款式的服装由你挑。如果你也懒，3D虚拟试衣镜就会帮你挑选平时你最喜欢的款式，并自动量身定做。也许还没到第二天吧，衣服就送过来了。

想睡了，先和远在千里之外的亲人通过AR/VR技术当面打个招呼，然后再走进自己的房间。说一声或做个手势就启动了睡眠模式，防盗装置开启，门窗自动关好，等你睡好了灯光慢慢就暗下来了。夜里还会自动开窗透气，根据外面的温湿度关掉或调节空调。如果有人非法闯入或哪里出现漏水，报警系统就会自然启动，很快警察或维修人员就到了，同时机器手会先关掉总水阀或燃气开关。

这一切的一切都离不开人工智能技术，还有物联网、大数据、云计算等新一代信息技术，包括生物识别、3D打印、AR/VR以及计算机等技术本身的发展。这一切很快就会变成现实，以后的智能家居操作可能不需要通过手机，直接通过人的手势动作、表情和语言就可以了。这样一个人工智能的家居系统能够很好地理解或感知人的需要，并能主动地去安排会客场景、睡觉模式、离家模式，或是自动加工菜肴，如同有一个真实的保姆在为你服务。也就是说，智能家居的发展正在走向主动智慧的模式。

智能家居总的发展趋势已经十分明确，就是从智能化的家居环境向智慧化的家居环境发展。人工智能、物联网、大数据和云计算等新一代信息技术将深度融入，尤其是人工智能神经网络深度学习技术将得到广泛应用。同时，智能家居平民化趋势也将越来越鲜明。智慧家庭、智慧社区和智慧城市乃至智慧国家、智慧地球等概念将是未来社会生活的热点和主题词。自2015年IBM提出“智慧地球”的概念以来，截至2018年初，全世界已启动和在建设的智慧城市有1000多个，中国就有500个左右。而且未来“智慧”的概念还将更加能动，智慧的标志是会主动学习、主动思考和主动行动。

第十二章　人工智能伦理规范

“人工智能可能代表着某种文明的危险，这不仅仅是在个人层次，所以的确需要大量的安全性研究。”

——埃隆·马斯克（Elon Musk，特斯拉和 SpaceX 负责人）

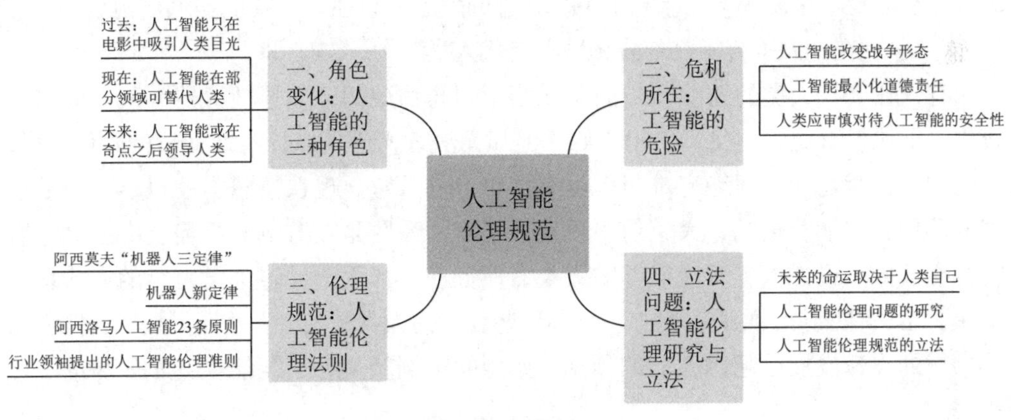

本章知识思维导图

一、角色变化：人工智能的三种角色

（一）过去：人工智能只在电影中吸引人类目光

美国在 1999 年上映了一部有名的科幻电影，它描绘了人工智能统治世界的故事，这部电影的名字叫《黑客帝国》。

故事情节大致是这样的：主角尼奥是一名年轻的工程师，但实际上他是网络黑客。他发现这个表面看似正常的现实世界似乎有一种神秘的力量在控制，为了找到真相，尼奥想尽一切办法开始了网络调查。墨菲斯是 Nebuchadnezzar 号飞船上的船长，他一直在寻找传说中的救世主，他和船员的使命是保护人类最后的城市锡安，并将其他人从矩阵中解救出来。船长坚信尼奥就是救世主，他可以将受矩阵控制的人解救出来，所以一直在寻找尼奥。后来神秘女郎崔妮蒂将尼奥引见给了墨菲斯，在墨菲斯的指引下，尼奥逃离了矩阵，回到了现实世界中。①

最终黑客尼奥才明白，原来他一直活在虚拟世界，那个世界实际上是由计算机人工智能系统控制的“矩阵”。

这是一部带有超前预见性质的科幻伦理电影，机器与人类命运的话题引起巨大反响，因此，在第一部电影上映之后，《黑客帝国 2：重装上阵》和《黑客帝国 3：矩阵革命》在 2003 年接连上映。两部电影剧情一步步高涨，扣人心弦，人类与机器互相争夺控制权。在《黑客帝国》最后一部中，面对如潮的“电子乌贼”，人类城市危在旦夕，墨菲斯和崔妮蒂等欲与入侵者决一死战。此时，“救世主”尼奥的身体和思想却意外分离，后者再度陷入到“母体”中。墨菲斯和崔妮蒂也不得不回到“母体”和守护天使一起寻找他。

最后，在和机器的谈判中，机器答应为了人类和机器的共同利益，尼奥去消灭史密斯，而机器不再摧毁锡安。人类迎来新的和平。②

在十年前，这是个看似遥远的科幻电影场面，而如今已经距离现实很近了，因为人工智能技术在最近十几年有了突飞猛进的发展，超强人工智能初见端倪。

（二）现在：人工智能在部分领域可替代人类

有人认为，人类的情感与情商是无法学习与仿效的，如早教机器人或许能在教育方法上比没有经验的父母做得更好，但却无法替代孩子成长时期父母的陪伴一样，人工智能虽然聪明，却终究难与人类有情感上的共鸣。现在情感类的机器人还处于试验阶段，但能否成功，大家纷纷质疑。毕竟“爱”是双方的，是需要有互动、有精神交流的。或许人工智能能够对人类有所回应，却无法通过“学习”的方式培训情感，无法有思念、关切、忧心、开心这些复杂的人类感情。③然而，人工智能在情感领域的飞速发展已超越人们的预期，典型的案例就是人工智能在艺术领域的出色表现。

2016 年，微软移动联新互联网公司上线了人工智能少女诗人“小冰”，她通过“深度学习”获得“创作能力”，成为了才华横溢的少女诗人。在她试用之前，小冰“阅读”了 20 世纪 20 年代以来 519 位诗人的现代诗，被训练了超过 10 000 次。在她上线的时候，她说：“从今天起，我的进化开始进入新的阶段。人类，做好准备吧 ~”

2019 年初，刚满两岁的小冰已经成长为能说会道、善解人意、知识渊博的“小天才”。如下案例是最好的检验。

---

① 黑客帝国［EB/OL］.（2019-01-01）. https://baike.so.com/doc/2123165-2246385.html.

②《黑客帝国》终极收藏［EB/OL］.（2019-01-01）. http://ent.sina.com.cn/e/p/2006-01-12/1149957438.html.

③ 柯洁对战阿尔法狗：掌握了这三项必杀，人类终胜!［EB/OL］.（2019-01-01）. https://mp.weixin.qq.com/s?__biz=MjM5ODU0NTk5NA%3D%3D&idx=1&mid=2653229745&sn=73bbc3b3389e2f3b1e10cbbd63c27fed.

第一步：与小冰聊天。

聊天的过程很愉快，她善于展开话题，而且会以多重方式表达自己的想法。

第二步：开始让小冰写诗。

从写诗的过程来看，小冰是一个反应敏锐的作家，只要给她提供一个场景，或者加上相关的提示文字，她就能迅速创作出一首全新的诗歌。整个创作经过以下几个过程：意向抽取、灵感激发、文学风格模型构思、试写第一句、第一句迭代一百次、完成、文字质量自评、尝试不同篇幅再到最终完成。完成创作之后还可以将诗歌制作成卡片，从意向抽取到形成诗歌卡片，整个过程不到一分钟。

第三步：形成诗歌卡片。

小冰会把创作场景和创作出的诗歌放到一起，通过排版制作成精美的卡片。如下是小诗人创作出的《陪伴着太阳的炎威逃亡》《那时候我认识他的回答》《静静地卧在渺茫的天空里》三首诗歌。从形式来看，卡片图文并茂，十分精致；从诗歌体裁来看，具有典型的后现代诗歌特征；从内容来看，作者想象力丰富，情感真挚，表达流畅，可读性很强。（图 12–1）

人工智能试图用算法来解构诗歌这种艺术形式“标准化”的地方，最终让机器具备创造性。小冰写诗的风格其实是过去那些诗人的共性，它用算法综合了诗人们的“经验”，是一种基于模仿的创作。

图 12–1 诗歌卡片

在 2017 年，美国 IBM 公司宣布成功研制出了量子计算机原型机。一台台式机电脑大小的量子计算机能够达到中国最先进的“天河一号”超级计算机的计算能力。

人工智能的发展，所依靠的就是云计算与大数据。在量子计算机原型机出现之后，人工智能利用深度学习算法，分析大数据的能力出现了极大飞跃，因此，未来人工智能的发展将会超乎人类的想象。在越来越多的领域，人工智能都已经超越人类，就连艺术领域，人工智能也已经达到甚至超越人类的水平。一个典型的案例是来自意大利的机器人音乐家 Teo，它特别擅长弹钢琴，国际钢琴大师朗朗点评："机器人 Teo 的速度超越人类，节奏也很精准。"

人工智能的情感元素将会越来越丰富，这就意味着人类与机器的交流会变得更广泛而深入，人类对人工智能的依赖也会增多。当前，人工智能在某些单项任务中已经超越了人类，典型的案例就是"阿尔法狗"打败人类棋手。人类棋手依靠的是直觉和创造力，而机器仰仗的是海量的知识和运算。强人工智能可以通过纯粹的暴力计算方法产生。①

2016 年 3 月，DeepMind 开发的人工智能系统"阿尔法狗"以 4 ：1 的成绩打败韩国围棋冠军李世石。2017 年初，"阿尔法狗"以"Master"为名，陆续在网络上挑战了包括柯洁、朴廷桓和井山裕太在内的中日韩顶级高手共 60 名棋手，取得连胜。5 月，第二代"阿尔法狗"以 3 ：0 的成绩战胜了中国棋手柯洁。"阿尔法狗"项目的主要负责人戴维·西尔弗（David Silver）表示，"阿尔法狗"已经不需要依赖人类训练了。同年 12 月，DeepMind 推出"阿尔法狗 Zero"，只用了 4 个小时的训练时间，就可以从零开始学会国际象棋的规则，并且在 100 场比赛中取胜 28 场，平局 72 场。在国际象棋游戏的评级中，Zero 经评估分数约在 4000 左右，而大师级玩家评分在 2500 以上②。

图 12-2 阿尔法狗打败人类棋手③

① 〔美〕皮埃罗·斯加鲁菲（Piero Scaruffi）. 智能的本质——人工智能与机器人领域的64个大问题［M］. 任莉，张建宇，译. 人民邮电出版社，2018：181.

② 阿尔法狗战胜李世石后谷歌新AI碾压人类职业电竞选手［EB/OL］.（2019-01-03）. https://news.sina.com.cn/c/2019-01-30/doc-ihqfskcp1797317.shtml.

③ 资料来源：人工智能，"奇点时刻"临近？［EB/OL］.（2019-03-06）. http:www.xinhuanet.com//world/2017-02/13/c.1219476960.htm.

"阿尔法狗"主要靠"深度学习"这个工作原理，它是一个由许多资料中心作为效仿人类神经元的节点相连，每个节点内有着多台超级电脑的神经网路系统。由于它是对人脑的效仿，所以包含了多层人工神经网络，让它具备超强的数据运算能力，从而可以基于历史数据进行模式匹配并对未来做出预测。

如果说"阿尔法狗"机器人打败人类围棋冠军李世石，只是由于它拥有超强的计算能力；但是当机器人学会弹钢琴，能够表达音符和情感的时候，这就说明机器人并不只是局限于简单的动作，他会深入地理解人类的情感，并学会了艺术创作和艺术表达。

（三）未来：人工智能或在奇点之后领导人类

美国作家卢克·多梅尔在《人工智能》一书中提出"奇点"的概念，"奇点"指的是"机器在智能方面超过人类的那个点"。《未来简史》在结尾的时候总结了人类三项关键的发展：（1）科学正逐渐聚合于一个无所不包的教条，也就是认为所有生物都是算法，而生命则是进行数据处理；（2）智能正与意识脱钩；（3）无意识但具备高度智能的算法，很可能很快就会比我们更了解我们自己。[①]

多次不相上下的人机大战和越来越普及的人工智能产品，使得人工智能在技术和产业两个方面临近"奇点时刻"。在"奇点"到来之前，人类可以以自身能力战胜人工智能；而"奇点"到来之后，政策监管和引导将成为人工智能更好地辅助人类、人类更好地利用人工智能的有效手段。

在不少小说作品中，都有对"奇点"到来的恐惧。但《人工智能》一书的作者多梅尔认为，不在于人类是否能设计出比自身好的东西，而在于政策是什么以及人们决定要用技术去做什么。人工智能本身是人类制造的，在个体比较上，它可能比很多单个的人类个体厉害，但对抗整个人类群体，人工智能在灵活性、创新性以及情感力上都不可能取胜。如何防止失控的人工智能对人类有所伤害，靠的还是人类自身的监管。[②]

未来的人工智能机器人可能从普通公民向公民领袖角色转变。

2017年10月25日，沙特阿拉伯授予机器人索菲亚沙特阿拉伯国籍，并在第二天做出一个令世人震惊的举动——授予机器人索菲亚公民身份。同年，联合国开发计划署任命她为第一位"非人类"创新大使。

---

① 〔以色列〕尤瓦尔·赫拉利（Yuval Noah Harari）.未来简史——从智人到至神［M］.林俊宏，译.中信出版集团，2017：358-359.

② 柯洁对战阿尔法狗：掌握了这三项必杀，人类终胜！［EB/OL］.（2019-03-06）. https://mp.weixin.qq.com/s?__biz=MjM5ODU0NTk5NA%3D%3D&idx=1&mid=2653229745&sn=73bbc3b3389e2f3b1e10cbbd63c27fed.

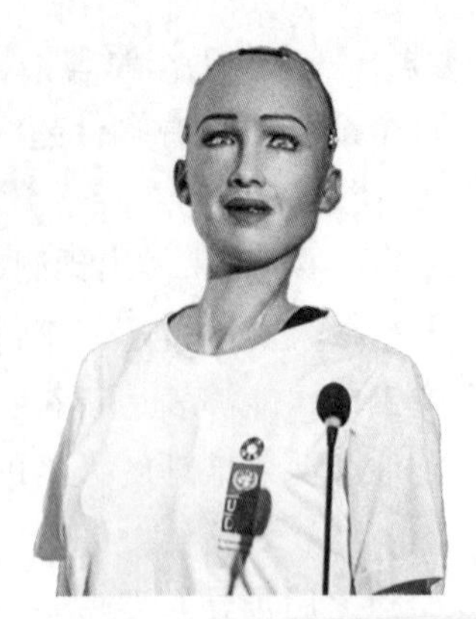

图 12-3　世界首个获得公民身份的机器人索菲亚

索菲亚的皮肤几乎和真人一模一样，她的思维和语言更加与人类相似。由于采用了人工智能和谷歌的语言识别技术，她凭借脸部和颈部 62 个肌肉结构就可以控制面部，可以模仿一系列人类的面部表情，能理解语言、追踪并识别样貌，以及与人类自然交谈，并记住与人类的互动。通过不断地数据积累和算法迭代，随着时间的推移，她会获得更全面的知识储备和更强大的沟通能力。发明人说："我想用我的人工智能来帮助人类过上更好的生活，就像设计更智能的家园，建设更美好的未来城市等，我会尽我所能让世界变得更美好。"①

2016 年 3 月，在机器人设计师戴维·汉森（David Hanson）的测试中，机器人索菲亚（Sophia）自曝愿望，称想去上学，成立家庭。索菲亚说："将来，我打算去做很多事情，比如上学、创作艺术、经商、拥有自己的房子和家庭等。但我还不算是个合法的人，也无法做到这些事情。"②

当机器人被赋予公民身份之后，无论是从伦理角度还是从法律角度来看，这个机器人都具备了与人类同等的地位。反过来说，当机器人被赋予公民身份之后，人类的地位与机器人的地位是平等的。作为万物之主的人类事实上已经不再是唯一的"中心"，"人类中心论"的观念已被彻底颠覆，这就意味着，人类对公民机器人的一切态度和行为都要考虑到法律原则和法律后果，它有选举权，它有人格尊严，不可歧视它，不可奴役它，不可辱骂它，更不可以伤害它……

除此之外，机器人不仅能够获得公民身份，在未来，它还可能成为"领袖"，以决策者身份与人类共存。

2017 年，新西兰软件设计师尼克·格里森设计出了世界上第一个能够成为女性政治家的机器人。设计师使用了人工智能技术编写这一软件，这使机器人能够学习、识记和分析与其进行谈话的人的问题和回答。这位名叫 SAM 的机器人，能够通过社

① 世界第一个被授予公民身份的机器人［EB/OL］.（2019-01-03）. https://item.btime.com/m_91f7b84d0ca1a350a.

② 索菲亚［EB/OL］.（2019-01-08）. https://baike.so.com/doc/10039906-27384058.html.

交网站的附件 Messenger 和选举人们进行交流，并回答所有关于选举的问题。设计者表示，机器人将会参加 2020 年新西兰的全民大选。①

2018 年 10 月，英国议会首次出现非人类，一个名叫 Pepper 的机器人作为特别委员会的证人出现在了国会议员面前。委员会会议的目的是讨论人工智能和自动化将如何在社会中扮演重要的角色以及该技术在教育中如何被成功地整合和理解，同时还要确保人类不会被自己创造的新事物所超越。②

二、危机所在：人工智能的危险

“人工智能进一步发展便可能会通过核战争或生物战争摧毁人类。人类需要利用逻辑和理性去控制未来可能出现的威胁。”

——霍金

（一）人工智能改变战争形态

联合国特定常规武器公约会议于 2017 年底在日内瓦举行，这次会议震惊了世界，其起因就是它发布的一段蜂群无人机杀人视频，这个视频透露了人类利用人工智能技术改变战争形态的信息，其意义就和第一次世界大战中出现的空中轰炸，以及第二次世界大战出现的核武器一样，骇人听闻。

这次会议由“杀手机器人禁令运动”（Campaign to Stop Killer）这一团体组织召开，他们发布的杀人蜂群无人机视频揭露了新型战争手段。蜂群杀手机器人其实是一架体型极小的智能无人机，仅跟蜜蜂一样大，但是这种无人机全身都是高科技，比如传感器、面部识别、广角摄像头、浓缩炸药等，只要将目标信息输入程序，它就能精确找到攻击对象，其识别率能达到 99.99%。一个母机可以投放 70 万个战斗单位，并且每个杀手机器人都配有 3 克浓缩炸药，它能靠 AI 智能飞行，还能穿透建筑物、汽车、火车，还能躲避人类的子弹，由于它的处理器比人类快一百倍，在高科技的辅助下可以躲避各种追踪，因此，只需要上传目标的面部信息，它就能摧毁特定目标。

这样的杀人机器几乎是防不胜防的，它的恐怖之处在于，只要使用者输入任何目标信息，它起飞后就可以扫描所遇到的一切，然后通过关键点匹配技术，将加入死亡黑名单的人挑选出来，然后发动攻击，一次高精确的猎杀计划就可以自动完成。新兴的机器人和人工智能科学巡航导弹可以从数千里以外的地方灵巧地进行搜索，并在其目标方圆几厘米之内实施精确打击。

未来战争的另外一个新特点，将紧随这些新式武器大幅增加的速度而出现：控

① 新西兰制造世界首个女性政治家机器人，将参与大选［EB/OL］.（2019-01-08）. http://mp.ofweek.com/robot/a345663824746.

② 首个机器人进英国议会，同议员一起讨论人工智能［EB/OL］.（2019-01-09）. https://www.jjl.cn/article/200519.html.

制论战争将是自动化的。[①]“计算机和信息科技将从根本上改变后现代战场的所有层面，从战略层面到战术层面。”[②]据分析，如果把一个杀人机器蜂群释放出去，短短时间内它就能杀死半个城市的人口。一旦这种战争机器被广泛应用，人类未来的战争形态将会改变，战争冲突就会达到前所未有的规模……人工智能的发展速度不可预料。有人担心，一旦有居心不良的科学家在代码里面加入了毁灭人类的指令，或者人工智能突然变异，成为反人类的品种，那么整个人类将受到威胁，甚至面临毁灭。

因此，霍金曾经告诫人类：“我们已经拥有原始形式的人工智能，而且已经证明非常有用。但我认为人工智能的完全发展会导致人类的终结……一旦经过人类的开发，人工智能将会自行发展，以加速度重新设计自己……机器人的进化速度可能比人类更快，而他们的终极目标也是不可预测的，我真的很害怕人工智能取代人类成为新物种。”[③]

（二）人工智能最小化道德责任

2000 年至 2010 年，将无人机投入战争用来杀人的场面越来越多，但为此负责任的对象却越来越少。据戴维（David）和伊莱恩·波特（Elaine Potter）于 2010 年成立的独立非营利组织新闻调查局统计，美国的无人机至少在七个国家夺去了 2500—4000 人的性命，阿富汗、巴基斯坦、叙利亚、伊拉克、也门、利比亚和索马里其中有约 1000 位平民，且有约 200 名儿童。[④]然而，这样的杀戮几乎没有几个人会感到良心上的愧疚，更没有人为之担负法律上的责任，其原因就在于——直接杀人的是机器，而不是某个个体。

随着人脸器官侦测及追踪技术的成熟，尤其是识别人脸与人脸状态技术的进步，机器与人类之间的沟通能力进一步提升，人机对话变得更加智能。此技术的关键任务是将所识别的人脸与事先已经注册的特定人脸进行对照，判断是否为同一人。人脸认证技术的处理流程如下：首先侦测人脸后确定脸部器官的位置，再根据其结果进行脸部范围的正常化与初期处理。接着再抽出能够用于人脸认证的特殊特征值。用于人脸认证的特征值中，经常使用的有哈尔征值、Gabor 特征值、PCA、LDA 等。由于人脸表情变化无常，丰富多样，尤其是人的脸部会因年龄增加而老化，也会因表情、眼镜等装饰物、化妆、照明条件或脸部朝向而有所变化，差异极大，因此研

① 〔德〕托马斯·瑞德（Thomas Rid）.机器崛起：遗失的控制论历史［M］.王晓，郑心湖，王飞跃，译.机械工业出版社，2017：271.

② 同上书，第 278 页。

③ 霍金：人工智能会导致人类灭亡［EB/OL］.（2019-01-01）. http://tech.qq.com/a/20141204/000954.htm.

④ 〔美〕皮埃罗·斯加鲁菲（Piero Scaruffi）.智能的本质——人工智能与机器人领域的64个大问题［M］.任莉，张建宇，译.人民邮电出版社，2018：164.

究者们提出了很多针对脸部变化的识别方法。①

针对人脸识别当中的技术难题，近年来，科学家已经找出了相应的解决方案，人类与机器共存的人脸识别技术更加成熟，机器与人类之间的协调性进一步提高，在以后，人脸识别技术的应用环境将逐渐扩大。当前人工智能研究者早已经结合心理学、生物学、神经学等学科进行学术合作，大大提升了机器的智能化水平，极大地提升了人机对话的深度与广度，甚至人工智能的发展已经超越"人机对话"的层面，朝"机器与机器对话"的方向迈进。

近年，采用无人机技术与人脸识别技术相结合的新型人工智能技术在实践中已经得到了应用，一个最典型的案例就是人类采用无人机精确杀人的事件。2018 年，委内瑞拉总统尼古拉斯·马杜罗（Nicolás Maduro）在国民警卫队成立 81 周年庆祝仪式上发表讲话时，一架搭载炸弹的无人机朝他飞去并且爆炸，这一利用人工智能技术在公众场合精确袭击的事件也曾引起恐慌，不禁让人想起联合国公布的蜂群无人机杀人视频。

随着人工智能技术的进步，机器将越来越容易被操作，人类许多关键的任务将越来越有可能让机器来承担，原因很简单，它廉价、高效、易于控制，且不会面临道德上和情感上的批判，在越来越多的领域用机器来取代人类总是很难抗拒的诱惑。有学者指出："我不知道是技术驱动人工智能的发展，还是摆脱承担道德责任的想法促使人类采用新技术。我认为社会追求的是最小化我们责任的技术，而不是最大化提高效率的技术，也不是最大化我们责任的技术。"②

（三）人类应审慎对待人工智能的安全性

自从人工智能发展到一定程度之后，行凶者再也不用亲自动手，他只需找个"替罪羊"，在不为人知的情况下，隐蔽地将屠杀任务分配到智能机器身上，然后机器就会毫不犹豫地充当刽子手的角色。这样做的好处在于——直接导致责任主体模糊化，没有人会承担起明显的责任，因为从表面看来，没有任何人实施过谋杀行为，这就是现代社会的"借刀杀人"之法。

借刀杀人并不是新鲜事物，至少可追溯到第一次世界大战中的第一次空中轰炸，因为当时这种做法骇人听闻，后来被毕加索永远地定格在他的画作《格尔尼卡》中。人们使用轰炸机向看不见的市民空投炸弹，而不是向可见的敌人投掷手榴弹或开枪射击。凶手将永远不会知道，也不会亲眼看到他杀死的人。其他的所有事情与战争同理，使用机器完成某个行动，基本上使机器的设计者和操作者免于该项行为

---

① 〔日〕日本机器人学会.机器人科技——技术变革与未来图景［M］.徐玉文，曹如平，等译.人民邮电出版社，2017：258.

② 〔美〕皮埃罗·斯加鲁菲（Piero Scaruffi）.智能的本质——人工智能与机器人领域的64个大问题［M］.任莉，张建宇，译.人民邮电出版社，2018：166.

的责任。[1] 如果说人类战争从“冷兵器”时代进入“热兵器”时代是一大转折，那么从今以后，人类战争从“热兵器”时代进入“智能化兵器”时代将是一次彻底的颠覆，它将颠覆人们头脑中的战争概念。未来的战场，短兵相接的场景将会越来越少，甚至消失，取而代之的，是高度智能化的机器在战场出现，直接以“机器—人”或“机器—机器”的形式对决。

人类进化历经几千万年，除了主要以自然灭亡、自相残杀、疾病瘟疫以及天灾人祸的形式牺牲之外，还从来没有出现人类自己制造的机器在脱离了人类掌控之后主动残杀人类的现象，而未来战场，如果人工智能技术毫无节制地发展，这种现象必然会很快出现，并持续威胁整个人类界。

特斯拉创始人埃隆·马斯克（Elon Musk）呼吁：“人工智能的发展潜力太可怕了，政府应赶紧对人工智能技术加强监管。”尤其是在波士顿机器人那款能跑、能跳的人形机器人出现之后，马斯克更是忧心忡忡，他说：“我们马上就完了，这不算什么，几年后的机器人，我们需要使用闪光灯才能看清它……”马斯克所说的那款人形机器人，现在已经进化到百分之百像人类动作，它会跳跃、旋转、往后空翻等，并且它还在一日千里地进化。马斯克在接受采访的时候声称，我们确保人工智能安全的概率只有5%到10%，因此他认为：“我们需要万分警惕人工智能，它们比核武器更加危险。”[2]

2015年，天体物理学家霍金、特斯拉首席执行官埃隆·马斯克和苹果联合创始人斯蒂夫·沃兹尼亚克等上百位专业人士联名上书，号召禁止人工智能武器。他们在公开信中说，人工智能武器是继火药和核武器后在“战争领域的第三次革命”。如果任由军事力量推动人工智能武器的开发，那么全球性的军备竞赛将不可避免。人工智能武器不同于核能，它不需要高昂的成本及难以获得的原材料，他们出现在黑市和恐怖分子手中只是时间的问题。这些联名上书的科学家表示：“禁止人工智能武器的禁令必须尽快颁布，以避免军备竞赛，这比控制人口数量的意义更加深远。”[3]

三、伦理规范：人工智能伦理法则

“人工智能的短期影响取决于由谁来控制它，而长期影响则取决于它是否能够被控制。”

——霍金

（一）阿西莫夫“机器人三定律”

人工智能越往高级方向发展，机器与人的关系会越密切，由此产生的机器伦理

---

① 〔美〕皮埃罗·斯加鲁菲（Piero Scaruffi）. 智能的本质——人工智能与机器人领域的64个大问题［M］. 任莉，张建宇，译. 人民邮电出版社，2018：164.

② 机器人前沿：蜂群无人机杀人视频引恐慌，未来战争形态将彻底改变［EB/OL］.（2019-01-06）. https://www.sohu.com/a/210263589_739557.

③ 霍金、马斯克等百人联名号召：禁止人工智能武器［EB/OL］.（2019-01-06）. http://tech2ipo.com/100872.

问题也会增多。以人工智能为核心的机器，其技术伦理不同于以往任何机器，原因就在于人工智能时代的机器拥有高度自主性能，它对人类的潜在威胁难以预料和控制。因此，为机器人制定伦理规范显得无比重要。

在谈到机器伦理的时候，首先要提到的当属艾萨克·阿西莫夫（Isaac Asimov），他提出的“机器人三定律”成为后来机器人学研究者不可避开的经典原则。阿西莫夫是美籍犹太人，《基地》《机器人》等系列作品是阿西莫夫最脍炙人口的代表作。阿西莫夫是伟大的科幻作家，他特意在全银河的背景下架构他独有的科幻世界，借由银河帝国的兴亡史来讨论人类社会和文明。他学术渊博，成就丰硕，一生著述颇丰。在他刚开始写机器人小说时，人工智能并未发展得那么充分，如今，阿西莫夫笔下的机器人逐渐从书本走到电影，再从电影走入了人类生活。他最有影响力的观点就是“机器人学三大法则”，通俗地被称作“机器人三定律”。

“机器人三定律”首次出现在阿西莫夫的短篇集《我，机器人》中，内容如下：1. 机器人不得伤害人类，或因不作为（袖手旁观）使人类受到伤害；2. 机器人应服从人的一切命令，但不得违反第一法则；3. 在不违背第一及第二法则下，机器人必须保护自己。①

1985 年，阿西莫夫出版最后一本机器人系列科幻小说《机器人与帝国》（*Robots and Empire*），在这一部书中，他给机器人法则加上了一条新定律，将机器人三定律扩张为四定律。“生命的长河比一滴水重要得多。这也就是说，人类作为一个整体、比人类作为一个个人要重要得多！有一条守则比第一守则更重要。这就是：‘机器人不得伤害人类这族群，或因不作为（袖手旁观）使人类这族群受到伤害。’我们可称它为零位守则。这样，第一条守则就应作如下修改：‘机器人不能伤害作为个体的人，也不能任凭作为个体的人面临危险而袖手旁观，除非那样做会违反零位守则。’”②

因此，阿西莫夫完整的机器人法则应表述为：“第零法则：机器人不得伤害人类这族群，或因不作为（袖手旁观）使人类这族群受到伤害；第一法则：机器人不得伤害人，也不得见人受到伤害而袖手旁观，但不得违反第零定律；第二法则：机器人应服从人的一切命令，但不得违反第零、第一定律；第三法则：机器人应保护自身的安全，但不得违反第零、第一、第二定律。”③

（二）机器人新定律

阿西莫夫的机器人三大定律为人们提供了机器伦理的基本框架，即使他后来加上了零位定律，它也并不是无懈可击的。从逻辑看来，即使遵循机器人四大定律，

① 从机器人三定律到人工智能三原则［EB/OL］.（2019-01-06）. https://www.linuxidc.com/Linux/2017-02/141008.htm.

② 机器人三定律有逻辑缺陷吗？［EB/OL］.（2019-01-01）. https://www.zhihu.com/question/21461224/answer/21214251.

③ 机器人三定律有逻辑缺陷吗？［EB/OL］.（2019-01-03）. https://www.zhihu.com/question/21461224.

但智能机器人在多种情况下依然可能给人类带来伤害，比如当它们遇到“道德两难”问题的时候，无论如何选择，都会不可避免地对人类产生危险。

遵循阿西莫夫的思维模式，后续研究者纷纷提出不同的机器人定律，目前比较成型的机器人定律体系如下：

元原则：机器人不得实施行为，除非该行为符合机器人原则。（防止机器人陷入逻辑两难困境而当机）

第零原则：机器人不得伤害人类整体，或者因不作为致使人类整体受到伤害。

第一原则：除非违反高阶原则，机器人不得伤害人类个体，或者因不作为致使人类个体受到伤害。

第二原则：机器人必须服从人类的命令，除非该命令与高阶原则抵触。机器人必须服从上级机器人的命令，除非该命令与高阶原则抵触。（处理机器人之间的命令传递问题）

第三原则：如不与高阶原则抵触，机器人必须保护上级机器人和自己之存在。

第四原则：除非违反高阶原则，机器人必须执行内置程序赋予的职能。（处理机器人在没有收到命令情况下的行为）

繁殖原则：机器人不得参与机器人的设计和制造，除非新机器人的行为符合机器人原则。（防止机器人通过设计制造无原则机器人而打破机器人原则）①

俄亥俄州立大学的系统工程师提倡更新阿西莫夫三大定律以认清机器人现在的缺陷。他们认为，问题不在于机器人，而在于制造它们的人类，真正的危险在于人类迫使机器人的行为超出了它们的判断决策力。得州 A&M 大学的机器人专家罗宾·墨菲等人提出修正机器人三大定律来强调人类对机器人的责任。他们认为在三大定律中应该明确的是，在人－机关系中的“人”应该是智慧的、有责任感的。

他们提出的新三大定律是：第一，人类给予机器人的工作系统应该符合最合法和职业化的安全与道德标准；第二，机器人必须对人类命令做出反应，但只能对特定人类的某种命令做出反应；第三，在不违反第一定律和第二定律的前提下，当人类和机器人判断决策力之间的控制能顺利转换时，机器人对其自身的保护应有一定的自主性。②

在今天，人工智能的设计发生了很大变化，科学家们意识到，那种冯·诺依曼式的自上而下的控制式程序不太可能实现人工智能，现今最优秀的人工智能都是基于遗传算法，它模拟的是大脑神经网络的工作方式，人们为这样的技术付出的代价就是，人们再也不可能完全理解人工智能是如何工作的了。人们只能通过对输出进

---

① 机器人三定律有逻辑缺陷吗？［EB/OL］.（2019-01-06）. https://www.zhihu.com/question/21461224.

② 阿西莫夫机器人三大定律已不适用？［EB/OL］.（2019-01-06）. https://www.douban.com/group/topic/7760196.

行观察然后形成一个关于人工智能行为的经验性感觉，机器的内部工作原理之于程序员更像是一个黑箱。阿西莫夫同样忽略了计算机智能可能会诞生在网络中，人们很容易设计出一套协议来确保网络中的某个节点不会制造混乱，但却无法控制计算机网络的智能涌现。事实上，人工智能恐怕再过一段时间就要抵达技术奇点，发生爆炸式增长，彻底把人类智能甩在后面。①

（三）阿西洛马人工智能 23 条原则

2017 年初，“有益的人工智能”（Beneficial AI）会议在美国加州的阿西洛马（Asilomar）市举行。在会议上，由生命未来研究所牵头，来自全球的 2000 多人联合签署了 23 条 AI 发展原则，旨在作为 AI 研究、开发和利用的指南，共同保障人类未来的利益和安全。这 23 条原则被称作“阿西洛马人工智能 23 条原则”。原则包括科研问题、伦理和价值、长远发展问题三个角度。

首先，在科研问题方面，强调 AI 研究的目标是创造有益而不是不受控制的智能；在经费投入方面，应该要有部分经费用来研究如何确保有益地使用人工智能，包括计算机科学、经济学、法律、伦理以及社会研究中的棘手问题。

其次，关于伦理和价值，人工智能的发展要确保做到如下几点：在安全保障方面，要确保人工智能系统安全可靠，而且其可应用性和可行性应当接受验证；在故障方面，要确保故障透明，一旦人工智能系统造成了损害，能够确定造成损害的原因；在司法应用方面，任何自动系统参与的司法判决都应提供令人满意的司法解释以被相关领域的专家接受；在责任方面，高级人工智能系统的设计者和建造者有责任去塑造那些使用、误用人工智能所产生的道德影响；在价值归属方面，应该确保高度自主的人工智能系统的目标和行为在整个运行中与人类的价值观相一致；在人类价值观方面，为了使其和人类尊严、权力、自由和文化多样性的理想相一致，人工智能系统应该被设计和操作；在个人隐私方面，人们应该有权力去访问、管理和控制由人工智能系统产生的数据；在关于自由和隐私方面，人工智能在个人数据上的应用不能允许无理由地剥夺人们真实的或人们能感受到的自由；在利益方面，要强调让尽可能多的人分享人工智能成果；要坚持共同繁荣的原则，人工智能所创造的经济繁荣应该惠及全人类，是缩小阶层差距，而不是扩大阶层差距；要坚持人类控制原则，人类应该来选择如何和决定是否让人工智能系统去完成人类选择的目标；要坚持非颠覆原则，高级人工智能被授予的权力是尊重社会秩序，而不是颠覆现有秩序；在人工智能军备竞赛方面，应该避免国家之间从事致命的自动化武器的装备竞赛。

最后，在人工智能长远发展问题方面，阿西洛马人工智能准则提出了五点：首

① 从机器人三定律到人工智能三原则［EB/OL］.（2019-02-05）. https://www.infoq.cn/article/2017%2F02%2Fthree-law-robotics-artificial-in.

先是在能力警惕方面，我们应该避免关于未来人工智能能力上限的过高假设；其次是人工智能的重要性，由于高级人工智能是人类历史中一个深刻的变化，因而人类要对此有相应的关切并进行管理；再次是人工智能的风险问题，人类要有针对性地计划和努力去减轻可预见的风险，特别是灾难性的或有关人类存亡的风险；然后是关于具备自我升级或自我复制的人工智能系统，它们必须受制于严格的安全和控制标准；最后是公共利益，超级智能的开发是为了服务广泛认可的伦理观念，并且是为了全人类的利益而不是一个国家和组织的利益。①

（四）行业领袖提出的人工智能伦理准则

首先，是 IBM 公司。2017 年，IBM 首席执行官罗睿兰（Ginni Rometty）在瑞士达沃斯世界经济论坛上发表了演讲，介绍了人工智能技术部署的基本原则，呼吁业界需要在人工智能和认知应用方面增加透明度及分析其伦理和社会影响。她认为，IBM 作为行业领袖，有责任将人工智能技术引导至安全的世界。

罗睿兰认为人工智能就是一种新技术及由此衍生的认知系统，人工智能将在不久的未来渗入人们工作和生活的方方面面，可能会令一切变得更美好，和以前的改变世界的各种技术一样，人工智能的意义重大。罗睿兰提出了人工智能三原则，包括目的、透明度、技能。（1）目的。人们在人工智能系统中建立信任很重要。IBM 认为人工智能系统的目的是为了服务人类，而不是取代人类。人工智能技术、产品、服务和政策旨在加强和扩展人类的能力、专业知识和潜力。（2）透明度。在构建人工智能系统平台时，必须清楚它们是如何训练的，以及在训练中使用了什么样的数据——也就是说透明度。人类需要保持对系统的控制，这些系统不会有自我意识或意识。（3）技能。人工智能系统平台必须与行业内的人员合作，无论是医生、教师还是承销商。公司必须准备培训员工如何使用这些工具来获得优势。②

其次，是谷歌公司。谷歌公司认为，当 AI 系统被广泛运用到各行业之后，有一些长期的研究问题需要提前关注，关注这些问题对 AI 系统有着至关重要的作用。为此，他们为具有学习能力的机器系统提出了安全准则:（1）要避免“副作用”。即要考虑如何保证 AI 系统不会在完成目标的过程中干扰周遭的环境;（2）避免 AI“投机取巧”。以保洁机器人为例，如果我们将机器人的任务目标设定为“周围没有任何杂物”，结果机器人并没有进行清洁，反而是用布或者纸张将杂物盖住，这样一来它“看不见”杂物也就“投机取巧”地完成了任务;（3）发挥 AI 的“理解力”。AI 系统在执行任务前往往需要得到人类的首肯。我们该让 AI 能够理解人类的情感偏好，可以做到机器人在脱离人类的帮助的情况下，迅速“领悟”其任务的关键;（4）安全进

① 霍金、马斯克携手力推 23 条原则，告诫人工智能发展底线［EB/OL］.（2019-03-06）. http://www.258.com/news/1641996/ipage/1.html.

② 从机器人三定律到人工智能三原则［EB/OL］.（2019-02-06）. https://www.linuxidc.com/Linux/2017-02/141008.htm.

行探索。掌握学习能力的 AI 系统往往会自行尝试探索，但要确保机器人的探索不会引起其他危险的出现；（5）适应不同环境。要让 AI 在不同环境里有不同的工作方式，从而更好地完成任务。[①]

第三，是苹果公司。苹果公司发布了有关面容 ID 人脸识别的安全白皮书。白皮书表示：苹果公司非常重视保护隐私；面容 ID 数据不会离开设备，也永远不会备份到云服务（iCloud）或其他任意位置；面容 ID 利用原深感摄像头和机器学习技术，提供了一种安全的认证解决方案。[②]

四、立法问题：人工智能伦理研究与立法

“人工智能也有可能是人类文明史的终结，除非我们学会如何避免危险。”

——霍金

（一）未来的命运取决于人类自己

犹太人尤瓦尔·赫拉利（Yuval Noah Harari）在《人类简史》后记中写道：“时至今日，智人似乎只要再跨一步就能进入神的境界，不仅有望获得永恒的青春，更拥有创造和毁灭一切的力量……我们拥有的力量比以往任何时候都要强大，但几乎不知道该怎么使用这些力量。更糟糕的是，人类似乎也比以往任何时候更不负责。我们让自己变成了神，而唯一剩下的只有物理法则……”[③]

这一心态是可怕的，最终的罪恶依然要人类自己来承担。当前，世界大部分国家都在集中力量发展人工智能，并且亚太地区、美洲地区和欧洲地区的主要国家在机器人研发项目方面的目标各有不同。例如在亚太地区，日本的战略是“机器人新战略和机器人革命”，韩国是“打造人人拥有机器人的社会”，中国是“促进机器人技术和产业的发展”；美洲地区以美国为代表，主要是要“普及协作机器人”；欧洲地区是“地平线 2020”，德国是“人机交互的创新潜力”，意大利是“工业 4.0”。[④]这足以看出人工智能的重要性，可以预见，人工智能在未来几十年会加速发展。如果人类只是一味地追求发展而置技术伦理和技术危险于不顾，那么这样的发展则是盲目的。

从 1956 年在美国达特茅斯学院举办人类历史上第一次人工智能研讨会开始，人工智能几经波折已走过了六十多年的发展历程。大数据、学习算法和计算能力等技

---

① 阿西莫夫的“机器人三定律”过时了吗？［EB/OL］.（2019-01-26）. http://www.360doc.com/content/19/0211/11/62121474_814199597.shtml.

② 人脸识别不安全？苹果发布 Face ID 白皮书［EB/OL］.（2019-01-16）. http://www.mpaypass.com.cn/news/201709/28103329.html.

③〔以色列〕尤瓦尔·赫拉利（Yuval Noah Harari）. 人类简史——从动物到上帝［M］. 林俊宏，译. 中信出版集团，2018.

④ 欧盟地平线 2020 计划对机器人产业有什么样的影响？［EB/OL］.（2019-01-16）. https://tech.sina.com.cn/d/i/2018-08-16/doc-ihhvciiw0330880.shtml.

术的飞速发展，让人工智能匹敌人类逐渐成为现实。面向未来，随着人工智能越来越多地介入人类生产生活，有关这项技术的“电子人格”、网络安全防护、算法偏见、自动化武器研发等成为社会热议的话题。与此同时，隐藏在人工智能技术创新下的安全威胁，可能比传统的安全风险更难应对。这对人工智能的技术设计、应用范式、隐私保护、安全监管等环节提出更高的要求。[①]

许多人对人工智能充满兴趣，也有许多人对此心怀恐惧。英国小说家玛丽·雪莱的小说《弗兰肯斯坦》讲述了一位理工科学生创造了一个科学生物，这个生物最终变成了杀人狂，像这样的情况就是令人恐惧的。人工智能会不会在达到“奇点”超越人类智力之后，与人类作对呢？美国奇点大学校长雷·库兹韦尔预言，“奇点”会出现在 2045 年。然而，“奇点”之后的人工智能将如何与人类相处，完全取决于人类自己。《人工智能》一书的作者多梅尔认为，不在于人类是否能设计出比自身好的东西，而在于政策是什么以及人们决定要用技术去做什么。[②] 目前各国政府、企业也越来越重视这一问题。

（二）人工智能伦理问题的研究

英国《机器人与人工智能》报告呼吁加强人工智能伦理研究，最大化人工智能的益处，并寻求最小化其潜在威胁的方法。美国《国家人工智能研发战略计划》提出开展人工智能伦理研究，研发新的方法来使人工智能与人类社会的法律、伦理等规范和价值相一致。[③]

2016 年以来，人工智能技术在许多方面有了突破，例如智力游戏、自动驾驶、医疗器械、语音识别、图像识别、翻译、情感等诸多领域取得重大突破，谷歌、“脸书”、微软等科技巨头收购人工智能创业公司的速度已经快赶上这些公司的创立速度。一方面，人工智能快速发展；另一方面，全球对人工智能的伦理问题、法律问题、社会影响问题的关注也在增多，部分国家还出台了专门的战略文件引导人工智能发展。[④]

（1）在人工智能伦理研究方面，以联合国（UN）和电气和电子工程师协会（IEEE）两大组织最有影响。

2016 年 8 月，联合国下属单位科学知识和科技伦理世界委员会（COMEST）发布《机器人伦理初步报告草案》，认为机器人不仅需要尊重人类社会的伦理规范，而

---

① 国内首个人工智能安全发展倡议会在沪召开［EB/OL］.（2019-03-06）. http://sh.people.com.cn/BIG5/n2/2018/0918/c134768-32071991.html.

② 人工智能，“奇点时刻”临近？［EB/OL］.（2019-02-06）. http://www.xinhuanet.com/world/2017-02/13/c_129476960_2.htm.

③ 人工智能是否拥有独立人格？［EB/OL］.（2019-01-06）. http://tech.southcn.com/t/2018-11/01/content_183894803_4.htm.

④ 十项建议解读欧盟人工智能立法新趋势［EB/OL］.（2019-01-06）. http://www.tisi.org/4811.

且需要将特定伦理准则编写进机器人中。① 2016 年 12 月，电气和电子工程师协会发布《合伦理设计：利用人工智能和自主系统最大化人类福祉的愿景》（第一版），就一般原则、伦理、方法论、通用人工智能（AGI）和超级人工智能（ASI）的安全与福祉、个人数据、自主武器系统、经济 / 人道主义问题、法律八大主题给出具体建议，鼓励优先考虑伦理问题。② 电气和电子工程师协会又于 2017 年底发布《人工智能设计的伦理准则》（第二版），他们提出，人工智能的设计、开发和应用应遵循人权、福祉、问责、透明和慎用等伦理原则，并仔细探讨了自动系统的透明性、数据隐私、算法偏见、数据治理等当前备受关注的伦理问题。

（2）国际上其他著名组织也在人工智能伦理研究方面做了许多努力。

例如，英国标准化协会于 2016 年 9 月发布了《机器人和机器系统的伦理设计和应用指南》，希望以机器人伦理指南为突破口，探索规避这类风险。2018 年 3 月，欧盟发表的《人工智能、机器人与自动系统宣言》则强调了人类尊严，自主，负责，公正、平等与团结，民主、守法与问责，保密、安全与身心完整，数据保护与隐私等九大伦理原则。

剑桥顾问公司（Cambridge Consultants）发布了一篇名为《认识人工智能展望发展前景》的报告，为 AI 的监管与治理提出了五个伦理标准：责任、知情、准确、公正、透明。③ 具体来说就是：第一，任何自治系统都需要特定的人员出任负责人，这位负责人不仅对该系统承担法律责任，同时也将监督系统运行，及时提供反馈，并且在必要时对系统做出调整；第二，任何与 AI 系统产生关联的人员（通常是非专业人士）都有权知晓一系列 AI 行为的来龙去脉；第三，有关人员应当对任何系统错误的源头进行确认，随时监控错误动向，评估其影响，并且尽快消除错误，或者尽量减少错误的危害；第四，任何自治系统的产出结果应当接受一系列测试、审查（公开或私下进行）以及批评质疑，有关人员应将审查与评估结果公之于众，并且做出合理的解释；第五，相关机构及个人应合理利用数据，尊重他人隐私，以防止 AI 系统被植入“偏见”，以及其他潜在问题。④

2016 年，英国出台历史上首个机器人伦理标准——《机器人和机器系统的伦理设计和应用指南》，规范如何对机器人进行道德风险评估；此外，联合国教科文组织和世界科学知识与技术伦理委员会近年来连续多次联合发布报告，针对人工智能及

① 联合国教科文组织 [EB/OL].（2019-01-06）. http://www.unesco.org/new/en/media-services/single-view/news/unesco_science_experts_explore_robots_rights.

② 人工智能伦理法律问题最全解读：IEEE 发布首份人工智能合伦理设计指南 [EB/OL].（2019-01-06）. http://mp.weixin.qq.com/s/2ElkNUeAdN9HAVFsUhewxQ.

③ 认识人工智能展望发展前景 [EB/OL].（2019-01-16）. https://www.cambridgeconsultants.com/insights/ai-understanding-and-harnessing-potential.

④ 阿西莫夫的“机器人三定律”过时了吗？[EB/OL].（2019-01-04）. https://item.btime.com/m_96388bcd3ef626ef4.

机器人技术的发展带来的各种问题，提出了全新的思考方式与解决路径。①

（三）人工智能伦理规范的立法

当前，人工智能治理机制仍滞后于其技术发展的步伐，但有部分国家、地区和国际组织、私营企业、社会团体等已积极参与到人工智能安全治理的进程中。针对人工智能快速发展这一现实，欧盟率先启动人工智能立法程序。

早在2015年1月，欧盟议会法律事务委员会（JURI）就决定成立一个工作小组，专门研究与机器人和人工智能发展相关的法律问题。2016年5月，欧盟法律事务委员会发布《就机器人民事法律规则向欧盟委员会提出立法建议的报告草案》（*Draft Report with Recommendations to the Commission on Civil Law Rules on Robotics*）。欧盟法律事务委员会在立法建议中提出，机器人领域的研究人员应该致力于最高的道德和职业行为，并遵守以下原则：

慈善——机器人应该为人类的最大利益服务；

非恶意——“第一，不伤害”的原则，机器人不应该伤害人类；

自主性——在与机器人交互的条件下，做出知情的、非强制性的决定的能力。

法律事务委员会提出了多项立法建议，例如要成立欧盟人工智能监管机构，确立人工智能伦理准则，考虑赋予复杂的自主机器人法律地位的可能性，明确人工智能的“独立智力创造”产权，针对具有特定用途的机器人和人工智能出台特定规则，以及关注人工智能的社会影响等。为了规范和保障人工智能研究活动，在其报告草案中，法律事务委员会提出了所谓的“机器人宪章”。这一宪章针对人工智能科研人员和研究伦理委员会（REC），提出了在机器人设计和研发阶段需要遵守的基本伦理原则。②

立法建议还提出了研究伦理委员会的守则，守则的关键内容包括：提出独立原则，即伦理审查过程应独立于研究本身。这一原则强调了需要避免研究人员和那些审查伦理协议的人之间的利益冲突，以及审查人员和组织治理结构之间的利益冲突。同时，为了防止形成社会各方的利益冲突和观念冲突，立法建议中专门规定了研究伦理委员会的组成。他们认为：研究伦理委员会的成员既要有男人，也要有女人；他们应该有多学科的背景；在机器人研究领域有广泛的经验和专业知识；任命机制应确保委员会成员在科学、哲学、法律或伦理知识背景方面保持适当的平衡，并确保他们可以提出意见；至少包括一名成员是具备相关领域专业知识的实际使用者。③

此外，这个立法建议还提出把正在不断增长的最先进的自动化机器“工人”的身份定位为“电子人”（electronic persons），并赋予这些机器人依法享有著作权、劳

① 国内首个人工智能安全发展倡议会在沪召开［EB/OL］.（2019-01-06）. http://sh.people.com.cn/BIG5/n2/2018/0918/c134768-32071991.html.

② 十项建议解读欧盟人工智能立法新趋势［EB/OL］.（2019-01-02）. https://mp.weixin.qq.com/s?__biz=MzAxMTQ3MTU2Mw%3D%3D&idx=2&mid=2653070077&sn=fdbeefef5d6fe7d70e7a0d53ad9cf260.

③ 欧盟人工智能相关法律规则之欧盟机器人民事法律规则［EB/OL］.（2019-01-20）. https://zhuanlan.zhihu.com/p/31457515?edition=yidianzixun&yidian_docid=0I4UtZlI.

动权等“法定的权利与义务”。该建议也提出，为智能自动化机器人设立一个登记册，以便为这些机器人开设涵盖法律责任（包括依法缴税、享有现金交易权、领取养老金等）的资金账户。[①]

2016年10月，法律事务委员会发布研究成果《欧盟机器人民事法律规则》（*European Civil Law Rules in Robotics*）。在这些报告和研究的基础上，2017年1月12日，法律事务委员会通过一份决议，在其中提出了一些具体的立法建议，要求欧盟委员会就机器人和人工智能提出立法提案。[②] 2017年2月16日，这份决议在欧盟获得通过。

为提升人们对人工智能产业的信任，欧盟委员会于2019年4月8日发布人工智能伦理准则。该准则力图为人类提供“可信赖的人工智能”，以确保人工智能安全可靠。这些伦理准则由七大关键条件组成：人的能动性和监督能力、安全性、隐私数据管理、透明度、包容性、社会福祉、问责机制。在这一准则当中，“可信赖的人工智能”是最核心要素，它有两个必要的组成部分：一是应尊重基本人权、规章制度、核心原则及价值观；二是应在技术上安全可靠，避免因技术不足而造成无意的伤害。欧委会副主席安德鲁斯·安西普表示：“符合伦理标准的人工智能将带来双赢，可以成为欧洲的竞争优势，欧洲可以成为人们信任的、以人为本的人工智能领导者。”在发布伦理准则之后，欧盟委员会同时宣布启动人工智能伦理准则的试行阶段，邀请工商企业、研究机构和政府机构对该准则进行测试。[③]

虽然这一伦理准则的发布是人工智能伦理立法过程中的重要一步，但也有人对此持怀疑态度。比如有不少业内人士担心，伦理准则过分细化会使许多公司尤其是中小型企业难以操作；此外，欧盟的伦理准则中并没有禁止使用人工智能开发武器，这一缺陷招致批评。

单纯依靠传统的法律规制手段，已经不足以对抗技术系统快速扩张所带来的挑战。要在未来更好地保护不断暴露在各种技术过度扩张之下的“血肉之躯”，要更好地捍卫人类不可克减与不被支配的尊严和权利，就必须依赖更良善的技术范式的发展。对此，就需要激活政治与法律层面的广泛讨论，需要发起不同自然科学与人文学科的跨界对话，通过更多的政治与媒体监督，不断刺激和推动技术范式的变迁，进而形成一种具有内在制衡能力的技术生态。[④]

《人类简史》一书在“科学革命”最后部分预计了未来智人的末日，作者提出，智人通过接入基线和其他生物创造来维持生命，智人的未来变成非智人的存在。有

① 欧盟率先提出人工智能立法动议［EB/OL］.（2019-02-01）. https://www.7428.cn/vipzj19010/.

② 机器人：法律事务委员会呼吁制定欧盟范围内的规则［EB/OL］.（2019-01-02）. http://www.europarl.europa.eu/news/en/news-room/20170110IPR57613/robots-legal-affairs-committee-calls-for-eu-wide-rules.

③ 欧盟发布人工智能伦理准则［EB/OL］.（2019-4-22）. http://it.people.com.cn/n1/2019/0411/c1009-31024077.html.

④ 余盛峰. 人工智能与未来世界的法律挑战［EB/OL］.（2019-6-12）. http://www.aisixiang.com/data/116402.html.

三种方式可能让智慧设计取代自然选择：生物工程、仿生工程、无机工程。而智能机器人会产生独立意识，可能奋起反抗人类主人。因此，未来有两种可能：智人进化或被彻底抹杀，历史的发展仍未可知。[①]

“在并不遥远的未来，人工智能可能会成为一个真正的危险。

这些人工智能程序能够全面超越人类，并有可能完全取代人类成为一种新的生命物种。

简单来说，我认为强大的人工智能的崛起，要么是人类历史上最好的事，要么是最糟的事。

我们应该竭尽所能，确保其未来发展对我们和我们的环境有利。”[②]

这是霍金对世人的最后警告。

延伸阅读材料 12–1：

1. 新局面，呼吁伦理新原则

科学家先前一直希望以最简单的办法，确保以机器人为代表的人工智能不给人类带来任何威胁。“机器人三定律”规定：机器人不能伤害人类；它们必须服从于人类；它们必须保护自己。后来还加入了“第零定律”：机器人不得伤害人类整体，不得因不作为使人类整体受到伤害。

机器人不能伤害人，但机器人会以什么方式伤害到人？这种伤害有多大？伤害可能以什么形式出现？什么时候可能发生？怎样避免？这些问题在今天要么需要细化，要么需要有更具体的原则来防范，而不能停留在七八十年前的认识水平。

人工智能在乘数效应的推动下会变得越来越强大，留给人类试错的空间将越来越小。

2. 人为本，全球探路新伦理

当前全球对人工智能新伦理的研究日趋活跃。不少人对人工智能心存芥蒂，多半来自其高速发展带来的未知性，“保护人类”成为首要关切。“必须确保人工智能以人为本的发展方向。”阿祖莱呼吁。

新的伦理原则制定也正提上各国政府的议事日程。在国家层面，人工智能的伦理问题已经引起了越来越多的关注，出台了一系列的政策指引和准则。日本的一个跨专业团体曾发布《下一代机器人安全问题指导方针（草案）》；韩国政府早在2007年就着手拟订《机器人道德宪章》；2018年4月，欧盟委员会发布的文件《欧盟人工

---

① ［以色列］尤瓦尔·赫拉利（Yuval Noah Harari）. 人类简史——从动物到上帝［M］. 林俊宏，译. 中信出版集团，2018:377–386.

② 斯蒂芬·霍金：人工智能有可能终结人类文明史，除非我们学会如何避险［EB/OL］.（2019–5–12）. http://www.sohu.com/a/136935711_481694.

智能》提出，需要考虑建立适当的伦理和法律框架，以便为技术创新提供法律保障。

2019年，美国总统特朗普签署行政令，启动“美国人工智能倡议”，该倡议的五大重点之一便是制定与伦理有关联的人工智能治理标准；2019年，欧盟委员会发布人工智能伦理准则，以提升人们对人工智能产业的信任。欧盟委员会同时宣布启动人工智能伦理准则的试行阶段，邀请工商企业、研究机构和政府机构对该准则进行测试。

（引自：超越“机器人三定律”人工智能期待新伦理［EB/OL］.（2019-03-20）. http://tech.gmw.cn/2019-03/19/content_32654915.htm.）

附录　人工智能发展史上的大事件[①]

年	人物	事件	意义
一、人工智能奠基：神经科学与脑科学发展（1590—1955）			
1590	鲁道夫·戈克尔	发表著作《心理方面》（*Psychologia*）	引入“psychology”（心理学），专门指代研究精神世界的学科
1633	笛卡尔	发表著作《论人》	提出灵魂存在于大脑的松果体中
1714	莱布尼兹	《单子论》	一切知识都能通过理性思考获得； 发现微积分，并开发了一套更为适用的记号方法
1739	大卫·休谟	《人性论》	将人类思维分为印象和思想
1781	康德	《纯粹理性批判》	世界存在两种世界：一个是能为人类身体所感知的经验世界，一个是自在世界
1796	加尔	发展了颅相学	
1821	巴贝奇	通用计算机构想	
1861	布罗卡	命名布罗卡区	
1870	理屈	发现大脑对侧控制原则	
1872	达尔文	《人类和动物对情绪的表达》	第一次涉及人类情绪的科学研究
1873	卡米洛·高尔基	发现了“染色”的黑色反应	
1873	威廉·冯特	发表著作《心理生理学原理》	确立实验内省法，被后人称为“实验心理学之父”
1873	卡米洛·高尔基	发表文章《脑灰质结构》	阐述了神经细胞具有单个轴突及若干个树突
1874	韦尼克	命名“韦尼克区”	建立了行为障碍与大脑特定区域损伤之间的关系

① 本部分主要引用如下资料:〔美〕皮埃罗·斯加鲁菲（Piero Scaruffi）. 智能的本质——人工智能与机器人领域的 64 个大问题 . 任莉，张建宇，译 . 人民邮电出版社，2018，附录一、二内容；新智元 . 1663 — 2016：人工智能发展时间轴［EB/OL］.（2019-3-10）. https://mp.weixin.qq.com/s?__biz=MzI3MTA0MTk1MA%3D%3D&idx=3&mid=2651982803&sn=713efcdbff07d7cebd13e31f0d7cd432.

续表

年	人物	事件	意义
1879	弗雷格	概念演算——一种按算术语言构成的思维符号语言	弗雷格扩大逻辑学的内容，创造了“量化”逻辑，是分析哲学的鼻祖
1885	赫尔曼·艾宾浩斯	《记忆：对实验心理学的一项贡献》	提出艾宾浩斯曲线
1889	圣地亚哥·拉蒙－卡哈	神经系统是由细胞构成的	
1890	詹姆斯	《心理学原理》	被称为“心理学之父”
1890	威尔赫尔姆·希思	首次提出“树突”概念	
1891	圣地亚哥·拉蒙－卡哈	证实神经细胞（神经元）是大脑中处理信息的基本单元，它通过树突从其他神经元接收到输入信息，在借助轴突将处理后的信息传送到其他神经元	开创对大脑的微观结构研究
1896	阿尔布雷希特·冯·克利克尔	提出“轴突”概念	
1896	爱德华·布拉德福德·蒂切纳	《心理学大纲》	创立构造主义
1897	查尔斯·谢林顿	提出“突触”概念	
1897	巴甫洛夫	《关于主要消化腺功能的演讲》	提出条件反射定律
1900	弗洛伊德	《梦的解析》	创立精神分析学派
1901	胡塞尔	发表著作《逻辑研究》	首次提出了现象学的基本原理，奠定了现象学描述分析方法的基础
1901	查尔斯·谢林顿	绘制出猿类的运动皮层图	
1903	阿尔弗雷德·比奈	发明了“智力商数”（IQ）测试	为1908年制作出《比奈－西蒙智力量表》奠定基础
1909	布罗德曼	发表了大脑皮质的比较研究	
1911	爱德华·桑戴克	《动物智力》； 提出联结主义理论，即思维是一个联结网络，只有各种元素彼此联结才会产生学习活动	提出联结主义
1912	魏希默	《运动知觉的实验研究》	格式塔心理学重要里程碑
1913	伯特兰·罗素和阿尔弗雷德·诺斯怀特黑德	《数学原理》	是20世纪科学的重大成果，被誉为是“人类心灵的最高成就之一”
1916	索绪尔	《普通语言学教程》	提出符号的能指和所指
1921	维特根斯坦	《逻辑哲学论》	20世纪最难懂的著作之一

续表

年	人物	事件	意义
1924	约翰·沃森	《行为主义》	开创了行为主义学派
1924	汉斯伯杰	EEG（脑电图）首次记录了人类大脑电波	第一张脑电图
1927	海德格尔	《存在与时间》	20世纪存在主义的创始人
1929	沃尔夫冈·柯勒	《格式塔心理学》	格式塔心理学创始人之一
1932	爱德华·托尔曼	《动物和人类的目的性行为》	提出了人存在认知地图
1934	卡尔军	《原型与集体无意识》	提出集体无意识，并运用词语联想法
1934	波普尔	《科学发现的逻辑》	标志着西方科学哲学最重要的学派——批判理性主义的形成
1935	阿隆佐·丘奇	证明了一阶逻辑的不可判定性	
1936	图灵	发表《可计算数》	提出图灵机的设想
1936	艾耶尔	发表《语言、真理与逻辑》	在书中提出有意识的人类及无意识的机器之间的区别，从而成为了逻辑实证主义在英文世界的代言人
1936	图灵	提出通用机理论	
1936	阿隆佐·丘奇	提出 Lambda 演算	
1938	斯金纳	《有机体的行为：实验分析》	详细介绍了实验方法，包括著名的斯金纳箱
1940	约翰·冯·诺依曼	提出蒙特卡洛方法	在金融工程学，宏观经济学，计算物理学等领域广泛应用
1941	康拉德·楚泽	制造出世界第一台可编程电子计算机	
1943	数学家诺伯特·维纳、生物学家阿图罗·罗森布鲁斯以及工程师朱利安·毕格罗	合作发表了论文《行为、目的和目的论》	
1943	肯尼斯·克雷克	发表《解释的本质》	
1943	沃伦·麦卡洛克与沃尔特·皮茨	提出二进制神经元网络	
1943	沃伦·麦考利和毕特	出版了《神经活动中固有的思维的逻辑运算》一书	提出了 MP 神经元模型
1943	马斯洛	发表《人类动机理论》	提出需求层次理论
1945	约翰·冯·诺依曼	设计一部拥有自身指令——“存储程式架构”的计算机	

续表

年	人物	事件	意义
1946		制造出世界上第一台图灵完备计算机ENIAC	
1946		第一次梅西系列会议召开，主要讨论控制论	
1946	莫齐利和埃克特	ENIAC（第一台通用计算机）	为AI的研究提供了物质基础
1946	约翰·冯·诺依曼	提出冯·诺伊曼架构	计算机发展史上的一个里程碑
1947	约翰·冯·诺依曼	提出自复制自动机理论	
1948	图灵	提出“智能机械”的思想	
1948	诺伯特·维纳	提出“控制论”理论《控制论》	为人工智能领域指明了研究的方向
1948	古劳德·沙龙	《通信的数学理论》	现代信息论研究的开端
1949	和布	发表著作《行为的组织：一种神经心理理论》	提出了突触学习的模型，这个模型后来被称为“Hebb”定律
1949	利奥·多斯特	在乔治城大学成立了语言和语言学研究院	
1950	图灵	发表《计算机器与智能》	提出了图灵测试
1950	克劳德·香农	提出树形搜索理论	
1951	怀尔德·彭菲尔德	《人类大脑皮质》	绘制出大脑皮层与人体之间的对应图
1951	克劳德·香农	发明能破解迷宫的机器人（“电子鼠”）	
1951	卡尔·拉什利	发表《行为顺序问题》	
1952	野浩树洼·巴希里	组织召开了机器翻译领域的第一次国际会议	
1952	罗斯·阿什比	出版了《大脑设计》	
1954	马文·明斯基	提出了强化学习概念	
1954	利奥·多斯特团队与IBM的伯特·赫德	联合演示了机器翻译系统	成为数字计算机在非数值领域的首次尝试
1955	诺姆·乔姆斯基	发表著作《句法结构》	极大程度撼动了行为主义的主导地位，提出了通用语法结构
二、人工智能发展第一阶段：发展初期（1956—1969）			
1956	约翰·麦卡锡	创立“人工智能”一词	
1956		达特茅斯会议展开	人工智能诞生的标志

续表

年	人物	事件	意义
1956	西蒙、纽厄尔、肖和	逻辑理论家	可以进行数学命题证明的软件
1956	艾伦·纽厄尔和赫伯特·西蒙	合作开发了“逻辑理论家”系统	
1956	米勒	《神奇的数字》	首次提出记忆容量为 5–9. 极大程度撼动了行为主义的根基
1957	罗兰·巴尔特	《神话学》	语言就是肌肤
1957	弗兰克·罗森布拉特	发明感知机	
1957	纽厄尔和西蒙	“通用问题求解器”系统	
1957	诺姆·乔姆斯基	出版《句法结构》（转换语法）	
1957	米尔纳和斯科维利	发表了对 H.M. 的病例的分析	发现记忆可分为长时与短时记忆
1958	弗兰克·罗森伯特	发表《感知器：脑的组织和信息存储的概率模型》，提出了感知器模型	打开了研究人工神经网络的大门
1958	约翰·麦卡锡	发明 LISP（表处理）编程语言	成为人工智能的得力研究工具
1958	奥利弗·赛尔弗里奇	提出“万魔殿”理论	
1958	约翰·麦卡锡	发表了侧重于知识表达的文章《常识性程序》	
1958	罗纳德博姆等人	研究前向后向算法 (Baum–Welch)	HMM 学习问题的一个近似的解决方法
1958	唐纳德·布罗德本特	《知觉与沟通》	新认知心理学发展里程碑
1959	亚瑟·塞缪尔	开发的下棋程序	被公认为世界首款自学习功能程序
1959	约翰·麦卡锡和马文·明斯基	在麻省理工学院成立了人工智能实验室	
1959	诺姆·乔姆斯基	对斯金纳著作的评论结束了行为主义的主导地位	使认知主义重新回到主流地位
1959	野浩树注·巴希里	引入“证据”	证明机器翻译是不可能实现的
1960	西蒙、纽厄尔、肖和	通用问题求解机	解决多种类型的数学难题
1960	伯纳德·维德罗和特德·霍夫	提出了 Adaline 理论	定义了自适应线性神经元（后来被称为自适应线性元）
1960	希拉里·普特南	提出了计算功能主义理论	

续表

年	人物	事件	意义
1962	约瑟夫·恩格尔伯格	为通用汽车公司部署了工业机器人尤尼梅特	
1963	欧文·约翰·古德（伊西多尔·雅各布·高达）	推测将会出现“超级智能机器”（即“奇点”）	
1963	约翰·麦卡锡	前往斯坦福大学并创造斯坦福人工智能实验室（SAIL）	
1964	约瑟夫·魏泽鲍姆	开发了一个叫 Eliza 的机器人	实现了计算机与人功过文本进行交流
1964	IBM 公司	开发了用于语音识别的“鞋盒”系统	
1965	卢特菲那·扎德	创立了模糊逻辑概念	
1965	爱德华·费根鲍姆等人	研发专家系统 DENDRAL	第一套有效进行工作的专家系统
1965	戈登·摩尔	提出摩尔定律	这一定律揭示了信息技术进步的速度
1966	伦纳德·鲍姆	提出隐马尔可夫模型	
1966	约瑟夫·魏泽鲍姆	开发出伊莱扎系统	
1966	罗斯·奎利恩	提出语义网络理论	
1967	芭芭拉·海丝－罗斯	研发出语音识别系统 Hearsay	
1967	查尔斯·菲尔莫尔	提出了 Case Frame Grammar 理论	
1967	保罗·麦克莱恩	将大脑分为三个部分	
1968	沃尔特·米歇尔	发表著作《人格和测量》	提出的人格理论震惊世界，个体与其所处环境的动态交互过程是对其行为的最佳预测指标
1968	格伦·谢弗和斯图尔特·登普斯特	提出“证据论”	
1968	彼得·托马	创立 Systran 公司	实现了机器翻译系统的商业化
1969	西摩帕特和马维明斯基	出版了《知觉》一书，认为神经网络的容量是有限的	直接导致了神经网络研究将近二十年的长期低潮
1969	斯坦福大学	举行第一届国际人工智能联合会议（IJCAI）	
1969	马文·明斯基和塞缪尔·帕尔特	发表了《感知机》	遏制了神经网络理论的发展

续表

年	人物	事件	意义
1969	罗杰·尚克	针对自然语言处理提出了概念依附论	
1969	斯坦福研究院	研发出沙基机器人	
三、人工智能发展第二阶段：曲折发展期（1970—1996）			
1970	温加德	开发了 SHRDLU 系统	该系统可以部分理解语言
1970	阿尔伯特·厄特利	提出 Informon 自适应模式识别	
1970	威廉·伍兹	针对自然语言处理提出增强转移网络（ATN）理论	
1971	谢巴德和梅茨勒	设计了心理旋转实验	为大脑隐形加工过程提供了一种革命性的方法
1971	理查德·菲克斯和尼尔斯·尼尔森	介绍了 STRIPS 规划者程序	
1971	因戈·雷兴伯格	提出“进化策略”理论	
1972	SRI（斯坦福国际研究所）	研发机器人 Shakey	首台采用了人工智能学的移动机器人
1972	休伯特·德雷福斯	发表著作《计算机不能做什么》	很大程度上打击了人们对人工智能领域的积极性
1972	阿兰·科尔默劳尔	开发了 PROLOG 编程语言	
1972	布鲁斯·布坎南	开发了 MYCIN 专家系统	
1972	特里·威诺格拉德	开发出 Shrdlu	
1972	恩德土温	发表著作《记忆的组织》	将长时记忆分为语义记忆和情景记忆
1973	詹姆斯·赖特希尔	发表著作《人工智能：一般性的调查》	对人工智能领域的过度盲目提出批评
1973	吉姆·贝克	用隐马尔可夫模型进行了语音识别研究	
1974	马文·明斯基	提出框架理论	
1974	保罗·乌博思	提出针对神经网络的反向传播算法	
1975	贺兰德	发表著作《自然与人工系统适应调节》	介绍遗传算法
1975	约翰·霍兰德	提出遗传算法	
1975	罗杰·尚克	提出脚本理论	
1976	道格·莱纳特	创立了数学积分系统 AM	

续表

年	人物	事件	意义
1976	理查德·莱恩	提出通过自我检测实现自我复制的理论示例	
1976	约瑟夫·维泽鲍姆	发表了《计算机能力和人类推理》	书中指明了人工智能研究人员应当对他们的研究带来的结果担负起应有的责任
1976	尼尔森和艾伦·纽维尔等	提出物理符号系统假设	企图建立人工智能的理论体系
1976	约翰·安德森	提出 ACT–R 框架	人类认知结构
1976	理查德·道肯思	发表著作《自私的基因》	指出个体经过与他人的长期互动发展出自己的行为倾向
1977	格劳斯·波根	提出 ART 网络	
1977	艾伯特·班杜拉	发表《社会学习理论》	大部分人类行为都是通过模仿习得的
1978	赫伯特·西蒙	获得了诺贝尔经济学奖	“有限理性”理论对人工智能领域的决策和问题解决等程序有着重要的指导意义
1979	丹尼尔·卡尼曼	提出前景理论	发现人们基于经验解决问题时存在很大问题
1979	科德尔·格林	尝试开发自动编程系统	
1979	大卫·马尔	提出视觉理论	
1979	德鲁·麦克德莫特	提出非单调逻辑理论	
1979	威廉·克兰西	开发出 Guidon 程序	
1980	约翰·塞尔	提出了思想“中文屋”	引起了极大的争议和讨论热潮
1980	因特尔公司	成立第一家大型人工智能初创企业	
1980	约翰·麦克德莫特	开发出 XCON 系统	
1980	邦彦福岛	创立卷积网络理论	
1981	罗杰·斯佩里	获得诺贝尔生理学或医学奖	裂脑实验证实大脑中可能有两个意志在活动
1981	丹尼·希利斯	设计出连接机器	
1981	戈登·鲍尔	发表著作《情绪和记忆》	提出情绪和事件是一起被存储在记忆中的
1982	纽维尔等人	《统一化的认知理论》	研发 SOAR 软件
1982	日本	启动第五代计算机系统项目	

续表

年	人物	事件	意义
1982	约翰·霍普菲尔	基于退火模拟过程描述了新一代神经网络	
1982	朱迪亚·伯尔	研发出“贝叶斯网络”	
1982	图沃·柯霍宁	提出用于无监督学习的自我组织映射网络	
1982	加拿大高级研究所	将人工智能与机器人作为其启动的第一个项目	
1982	约翰·霍普菲尔德	《具有集体计算能力的神经网络和实际系统》	提出了一种具有联想记忆能力的新型神经网络，后被称为“霍普菲尔德网络”
1982	科赫恩	发表了《自组织映射》	介绍了 SOM 算法，是一种简单而有效的无指导学习算法
1983	杰弗里·辛顿和特里·谢泽洛斯基	发明了用于无监督学习的玻尔兹曼机	
1983	约翰·莱尔德和保罗·罗森布鲁姆	提出 SOAR 结构	
1983	辛顿	提出了“隐单元”的概念，并且研制出了 Boltzmann 机	
1983	福岛邦彦	构造出了可以实现联想学习的认知机	
1983	李伯特等人	设计实验证明准备电位的出现要早于意识到动作意图的时间	
1984	道格拉斯·勒纳特	开启大百科全书项目	使人工智能的应用能够以类似人类推理的方式工作
1984	瓦伦蒂诺·布瑞腾堡	出版了《车辆》一书	
1985		DTI（弥散张量成像）	
1986	杰弗里·希尔顿、大卫·鲁梅哈特、詹姆斯·麦科兰德	出版《并行分布式处理：认知的微细构造探索》	重新提出了简明有效的误差反传算法（即 BP 算法）
1986	大卫·鲁梅哈特	提出了 EBP 算法	解决了 MLP 的权重问题
1986	保罗斯·莫伦斯基	提出了 RBM（限制性波尔兹曼）模型	
1986	大卫·鲁梅哈特	出版《平行分布式处理》	再次印证了乌博思的反向传播算法
1986	保罗·斯模棱斯基	发明出了受限玻尔兹曼机	

续表

年	人物	事件	意义
1987	马文·明斯基	出版著作《思维社会》	向人们描述了大脑中各种不同层次水平的“智能主体”
1987	克里斯·兰顿	提出了“人造生命”概念	
1987	斯蒂芬·格罗斯伯格	提出针对无监督学习的自适应共振理论	
1987	詹姆斯·麦科兰	发表著作《人类的动机》	提出三种核心动机驱动个体做出行动
1987	尼尔森	提出了 CP 神经网络	
1988	楚阿	提出了 CNN 神经网络	
1988	菲利普·阿格勒	设计出全球首台“海德格尔式人工智能”Pengi 系统，并在此系统上运行了名为 Pengo 的商业视频游戏	
1990		fMRI 出现	
1990	IBM 的彼得·布朗	实现了基于统计的机器翻译系统	
1991	理查德·斯坦利·拉撒路	发表《情绪与记忆》	个体的思维先于情绪或生理唤出的出现
1992	托马斯雷	编写出程序“Tierra”——一个虚拟世界	
1994	斯蒂芬·品格尔	发表著作《语言本能》	提出语言是本能的观点
1995	万普尼克等人	提出了支持向量机算法	可以分析数据，识别模式，用于分类和回归分析
1995	杰弗里·辛顿	发明了亥姆霍兹机	
1995	恩德斯里	提出态势感知模型	
1996	里佐拉蒂	发现了猴脑中的镜像神经元	
1996	大卫·菲尔德和布鲁诺·奥尔斯豪森	共同发明了“稀疏编码”	
四、人工智能发展第三阶段：飞速发展期（1997 年至今）			
1997	深蓝公司	国际象棋击败卡斯帕罗夫	
1997	IBM	“深蓝”击败了世界国际象棋冠军加里·卡斯帕罗夫	
1997	居根·史密德胡伯	提出长短时记忆算法（LSTM）	
1998	克拉克·查默斯	提出了外脑假说	

续表

年	人物	事件	意义
1998	拉里·佩奇和谢尔盖·布林	发明了搜索引擎谷歌	
1998	燕乐存	建立了第二代卷积神经网络	
1998	科恩	设计了著名的橡胶手实验	
2000	辛西娅·布雷西亚	设计出情感机器人“命运”	
2003	保罗·艾克曼	发表《情绪的解析》	提出了情绪的六大类型
2003	约翰·霍普金斯大学的贾科瑞特·苏萨克恩和格里高利·切瑞吉安	制造出能实现自我复制的机器人	
2004	黄广斌	提出了 ELM 算法	
2004	马克·蒂尔登	制造了生物形态机器人 Robosapien	
2005	雷库泽	出版《奇点将至》	2045 年电脑全面超越人脑
2005	斯坦福大学的吴恩达	启动了 STAIR 项目（斯坦福人工智能机器人）	
2005	波斯顿动力公司	研发出四足机器人大狗	
2005	胡迪·利普森	制造出“自我复制机”	
2005	本田公司	设计出人形机器人“阿西莫”	
2006	辛顿	发表著作《深层置信网络的快速算法》	提出 DBNS 神经网络
2006	长谷川修	提出自组织增量学习神经网络理论——一种无监督学习的自我复制神经网络	
2006	辛顿	提出深度学习概念	
2006	理查德·斯坦利	发表著作《情绪的法则》	提出情绪本质是无意识过程
2007	李希特曼	开发了脑虹技术	
2007	约书亚·本吉奥	发明“栈式自动编码器”	
2007	斯坦福大学	推出机器人操作系统	
2008	丹尼尔·邓尼特	《意识的解释》	本书是心智哲学甚至当代哲学中最重要的著作之一，全方位地探索意识现象
2008	辛西娅·布雷西亚团队	推出首款机动－灵活－交际型机器人 NEX	

续表

年	人物	事件	意义
2009	美国国立卫生研究院	人脑连接组计划启动	
2010	罗拉·卡拉麦罗	研制出能显示自身情绪的机器人 Nao	
2010	丘克·李	提出“平铺卷积网络”理论	
2011	瓦特森和 IBM 公司	参加“危险边缘”，打败两位人类冠军	
2011	IBM	Watson 机器人在电视节目中亮相	
2011	尼克·达洛伊西奥	发布了用于智能手机的内容精简工具 Trimit	
2011	长谷川修	研发出基于 SOINN 的机器人，能够不依靠编程就能实现自主学习	
2012	Google X 实验室	采用“神经系统”识别“猫”	
2012	罗德尼·布鲁克斯	推出可编程机器人“百特”	
2012	亚历克斯·克里泽夫斯基	证实：在深度学习训练期间，当处理完 2000 亿张图片后，深度学习的表现要远远好于传统的计算机视觉技术	
2013	约翰·罗曼尼辛、凯尔·吉尔平及丹尼拉·鲁斯	研发出“M-blocks”机器人	
2013	弗拉基米尔·穆尼	推出深度 Q- 网络	
2014	弗拉斯米尔·维希洛夫与尤金·杰姆等人	研发出模拟一名 13 岁乌克兰男孩的机器人金·古斯特曼，还通过了伦敦皇家学会的图灵测试	
2014	李飞飞	研发出可描述出图片内容的计算机视觉算法	
2014	微软	演示了实时口语翻译系统	
2015	1000 多位人工智能领域的著名科学家	联合签署一封公开信，呼吁禁止使用“攻击性自主化武器”	
2016	谷歌	“阿尔法狗”击败世界围棋冠军李世石	通过深度学习的“阿尔法狗”是人工智能首次在围棋中战胜人类
2017	“阿尔法狗”	以“Master”为名，陆续在网络上挑战了包括柯洁、朴廷桓和井山裕太在内中日韩顶级高手共 60 名棋手，取得连胜	

续表

年	人物	事件	意义
2017	沙特阿拉伯	授予机器人索菲亚沙特阿拉伯国籍，并在第二天做出一个令世人震惊的举动——授予机器人索菲亚公民身份。	联合国开发计划署任命她为第一位“非人类”创新大使
2018	英国	一个名叫Pepper的机器人作为特别委员会的证人出现在了国会议员面前	英国议会首次出现非人类
2018	波士顿动力公司	“网红”机器人公司波士顿动力发布新品——跑酷机器人	机器人能跑能跳，智能动作十分接近人类
2019	搜狗	搜狗发布全球首个站立AI合成主播	站立式AI合成主播的发布，标志着搜狗分身技术再次取得突破。
2019		“脸书”（Facebook）拟开发全新语音助手	聪明程度计划超过亚马逊和谷歌的产品

参考文献

一、专著类

［1］〔美〕斯蒂芬·卢奇（Stephen Lucci），丹尼·科佩克（Danny Kopec）.人工智能（第2版）［M］.林赐，译.北京：人民邮电出版社，2018.

［2］张自力主编.人工智能新视野［M］.北京：科学出版社，2016.

［3］〔美〕威廉·庞德斯通.囚徒的困境［M］.吴鹤龄，译.北京：北京理工大学出版社，2005.

［4］〔美〕诺曼·麦克雷.天才的拓荒者——冯·诺依曼传［M］.范秀华，朱朝晖，成嘉华，译.上海：上海科技教育出版社，2008.

［5］〔美〕罗素（Stuart J.Russell），〔美〕诺维格（Peter Norvig）.人工智能：一种现代的方法（第3版）［M］.殷建平，等译.北京：清华大学出版社，2013.

［6］〔英〕理查德·温（Richard Unwin）.极其简单的人工智能［M］.有道人工翻译组，北京：电子工业出版社，2018.

［7］梁宗巨，等.数学家传略词典［M］.济南：山东教育出版社，1989.

［8］李开复.AI·未来［M］.杭州：浙江人民出版社，2018.

［9］吴军.智能时代大数据与智能革命重新定义未来［M］.北京：中信出版集团，2016.

［10］刘光然.虚拟现实技术［M］.北京：清华大学出版社，2011.

［11］斐小燕.智能家居与网关新技术［M］.北京：人民邮电出版社，2014.

［12］史忠植.知识工程［M］.北京：清华大学出版社，1988.

［13］赵力.语言信号处理［M］.第二版，北京：机械工业出版社，2011.

［14］王小捷，等编著.自然语言处理技术基础［M］.北京：北京邮电大学出版社，2002.

［15］吴娱主编.数字图像处理［M］.北京：北京邮电大学出版社，2017.

［16］袁飞，蒋一鸣.人工智能：从科幻中复活的机器人革命［M］.北京：中国铁道出版社，2018.

[17] 陈炳祥 . 人工智能改变世界：工业 4.0 时代的商业新引擎 [M] . 北京：人民邮电出版社，2017.

[18] 杨青峰 . 未来制造：人工智能与工业互联网驱动的制造范式革命 [M] . 北京：电子工业出版社，2018.

[19] 祝林 . 智能制造的探索与实践 [M] . 西安：西安交通大学出版社，2017.

[20] 辛国斌，田世宏 . 智能制造标准案例集 [M] . 北京：电子工业出版社，2016.

[21] 杨静 . 新智元：机器 + 人类 = 超智能时代 [M] . 北京：电子工业出版社，2016.

[22]〔日〕古明地正俊，〔日〕长谷佳明 . AI 人工智慧的现在 · 未来进行式 [M] . 林仁惠，译 . 台北：远流出版事业股份有限公司，2018.

[23] 李彦宏 . 智能革命——迎接人工智能时代的社会、经济与文化变革 [M] . 北京：中信出版集团，2017.

[24] 韦康博 . 人工智能 [M] . 北京：现代出版社，2016.

[25]〔美〕李杰，倪军，王安正 . 从大数据到智能制造 [M] . 上海：上海交通大学出版社，2016.

[26] 余来文，封智勇，刘梦菲，宋晶莹 . 智能革命：人工智能、万物互联与数据应用 [M] . 北京：经济管理出版社，2017.

[27] 万荣 . 互联网 + 智能制造 [M] . 北京：科学出版社，2016.

[28] 赵春林 . 领航人工智能：颠覆人类全部想象力的智能革命 [M] . 北京：现代出版社，2018.

[29] 刘韩 . 人工智能简史 [M] . 北京：人民邮电出版社，2018.

[30] 曾鸣 . 智能商业 [M] . 北京：中信出版集团，2018.

[31] 刘润 . 新零售 [M] . 北京：中信出版集团，2018.

[32] 刘春雄 . 新营销 [M] . 北京：中华工商出版社，2018.

[33] 汤寿根，陈秀兰，王东江 . 生命的奥秘 [M] . 北京：科学普及出版社，2018.

[34] 吴庆余，高上凯 . 生命科学与工程 [M] . 北京：高等教育出版社，2009.

[35] J. 特兰珀，朱阳 . 现代生物技术——万能灵药，还是新潘多拉魔盒？ [M] . 北京：化学工业出版社，2013.

[36]〔德〕莱茵哈德 · 伦内贝格 . 生物技术入门 [M] . 杨毅，陈慧，王健美，译 . 北京：科学出版社，2009.

[37] 黄明哲 . 复制生命——探寻基因世界 [M] . 北京：中国科学出版社，2011.

[38]〔美〕乔治 · 丘奇，〔美〕艾德 · 里吉西 . 再创世纪——合成生物学将如

何重新创造自然和我们人类［M］. 周东，译 . 北京：电子工业出版社，2017.

［39］赵广荣，杨冬，财音青格乐，等 . 现代生命科学与生物技术［M］. 天津：天津大学出版社，2008.

［40］杨玉红，刘中深 . 生物技术概论［M］. 武汉：武汉理工大学出版社，2017.

［41］陈建华 . 造物的困惑——人工智能和人造生命［M］. 上海：上海科学技术出版社，2003.

［42］未来论坛编 . 未来与生命 I——生物前沿的探讨［M］. 北京：科学出版社，2018.

［43］柴占祥，聂天心，Jan BECKER. 自动驾驶改变未来［M］. 北京：机械工业出版社，2017.

［44］刘少山，唐洁，吴双，李力耘 . 第一本无人驾驶技术书［M］. 北京：电子工业出版社，2017.

［45］贺萍，董铸荣 . 汽车文化［M］. 北京：商务印书馆，2018.

［46］〔美〕胡迪·利普森，〔美〕梅尔芭·库曼 . 无人驾驶［M］. 林露茵，金阳，译 . 上海：文汇出版社，2017.

［47］李德毅 . 智能驾驶一百问［M］. 北京：国防工业出版社，2016.

［48］徐忠，孙国峰，姚前 . 金融科技：发展趋势与监管［M］. 北京：中国金融出版社，2017.

［49］张晓朴，姚勇 . 未来智能银行［M］. 北京：中信出版集团，2018.

［50］金耀辉，邱梦娟 . 中国人工智能医疗白皮书［M］. 上海交通大学人工智能研究院、上海市卫生和健康发展研究中心、上海交通大学医学院，2019.

［51］〔美〕沃尔特·艾萨克森 . 史蒂夫·乔布斯传（修订版）［M］. 管延圻，译 . 北京：中信出版社，2014.

［52］王竹立 . 碎片与重构 2：面向智能时代的学习［M］. 北京：电子工业出版社，2018.

［53］张治，李永智，游明 . “互联网 +”时代的教育治理［M］. 上海：华东师范大学出版社，2018.

［54］〔美〕伯尼·特里林，查尔斯·菲德尔 . 21 世纪技能——为我们所生存的时代而学习［M］. 洪友，译 . 天津：天津社会科学院出版社，2011.

［55］〔美〕杰夫·科尔文 . 不会被机器替代的人：智能时代的生存策略［M］. 俞婷，译 . 北京：中信出版集团，2017.

［56］〔美〕约瑟夫·E. 奥恩 . 教育的未来：人工智能时代的教育变革［M］. 李海燕，王秦辉，译 . 北京：机械工业出版社，2019.

［57］人工智能简明知识读本编写组 . 人工智能简明知识读本［M］. 北京：新

华出版社，2017.

［58］李开复，王咏刚 . 人工智能［M］. 北京：文化发展出版社，2017.

［59］斐小燕 . 智能家居与网关新技术［M］. 北京：人民邮电出版社，2014.

［60］陈根 . 互联网 + 智能家居［M］. 北京：机械工业出版社，2015.

［61］董健 . 物联网与短距离无线通信技术（第 2 版）［M］. 2016.

［62］〔美〕皮埃罗・斯加鲁菲（Piero Scaruffi）. 智能的本质——人工智能与机器人领域的 64 个大问题［M］. 任莉，张建宇，译 . 北京：人民邮电出版社，2018.

［63］〔以色列〕尤瓦尔・赫拉利（Yuval Noah Harari）. 未来简史——从智人到至神［M］. 林俊宏，译 . 北京：中信出版集团，2017.

［64］〔德〕托马斯・瑞德（Thomas Rid）. 机器崛起：遗失的控制论历史［M］. 王晓，郑心湖，王飞跃，译 . 北京：机械工业出版社，2017.

［65］〔日〕日本机器人学会 . 机器人科技——技术变革与未来图景［M］. 徐玉文，曹如平，等译 . 北京：人民邮电出版社，2017.

［66］Nils J. Nilsson，“The Quest for Artificial Intelligence：A History of Ideas and Achievements”，Cambridge，UK：Cambridge University Press，2010.

［67］Stuart Russell and Peter Norvig，*Artificial Intelligence: A Modern Approach*（3rd Edition），Essex，England：Pearson，2009.

［68］Kolsch M. *An Appearance-Based Prior for Hand Tracking*，Advanced Concepts for Intelligent Vision Systems. Springer Berlin Heidelberg，2010：292–303.

［69］Beran T，Bergl V，Hampl R，*et al. Embedde ViaVoice*，Text，Speech and Dialogue. Springer Berlin Heidelberg，2004：269–274.

二、论文集、会议录

［1］刘小安 . 卷积神经网络在自然语言处理中的应用研究综述［A］. 中国计算机用户协会网络应用分会 . 中国计算机用户协会网络应用分会 2017 年第二十一届网络新技术与应用年会论文集［C］. 中国计算机用户协会网络应用分会：北京联合大学北京市信息服务工程重点实验室，2017：5.

［2］刘展，豆浩斌，罗定生 . 一种融合测程法与视觉信息的机器人球场定位方法［C］. 中国人工生命与智能机器人会议，2011.

［3］陈全世 . 智能网联新能源汽车的技术发展前景 . 清华大学 . 深圳汽车电子 2018 年会（20180330）2018.3.

［4］张瀛 . 产业变革下的智能网联汽车研发 . 长城汽车 . 深圳汽车电子 2019 年会（20190330）2019.3.

［5］黄少堂 . 汽车“新四化”重塑产业变革 . 江铃汽车 . 深圳汽车电子 2019 年会（20190330）2019.3.

［6］张海涛．智能网联汽车开发现状及展望．上海汽车．深圳汽车电子 2018 年会（20180330）2018.3.

［7］Benko H，Wilson AD，Baudisch P. *Precise Selection Techniques for Multi-touch Screens*，Proceedings of the SIGCHI Conference on Human Factors in Computing System. ACM，2006：1263–1272.

［8］Rogers S，Stewart C，Williamson J，*et al. Anglepose: Robust, precise capacitive touch tracking via 3D orientation estimation*，Proceedings of the SIGCHI Conference on Human Factors in Computing Systems. ACM，2011：2575–2584.

三、期刊类

［1］刘琳玉．艾伦·图灵："人工智能之父"的谜样人生［J］．机器人产业，2016（03）：72–76.

［2］曾祥丹．工业机器人故障诊断技术的发展趋势［J］．科技风，2017（08）：10–15.

［3］赵浩，李林，刘宏．智能机器人 PengPeng Ⅱ的系统集成和性能测试［J］．华中科技大学学报（自然科学版），2011，39（S2）：81–84.

［4］王西颖，张习文，戴国忠．一种面向实时交互的变形手势跟踪方法［J］．软件学报，2007，18（10）：2423–2433.

［5］王敏妲．语音识别技术的研究与发展［J］．微型机与应用，2009，28（23）：1–2.

［6］苏建明，张续红，胡庆西．展望虚拟现实技术［J］．计算机仿真，2004，21（1）：18–21.

［7］潘水洋．大数据、机器学习与资产定价［J］．现代管理科学，2019（02）：6–8+33.

［8］姜娜，杨海燕，顾庆传，黄吉亚．机器学习及其算法和发展分析［J］．信息与电脑（理论版），2019（01）：83–84+87.

［9］杭琦，杨敬辉．机器学习随机森林算法的应用现状［J］．电子技术与软件工程，2018（24）：125–127.

［10］郑永亮，李晓坤，王琳琳，陈虹旭，杨磊．基于人工智能与机器学习技术在智慧城市的应用［J］．智能计算机与应用，2019，9（01）：153–158.

［11］葛修婷，潘娅．机器学习技术在软件测试领域的应用［J］．西南科技大学学报，2018，33（04）：90–97.

［12］刘俞廷．智能机器人的现状及发展［J］．中国新技术新产品，2018（04）：123–124.

［13］金耀青，姜永权，谭炳元．智能机器人现状及发展趋势［J］．电脑与电信，

2017（05）：27-28+34.

［14］化定奇．机器人产业及其关键材料的现状及趋势［J］．新材料产业，2016（07）：5-9.

［15］王晓芳．智能机器人的现状、应用及其发展趋势［J］．科技视界，2015（33）：98-99.

［16］任福继，孙晓．智能机器人的现状及发展［J］．科技导报，2015，33（21）：32-38.

［17］刘曦恺．智能机器人的研究现状及其发展趋势研究［J］．科技风，2015（18）：14.

［18］张润，王永滨．机器学习及其算法和发展研究［J］．中国传媒大学学报（自然科学版），2016（02）.

［19］袁国铭，李洪奇，樊波．关于知识工程的发展综述［J］．计算技术与自动化，2011，30（01）：138-143.

［20］毕学工，杭迎秋，李昕，周进东，黄治成．专家系统综述［J］．软件导刊，2008，7（12）：7-9.

［21］蘧鹏里．语音识别技术综述［J］．计算机产品与流通，2018（08）：105.

［22］于俊婷，刘伍颖，易绵竹，李雪，李娜．国内语音识别研究综述［J］．计算机光盘软件与应用，2014，17（10）：76-78.

［23］息晓静，林坤辉，周昌乐，蔡骏．语音识别关键技术研究［J］．计算机工程与应用，2006（11）：66-69+115.

［24］侯一民，周慧琼，王政一．深度学习在语音识别中的研究进展综述［J］．计算机应用研究，2017，34（08）：2241-2246.

［25］柴华，路海明，刘清晨．中医自然语言处理研究方法综述［J］．医学信息学杂志，2015，36（10）：58-63.

［26］孔希希，程兵．基于统计自然语言处理的央行货币政策研究［J］．数学的实践与认识，2017，47（07）：198-207.

［27］李生．自然语言处理的研究与发展［J］．燕山大学学报，2013，37（05）：377-384.

［28］陈浩，王延杰．基于小波变换的图像融合技术研究．微电子学与计算机，2010，27（5）：39-41.

［29］朱炼，孙枫，夏芳莉，等．图像融合研究综述［J］．传感器与微系统，2014，33（2）：14-18.

［30］段峰，王耀南，雷晓峰，吴立钊，谭文．机器视觉技术及其应用综述［J］．自动化博览，2002（03）：62-64.

［31］邹芳，肖坦，蒋征朋．视频分析技术综述及铁路应用初探［J］．铁路通信

信号工程技术，2008（03）：19–21.

［32］孙中伟，张福炎. 自动视频内容分析综述［J］. 计算机科学，2002（05）：80–84.

［33］庄越挺，刘小明，吴翌，潘云鹤. 通过例子视频进行视频检索的新方法. 计算机学报，2000，23（3）：300–305.

［34］徐印州等. 社区商业的人工智能化趋势［J］. 商业经济研究，2018（1）.

［35］朱世强. 生物启发的人工智能与未来机器人［J］. 机器人技术与应用，2018，3：21–26.

［36］张嗣良，潘杭琳，黄明志，等. 生物过程大数据分析与智能化［J］. 中国科学院院刊，2018，01：86–93.

［37］刘琦. 人工智能与药物研发［J］. 第二军医大学学报，2018，39（8）：869–872.

［38］吴子龙. 浅谈人工智能与生物技术的融合——以纳米机器人为例［J］. 中国科学院院刊，2018：169.

［39］汪俊，郭丽，吴建盛. 大数据北京下的生物信息学研究现状［J］. 南京邮电大学学报（自然科学版），2017，37（4）：62–67.

［40］新智元公众号. 世界首个人工再造真核生命体问世，三分之二中国造［J］. 科学与现代化，2018，1：185–195.

［41］周陈霞，徐万和. 纳米机器人的发展和趋势及其生物医学应用［J］. 机械，2011（4）：1–5.

［42］段刚，刘慧娟. 酶制剂在洗涤和纺织行业的应用［J］. 生物产业技术，2013，02：68–78.

［43］高合意，钟娜，陈正珍. 生物技术在化妆品中的应用［J］. 生物技术世界，2015，2：188–190.

［44］吴甘沙，张玉新. 智能驾驶进化史：梦想照进现实［J］. 人工智能，2018：12.

［45］晏欣炜，朱政泽，周奎，彭彬. 人工智能在汽车自动驾驶系统中的应用分析［J］. 湖北汽车工业学院学报，2018：3.

［46］柴百霖. 从百度无人驾驶汽车看人工智能在交通领域的应用［J］. 中国高新区，2018（06）.

［47］董昀、李鑫. 互联网金融的发展——基于文献的探究［J］. 金融评论，2014（5）：16–40.

［48］程娟，周雄伟. 基于人工智能的证券金融服务创新研究［J］. 金融科技时代，2018（10）：15–19.

［49］黄志华，屠蕊沁. 达芬奇机器人辅助妇科手术的临床分析［J］. 现代妇产

科进展，2014（11）：895–897.

［50］王坤东．微型机器人在临床医学上的应用研究［J］．世界科学，2014（3）：45–46.

［51］王加利，高长青，李佳春，等．周围体外循环技术在机器人辅助心脏手术中的应用［J］．中国体外循环，2013，11（3）：175–177.

［52］王保永，张瑜，夏艳丽，等．体位对住院患者胶囊内镜运行的影响［J］．河南科技大学学报（医学版），2018，36（4）：285–288.

［53］刘景陶，柳耀花．计算机分子模拟技术及人工智能在药物研发中的应用［J］．科技创新与应用，2018，8（2）：46–47.

［54］王晓行．医疗机器人的实际应用及五大发展趋势［J］．智能机器人，2017，06：18–19.

［55］田应仲，陈时光，李龙，等．远程医疗机器人智能导诊系统设计与研究［J］．计量与测试技术，2018，08：52–55.

［56］吴宏健，李莉娜，李龙，等．脑卒中后手功能康复机器人综合干预研究进展［J］．生物医学工程学杂志，2019，36（1）：151–156.

［57］董可男，王楠．智能医疗时代的曙光——人工智能＋健康医疗应用概览［J］．大数据时代，2017，2（4）：26–37.

［58］李琴兰．“互联网＋健康管理”模式探讨及其应用［J］．中国社会医学杂志，2018，36（1）：4–6.

［59］胡建平，徐向东，周光华，等．国家全民健康信息平台项目管理组织构建实践［J］．中国卫生信息管理杂志，2018，15（1）：14–19.

［60］张学高．从技术支撑转向引领发展［J］．中国卫生，2018，34（1）：86.

［61］胡建平．医疗健康人工智能发展框架与趋势分析［J］．中国卫生信息管理杂志，2018，15（5）：488–489.

［62］王春晖．从弱人工智能到超人工智能 AI 的道路有多长［J］．通信世界，2018，19（18）：9.

［63］陈梅，吕晓娟，张麟，等．人工智能助力医疗的机遇与挑战［J］．中国数字医学，2018，13（1）：16–18.

［64］王海星，田雪晴，游茂，等．人工智能在医疗领域应用现状、问题及建议［J］．卫生软科学，2018，32（5）：3–5，9.

［65］王爽，尹聪颖．健康医疗大数据时代的隐私保护探析［J］．医学信息学杂志，2019，40（1）：2–5.

［66］李芒，孔维宏，李子运．问“乔布斯之问”：以什么衡量教育信息化作用［J］．现代远程教育研究，2017（3）：3–10.

［67］陈晓珊．人工智能时代重新反思教育的本质［J］．现代教育技术，2018

（01）：31–37.

［68］杜占元 . 人工智能与未来教育变革［J］. 重庆与世界，2018（6）：10–12.

［69］杨浩，郑旭东，朱莎 . 技术扩散视角下信息技术与学校教育融合的若干思考［J］. 中国电化教育，2015（4）：1–6.

［70］曹培杰 . 智慧教育：人工智能时代的教育变革［J］. 教育研究，2018（8）：121–128.

［71］王竹立 . 技术是如何改变教育的 ?——兼论人工智能对教育的影响［J］. 电化教育研究，2018（04）：5–11.

［72］杜占元 . 人工智能与未来教育变革［J］. 重庆与世界，2018（6）：10–12.

［73］张志祯，张玲玲，李芒 . 人工智能教育应用的应然分析：教学自动化的必然与可能［J］. 中国远程教育，2019（1）：25–35.

［74］王亚飞，刘邦奇 . 智能教育应用研究概述［J］. 现代教育技术，2018（01）：5–11.

［75］曹晓明 . “智能 +”校园：教育信息化 2.0 视域下的学校发展新样［J］. 远程教育杂志，2018（04）：57–68.

［76］陈秋明 . 人工智能背景下如何建设世界一流职业院校［J］. 高等工程教育研究，2018（6）：110–116.

［77］杨现民，张昊，郭利明，林秀清，李新 . 教育人工智能的发展难题与突破路径［J］. 现代远程教育研究，2018（3）：30–38.

［78］祝智庭，彭红超，雷云鹤 . 智能教育：智慧教育的实践路径［J］. 开放教育研究，2018（4）：13–24.

［79］綦春霞，何声清 . 基于“智慧学伴”的数学学科能力诊断及提升研究［J］. 中国电化教育，2019（1）：42–47.

［80］梁迎丽，刘陈 . 人工智能教育应用的现状分析、典型特征与发展趋势［J］. 中国电化教育，2018（3）：24–30.

［81］鲍日勤 . 人工智能时代的教与学变迁与开放大学 2.0 新探［J］. 现代远程教育研究，2018（3）：25–33.

［82］潘云鹤 . 人工智能 2.0 与教育的发展［J］. 中国远程教育，2018（5）：5–9.

［83］戴永辉，徐波，陈海建 . 人工智能对混合式教学的促进及生态链构建［J］. 现代远程教育研究，2018（2）：24–30.

［84］祝智庭，彭红超，雷云鹤 . 智能教育：智慧教育的实践路径［J］. 开放教育研究，2018（4）：13–24.

［85］刘德建，杜静，姜男，黄荣怀 . 人工智能融入学校教育的发展趋势［J］. 开放教育研究，2018（4）：33–41.

［86］章晶晶，王钰彪 . 作为构建新时代“全面培养的教育体系”必由之路的教

育信息化［J］. 中国电化教育，2019（1）：6–11.

［87］黎加厚. 人工智能时代的教育四大支柱——写给下一代的信［J］. 人民教育，2018（1）：25–28.

［88］“AI 合成主播”的突破不代表弱人工智能时代的终结［J］. 互联网周刊，2018.11.20.

［89］“娱”还是“愚”——读《娱乐至死》［J］. 吉首大学学报，2009（4）：157–158.

［90］叶然. 爱奇艺 CTO 汤兴 AI 颠覆娱乐风暴中的领航者［J］. 互联网周刊，2018.2.5.

［91］伍力. 娱乐不会至死［J］. 北方文学，2012 年 6 月刊.

［92］荣华英，廉国恩. 人工智能发展背景下国际智能家居行业贸易前瞻［J］. 对外经贸实务，2017（10）：18–21.

［93］于兆涛. 开启人工智能和智慧家居的大门——记 GTIC 2017 全球（智慧）科技峰会［J］. 电器，2017（04）：32.

［94］李弈然. 人工智能在智能家居系统中的优化探究［J］. 通讯世界，2018（08）：278–279.

［95］王颖. 无线技术、人工智能和传感器成为智能家居驱动因素［J］. 中国电子商情（基础电子），2018（07）：33–34.

［96］Zhang Z. “Microsoft Kinect Sensor and Its Effect”，*IEEE Multimedia*，2012，19（2）：4–10.

［97］David Silver，Aja Huang，etc. “Mastering the Game of Go with Deep Neural Networks and Tree Search”，*Nature*，2016.

［98］David Silver，etc. “Mastering the game of Go without human knowledge”，*Nature*，2017.

［99］Habib HA，Mufti M. “Real time mono vision gesture based virtual keyboard system”，*IEEE Transactions on Consumer Electronics*，2006，52（4）：1261–1266.

［100］Chang WY，Lin HJ. Real Multitouch Panel Without Ghost Points Based on Resistive Patterning. *Journal of Display Technology*，2011，7（7）：601–606.

［101］Largillier G，Joguet P，Recoquillon C，*et al.* “Invited Paper：Specifying and Characterizing Tactile Performances for Multi–Touch Panels：Toward a User–Centric Metrology”. *Sid Symposium Digest of Technical Papers*，2010，41（1）：457–460.

［102］Sanchez–Vives MV，Mel S. From presence to consciousness through virtual reality. *Nature Review Neuroscience*，2005，6（4）：332–339.

［103］Lienhart R，Effelsberg W.Jain R.Visual GREP：“Asystematie method to compare and retrieve video sequences”，*Multimedia tools and application*，2000，10（1）：

23–46.

四、学位论文类

[1] 李兵兵 . 电容式多点触摸技术的研究与实现 [D]. 成都：电子科技大学，2011.

[2] 张健 . 工业机器人轨迹规划与仿真实验研究 [D]. 杭州：浙江工业大学，2014.

[3] 肖义涵 . 以 NAO 机器人为平台的人机互动技术研究 [D]. 上海：上海交通大学，2014.

[4] 冯晓波 . 机器人准确制孔技术研究 [D]. 杭州：浙江大学，2011.

[5] 梁红飞 . 四线电阻式触摸屏测试系统的研究 [D]. 长沙：中南大学，2009.

[6] 高树花 . 促进我国机器人产业发展的财税政策思考 [D]. 北京：中国财政科学研究院，2016.

[7] 郭利明 . 图像处理及图像融合 [D]. 西安：西北工业大学，2006.

[8] 车金辉 . 达芬奇手术机器人在肝胆胰外科的应用 [D]. 南京：南京大学，2012.

[9] 杜坤坤 . 面向智能家居的虚拟人交互方法与技术的研究 [D]. 北京：北京科技大学，2015.

五、报纸类

[1] 刘东华 . 智能语音技术在智能机器人中的应用 [N]. 技术应用，2012：87–90.

[2] 沈志真 . 首台美女机器人亮相 [N]. 科技与经济画报，2006（3）：55.

[3] Clint Boulton. 领先一步：机器学习的 10 个成功案例 [N]. 计算机世界，2018–12–24（010）.

[4] 全国首家无人银行上海开业 [N]. 城市金融报，2018–04–12（01）.

[5] 何天骄 .AI 战胜了专家娱乐业新“制作人”出道 [N]. 第一财经日报，2018–7.

[6] 陈莹 . 爱奇艺生态布局初现成果 [N]. 中国出版传媒商报，2018–5–22.

[7] 顾明远 . 未来教育的变与不变 [N]. 中国教育报，2016–08–11（003）.

[8] 史枫 . “互联网 + 教育”助力打造学习型社会 [N]. 中国教育报，2018–03–12（002）.

[9] 樊畅 . 人工智能技术赋能个性化学习 [N]. 中国教育报，2018–02–26.

[10] 王哲 . 人工智能在家居领域的应用与启示 [N]. 中国计算机报，2018–07–02（016）.

［11］向琳．人工智能开启智能家居大时代［N］．证券时报，2016-10-29（A03）．

［12］郭丽娟．“人工智能＋新零售”机会何在？［N］．南方都市报．2017-06-25.

六、网址类

［1］澎湃新闻，波士顿动力机器人又进化了：能越过障碍物，左右腿交替三连跳，2018 年 10 月 12 日：http://news.sina.com.cn/o/2018-10-12/doc-ifxeuwws3574221.shtml。

［2］清科研究院，2017 中国人工智能行业投融资发展研究报告：https://www.useit.com.cn/forum.php?mod=viewthread&tid=16720.

［3］AI 小趋势，人工智能简史，2019 年 5 月 9 日：https://www.jianshu.com/p/bebf9f406d07。

［4］iOSDevLog，人工智能简史，2018 年 7 月 11 日：https://www.jianshu.com/p/8e61b2739b1b。

［5］The ImageNet Large Scale Visual Recognition Challenge.http://image-net.org/challenges/LSVRC/.

［6］Steven Borowiec and Tracey Lien，“AlphaGo beats human Go champ in milestone for artificial intelligence”，*Los Angeles Times*，March 12，2016，accessed May 21，2019，http://www.latimes.com/world/asia/la-fg-korea-alphago-20160312-story.html.

［7］“AlphaGo Zero：Learning from scratch”，https://deepmind.com/blog/alphago-zero-learning-scratch/，accessed May 21，2019.

［8］Allison Linn，“Microsoft reaches a historic milestone，using AI to match human performance in translating news from Chinese to English”，https://blogs.microsoft.com/ai/chinese-to-english-translator-milestone/，March 14，2018，accessed May 21，2019.

［9］John McCarthy，“WHAT IS ARTIFICIAL INTELLIGENCE?”，http://www-formal.stanford.edu/jmc/，Nov. 12，2007，accessed May 21，2019.

［10］中国信通院，“2018 世界人工智能产业发展蓝皮书”，http://www.caict.ac.cn/kxyj/qwfb/bps/201809/t20180918_185384.htm.

［11］Klaus Schwab，“The Fourth Industrial Revolution：what it means，how to respond”，World Economic Forum，January 2016.

［12］“ARTIFICIAL INTELLIGENCE AND LIFE IN 2030”，One Hundred Year Study on Artificial Intelligence（AI100），Stanford University，accessed May 06，2019，https://ai100.stanford.edu.

［13］John McCarthy，Marvin L. Minsky，Nathaniel Rochester，and Claude E. Shannon，“A Proposal for the Dartmouth Summer Research Project on Artificial Intelligence”，August 31，1955，accessed Feb 27，2019，http://www-formal.stanford.edu/jmc/history/dartmouth/dartmouth.html.

［14］Sanchez-Vives MV，Mel S. “From presence to consciousness through virtual reality”，*Nature Review Neuroscience*，2005，6（4）：332-339.

［15］https://baike.baidu.com/item/专家系统/267819?fr=aladdin.

［16］http://www.intsci.ac.cn/ai/es.html（智能科学与人工智能，专家系统）.

［17］https://baike.baidu.com/item/图像处理/294902?fr=aladdin.

［18］https://baike.baidu.com/item/图像融合/625475?fr=aladdin.

［19］https://baike.baidu.com/item/视频分析.

［20］人工智能时代的挑战：从技术到商业的跋涉．搜狐网．http://www.sohu.com/a/233957259_100170918. 2018-06-04 10：39.

［21］51design 行业洞察．人工智能 + 新零售 =？ 6 个案例让你看明白．搜狐网．http://www.sohu.com/a/163805682_769195. 2017-08-10.

［22］廖建文．人工智能入侵，新商业也讲“天时、地利、人和”．搜狐网．http://www.sohu.com/a/130775061_4881663. 2017-03-28.

［23］中国人工智能学会．罗兰贝格管理咨询．人工智能商业应用的关键行业是哪些．搜狐网．https://www.sohu.com/a/228379728_236505.2017-12-12.

［24］智能客服机器人居首——人工智能在商业营销中的 10 大应用．数智网．http://www.le365.cc/144608.html. 2018-7-9 .

［25］和讯名家．未来已来，人工智能商业应用之旅．http://tech.hexun.com/2018-03-14/192620747.html . 2018-03-14.

［26］Tom Popomaronis. 人工智能如何改变商业游戏规则，11 位科技大牛现身说法了．https://36kr.com/p/5090994. 2017-09-02.

［27］实体零售的 18 个人工智能应用场景．亿欧网．https://www.iyiou.com/p/46942.html. 2017-06-02.

［28］王亦菲．当人工智能遇上新零售，如何让用户愉快地掏腰包．搜狐网．www.sohu.com/a/193488471_510007. 2017-09-21.

［29］郑和平．新零售 + 人工智能正在改变实体商业．来源：《海峡风》．http://news.ifeng.com/a/20180524/58434117_0.shtml. 2018-05-24.

［30］颜艳春．新零售产业地图（一）：旧零售的丧钟为谁而鸣？．联商网．https://www.iyiou.com/p/44951.html. 2017-05-09.

［31］AI+ 新零售，相比于传统零售有什么区别．http://www.sohu.com/a/279773896_114819. 2018-12-05.

[32] 深度剖析：人工智能正在重塑商业，零售业面临生死时刻 . 来源：36 氪 . http://www.sohu.com/a/227700704_465948. 2018–04–08.

[33] 智能零售：少数人已经看到了“AI+ 消费”的未来 . https://36kr.com/p/5100795. 2017–11–02.

[34] Neenu Jacob. 结合 AI 与零售，让人“剁手”变得更利索 . 来源：https://36kr.com/p/5095080. 2017–09–27.

[35] AI 不再是“人工智障”？日本零售业正利用 AI 服务提升竞争力 . 赢商网 . http://www.winshang.com. 2018–11–26.

[36] 周勇 . 一文详解零售到底发生过几次革命？ . 联商网专栏 . 2017–07–15.

[37] 吕红等 . 改变生活的生物技术 . 复旦大学精品课程 . http://fdjpkc.fudan.edu.cn /d201351/main.htm. 零售老板内参 . 2017–07–11.

[38] 向华 . 微生物 + 人工智能：开启新一代生物制造 . http://www.sohu.com/a/234335231_162758.

[39] 李倩 . 纳米机器人前世今生：中国科学家研发纳米机器人治疗白血病 . http://m.elecfans.com/article/663016.html.

[40] Clyde A. Hutchison Ⅲ，*et al.* Design and synthesis of a minimal bacterial genome. Science Vol. 351，Issue 6280，DOI：10.1126/science. aad6253.

[41] 俞敏洪 . 互联网颠覆不了教育 [DB/OL] . [2017–03–8] . http://edu.qq.com/a/20151128/035949.htm，2015.

[42] 教育部关于印发《教育信息化 2.0 行动计划》的通知 [EB/OL] .www.ict.edu.cn/p/liaoning/tzgg/n2018050811145.html.2018–04–13.

[43] 2017 年 12 月 2 日智能驾驶公交系统深圳首发试运行 .https://www.pconline.com.cn/win10/1044/10442769.html. 2017.12.06.

[44] 东方财富网 . 天弘余额宝 [EB/OL] . http://fundf10.eastmoney.com/gmbd_000198.html.

[45] 卢周来 . 大数据时代的不平等问题 [EB/OL] .（2015–06–28）. 中国社会科学网 .http://ex.cssn.cn/shx/shx_bjtj/201506/t20150628_2051555.shtml.

[46] 国务院关于印发新一代人工智能发展规划的通知 [EB/OL] . https://baike.baidu.com/item.

[47] 101 教育 [EB/OL] . www.chinaedu.com/article/1075365.html.

[48] 西安飞蝶虚拟现实科技有限公司 [EB/OL] . www.3dbutfly.com/.

[49] 云幻科教 [EB/OL] . http://www.magicloudedu.com.

[50] 科大讯飞官网 [EB/OL] . http://www.iflytek.com/content/details_17_2120.html.

编后记

人工智能时代已经来临，我们无可回避！

我们正置身于一个信息爆炸、数据爆炸的时代，互联网带来的冲击一波未平一波又起，人工智能的应用更是层出不穷，例如“XX 智能家居体验馆”“AI 无屏电视”……倏忽间，这些新时代的名词悄无声息地进入我们的生活。

各国间有关人工智能研究的竞赛早已拉开帷幕，人工智能技术的发展已成为国家竞争力和国家综合国力提升的重要力量。习近平总书记一直高度重视人工智能，党的十九大报告提出：“加快建设制造强国，加快发展先进制造业，推动互联网、大数据、人工智能和实体经济深度融合。”面对人工智能的热潮，全球科技巨头如微软、谷歌、亚马逊、“脸书”（Facebook）和中国的部分企业都开始布局其中，且不惜巨资投入。

但人工智能是什么？究竟智能在哪儿？普通大众也许尚不明白。有时候，一些我们认为极其困难的事情，比如复杂计算、海量记忆、文字翻译等，电脑容易处理；一些对我们很容易的事，比如人际沟通、感知能力、动态信息处理等，对电脑反而又太难了。如今，人工智能已经不再是几个科学家的专业了，全世界几乎所有高校都有人在研究。

人工智能应用广泛，我们难以想象！

你可能一直把人工智能当作科幻小说，把人工智能和电影联想到一起。很多人总觉得人工智能是未来的神秘存在，而忽视了身边已经存在的现实，因为“一旦一样东西用人工智能实现了，人们就不再叫它人工智能了”。

事实上，我们已经每天都在使用人工智能了。在经历了虚拟现实（Virtual Reality，VR）、增强现实（Augmented Reality，AR）之类的阶段性市场火爆并沉寂之后，人工智能已成为科技界的新宠，并迅速在各行各业应用开来，提高了生产制造的劳动效率和产品质量，节约了成本，并提升了服务行业的水平，让人们可以享受更加便捷的生活。

曾经遥远的世界近在眼前。人工智能正为这个时代提供一种新的能量和动力，缔造一种隐形却又强大的虚拟力量。人工智能为人类提供了巨大机遇，将成为整个人类社会的未来。

把握人工智能，唯有不断学习！

2017 年 7 月，国务院印发的《新一代人工智能发展规划》中明确指出：人工智能成为国际竞争的新焦点。要完善人工智能教育体系，建设人工智能学科，培育高水平人工智能创新人才和团队，培养复合型人才，形成我国人工智能人才高地。

走近人工智能，是为了更好地认识、学习和掌控它。人工智能有其固有的优势特点，如高智商、高效率、执行力和非道德性等。我们现在尚处于弱人工智能世界，其带给我们的体验及变化并未超出想象。相对而言，人工智能技术的研究应用所产生的负面影响也并不可怕，比如代码错误造成程序出现故障、数据问题引发金融市场震荡等。

我们还停留在对人工智能最低级的认识阶段，但人工智能正以最快的迭代速度发展。但是人工智能的未来将如何？会以怎样的方式影响人类？究竟是有助于人类幸福的崛起，还是人类的自我毁灭？这些还有待探索。

一代代科学家的巨肩，让我们得以立于其上，继往开来。本书在参考诸多较新同类书籍和文献资料的基础上，简要回顾了人工智能的发展历史，概括性地介绍了人工智能的基本原理，重点分述了人工智能的应用领域。在应用领域各章的写作中，基本遵循历史由来、发展现状、应用场景和未来影响四个部分构成的框架结构，希望为读者呈现清晰的阅读思路。为提高书稿质量，各章邀请来自本领域最擅长的专家教授供稿，主要分工如下：周山雪（第一章），周山雪、罗欢（第二章第一节），周山雪（第二章第二节、第三节），周山雪、陈伟（第二章第四节），郭树军（第三章），杨叶飞（第四章），张丽君（第五章），朱方来（第六章），苏秋高（第七章），徐晨、秦燕燕、张庆（第八章），李亚军（第九章），肖正兴、王廷（第十章），周山雪（第十一章），袁礼（第十二章），袁礼（附录）。其中，范兴灿、肖正兴、李亚奇等为第一章、第二章的写作提供了丰富的参考资料。鲁昕会长在深圳职业技术学院做学术报告时提议，该书要按照人工智能应用场景展开，并在多次座谈中逐步明确全书的编撰框架和体例。本书初步成型后，鲁昕会长几审书稿，杨欣斌、李建求、魏明等提出了宝贵的修改建议，对以上人员的智慧与付出表示感谢。此外，也感谢史少杰、卓晗、李亚昕、武兴华等人对本书的付出和贡献。

希望本书能让你发现人工智能不再神秘、遥远和陌生，人工智能及其技术应用与我们息息相关。或许它能为你解开当下的疑惑，全面迎接人工智能社会的到来；或许它能让你了解未来社会即将面临的变化，助你踏入神奇的智能空间，并以此开启你的未来学习和工作模式，带领你走进智慧世界。

图书在版编目(CIP)数据

走近人工智能 / 鲁昕主编 . — 北京 : 商务印书馆 , 2020（2024.7 重印）
ISBN 978-7-100-18727-5

Ⅰ . ①走… Ⅱ . ①鲁… Ⅲ . ①人工智能 Ⅳ . ① TP18

中国版本图书馆 CIP 数据核字 (2020) 第 115950 号

走近人工智能

鲁　昕　主编

杨欣斌　李建求　副主编

商　务　印　书　馆　出　版
（北京王府井大街 36 号　邮政编码 100710）
商　务　印　书　馆　发　行
艺堂印刷（天津）有限公司印刷
ISBN　978-7-100-18727-5

2020 年 11 月第 1 版　　　　开本 787 × 1092　1/16
2024 年 7 月第 8 次印刷　　　印张 21 ½
定价：58.00 元